Die Dampfkessel und ihr Betrieb

Die Dampfkessel und ihr Betrieb

Allgemeinverständlich dargestellt

von

K. E. Th. Schlippe

Geheimem Regierungsrat

Vierte, verbesserte und vermehrte Auflage

Mit 114 Abbildungen

Berlin
Verlag von Julius Springer
1913

ISBN-13: 978-3-642-90357-1   e-ISBN-13: 978-3-642-92214-5
DOI: 10.1007/978-3-642-92214-5

Alle Rechte, insbesondere das der Übersetzung in fremde Sprachen,
vorbehalten.

Softcover reprint of the hardcover 4th edition 1913

Aus dem Vorworte zur ersten Auflage.

Die Fortschritte, die in den letzten Jahrzehnten im Gebiete des Dampf=
kesselwesens gemacht worden sind, richteten ihr Augenmerk auf Dreierlei:
Man suchte sich Dampfkesselanlagen zu verschaffen, welche die Erzeugung
hochgespannter Dämpfe gestatten, hierbei eine weitgehende Sicherheit gegen
Explosionsgefahren gewähren und endlich bei verhältnismäßig reichlicher
Dampferzeugung von der Heizkraft des Brennmateriales einen möglichst
großen Teil nutzbar machen. Es darf wohl behauptet werden, daß in
jeder dieser Richtungen von den Ingenieuren und Kesselfabriken ganz Be=
deutendes geleistet worden ist, und die neueren Kesselanlagen auf einer
sehr hohen Stufe der Vollkommenheit angelangt sind. Ist es doch gelungen,
bis zu 80 Prozent der im Brennmaterial aufgespeicherten Wärme zur
Dampferzeugung nutzbar zu machen und die unvermeidlichen Wärmeverluste
auf 20 Prozent herabzudrücken.

Die erstrebten Ziele voll zu erreichen, bedarf es indessen nicht aus=
schließlich des Scharfsinnes des Ingenieurs, der die Kesselanlage in allen
Teilen zu schaffen hat. Sollen insbesondere die Erfolge in der an=
gedeuteten, möglichst besten Ausnutzung der Wärme gesichert sein, so muß
der Betrieb in geübte und sachverständige Hände gelegt werden, oder mit
anderen Worten, die Anlage muß von einem tüchtigen, auf die Absichten
des Ingenieurs eingehenden Heizer bedient werden. In dieser Beziehung
mangelt es aber leider oft sehr, und hieran liegt es auch, daß so manche
der neueren, eine gute Verbrennung ergebenden und die Bildung von Rauch
und Ruß verhütenden Feuerungsanlagen an dem einen Orte zu den besten
Resultaten führte, während sie am anderen Orte nicht aufkommen konnte
und bald wieder verschwand. Man hatte sie eben einem Heizer anvertraut,
der sie nicht zu behandeln verstand. Allerdings blieb der Erfolg einer

solchen Anlage auch manchmal aus dem einfachen Grunde aus, weil man von ihr Unmögliches verlangte.

Bis zu welchem Maße aber die Sparsamkeit des Betriebes von der Sachkenntnis und der Geschicklichkeit des Heizers abhängt, davon legen die Ergebnisse von sogenannten Wettheizversuchen recht beredtes Zeugnis ab.

Im Jahre 1885 nahm der um das Dampfkesselwesen hochverdiente Direktor Weinlig des Magdeburger Dampfkessel-Revisionsvereines eine Reihe derartiger Versuche mit 11 geübten Heizern vor. Durch die Zusicherung von Geldprämien wurden die Heizer zu möglichst bester Leistung angespornt. Den Heizern war nun zwar ihre Arbeit durch einen zu groß angelegten Rost absichtlich erschwert worden. Immerhin ist es aber doch recht wunderlich, daß der beste Heizer mit einem kg Steinkohle 6,89 kg Wasser in Dampf verwandelte, während es der schlechteste nur auf 4,00 kg brachte. . .

Weinlig sagt daher mit Recht[*]): „Wenn solche ungeheuere Unterschiede schon bei Wettheizversuchen entstehen, bei denen das Streben der Heizer, der erste zu sein und den Preis zu verdienen, aufs höchste angeregt ist, was mag dann in der großen Praxis vorkommen, wo Trägheit und Schlendrian die Bewartung leiten, und wo weder Besitzer noch Heizer wissen, was die Kesselanlage leisten könnte und müßte? Was hilft dem Ingenieur das Konstruieren und Erfinden guter Feuerungsanlagen, was hilft es ihm, wenn er die Fehler einer Anlage findet und die großen Mängel der Bewartung aufdeckt? Ohne Heizer, welche seine Absichten verstehen und befolgen können, bleibt eben alles nur ein guter Rat. So gipfelt die ganze Sache in dem einen Hauptpunkte, daß die ordentliche Ausbildung von Dampfkesselheizern mit allen Mittel erstrebt werden muß, wenn man die Erfolge der Verbesserung der Feuerungsanlagen genießen und die günstigste Ausnutzung der Kohle erzielen will. Bedenkt man, welcher Gewinn dadurch für den Kesselbesitzer, für das Nationalvermögen, und welcher Fortschritt für die Sicherheit des Betriebes erzielt wird, so sollte der Entschluß nicht schwer fallen können."

Das vorliegende Werk soll nun auch sein Scherflein zur Förderung der auf dieses Ziel gerichteten Bestrebungen beitragen. Aber nicht nur dem Heizer, sondern auch dem Kesselbesitzer will es Belehrung und Auskunft

---

[*]) Zeitschrift des Vereines deutscher Ingenieure 1886, Seite 124.

über die Erfordernisse einer zweckmäßigen Dampfkesselanlage und die eines sachgemäßen Betriebes bieten.

Dem Inhalte des Buches liegt eine Reihe von Vorträgen zugrunde, die vom Verfasser mehrfach in einer der von dem Königlich Sächsischen Ministerium des Innern angeordneten Heizerschulen gehalten wurden. Es behandelt zunächst die Vorgänge, die sich bei der Verdampfung des Wassers, der Verbrennung des Brennmateriales und der Dampferzeugung durch Dampfkessel abspielen. Im Sinne der Weinligschen Ausführungen ist aber den Verbrennungsvorgängen und der eigentlichen Kunst des sparsamen und möglichst rauchfreien Heizens eine größere Aufmerksamkeit zugewendet und sind diese Dinge in ausführlicherer Weise besprochen worden, als dies in Büchern der gleichen Art bisher üblich war. . . .

Ein Augenmerk glaubte der Verfasser darauf richten zu müssen, den zu behandelnden Stoff in einer möglichst klaren, auch dem weniger Vorgebildeten verständlichen Weise zur Darstellung zu bringen. Aus diesem Grunde ist auch jede mathematische Formel, als etwas dem größeren Teil der am Dampfkesselbetriebe Beteiligten Unverständlichbleibendes, vermieden worden. . . .

Vorwort zur vierten Auflage.

Als ich von der geschätzten Verlagsfirma ersucht wurde, eine neue Auflage des „Dampfkesselbetriebes" vorzubereiten, erschien es mir zunächst zweifelhaft, ob es ratsam sei, diesem Ersuchen zu entsprechen. Veränderte dienstliche Stellung, die eine unmittelbare Berührung mit dem Dampfkesselbetrieb und die Sammlung persönlicher Erfahrungen ausschließt, sowie starke dienstliche Inanspruchnahme und der Mangel an der erforderlichen Zeit waren die hauptsächlichsten Bedenken, die mir aufstiegen. Die alte, noch nicht erloschene Liebe zu dem Ergebnis eines ersten fachschriftstellerischen Versuchs, weiter die aus dem Nötigwerden einer neuen Auflage sich mir aufdrängende Überzeugung, daß das Werkchen doch noch Nutzen leistet, und endlich die mir in Aussicht gestellte Unterstützung jüngerer Fachgenossen drängten aber schließlich die Bedenken zurück. So habe ich denn versucht, dem Werkchen einen in vielen Punkten abgeänderten, dem gegen=

wärtigen Stande der Dampfkesseltechnik und den inzwischen geänderten gesetzlichen Bestimmungen möglichst Rechnung tragenden Inhalt zu geben und es zeitgemäß zu gestalten. Möchte es mir gelungen sein, das Erstrebte zu erreichen, und das Werkchen zu seinen zahlreichen alten Freunden einen weiteren Kreis neuer sich erwerben.

Gern benutze ich die Gelegenheit, den Herren Diplom-Ingenieur Böhme (†) und Regierungsbauführer Neumann für die Beschaffung einer Anzahl neuer Zeichnungen guter Ausführungen, den diese Zeichnungen bereitwilligst überlassenden Firmen für ihr Entgegenkommen und endlich der Verlagsfirma für erwiesene Geduld und Nachsicht verbindlichst zu danken.

Dresden, im August 1913.

Der Verfasser.

Inhaltsübersicht.

Erster Abschnitt.

Die Wärme und die Verdampfung des Wassers . . . . Seite. 1—16

Das Wesen der Wärme; Temperatur. Übertragung der Wärme durch Leitung und Strahlung; Wärmequellen. — Die drei Wirkungen der Wärme: 1. Die Ausdehnung der Körper (Messung der Temperatur, Thermometer). 2. Die Erhöhung der Temperatur (Messung der Wärmemenge, Wärmeeinheit oder Kalorie, spezifische Wärme). 3. Die Änderung des Körperzustandes (Schmelzen des Eises, Sieden des Wassers; Messung des Druckes, atmosphärischer Luftdruck, Barometer, Atmosphärendruck, Überdruck). — Die Verdampfung des Wassers; Siedepunkttabelle des Wassers; Flüssigkeitswärme, Verdampfungswärme und Gesamtwärme; Wasserdampftabelle; gesättigter und ungesättigter oder überhitzter Wasserdampf, Sättigung des Dampfes, Überkochen.

Zweiter Abschnitt.

Die Brennstoffe und ihre Verbrennung . . . . 17—30

Die gebräuchlichen Brennstoffe; ihre Zusammensetzung. — Die Verbrennung der Körper; die Entzündungstemperatur. — Die unvollständige und vollständige Verbrennung des Kohlenstoffes; die Verbrennung des Wasserstoffes. — Die Verbrennungswärmen des Kohlenstoffes und Wasserstoffes. — Die erforderlichen theoretischen Luftmengen. Der Einfluß des Luftüberschusses auf die Ausnutzung der Wärme; die Verbrennungstemperatur. — Das Verhalten der Brennstoffe bei ihrer Verbrennung. Die Verbrennung der aus dem frischen Brennstoffe sich entwickelnden Gase; die Verbrennung des entgasten Brennstoffes. Die Zusammensetzung der dem Schornstein entströmenden Gase. — Der Hauptsatz von der Verbrennung. — Die Heizkraft der Brennstoffe; freier und gebundener Wasserstoff.

Dritter Abschnitt.

Das sparsame und das rauchfreie Heizen . . . . . 31—46

Ableitung der Regeln für das sparsame und rauchfreie Heizen: 1. Das Vorbereiten des Brennstoffes (geeignete

Stückgröße). 2. Das Aufschichten des Brennstoffes (Schichthöhe). 3. Das Heizen nach dem Dampfverbrauche (Zusammenhang zwischen Luftmenge, Rostgröße und Schichthöhe). 4. Das Zuführen des frischen Brennstoffes. 5. Das Schüren und Abschlacken. 6. Die Betriebspausen und die Einstellung des Betriebes. — **Zusammenstellung der Regeln**. — Die Gewährung von **Heizerprämien**; **Wettheizversuche**.

Vierter Abschnitt.

Die Dampfkessel und ihre Benutzung zur Dampferzeugung 47—56

Das **Wesen** des Dampfkesselbetriebes, der Dampfkessel, seine **Heizfläche**. — Der Übergang der Wärme von den Heizgasen an die Kesselwandungen und von diesen an den Wasserinhalt des Kessels, Gegenstrom. Die Wichtigkeit der Heizflächengröße; die Beziehungen zwischen Heizfläche und Dampferzeugung, der Einfluß des Dampfdruckes. — Die Abführung der Heizgase, der **Schornstein**. — Die Ausnutzung der Heizkraft der Brennstoffe, Verluste, das Nässen des Brennstoffes, die **theoretische** und die **wirkliche Verdampfung**. — Die Ermittelung des geeignetsten Brennstoffes, die Verdampfungsziffer; der Preis des Dampfes.

Fünfter Abschnitt.

Die Form, der Bau und die amtliche Prüfung der Dampfkessel . . . . 57—70

Die **Form** der Dampfkessel im allgemeinen. — Die **Baustoffe** (Kupfer, Schweißeisen, Flußeisen, Stahl, Gußeisen, Messing). — Die **Herstellung** der Dampfkessel (Blechstärke, Nietung, Versteifung der Flammenrohre, Verankerung und Versteifung ebener Kesselwandungen, Befestigung der Heizröhren). — Die **amtliche Prüfung** des Kessels.

Sechster Abschnitt.

Die Feuerungen, die Feuerzüge und der Schornstein . . 71—117

A. **Die Feuerungen**: Planroste, Treppenroste, Unterfeuerungen, Vorfeuerungen und Innenfeuerungen. Größe des Rostes und Höhe des Feuerraumes. Der Aschenraum. Erfordernisse. 1. Die **gewöhnlichen Feuerungen**: a) Die Planrost=Feuerung. b) Die Treppenrost=Feuerung. — 2. Die **rauchfreien Feuerungen**: a) Einrichtungen, bei denen der frische Brennstoff dem Rost in Pausen zugeführt wird. Bewegliche Feuerbrücke, Rostbeschicker, Doppelroste, Oberluft, Dampfschleier, Luftschleier, Nachluft (zweite oder sekundäre Luft), rückkehrende Flamme (Tenbrinkfeuerung), umhüllende Flamme. b) Einrichtungen, bei denen der frische Brennstoff dem Rost ununterbrochen zugeführt wird: Schrägrost=Feuerungen, Treppenrost=Feuerungen, Tenbrink=Feuerungen, Muldenrost=Feuerungen, Korbrost=Feuerungen, mechanische Feue=

rungen, Kohlenstaub=Feuerungen, Gasfeuerungen. — B. Die Feuerzüge (der Oberzug). — C. Der Schornstein (natürlicher und künstlicher Zug).

Siebenter Abschnitt.

Die wichtigsten Bauarten der Dampfkessel 118–159

Die an einen Dampfkessel zu stellenden Anforderungen: Leichte Herstellbarkeit und Billigkeit; mäßiges Gewicht und geringer Raumbedarf; rasches und billiges Anheizen; reichliche Dampfentwickelung; gleichmäßiger Dampfdruck; Reinheit (Trockenheit) des erzeugten Dampfes; bequeme Reinigung des Kessels; Sicherheit gegen schwere Explosionen. — A. Die feststehenden Dampfkessel: 1. Der Walzen= oder Zylinderkessel. 2. Der mehrfache Walzen= oder Siederohrkessel. 3. Der Flammenrohrkessel. 4. Der Heizröhrenkessel. 5. Der zusammengesetzte Kessel. 6. Der Wasserröhrenkessel. — B. Die beweglichen Dampfkessel: 1. Der bewegliche Kessel mit Siederöhren. 2. Der bewegliche Kessel mit Heizröhren: Der Lokomobilkessel, der Lokomotivkessel, der Schiffskessel.

Achter Abschnitt.

Die Ausrüstung der Dampfkessel 160–220

Die an die Ausrüstung der Dampfkessel zu stellenden Anforderungen. A. Die gesetzlich vorgeschriebenen Sicherheitsvorrichtungen: 1. Die Wasserstandszeiger: Die Probierhähne und die Probierventile, das Wasserstandsglas (der Schwimmerzeiger). 2. Die Speisevorrichtungen: Das Speisegefäß oder die Rücklaufvorrichtung, die Kolbenspeisepumpe (Speiseregler), die Dampfstrahlpumpe (Injektor), sonstige Speisevorrichtungen. 3. Die Speiseleitungen und das Speiseventil. 4. Die Druckmesser (Manometer): Das Quecksilbermanometer, das Federmanometer. 5. Die Sicherheitsventile: Das Ventil mit Gewichtsbelastung, das Ventil mit Federbelastung. 6. Die Absperr= und Entleerungs=Vorrichtungen. — B. Sonstige Vorrichtungen: 1. Sicherheitsvorrichtungen: Der Speiserufer, elektrische Lärmvorrichtungen, Feuerlöscher, Rohrbruchventile. 2. Hilfsvorrichtungen: Der Speisewasser=Vorwärmer, der Speisewassermesser, der Dampfüberhitzer, die Dampfpfeife; das Mannloch und die Reinigungsöffnungen; die Dichtungen.

Neunter Abschnitt.

Die Beschaffung, Inbetriebsetzung und der regelmäßige Betrieb eines Dampfkessels; die Unterbrechungen des Betriebes und die Kesselexplosionen 221–245

Die Beschaffung eines Dampfkessels: Wahl des Druckes, Ermittelung der Größe der Anlage; Wahl der Kesselbauart, Bestimmung der Heizflächengröße; Wahl der Art und Größe der

Feuerungsanlage; der Kesselraum. — Die Einholung der behördlichen Genehmigung, die Abnahmeuntersuchung. — Die Anstellung eines Heizers. — Die Inbetriebsetzung des Kessels. — Der regelmäßige Betrieb. — Die Unterbrechungen des Betriebes: Die Beimengungen und Ausscheidungen des Speisewassers, die Reinigung des Wassers; die Reinigung des Kessels; längere Betriebseinstellungen. Gefährliche Zustände; die Kesselexplosionen, ihre Ursachen und Verhütung.

Anhang.

Gesetzliche Bestimmungen 246–260

A. Die in Betracht kommenden Bestimmungen der Gewerbeordnung. B. Bekanntmachung, betreffend allgemeine polizeiliche Bestimmung über die Anlegung von Landdampfkesseln.

Berichtigungen.

Auf Seite 2 Zeile 7 und 8 muß es heißen: den Lebensprozeß der Menschen und Tiere.
auf Seite 77 Absatz 4 Zeile 2: wohl auch durch eine Tür . . .

Erster Abschnitt.

Die Wärme und die Verdampfung des Wassers.

Inhalt: Das Wesen der Wärme; Temperatur. Übertragung der Wärme durch Leitung und Strahlung; Wärmequellen. — Die drei Wirkungen der Wärme: 1. Die Ausdehnung der Körper (Messung der Temperatur, Thermometer). 2. Die Erhöhung der Temperatur (Messung der Wärmemenge, Wärmeeinheit oder Kalorie, spezifische Wärme). 3. Die Änderung des Körperzustandes (Schmelzen des Eises, Sieden des Wassers; Messung des Druckes, atmosphärischer Luftdruck, Barometer, Atmosphärendruck, Überdruck). — Die Verdampfung des Wassers; Siedepunkttabelle des Wassers; Flüssigkeitswärme, Verdampfungswärme und Gesamtwärme; Wasserdampftabelle; gesättigter und ungesättigter oder überhitzter Wasserdampf, Sättigung des Dampfes, Überkochen.

Die Wärme wurde früher für einen besonderen Stoff gehalten. Nach den Lehren der Physik ist sie eine Naturkraft und verursacht einen bewegten Zustand aller der denkbar kleinsten Teilchen des erwärmten Körpers. Die Bewegungen dieser Teilchen sind außerordentlich kleine und ungeheuer schnelle. Sie können deshalb mit unseren Sinnen nicht wahrgenommen werden. Man hat sich vorzustellen, daß jedes Körperteilchen sich auf ein benachbartes, ihm entgegenkommendes zu bewegt, auf dieses stößt, von diesem zurückprallt, wieder auf ein anderes stößt u. s. f. Alle Teilchen des Körpers befinden sich demnach in lebhaftester, ununterbrochen hin und her schwingender, zitternder Bewegung. Ob der Körper ein fester, ein flüssiger oder ein gasförmiger ist, ändert an dieser Anschauung nichts. Die Wärme, die irgend einem Körper innewohnt, veranlaßt immer Bewegungserscheinungen der eben geschilderten Art. Je mehr ein Körper Wärme aufgenommen hat, um so heftiger sind die Bewegungen seiner Teilchen, auf einer um so höheren Wärmestufe befindet sich der Körper, oder um so höher ist seine Temperatur.

Die in Schwingungen der Körperteilchen sich äußernde Wärme ist auf verschiedene Entstehungsursachen zurückzuführen. Als solche kommen in erster Reihe die chemischen Vorgänge, namentlich die später noch eingehend zu besprechende Verbrennung der Körper, in Betracht. Es ist weiter bekannt, daß eine starke Erhitzung eintritt, wenn man Schwefelsäure mit Wasser mischt, oder frischgebrannten Kalk mit Wasser übergießt.

Unter Umständen wandelt sich auch die mechanische Arbeit in erheblichem Maße in Wärme um. So entsteht bei dem sogenannten Warmlaufen der Maschinen aus der mechanischen Arbeit durch Reibung Wärme. Auch erwärmen sich die Metalle bei dem Hämmern, Bohren und sonstigem Bearbeiten. Weiter erzeugt der elektrische Strom Wärme. Er erwärmt die Leitungsdrähte und bringt in den elektrischen Lampen Kohle zum lebhaftesten Glühen. Endlich wird auch Wärme entwickelt durch den Lebensprozeß des Menschen, der Tiere und Pflanzen.

Wird ein Körper von hoher Temperatur mit einem Körper von niedriger Temperatur in Berührung gebracht, so geht von dem ersteren Wärme an den zweiten über. Die Bewegungen der Teilchen des ersteren nehmen von ihrer Heftigkeit ab, die des zweiten nehmen an Lebhaftigkeit zu. Es findet in diesem Falle eine Wärmeübertragung durch Leitung statt. Je rascher dieser Wärmeübergang sich vollzieht, ein um so besserer Wärmeleiter ist der wärmeaufnehmende Körper. Zu den guten Wärmeleitern gehören alle Metalle, zu den schlechten die Luft, der Sand, die Asche und andere.

Aber auch auf eine zweite Art geht Wärme von einem heißen Körper an einen kälteren über, nämlich durch Strahlung. Dabei können die beiden Körper, der wärmeabgebende und der wärmeaufnehmende, beliebig weit voneinander entfernt sein. Die Übertragung durch Strahlung erfolgt blitzschnell in geradlinigen Strahlen, nach allen Richtungen, auch durch andere Körper hindurch.

Um den Vorgang der Strahlung zu erklären, nimmt man an, daß der ganze Weltraum mit einem überaus feinen, unsichtbaren, alle Körper durchdringenden Stoffe, dem sogenannten Äther, erfüllt ist. Dieser Stoff vermittelt und überträgt die Bewegungen der Teilchen des wärmeausstrahlenden Körpers an den wärmeaufnehmenden, indem er selbst an den Bewegungen teilnimmt und diese fortpflanzt. Nur der Beihilfe des Äthers verdanken wir denn auch, daß der Erde von der Sonne, trotz deren 20 Millionen Meilen betragenden Entfernung, ununterbrochen so gewaltige Mengen von Wärme durch Strahlung zugeschickt werden.

Das in seinem Wesen der Wärme völlig gleiche und von dieser sich nur durch eine größere Schnelligkeit der Schwingungen unterscheidende Licht wird von einem lichtausstrahlenden Körper anderen Körpern auf die gleiche Weise mitgeteilt. Diese strahlen hierauf das empfangene Licht zum Teil wieder nach allen Seiten aus. Durch die unser Auge treffenden Strahlen aber werden uns die Körper, die demnach entweder eigenes Licht ausstrahlen oder fremdes zurückwerfen, erst sichtbar.

Von dem Unterschiede der beiden Arten des Wärmeüberganges erhält man einen recht überzeugenden Beweis, wenn man die Hand einem im Schmiedefeuer glühend gemachten Eisenstücke nähert. Je näher man dem Eisen kommt, um so mehr Wärmestrahlen treffen die Hand, und ein um so heißeres Gefühl stellt sich ein. Die der Hand mitgeteilte Wärme heißt strahlende Wärme und gelangt auch durch die Luft, einen schlechten Wärmeleiter, hindurch zur Hand. Erst von dem Augenblick an, in dem man das Eisen berührt, geht an die Hand auch Wärme durch Leitung über. Die auf diese Weise an die Hand abgegebene Wärme, die übrigens wegen der hohen Temperatur des Eisens das Gefühl des Schmerzes erzeugen wird, nennt man leitende Wärme.

Führt man einem Körper Wärme zu, so wird folgendes bewirkt:
1. Der Körper wird ausgedehnt, sein Rauminhalt oder sein Volumen wird vergrößert;
2. seine Temperatur wird erhöht;
3. bei genügend großer Wärmezufuhr wird auch sein Körper- oder Aggregat-Zustand verändert, d. h. der feste Zustand des Körpers geht in den flüssigen und dieser in den dampf- oder gasförmigen über.

Bei dieser Gelegenheit sei bemerkt, daß man unter Dampf die luftartige Form eines Körpers versteht, der bei gewöhnlichem Luftdruck und gewöhnlicher Temperatur entweder flüssig oder fest wird, während man als Gase solche Luftarten bezeichnet, die unter diesen Verhältnissen luftförmig bleiben.

Die zuerst genannte Wirkung der Wärme, die Ausdehnung der Körper vollzieht sich bei den festen und flüssigen Körpern mit großer Gewalt. Ein an der freien Ausdehnung verhinderter Eisenstab wird krumm, eine in ein Gefäß eingeschlossene Flüssigkeit zersprengt das Gefäß, wenn sich dieses weniger stark ausdehnt, wie jene. Bei den Gasen und Dämpfen führt die Erwärmung, wenn sie sich in einem geschlossenen Raume befinden, zu einer Vermehrung des in dem Raume herrschenden Druckes.

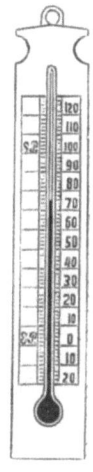

Abb. 1.

Die ausdehnende Wirkung der Wärme wird nun auch dazu benutzt, die Temperatur der Körper selbst zu messen. Das diesem Zwecke dienende Instrument heißt Thermometer. Es besteht gewöhnlich aus einem kleinen Glasgefäße, das meistens die Form einer Kugel besitzt und sich nach oben in ein feines Glasröhrchen fortsetzt (Abbildung 1). Das Gefäß und der untere Teil des Röhrchens sind mit Quecksilber oder gefärbtem Alkohol gefüllt. Der obere Teil des Röhrchens ist luftleer gemacht und zugeschmolzen, damit die Füllung nicht von der Luft verändert wird oder verdunstet.

Jede Erwärmung dehnt die Quecksilber- oder Alkoholfüllung des Thermometers aus und bringt, da das Glasgefäß selbst seinen Rauminhalt nur in äußerst geringem Maße vergrößert, ihren Spiegel im Glasröhrchen zum Steigen. Jede Wärmeentziehung verursacht dagegen ein Sinken des Spiegels.

Um nun für das Thermometer einen Maßstab oder eine Teilung zu gewinnen, ist es notwendig, an ihm zwei von der Natur gegebene, feste Temperaturpunkte festzustellen. Man benutzt hierzu den Schmelzpunkt des Eises und den Siedepunkt des Wassers und steckt einfach das Thermometer einmal in schmelzendes Eis oder schmelzenden Schnee und das andere Mal in siedendes Wasser oder in dessen Dämpfe. In beiden Fällen wird der Spiegel des Quecksilbers im Glasröhrchen je einen ganz bestimmten Punkt einnehmen. Die beiden ermittelten Punkte, kurzweg Eis- oder Schmelzpunkt und Siedepunkt genannt, werden nun hinter dem Glasröhrchen durch wagerechte Striche angemerkt.

Die Entfernung zwischen dem Eispunkt und dem Siedepunkte wird verschieden geteilt. Bei der Teilung nach Celsius, welche die bei allen wissenschaftlichen Untersuchungen allein im Gebrauche befindliche ist, wird der Eispunkt mit der Zahl 0 und der Siedepunkt mit der Zahl 100 bezeichnet, und der Raum zwischen beiden Punkten in 100 gleiche Teile oder Grade geteilt. Bei dem Thermometer nach Réaumur (sprich Reomür) befindet sich die 0 ebenfalls auf dem Eispunkt, auf dem Siedepunkt aber der 80. Grad. Die Entfernung zwischen Eispunkt und Siedepunkt wird hier in 80 Teile geteilt. Ein Grad Celsius ist mithin kleiner als ein Grad Réaumur. Sie verhalten sich ihrer Größe nach zu einander wie 4:5. Andererseits verhält sich die Zahl der Celsiusgrade einer bestimmten Temperatur zu der der Réaumurgrade wie 5:4. So sind z. B. 20 Grad, oder wie man schreibt: 20° nach Celsius, gleich 16 Grad (16°) nach Réaumur. Eine dritte Art der Teilung des Thermometers ist die nach Fahrenheit, die in England und Amerika gebräuchlich ist. Bei dieser steht auf dem Eispunkte die Zahl 32 und auf dem Siedepunkte die Zahl 212. Zwischen beiden Punkten liegen sonach 180 Teile oder Grade.

Die Teilung der Thermometer wird über den Eispunkt nach unten und über den Siedepunkt nach oben weiter fortgesetzt. Die Grade über dem 0° bezeichnet man mit dem Zeichen + (plus), die unterhalb des 0 Grades mit dem Zeichen — (minus). Gewöhnlich nennt man die ersteren auch Wärmegrade, die letzteren Kältegrade. Endlich ist es gebräuchlich, die Temperaturbezeichnung in der leichtverständlichen Weise abzukürzen, daß man z. B. unter + 16° C : 16 Wärmegrade nach Celsius, unter — 5° R : 5 Kältegrade nach Réaumur und unter + 112° F : 112 Wärmegrade nach Fahrenheit versteht.

Zur Messung höherer Temperaturen kann das Quecksilber- und Alkoholthermometer nicht verwendet werden. Man benutzt dann Metallthermometer, bei denen die durch die Wärme bewirkte Ausdehnung von Metallstäben die Messung der Temperatur ermöglicht. Sehr hohe Temperaturen aber mißt man mit sogenannten Pyrometern, die in verschiedener Weise hergestellt werden. Anstatt der ausdehnenden Wirkung der Wärme wird zum Messen zumeist die Veränderung des Leitungswiderstandes benutzt, den die Wärme bei einem vom elektrischen Strome durchflossenen Platindraht hervorruft. Es kann auf diese Instrumente hier nicht näher eingegangen werden, und ist nunmehr zur zweiten Wirkung der Wärme überzugehen.

Die zweite Wirkung der Zuführung von Wärme an einen Körper besteht in der Erhöhung seiner Temperatur. Es ist natürlich wichtig, zu wissen, wie groß diese Temperaturerhöhung ist, oder um wie viele Grade die Temperatur eines Körpers zunimmt, wenn man ihm Wärme zuführt.

Die Physik lehrt, daß die Größe der Temperaturzunahme von drei Dingen abhängt: Erstens wird selbstverständlich die Temperatur eines Körpers nur in demselben Maße zunehmen, in dem man ihm Wärme zuführt, d. h. die Temperaturerhöhung ist unmittelbar abhängig von der Menge der zugeführten Wärme. Zweitens hängt die Temperaturzunahme ab von dem Gewichte des wärmeaufnehmenden Körpers. Ein doppelt so schwerer Körper wird durch dieselbe Wärmemenge nur eine halb so große Temperaturzunahme erfahren, wie der einfache Körper gleicher Art, weil sich die zugeführte Wärme auf eine doppelt so große Körpermenge verteilen muß. Drittens wird die Temperaturzunahme abhängig sein von der Natur des wärmeaufnehmenden Körpers, das heißt, dieselbe Wärmemenge wird eine wesentlich verschiedene Temperaturerhöhung herbeiführen, je nachdem man sie z. B. einer 30 kg schweren Wassermasse oder einem 30 kg schweren Eisenblocke zuführt.

Ein sehr wichtiger, bei diesen Erörterungen auftretender Begriff ist die Wärmemenge. Es wird also die Wärme auch ihrer Menge nach zu bestimmen oder zu messen sein. Hierzu braucht man aber eine Maßeinheit. Man benutzt als solche die Wärmeeinheit oder Kalorie und versteht unter ihr die Wärmemenge, die einem Kilogramm Wasser zugeführt, dessen Temperatur um einen Grad Celsius erhöht. Dieses Maß, die Wärmeeinheit, ist nun, wie sich weiterhin zeigen wird, ein außerordentlich wichtiges.

Zunächst ist es jetzt leicht, beispielsweise die Wärmemenge anzugeben, die dazu gehört, um eine 15 kg schwere Wassermasse von 10^0 auf 30^0, also um 20^0 C zu erwärmen. Die hierzu erforderliche Wärmemenge berechnet sich zu 15×20, das sind 300 Wärmeeinheiten. Umgekehrt kann ebenso leicht die durch Zuführung einer bestimmten Wärmemenge hervorgerufene Temperaturerhöhung des Wassers berechnet werden. Hat man z. B. 10 kg Wasser in einem Gefäße und führt man diesem Wasser 150 Wärmeeinheiten zu, so wird jedem Kilogramm des Wassers eine Wärmemenge von $\frac{150}{10} = 15$ Wärmeeinheiten zugeführt und mithin die Temperatur um 15^0 C erhöht.

Für jeden anderen Körper ist die erforderliche Wärmemenge, um die Temperatur eines Kilogramms um einen Grad Celsius zu erhöhen, wie schon oben angedeutet, eine wesentlich andere als die des Wassers. Für Schmiedeeisen beträgt sie z. B. 0,11, für Quecksilber nur 0,03 von der des Wassers. Man nennt diese durch Versuche ermittelten Zahlen die spezifischen Wärmen der betreffenden Körper. Aber auch hier bleibt die Rechnung ebenso einfach. So brauchen z. B. 20 kg Schmiedeeisen, um von 15° auf 500°, also um 485° C erwärmt zu werden, hierzu $20 \times 0{,}11 \times 485 = 1067$ Wärmeeinheiten. Wenn man dagegen 24 Wärmeeinheiten einer 10 kg schweren Quecksilbermenge entzieht, deren Temperatur 120° C beträgt, so entfällt auf jedes Kilogramm des Quecksilbers eine Wärmeentziehung von $\frac{24}{10} = 2{,}4$ Wärmeeinheiten. Da nun aber für einen jeden ° C weniger dem kg Quecksilber immer 0,03 Wärmeeinheiten zu entziehen sind, so ergeben die 2,4 entzogenen Wärmeeinheiten eine Temperaturabnahme von $\frac{2{,}4}{0{,}03} = 80°$. Das Quecksilber besitzt mithin nach der Wärmeentziehung noch eine Temperatur von 40° C.

Die dritte Wirkung der Wärmezuführung, die aber nur bei der Zuführung genügend großer Wärmemengen und von einem bestimmten Temperaturpunkte ab eintritt, ist die Änderung des Körper- oder des Aggregat-Zustandes. Ein fester Körper wird infolge der Wärmezuführung flüssig, er schmilzt, und ein flüssiger Körper wird dampfförmig, er verdampft. Entzieht man dagegen einem Körper Wärme, so werden diese drei Zustände des Körpers umgekehrt durchlaufen. Der Dampf verdichtet sich oder wird kondensiert und bildet eine Flüssigkeit, die Flüssigkeit aber erstarrt endlich und wird zu einem festen Körper.

Diese Verwandlungen treten indessen nicht bei allen Körpern ein. Eine Anzahl von Körpern wird vielmehr durch die Zuführung von Wärme auch in ihrem Wesen verändert. Sie werden zersetzt oder verbrennen, und es entstehen andere, neue Körper.

Ein sehr wichtiger Körper, der in der Natur in allen drei Körper- oder Aggregat-Zuständen vorkommt, ist das Wasser. Seine feste Form nennt man Eis oder Schnee, seine dampfförmige Form Wasserdampf.

Füllt man ein offenes Gefäß mit Eis oder Schnee, dessen Temperatur 0° C ist, und erwärmt die Masse unter stetem Umrühren, so wird zunächst ein in den Gefäßinhalt gestecktes Thermometer, solange noch ein Rest Eis oder Schnee vorhanden ist, keinerlei Temperaturzunahme anzeigen, obgleich dem Gefäßinhalt ununterbrochen Wärme zugeführt wird. Das Thermometer bleibt auf dem 0 Punkte, dem Eis- oder Schmelzpunkte, stehen. Die von dem Gefäßinhalt aufgenommene Wärme dient ausschließlich dazu, das Wasser aus dem festen in den flüssigen Zustand überzuführen. Sie beträgt für jedes kg des geschmolzenen Eises oder Schnees ziemlich genau 80 Wärmeeinheiten. Man nennt diese Wärmemenge die Schmelzwärme des Eises.

Erst die weitere Wärmezuführung an den schließlich nur aus Wasser bestehenden Gefäßinhalt macht sich am Thermometer durch ein Steigen der Temperatur bemerkbar. Je eine Wärmeeinheit auf jedes Kilogramm des Wasserinhaltes bewirkt eine Erhöhung der Temperatur um einen ⁰ C. Die Temperaturzunahme findet aber bald eine Grenze. Welche Wärmemengen auch zugeführt werden, die Quecksilbersäule des Thermometers steigt nicht mehr und stellt sich auf einen ganz bestimmten Punkt, den Siedepunkt, der unter den gegebenen Umständen bei 100⁰ C liegt. Alle weiter zugeführte Wärme wird von jetzt ab dazu verwendet, das erhitzte Wasser in die Dampfform überzuführen. Das Wasser siedet, und überall, im Inneren der Flüssigkeit, besonders aber an den Gefäßwänden bilden sich Dampfbläschen, die, weil sie sehr leicht sind, mit großer Geschwindigkeit der Oberfläche des Wassers zueilen und entweichen. Bald ist der ganze Wasserinhalt des Gefäßes mit Dampfbläschen durchsetzt. Es hebt sich daher auch sein Spiegel, eine Erscheinung, die man an jedem Dampfkessel beobachten kann, dessen Wasserstand während des Anheizens steigt, während er mit dem Erlöschen des Feuers und dem Aufhören der Dampfentwicklung ein ganz beträchtliches Stück wieder herabsinkt.

Aber auch in einem geschlossenen Gefäße, z. B. in einem Dampfkessel, läßt sich das Wasser, das in den Kessel im kalten oder vorgewärmten Zustande gepumpt wird, stets nur bis zu einer gewissen Temperatur, der Siedetemperatur, erhitzen. Alle weiter zugeführte Wärme bewirkt nur eine Verdampfung des Wassers.

Hierbei sei bemerkt, daß man unter Verdunstung eine schwache Verdampfung an der Oberfläche einer Flüssigkeit versteht, die bei jeder Temperatur eintritt. Diese Erscheinung bietet indessen für den Dampfkesselbetrieb kein Interesse, weshalb ein Eingehen auf sie unterbleiben kann.

Man hat nun gefunden, daß die Temperatur des Siedens oder der Siedepunkt einer jeden Flüssigkeit in ganz bestimmter Weise abhängig ist von dem Drucke, unter dem die Flüssigkeit zum Sieden gebracht wird. Siedet das Wasser in einem offenen Gefäße, so steht die Flüssigkeit unter dem Drucke der atmosphärischen Luft, und beträgt die Siedetemperatur 100⁰ C. Bei dem Sieden des Wassers in einem geschlossenen Gefäß, in dem ein höherer Druck herrscht, ist dagegen die Siedetemperatur auch eine wesentlich höhere.

Um nun den Zusammenhang zwischen Druck und Siedetemperatur ziffernmäßig festzustellen, ist es nötig, auch den Druck zu messen. Hierzu bedarf man aber ebenfalls einer Maßeinheit. Es liegt nahe, hierzu wieder eine der Natur zu entnehmende Größe zu benutzen, als die sich der Druck der uns umgebenden atmosphärischen Luft, als unmittelbar gegeben, besonders empfiehlt. Neben diesem sind indessen auch andere Meßverfahren im Gebrauche.

8 Die Wärme und die Verdampfung des Wassers.

Von dem Vorhandensein und der Größe des Druckes der atmosphärischen Luft kann man sich zunächst eine recht anschauliche Vorstellung auf folgende Weise verschaffen: Ein offenes Gefäß wird mit Quecksilber gefüllt und in dieses Gefäß eine an beiden Enden offene, etwa einen Meter lange Glasröhre mit dem unteren Ende getaucht (Abbildung 2a). Hält man die Glasröhre lotrecht, so wird man bemerken, daß sowohl in der Glasröhre wie im Gefäße der Quecksilberspiegel gleich hoch steht, weil auf beiden Spiegeln der gleiche Druck, der Druck der atmosphärischen Luft, ruht. Wird jetzt über das obere Ende des Glasrohres ein Gummischlauch gezogen, der nach einer Luftpumpe führt, so kann mittels dieser die Luft aus dem Glasrohr entfernt werden. Mit jedem Zuge der Pumpe wird eine gewisse Luftmenge aus dem Rohre herausgeholt, und sinkt der Druck der im Rohre noch befindlichen Luft. In demselben Maße hebt sich aber auch der Quecksilberspiegel im Glasrohre. Der auf diesem Spiegel ruhende Druck ist eben ein geringerer als der auf dem Quecksilberspiegel im Gefäße wirkende äußere Luftdruck, und dieser preßt das Quecksilber in die Röhre. Endlich ist alle Luft aus der Röhre entfernt worden. Der Druck in ihr ist vollständig verschwunden und der äußere Luftdruck zur vollen Wirkung gekommen. Die Quecksilbersäule im Glasrohre steigt dann nicht mehr. Ihre Höhe beträgt jetzt ungefähr 76 Zentimeter. Diese Quecksilbersäule und deren Höhe geben uns demnach ein sichtbares Bild von dem Vorhandensein und der Größe des atmosphärischen Luftdruckes.

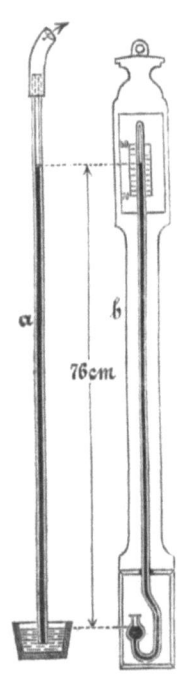

Abb. 2.

Der atmosphärische Luftdruck ist nicht zu allen Zeiten und nicht an allen Punkten der Erde der gleiche. So ist er auf hohen Bergen stets kleiner als im Tale. Um die Größe des Luftdruckes und seine Veränderungen bequem beobachten zu können, bedient man sich eines Instrumentes, das der Vorrichtung, an der soeben das Vorhandensein und die Größe des Luftdruckes nachgewiesen wurde, im wesentlichen gleicht und nur in der Form sich von ihr unterscheidet. Dieses Instrument besteht wieder aus einem nahezu einen Meter langen, senkrechten Glasrohre, das indessen an seinem oberen Ende zugeschmolzen und an seinem unteren Ende umgebogen und mit einem offenen Glasgefäße versehen ist (Abbildung 2b). Der obere Teil des Glasrohres ist vollkommen luftleer gemacht. Der übrige Teil und das Glasgefäß sind mit Quecksilber gefüllt. Auch bei dieser Vorrichtung wird durch den auf dem Quecksilberspiegel im Glasgefäße lastenden Luftdruck eine Quecksilbersäule getragen, deren Höhe wieder ungefähr 76 Zentimer beträgt. Hinter dem oberen Teile der Glasröhre ist eine Teilung angebracht, welche die Höhe der Quecksilbersäule, vom Quecksilberspiegel im Glasgefäße aus gemessen, in Zentimetern angibt. Die jeweilige Größe des Luftdruckes kann demnach unmittelbar in Zentimetern abgelesen werden. Man nennt ein solches Instrument ein Barometer. Im Mittel beträgt die Höhe der Quecksilbersäule, die vom atmosphärischen Luftdrucke getragen wird, oder wie man sagt, der Barometerstand, 76 Zentimeter.

Wäre zu dem oben geschilderten Versuch anstatt des Quecksilbers Wasser verwendet worden, so hätte ein weit längeres Rohr benutzt werden müssen. In diesem Rohre wäre dann die Wassersäule auf eine Höhe von etwa 10,3 Meter gestiegen, weil das Wasser 13,59 mal leichter ist als das Quecksilber, und infolgedessen 13,59 mal höher gedrückt wird. Der atmosphärische Luftdruck entspricht somit auch im Mittel einer Wassersäule von 10,3 Meter Höhe.

Faßt man nun einmal ein kleines, im oberen Spiegel der Quecksilbersäule des Barometers gelegenes Quecksilberteilchen ins Auge, so ist ohne weiteres klar, daß auf dieses Teilchen von keiner Seite her ein Druck ausgeübt wird. Ein weiter abwärts gelegenes Teilchen erfährt dagegen von allen Seiten einen gewissen Druck, dessen Größe von der Höhe der über dem Teilchen befindlichen, durch ihr Gewicht wirkenden Quecksilbersäule abhängig ist. Mit demselben Drucke wirkt aber auch das Teilchen nach allen Seiten auf seine Umgebung zurück. Bei einem mit dem Quecksilberspiegel des Gefäßes in gleicher Höhe gelegenen Teilchen hat man natürlich dieselbe Erscheinung vor sich, nur mit dem Unterschiede, daß hier der Druck, entsprechend der höheren Quecksilbersäule, auch ein größerer ist. Genau denselben Druck wie das zuletzt betrachtete Teilchen erfährt aber offenbar auch jedes Quecksilberteilchen des Gefäßspiegels durch den atmosphärischen Luftdruck und übt denselben Druck nach allen Richtungen hin auf seine Umgebung aus. Die beiden zuletzt betrachteten Drücke, der Flüssigkeitsdruck am Fuße der Quecksilbersäule und der äußere Luftdruck, sind also einander gleich.

Bemerkenswert ist, daß der im Glasrohre herrschende Druck ganz unabhängig ist von der Form des Glasrohres. Dieses kann beliebig gekrümmt sein, Verengungen oder Erweiterungen irgend welcher Art besitzen, immer hängt der Druck nur ab von der senkrechten Höhe der belastenden Quecksilber- oder, allgemeiner ausgedrückt, Flüssigkeits-Säule, wie sich durch Versuche leicht nachweisen läßt.

Gilt es nun für die Größe eines beliebigen Druckes ein Maß anzugeben, so liegt es natürlich nahe, hierzu die Höhe einer Flüssigkeitssäule zu benutzen, die durch ihre Schwere den gleichen Druck zu erzeugen imstande ist. Dies geschieht auch stets, wenn man es mit kleineren Drucken zu tun hat, und spricht man dann von dem Drucke, der gleich ist dem einer so und so viel Millimeter oder Zentimeter hohen Quecksilbersäule oder dem einer so und so viel Zentimeter oder Meter hohen Wassersäule. Für größere Drücke ist dagegen ein anderes Meßverfahren gebräuchlich. Man gibt dann den Druck in Kilogrammen an, den eine ganz bestimmte ebene Fläche erfahren würde, wenn auf jedes Teilchen dieser Fläche der eben zu messende Druck wirkte. Als vergleichende Fläche verwendet man hierbei das Quadratzentimeter, eine □ förmige Fläche, deren Breite sowohl als Höhe einen Zentimeter beträgt. Fragt man in diesem Sinne wieder nach der Größe des mittleren atmosphärischen Luftdruckes, der also gleich ist dem Drucke einer 76 cm hohen Quecksilbersäule oder einer 10,3 m hohen Wassersäule, nun, so kann man durch Versuche oder eine einfache Rechnung leicht nachweisen, daß er gerade 1,03 kg auf das Quadratzentimeter beträgt.

Im Dampfkesselwesen ist es immer gebräuchlich gewesen, den Dampfdruck mit dem atmosphärischen Luftdrucke zu vergleichen und nach sogenannten Atmosphären zu rechnen. Während man indessen hierzu früher den mittleren Luftdruck benutzte, hat man sich neuerdings geeinigt, das genaue Maß dieses Druckes des bequemeren praktischen Gebrauches halber abzurunden, und versteht jetzt unter der Atmosphäre einen Druck von gerade einem Kilogramm auf das Quadratzentimeter. Der im Dampfkesselwesen als Maßeinheit benutzte Atmosphärendruck ist demnach etwas kleiner als der mittlere atmosphärische Luftdruck, und zwar ist er nunmehr gleich dem Drucke einer nur 73,55 cm hohen Quecksilbersäule oder einer gerade 10,0 m hohen Wassersäule. Die so bemessene Atmosphäre hat denn auch gesetzliche Gültigkeit erlangt (vergl. § 12 Absatz 4 der Bekanntmachung des Reichskanzlers, betreffend allgemeine polizeiliche Bestimmungen über die Anlegung von Dampfkesseln, vom 12. Dezember 1908, im Anhange dieses Buches).

Es ist endlich üblich geworden, den Betriebsdruck der Dampfkessel in Atmosphären Überdruck anzugeben. Diese Bezeichnung findet man auch stets auf den Zifferblättern der Manometer vor. Die Bedeutung des Überdruckes ist rasch klar gemacht:

Hat man in einem Dampfkessel Dampf von atmosphärischem Druck erzeugt, so ist mit diesem Dampfe zunächst nichts anzufangen. Öffnet man ein Ventil des Kessels, so hat der Dampf gar nicht das Bestreben, den Kessel zu verlassen, weil ihm der Druck der äußeren atmosphärischen Luft entgegenwirkt und das Gleichgewicht hält. Erst wenn der Druck des Dampfes den Luftdruck übersteigt, strömt der Dampf aus dem Kessel heraus und ist auch erst dann imstande, in den gewöhnlichen Dampfmaschinen, die den verbrauchten Dampf in die atmosphärische Luft ausstoßen, treibend zu wirken. Man versteht nun unter Überdruck den Überschuß des Dampfdruckes über den atmosphärischen Druck, und es ergibt sich hieraus, daß der eigentliche Druck des Dampfes, auch kurzweg Dampfdruck oder Dampfspannung genannt, stets eine Atmosphäre mehr beträgt als der Überdruck. Arbeitet also ein Kessel mit 6 Atmosphären Überdruck, so besitzt sein Dampf in Wirklichkeit einen Druck oder eine Spannung von 7 Atmosphären. Dieser Umstand ist wohl zu beachten bei der Benutzung der nachfolgenden Tabellen.

Nach diesen Erläuterungen ist zu dem Sieden des Wassers zurückzukehren. Zwischen dem Siedepunkte des Wassers und dem Drucke, unter dem das Sieden erfolgt, finden nun nach den Versuchen von Regnault (spr. Reniol) und den auf diese Versuche gestützten Berechnungen von Fliegner folgende, in einer kleinen Tabelle zusammengestellte Beziehungen statt:

Siedepunkt=Tabelle des Wassers.

Dampfdruck in Atmosphären (1 Atmosphäre = 73,55 cm Quecksilbersäule = 1 kg auf den □ cm)	Siedetemperatur in Celsius=Graden
0,1	45,6
0,5	80,9
1,0	99,1
2,0	119,6
3,0	132,8
4,0	142,8
5,0	151,0
6,0	157,9
7,0	164,0
8,0	169,5
9,0	174,4
10,0	178,9
11,0	183,0
12,0	187,0
13,0	190,6
14,0	194,0
15,0	197,2

Man sieht aus dieser Tabelle, daß die Siedetemperatur des Wassers mit dem Wachsen des Dampfdruckes nicht gleichen Schritt hält, sondern bei den höheren Atmosphärenzahlen immer langsamer zunimmt. Weiter ist bemerkenswert, daß die Siedetemperatur bei dem Drucke einer Atmosphäre nunmehr 99,1° C beträgt. Es kommt dies daher, daß bei der Einteilung der Thermometer die 100 angemerkt wird, wenn sich das Thermometer in siedendem Wasser befindet, das unter dem Drucke siedet, der gleich dem mittleren Luftdruck oder dem Druck einer Quecksilbersäule von 76 cm

Höhe ist. Unter dem Drucke der Dampfkesselatmosphäre, der gleich ist dem Druck einer nur 73,55 cm hohen Quecksilbersäule, tritt natürlich das Sieden etwas früher ein.

Von großer Wichtigkeit ist es nun auch, zu wissen, welche Wärmemenge erforderlich ist, eine bestimmte Menge Wasser in Dampf von beliebiger Spannung zu verwandeln. Hängt doch bei einem Dampfkessel von dieser Wärmemenge unmittelbar die Brennstoffmenge ab, die aufgewendet werden muß, eine bestimmte Dampfmenge zu erzeugen.

Die zur Dampferzeugung erforderliche Wärmemenge setzt sich zusammen aus der Flüssigkeitswärme und der Verdampfungswärme, auch gebundene oder latente Wärme genannt. Die Flüssigkeitswärme ist die Wärmemenge, die erforderlich ist, um das Wasser von 0° Celsius auf die entsprechende Siedetemperatur zu bringen, die Verdampfungswärme aber die Wärmemenge, welche die Überführung des Wassers in die Dampfform erfordert. Die Summe dieser beiden Wärmemengen gibt die Gesamtwärme.

Auch diese für den Dampfkesselbetrieb ungemein wichtigen Werte sind durch genaue Versuche ermittelt worden. Die auf der nächsten Seite folgende kleine Tabelle, ebenfalls nach Regnault und Fliegner, gibt die Gesamtwärmemengen an, die erforderlich sind, um 1 kg Wasser von 0° Celsius in Dampf von irgend welchem Drucke zu verwandeln. Diesen Werten ist beigefügt der Rauminhalt oder das Volumen in Litern, das von einem kg Dampf eingenommen wird. In der letzten Spalte aber findet man das Gewicht eines Kubikmeter Dampfes in kg angegeben.

Umgekehrt gibt diese Wasserdampftabelle auch darüber Aufschluß, welche Wärmemengen bei dem Wiederflüssigwerden oder der Kondensation des Dampfes gewonnen werden, oder welche Wärmemenge z. B. 1 kg Dampf in einer Dampfheizung abzugeben vermag. Man hat dann nur von der Gesamtwärme des verwendeten Dampfes die Wärme abzuziehen, die das aus dem Dampfofen abfließende Kondensationswasser noch besitzt. Der Unterschied dieser beiden Wärmemengen ist die von dem Ofen an die Zimmerluft abgegebene Wärme.

Der aus dem Wasser entstandene Wasserdampf ist ein durchsichtiger, farbloser, luftartiger Körper und nimmt, wie die dritte Spalte der Wasserdampftabelle zeigt, einen außerordentlich viel größeren Raum ein wie das Wasser, dem er entstammt. Bei Dampf von einer Atmosphäre Spannung z. B. beträgt dieser Rauminhalt 1701 Liter, während das ursprüngliche kg Wasser bekanntlich nur 1 Liter Raum einnahm. Der Rauminhalt des Dampfes ist also rund 1700mal so groß als der der gleichen Gewichtsmenge Wasser.

Die mitgeteilten beiden Tabellen gelten indessen nur für eine bestimmte Art von Wasserdampf, und zwar nur für den gesättigten. Man unterscheidet zwei Arten von Dampf, den gesättigten, auch Sattdampf,

Wasserdampf-Tabelle.

Dampfdruck in Atmosphären (1 Atmosphäre = 73,55 cm Quecksilbersäule = 1 kg auf den □cm)	Wärmemenge in Wärmeeinheiten für 1 kg Dampf aus Wasser von 0°C	Rauminhalt oder Volumen von 1 kg Dampf in Litern	Gewicht von 1 Kubikmeter Dampf in kg
0,1	620,4	14891	0,07
0,5	631,2	3267	0,31
1,0	636,7	1701	0,59
2,0	643,0	888	1,13
3,0	647,0	607	1,65
4,0	650,1	463	2,16
5,0	652,6	375	2,67
6,0	654,7	316	3,16
7,0	656,5	274	3,66
8,0	658,2	241	4,14
9,0	659,7	216	4,63
10,0	661,1	196	5,11
11,0	662,3	179	5,59
12,0	663,5	165	6,06
13,0	664,6	153	6,53
14,0	665,7	143	7,00
15,0	666,7	137	7,48

und den ungesättigten oder überhitzten, auch Heißdampf genannt.

In einem im Betriebe befindlichen Dampfkessel stehen das den Dampf erzeugende, siedende Wasser und der gebildete Dampf stets in Berührung. Die Temperatur beider ist die gleiche. Sie hängt von dem herrschenden Druck ab und hat die in der Siedepunkttabelle angegebene Höhe.

Wird dem Kessel rasch eine größere Menge Dampf entnommen, so wird natürlich der Druck sinken, und es könnte vermutet werden, daß hierbei die Temperatur des im Kessel verbleibenden Dampfes, dem keine Wärme entzogen wird, dieselbe bleibt, und auch das Wasser seine frühere Temperatur beibehält. Der im Kessel enthaltene Dampf sowie das Kesselwasser besäßen somit eine höhere Temperatur als die dem jetzt herrschenden, geringeren Drucke entsprechende der Tabelle. Beide wären, wie man sagt, überhitzt.

Die Natur läßt nun einen derartigen Zustand gar nicht zu. Sind überhitztes Wasser und überhitzter Dampf miteinander in Berührung, so wird die im Wasser enthaltene, überschüssige Wärme sofort dazu verwendet, neuen Dampf zu bilden, der von dem vorhandenen Dampfe begierig aufgenommen wird, wobei eine Abnahme der Temperatur und eine Wiederzunahme des Druckes stattfindet. Diese Dampfbildung geht so lange vor sich, bis die Temperatur des Wassers und des Dampfes und der Druck im Kessel auf einem ganz bestimmten Punkt angekommen sind, bei dem wieder das in der Siedepunkttabelle angegebene Verhältnis eingetreten ist. Der vorhandene Dampf kann dann keinen weiteren, frisch gebildeten Dampf mehr aufnehmen. Man sagt, er hat sich gesättigt, und nennt ihn daher gesättigten Dampf. Erst eine erneute Dampfentnahme oder auch eine Wärmezuführung an den Wasserinhalt des Kessels wäre imstande, eine weitere Dampfentwickelung unter abermaliger Veränderung der Wasser- und Dampftemperatur herbeizuführen.

Der geschilderte Vorgang des Ausgleiches zwischen Temperatur und Druck des Kesselinhaltes, die Sättigung des Dampfes genannt, geht in jedem Dampfkessel schon bei der kleinsten Druckverminderung vor sich. Man findet deshalb in den Dampfkesseln auch immer nur gesättigten Dampf vor. Diese Erscheinung ist übrigens die Ursache, weshalb ein Dampfkessel noch lange Zeit nach dem Erlöschen des Feuers Dampf zu erzeugen imstande ist. Man hat diesen Umstand dazu benutzt, sich sogenannte feuerlose, also keine Feuergase ausstoßende und keinen Rauch oder Ruß erzeugende Lokomotiven zu verschaffen. Es sind dies den gewöhnlichen Lokomotiven ähnliche Maschinen, die mit erhitztem Wasser und Dampf gefüllt werden. Die Füllung entnimmt man einem feststehenden, geheizten Kessel, der unter etwa 15 Atmosphären Druck steht. Mit einer solchen Füllung ist die feuerlose Lokomotive imstande, einige Stunden lang ihre Arbeit zu verrichten und eine Anzahl Fahrzeuge fortzubewegen. Ist der Druck im Kessel soweit gesunken, daß die Lokomotive den Zug nicht mehr fortzubringen vermag, so muß sie natürlich wieder mit dem feststehenden Kessel verbunden und mit heißem Wasser und Dampf gefüllt werden.

Jede rasche Entnahme größerer Dampfmengen hat für einen Dampfkessel eine Verminderung des Druckes zur Folge, der die stürmische Entwickelung neuer Dampfmengen auf dem Fuße folgt. Hierbei tritt ein mehr oder weniger lebhaftes Aufschäumen der ganzen, im Kessel befindlichen Wassermasse ein, die sich mit einem Male ganz mit Dampfbläschen durchsetzt. Es kann dann sogar vorkommen, daß der Wasserspiegel bis an die Dampfventile emporsteigt, und daß mit dem abgeführten Dampfe gleichzeitig Wasser fortgerissen wird. Man sagt dann, der Kessel kocht über. Das Überkochen der Dampfkessel stellt sich leicht bei dem zu raschen, bedeutende Dampfmengen erfordernden Ingangsetzen großer Dampfmaschinen und überhaupt bei dem zu schnellen Öffnen weiter Dampfventile ein. Es kann unter Umständen recht üble Folgen haben. Denn die mitgerissenen Wassermassen geben zu gefährlichen Stößen in den Rohrleitungen und im Zylinder der Maschine Anlaß, so daß schließlich der Bruch irgend eines Rohr- oder Maschinenteiles eintritt. Hieraus ergibt sich aber für den sorgsamen Maschinisten die wichtige Regel, alle Ventile stets langsam zu öffnen und die Maschine nur allmählich und vorsichtig in Gang zu setzen.

Es ist nun unschwer zu erkennen, daß auch eine Abkühlung des im Kessel befindlichen Wassers Veränderungen nach sich ziehen muß. Der das Wasser berührende heißere Dampf wird ebenfalls abgekühlt. Er verdichtet sich zum Teil zu Wasser und der Druck sinkt, bis sich zwischen Temperatur und Druck wieder das in der Siedepunkttabelle ersichtliche Verhältnis eingestellt hat.

Es bedarf noch einiger Bemerkungen über den zu weiterer Dampfaufnahme fähigen, überhitzten oder ungesättigten Dampf, dessen Unterschied vom gesättigten Dampfe gleichen Druckes zunächst in einer höheren Temperatur besteht.

Überhitzter Dampf kann, solange er mit dem siedenden Wasser in Berührung bleibt, nicht entstehen. Er wird erst erhalten, wenn man gesättigten, vom Wasser getrennten Dampf in besonderen Behältern, Überhitzer genannt, die er auf dem Wege zur Maschine durchströmt, noch weiter erhitzt, oder auch, wenn man solchen Dampf vor Abkühlung schützt und sich ausdehnen läßt, wobei natürlich sein Druck sinkt. Nur das erstere Verfahren findet bei der Erzeugung überhitzten Dampfes Anwendung, da man natürlich von der Spannung des Dampfes nichts verlieren will.

Außer der höheren Temperatur hat der überhitzte Dampf auch die Eigenschaft, bei gleichem Druck ein wesentlich geringeres Gewicht zu besitzen als gesättigter Dampf, wie er denn auch keine Spur von Wasser mehr enthält, also sehr rein ist. Endlich bietet er den Vorteil, daß eine Abkühlung auf dem Wege zur Maschine, sobald die Temperatur nur nicht bis zu der des gesättigten Dampfes von gleichem Drucke herabsinkt, zu keinem Druckverluste führt, während bei dem gesättigten Dampfe jede Abkühlung die Verdichtung oder Kondensation eines Teiles des Dampfes und hiermit eine Abnahme des Druckes zur Folge hat.

Schon in den fünfziger Jahren des vorigen Jahrhunderts hat Hirn nachgewiesen, welche große Vorteile vom Betriebe der Dampfmaschinen mit überhitztem Dampfe zu erwarten sind. Denn dieselbe Kessel- und Maschinenanlage wird bei gleichem Dampfdrucke und gleicher Leistung eine wesentlich geringere Menge Speisewasser verbrauchen, wenn die Anlage mit einem Überhitzer versehen ist, und der Maschine überhitzter, leichterer Dampf mit ungeschmälertem Druck und ohne Wassergehalt zuströmt. Demzufolge wird auch der Kohlenverbrauch der Anlage ein wesentlich geringerer sein. Da der gesättigte Dampf stets etwas Wasser und mit diesem feine Schlammteilchen aus dem Kessel herüberführt, so ist weiter zu erwarten, daß eine mit überhitztem, also reinem Dampfe betriebene Maschine weit weniger Abnutzung erleidet als eine mit gesättigtem Dampfe gespeiste Maschine.

Durch Versuche mit derartigen, durch überhitzten Dampf betriebene Maschinen wurde denn auch die größere Sparsamkeit des Kohlenverbrauchs festgestellt. Andererseits ergab sich aber, daß diese Maschinen schon bei mäßiger Überhitzung des Dampfes ungemein rasch und stark abgenutzt wurden. Der überhitzte, durchaus trockene und sehr heiße Dampf zersetzte und verflüchtigte nicht nur die Schmiermittel, so daß es sehr schwer war, die vom Dampfe berührten und bewegten Teile, wie Kolben, Schieber u. a. in Stand zu halten, er zerstörte auch in kurzer Zeit die Dichtungen. Die mit gesättigten Dampfe betriebenen Maschinen erwiesen sich daher in bezug auf Lebensdauer weit überlegen. Die Anwendung des überhitzten Wasserdampfes für den Maschinenbetrieb trat infolgedessen wieder in den Hintergrund, und es wurde eine größere Sparsamkeit im Wasser- und Kohlenverbrauche zunächst auf einem anderen Wege, nämlich durch die Anwendung höheren Dampfdruckes und die weitere Vervollkommnung der Dampfmaschine mit Erfolg erzielt.

Erst seit 1890 ist man wieder auf die Verwendung des überhitzten Dampfes zurückgekommen. Man hat inzwischen gelernt, alle mit dem überhitzten Dampfe verbundene Schwierigkeiten durch eine zweckmäßigere Bauart der Maschinen und die Verwendung geeigneter Schmier- und Dichtungsmittel zu überwinden. Die Überhitzung des Dampfes wird neuerdings bis auf 350° C getrieben, und sind hiermit Ersparnisse an Brennstoff bis zu 30 Prozent erzielt worden.

In kleineren und älteren Dampfmaschinen wird in der Regel noch gesättigter Dampf verwendet und für diesen gelten auch die in den Tabellen enthaltenen Zahlen. Der bei besseren großen Dampfmaschinen zur Verwendung kommende Dampf ist aber zumeist überhitzt.

Zweiter Abschnitt.

Die Brennstoffe und ihre Verbrennung.

Inhalt: Die gebräuchlichen Brennstoffe; ihre Zusammensetzung. — Die Verbrennung der Körper; die Entzündungstemperatur. — Die unvollständige und vollständige Verbrennung des Kohlenstoffes; die Verbrennung des Wasserstoffes. — Die Verbrennungswärmen des Kohlenstoffes und Wasserstoffs. — Die erforderlichen theoretischen Luftmengen. Der Einfluß des Luftüberschusses auf die Ausnutzung der Wärme; die Verbrennungstemperatur. — Das Verhalten der Brennstoffe bei ihrer Verbrennung. Die Verbrennung der aus dem frischen Brennstoffe sich entwickelnden Gase; die Verbrennung des entgasten Brennstoffs. Die Zusammensetzung der dem Schornstein entströmenden Gase. — Der Hauptsatz von der Verbrennung. — Die Heizkraft der Brennstoffe; freier und gebundener Wasserstoff.

Im Dampfkesselbetriebe wird beabsichtigt, auf möglichst billige Weise große Dampfmengen für die weitere Verwendung in Dampfmaschinen oder zu Koch=, Heiz= und andere Zwecken zu erzeugen. Es ist daher zunächst erforderlich, die zur Erzeugung dieser Dampfmengen erforderlichen Wärmemengen auf dem einfachsten und billigsten Wege zu gewinnen. Auf welche verschiedene Weisen Wärme gewonnen werden kann, ist bereits im ersten Abschnitte, Seite 1 gezeigt worden. Unter den dort aufgeführten Mitteln ist das einzige, für die Wärmeerzeugung im großen Maßstabe verwendbare die Verbrennung geeigneter Stoffe, die in der Natur in großen Mengen vorkommen, dementsprechend billige sind und Brennstoffe genannt werden.

In unseren Gegenden finden als Brennstoffe vorzugsweise die Steinkohle, die Braunkohle, der Torf und das Holz Verwendung. Daneben ist der Koks zu nennen.

Die Steinkohlen sind die Überreste von vorweltlichen Wäldern, die vor Jahrtausenden durch große Erdumwälzungen in das Innere der Erde gebettet wurden und nun durch die Bergwerke zu ihrer Nutzbarmachung wieder empor gefördert werden. Die Braunkohlen sind Überreste gleicher Art, aber jüngeren Alters.

Die Stein= und Braunkohlen teilt man nach verschiedenen Gesichtspunkten in Sorten ein. Je nach der Stückgröße, in welcher der Schacht die Kohle verkauft, unterscheidet man Stückkohle, Nußkohle und klare

Kohle, Staubkohle oder Schlemme. Je nach der Flammenbildung beim Verbrennen nennt man sie eine kurzflammige Kohle, wenn sie mit kurzer Flamme verbrennt, eine langflammige, wenn sie recht lange Flammen bildet. Weiter unterscheidet man bei den Steinkohlen magere oder Sandkohle von fetter oder backender Kohle. Die magere Kohle zerspringt beim Verbrennen in viele kleine Stücke. Die fette Kohle bäckt zusammen, schmilzt und bildet einen zähen Brei, der sich aufbläht. Für den Dampfkesselbetrieb eignen sich am besten Sorten, die mit ihren Eigenschaften zwischen den mageren und fetten liegen, also bei dem Verbrennen ruhig liegen bleiben, sich lose an einander hängen, aber nicht schmelzen. Man nennt dieses Verhalten sintern und solche Kohle Sinterkohle. Auch Bezeichnungen wie Kesselkohle, Schmiedekohle und Gaskohle, welche die Verwendungszwecke andeuten, zu denen sich die Kohlensorte besonders eignet, werden gebraucht.

In neuerer Zeit wird auch mehr und mehr aus klaren Steinkohlen und stark wasserhaltigen Braunkohlen durch Pressen hergestellte Preßkohle (Brikette) verwendet.

Koks endlich ist der Rückstand der Stein- und Braunkohlen, wenn diese durch Erhitzen ihrer flüchtigen Gase und Öle beraubt werden, wie dies in Gasanstalten, die Leuchtgas darstellen, oder in Kokereien geschieht, die Koke zu Schmelzzwecken bereiten.

Als Torf bezeichnet man die Überreste von vermoderten Pflanzen, die sich auf sumpfigem Boden abgelagert haben. Ist die Torfschicht stark genug geworden, so wird die Masse abgestochen, in Ziegelform gebracht und getrocknet, um dann als Brennstoff zu dienen.

Das Holz ist für die Dampfkesselheizung in der Regel zu teuer und wird meistens nur in der Form von Abfallstücken, Sägespähnen und Lohe als Brennstoff verwendet.

Prüft der Chemiker in seinem Laboratorium einen Körper z. B. ein Stück Kohle auf seine Zusammensetzung, so stößt er zuletzt auf einfache Körper oder Stoffe, die sich nicht weiter zerlegen lassen. Man nennt solche einfache Körper Urstoffe oder Elemente. Durch die Untersuchung der verschiedenartigsten Körper hat sich ergeben, daß in der Natur im ganzen gegen 70 verschiedene Urstoffe oder Elemente vorkommen. Als Elemente sind anzusehen die verschiedenen Metalle wie das Eisen, Kupfer, Zinn, Quecksilber usw., ferner Stoffe wie der Schwefel, Phosphor und andere.

Von der Zusammensetzung der Brennstoffe sowie den Eigenschaften und dem Verhalten ihrer Elemente hängt nun auch in erster Linie die Menge der bei der Verbrennung entwickelten Wärme ab.

Die Zahl der in den Brennstoffen enthaltenen Elemente ist ziemlich beträchtlich. Man gibt indessen gewöhnlich nur die Elemente besonders an, die für die Wärmeerzeugung von Bedeutung sind, während man die übrigen, meistens in geringeren Mengen vorkommenden, keine Wärme erzeugenden Bestandteile zusammenfaßt. Von diesem Gesichtspunkte aus betrachtet sind die wichtigsten Elemente und die Hauptbestandteile der Brennstoffe: der Kohlenstoff, der Wasserstoff und der Sauerstoff, endlich außer einer geringen Menge Stickstoff und Schwefel eine Anzahl von Elementen, die bei der Verbrennung erdige und salzige Rückstände bilden und als solche den Namen Asche führen.

Die gebräuchlichen Brennstoffe, deren Sorten selbstverständlich außerordentlich verschiedene Zusammensetzung aufweisen, enthalten in 100 kg bei mittlerer Güte etwa folgende Bestandteile:

Zusammensetzung der Brennstoffe:

100 kg Brennstoffe enthalten:	kg Kohlenstoff	kg Wasserstoff	kg Sauerstoff	kg Stickstoff, Schwefel und Asche
Westfälische Steinkohle . . .	80,9	3,1	7,1	8,9
Schlesische Steinkohle	73,7	4,7	13,9	7,7
Zwickauer Steinkohle*) . . .	72,4	5,0	15,8	6,8
Steinkohle des Plauenschen Grundes*)	59,3	4,0	13,9	22,8
Böhmische Braunkohle . . .	49,0	6,6	38,5	5,9
Erdige Braunkohle	34,5	7,8	51,4	6,3
Koks	90,0	0,0	0,0	10,0
Torf (lufttrocken)	42,0	7,1	45,9	5,0
Holz (lufttrocken)	39,6	6,6	52,8	1,0

Der Kohlenstoff ist ein fester Körper, den die Natur in reinem Zustand in zwei völlig verschiedenen Formen darbietet, nämlich als Graphit und als Diamant. Beide Körper lassen sich außerordentlich schwer verbrennen. Eine dritte Form des Kohlenstoffes bildet den Hauptbestandteil der Holzkohle, des Kokes und der Kohlen sowie der gesamten Pflanzenwelt und ist leichter brennbar. Die Holzkohle ist nahezu reiner derartiger Kohlenstoff.

Der Wasserstoff ist ein farbloses und geruchloses Gas, dabei das leichteste aller Gase und brennbar. Er verbrennt mit schwachleuchtender, aber sehr heißer Flamme.

Der Sauerstoff und der Stickstoff sind ebenfalls farblose und geruchlose Gase, die uns die Natur in ganz gewaltigen Mengen zur Verfügung stellt. So ist die atmosphärische Luft im wesentlichen ein Gemisch dieser beiden Gase, und zwar enthalten immer 100 kg Luft 23,3 kg Sauer-

---

*) Mittelwerte nach Stein, Untersuchung der Steinkohlen Sachsens.

stoff und 76,7 kg Stickstoff. In den Brennstoffen kommt der Stickstoff in verschwindend kleinen Mengen vor.

Der **Schwefel** ist wie der Kohlenstoff ein fester und brennbarer Körper. Die Brennstoffe enthalten ihn indessen in so geringen Mengen, daß er für die Wärmeerzeugung von untergeordneter Bedeutung ist.

Die aus den übrigen Bestandteilen der Brennstoffe sich bildende **Asche** beträgt dagegen bei geringwertigen Kohlensorten oftmals beinahe die Hälfte des Kohlengewichtes. Sie ist eine tote, nutzlose Masse, in zusammengeschmolzenem Zustand heißt sie **Schlacke**. Je mehr Asche oder Schlacke ein Brennstoff zurückläßt, desto schlechter oder geringwertiger ist er, und desto weniger Wärme wird von ihm bei seiner Verbrennung entwickelt.

Die brennbaren, fast sämtliche Wärme allein erzeugenden Elemente der Brennstoffe sind nun der Kohlenstoff und der Wasserstoff.

Alle brennbaren Körper entwickeln bei ihrer Verbrennung unter Lichterscheinungen oder Flammenbildungen eine bestimmte, mehr oder weniger große Wärmemenge. Die Verbrennung besteht aber immer in einer Verbindung des brennbaren Körpers mit dem Sauerstoffe. Durch diese Verbindung entstehen neue Körper, gewöhnlich eine gewisse Menge von Verbrennungsgasen, und in diesen ist die entwickelte Wärme enthalten.

Um eine Verbrennung herbeizuführen, genügt es meistens nicht, den zu verbrennenden Körper mit dem Sauerstoff in Berührung zu bringen. Der brennbare Körper muß vielmehr erst auf eine genügend hohe Temperatur, die sogenannte **Entzündungstemperatur** gebracht werden, ehe die Verbrennung oder die Verbindung mit dem Sauerstoffe vor sich geht. Es ist aber in der Regel nur notwendig, die Verbrennung an einer einzigen Stelle des brennbaren Körpers einzuleiten. An die benachbarten Teilchen wird dann schon so viel Wärme abgegeben, daß sie ebenfalls auf die Entzündungstemperatur gelangen und nun selbst verbrennend die Verbrennung weiter fortpflanzen.

Die Verbrennung oder die Verbindung des Kohlenstoffes mit dem Sauerstoffe kann auf zwei verschiedene Arten stattfinden. Entweder verbindet sich 1 kg Kohlenstoff mit $1\frac{1}{3}$ kg Sauerstoff und es entstehen $2\frac{1}{3}$ kg Kohlenoxydgas, oder es verbinden sich 1 kg Kohlenstoff mit $2\frac{2}{3}$ kg Sauerstoff und bilden $3\frac{2}{3}$ kg Kohlensäure. Eine weitere Verbindung zwischen Kohlenstoff und Sauerstoff ist nicht bekannt.

Das im ersten Fall entstandene Kohlenoxydgas ist wieder ein farbloses, geruchloses, noch brennbares und sehr giftiges Gas. Es verbrennt mit schöner, blauer Flamme, wobei eine weitere beträchtliche Menge Wärme entwickelt wird. Die im zweiten Falle gebildete Kohlensäure aber ist ein farbloses, nicht mehr brennbares Gas von stechend säuerlichem Geruch und Geschmacke.

Da das Kohlenoxydgas bei Zuführung einer weiteren Menge von Sauerstoff noch zu Kohlensäure verbrannt werden kann, so wird die Ver=

Die Verbrennungswärme.

brennung des Kohlenstoffes zu Kohlenoxydgas die **unvollständige** genannt, während man die sofortige Verbrennung des Kohlenstoffes zu Kohlensäure als **vollständige** bezeichnet.

Der Wasserstoff verbindet sich bei der Verbrennung nur in einem einzigen bestimmten Verhältnisse mit dem Sauerstoff. Es kommen immer auf 1 kg Wasserstoff 8 kg Sauerstoff und entstehen 9 kg **Wasserdampf**.

Der Wasserdampf, ein durchsichtiger, farbloser, luftartiger Körper, ist mithin nichts anderes als das Verbrennungsergebnis des Wasserstoffes, das sich durch Abkühlung in die tropfbar flüssige Form überführen läßt und dann die Gestalt des für den Dampfkesselbetrieb so wichtigen Wassers annimmt.

In gleicher Weise, wie man die Wärmemengen ermittelt hat, die zur Verdampfung des Wassers erforderlich sind, hat man nun auch durch genaue Versuche die Wärmemengen bestimmt, die bei der Verbrennung des Kohlenstoffes und Wasserstoffes entwickelt werden. Man nennt sie die **Verbrennungswärmen** dieser Körper. Die von Favre und Silbermann angestellten Versuche ergaben, daß bei der Verbrennung von 1 kg Kohlenstoff zu Kohlenoxydgas 2473 Wärmeeinheiten, bei der Verbrennung von 1 kg Kohlenstoff zu Kohlensäure 8080 Wärmeeinheiten und endlich bei der Verbrennung von 1 kg Wasserstoffgas zu Wasserdampf 34463 Wärmeeinheiten entwickelt werden, welche Wärmemengen nach der Verbrennung in den entstandenen Verbrennungsgasen aufgespeichert sind.

Bei der im Dampfkesselbetriebe auszuführenden Verbrennung wird nun aber dem Brennstoffe nicht reiner Sauerstoff zugeführt, sondern atmosphärische Luft, die, wie schon mitgeteilt, ein Gemisch von Sauerstoff und Stickstoff ist. 100 kg Luft enthalten nur 23,3 kg Sauerstoff. Man muß also bei der Verbrennung an Stelle jedes Kilogramm reinen Sauerstoffes $\frac{100}{23,3}$ = 4,29 kg Luft anwenden. Will man demnach ein Kilogramm Kohlenstoff zu Kohlenoxydgas verbrennen, so sind hierzu $1^{1}/_{3}$ × 4,29 = 5,7 kg Luft erforderlich, oder wenn die Verbrennung eine solche zu Kohlensäure sein soll, $2^{2}/_{3}$ × 4,29 = 11,4 kg Luft. Zur Verbrennung eines Kilogramm Wasserstoffgases zu Wasserdampf werden dagegen 8 × 4,29 = 34,3 kg Luft gebraucht.

Die eben berechneten Luftmengen sind die zur Verbrennung gerade nötigen und enthalten den erforderlichen Sauerstoff. Man nennt sie die **theoretisch erforderlichen Luftmengen**.

Es bedarf noch des Hinweises, daß die bei der Verbrennung mit atmosphärischer Luft entstandenen Verbrennungsgase außer dem gebildeten Kohlenoxydgase, der Kohlensäure oder dem Wasserdampf auch noch die mit der Luft zugeführten, beträchtlichen Stickstoffmengen enthalten. Diese haben zur Verbrennung nichts beigetragen und sind unverändert geblieben. Sie haben aber ebenfalls einen Teil der entwickelten Wärme aufgenommen.

Der Verbrennung des Kohlenstoffes und Wasserstoffes liegen hiernach folgende Naturgesetze zugrunde:
1. Unvollständige Verbrennung des Kohlenstoffes zu Kohlenoxydgas: 1 kg Kohlenstoff + 5,7 kg Luft = 6,7 kg Verbrennungsgase; in diesen enthaltene Wärme = 2473 Wärmeeinheiten.
2. Vollständige Verbrennung des Kohlenstoffes zu Kohlensäure: 1 kg Kohlenstoff + 11,4 kg Luft = 12,4 kg Verbrennungsgase; in diesen enthaltene Wärme = 8080 Wärmeeinheiten.
3. Verbrennung des Wasserstoffes zu Wasserdampf: 1 kg Wasserstoff + 34,3 kg Luft = 35,3 kg Verbrennungsgase; in diesen enthaltene Wärme = 34462 Wärmeeinheiten.

Zur Erzielung eines möglichst sparsamen Brennstoffverbrauches wird man im Dampfkesselbetriebe bestrebt sein müssen, die Verbrennung des Brennstoffes so zu gestalten, daß möglichst große Wärmemengen erzeugt werden. Dies ist aber offenbar nur der Fall, wenn aller im Brennstoff enthaltene Kohlenstoff zu vollständiger Verbrennung gelangt. Denn in diesem Falle werden von jedem Kilogramm des Kohlenstoffes 8080 Wärmeeinheiten erhalten, während die unvollständige Verbrennung nur 2473 liefert und mithin den bedeutenden Verlust von 5607 Wärmeeinheiten nach sich zieht. Um eine vollständige Verbrennung des im Brennstoff enthaltenen Kohlenstoffes zu erzielen, muß der Heizer demnach dafür sorgen, daß jedem Kilogramm dieses Kohlenstoffes nicht weniger als 11,4 kg Luft zugeführt wird. In gleicher Weise soll auch aller im Brennstoff enthaltene Wasserstoff verbrannt werden. Dies ist aber nur möglich, wenn jedes Kilogramm mit 34,3 kg Luft bedacht wird.

In den gebräuchlichen Feuerungen wird der aus größeren oder kleineren Stücken bestehende Brennstoff zumeist auf einem Rost ausgebreitet und die zur Verbrennung erforderliche Luft durch die Brennstoffschicht geführt. Auf dem Wege durch die Zwischenräume der Brennstoffstücke treten nun bei weitem nicht alle in der zugeführten Luft enthaltenen Sauerstoffteilchen an den Brennstoff heran, ein mehr oder weniger großer Teil des Sauerstoffs bleibt wirkungslos. Die vollständige Verbrennung läßt sich daher auch nicht mit der theoretisch erforderlichen Luftmenge durchführen, sondern dem Brennstoffe muß wesentlich mehr Luft zugeführt werden, oder der Heizer muß, wie man sagt, mit einem gewissen Luftüberschusse arbeiten.

Nun ist es aber auf der anderen Seite durchaus nicht ratsam, in der guten Absicht, mit Sicherheit eine vollständige Verbrennung zu erzielen, den Luftüberschuß beliebig groß zu machen. Ein einfaches Beispiel wird die Schädlichkeit eines zu großen Luftüberschusses überzeugend darlegen.

Es seien drei verschiedene Dampfkesselanlagen vorhanden. In der ersten werde der Brennstoff mit der theoretisch erforderlichen Luftmenge vollständig verbrannt, in der zweiten mit dem Doppelten, in der dritten aber mit dem Dreifachen dieser Luftmenge. Um die Sache zu vereinfachen, werde als Brennstoff reiner Kohlenstoff angenommen, was etwa einer Feuerung mit Holzkohle oder Koks entsprechen würde. Aus jedem Kilogramm Brennstoff werden mithin in der ersten Anlage $1 + 11{,}4 = 12{,}4$ kg, in der zweiten $1 + 2 \times 11{,}4 = 23{,}8$ kg, in der dritten aber $1 + 3 \times 11{,}4 = 35{,}2$ kg Verbrennungsgase gebildet.

In diesen drei verschiedenen Gasmengen findet sich natürlich immer dieselbe Wärmemenge vor, die das Kilogramm Kohlenstoff bei seiner Verbrennung entwickelt hat, das sind 8080 Wärmeeinheiten. Dann enthält 1 kg der Verbrennungsgase bei der ersten Anlage $\frac{8080}{12{,}4} = 652$ Wärmeeinheiten, bei der zweiten Anlage nur $\frac{8080}{23{,}8} = 339$ Wärmeeinheiten, bei der dritten aber gar nur $\frac{8080}{35{,}2} = 229$ Wärmeeinheiten.

Es wurde schon oben (Seite 5) gezeigt, daß man die jedem Kilogramm eines zu erwärmenden Körpers zuzuführende Wärmemenge sehr einfach findet, wenn man die Wärmemenge, die für die Temperaturerhöhung um einen °C erforderlich ist, mit der gewünschten Temperaturerhöhung in Celsiusgraden vervielfältigt.

Ebenso leicht kann nun auch berechnet werden, welche Temperaturen die aus dem Brennstoff und der zugeführten Luft entstandenen Verbrennungsgase unmittelbar nach der Verbrennung besitzen. Man findet sie, wenn man die nach der Verbrennung in einem Kilogramm der Gase enthaltene Wärme durch die Wärmemenge teilt, die eine Temperaturerhöhung um einen °C zu erzeugen imstande war, und nennt die so berechneten Temperaturen die Verbrennungstemperaturen.

Durch Versuche ist nun ermittelt worden, daß jedem Kilogramm der bei der Verbrennung gebildeten Verbrennungsgase, um deren Temperatur um einen °C zu erhöhen, etwa 0,25 Wärmeeinheiten zugeführt werden müssen.

Wird die dargelegte Berechnungsweise auf die drei gedachten Dampfkesselanlagen angewendet, und werden hierbei der Einfachheit halber die Temperaturen, die der Brennstoff und die Luft vor der Verbrennung besaßen, zu °C angenommen, so erhält man für die erste Anlage eine Verbrennungstemperatur von $\frac{652}{0{,}25} = 2608°$ C, für die zweite eine solche von $\frac{339}{0{,}25} = 1356°$ C, für die dritte endlich eine solche von $\frac{229}{0{,}25} = 916°$ C.

In den drei verschiedenen Kesselanlagen sollen nun die zur Verfügung stehenden Verbrennungsgase gleich gut ausgenützt werden, d. h. die Gase sollen bis auf etwa 250° C abgekühlt werden, ehe sie in den Schornstein treten. Diese angenommene Schornsteintemperatur findet man, nebenbei bemerkt, meistens bei guten Kesselanlagen vor.

Der Einfluß, den die drei verschiedenen, bei der Verbrennung zugeführten Luftmengen auf die Nutzbarmachung der entwickelten Wärme ausgeübt haben, ist nunmehr leicht zu erkennen.

Immer ist die von einem Kilogramm des Brennstoffs gelieferte Wärmemenge dieselbe, das sind 8080 Wärmeeinheiten. Zieht man von dieser Wärmemenge diejenige ab, welche die von einem Kilogramm Brennstoff gebildeten Verbrennungsgase mit sich in den Schornstein nehmen, so erhält man offenbar, abgesehen von einigen Nebenverlusten, die Wärmemenge, die in den Kessel gegangen ist und eine ihr entsprechende Menge Wasser in Dampf verwandelt hat.

In der ersten Anlage sind aus jedem Kilogramm Kohlenstoff 12,4 kg Verbrennungsgase gebildet worden, die mit 250° C in den Schornstein gehen. Folglich beträgt die in ihnen noch enthaltene Wärmemenge $12{,}4 \times 0{,}25 \times 250 = 775$ Wärmeeinheiten, und es sind in den Kessel $8080 - 775 = 7305$ Wärmeeinheiten oder $\frac{7305}{8080} = 90$ Prozent der entwickelten Wärme gebracht worden.

Bei der zweiten Anlage enthalten die in den Schornstein tretenden 23,8 kg Verbrennungsgase noch $23{,}8 \times 0{,}25 \times 250 = 1487$ Wärmeeinheiten, und beträgt die in den Kessel gegangene Wärmemenge $8080 - 1487 = 6593$ Wärmeeinheiten, mithin nur $\frac{6593}{8080} = 81$ Prozent der entwickelten Wärme oder 9 Prozent weniger wie in der ersten Anlage.

In der dritten Anlage endlich führen die 35,2 kg Verbrennungsgase $35{,}2 \times 0{,}25 \times 250 = 2200$ Wärmeeinheiten mit sich fort, und sind nur $8080 - 2200 = 5880$ Wärmeeinheiten oder $\frac{5880}{8080} = 72$ Prozent der entwickelten Wärme in den Kessel gegangen. Dies ergibt der ersten Anlage gegenüber einen Mehrverlust von 18 Prozent.

Oder anders ausgedrückt: Sind in der ersten Anlage mit einer gewissen Brennstoffmenge 90 kg Dampf erzeugt worden, so beträgt die mit der gleichen Brennstoffmenge erzielte Dampfmenge in der zweiten Anlage nur 81 kg, in der dritten aber gar nur 72 kg.

Zur besseren Übersicht sind die erhaltenen Zahlen in die kleine Tabelle Seite 25 gebracht worden.

Noch größere Unterschiede treten zutage, wenn Verbrennungsversuche mit verschiedenen Luftmengen an ein und derselben Kesselanlage vorgenommen werden, da kleinere Gasmengen bei gleichem Wärmegehalte sich viel weiter abkühlen als größere, und die hieraus sich ergebende niedrigere Schornsteintemperatur einen noch geringeren Schornsteinverlust zur Folge hat. Jedenfalls ist ersichtlich, daß die Menge der bei der Verbrennung des Kohlenstoffes zugeführten Luft auf die Ausnutzung der entwickelten Wärme einen ganz wesentlichen Einfluß ausübt. Die Erzeugung einer verhältnismäßig geringen Menge von Verbrennungsgasen mit hoher Temperatur erweist sich am vorteilhaftesten.

Es ist selbstverständlich, daß bei der Zugrundelegung des Wasserstoffes und dessen Verbrennung mit verschiedenen Luftmengen sich ganz gleichartiges ergeben muß.

Der Einfluß des Luftüberschusses.

Verbrennung von 1 kg Kohlenstoff zu Kohlensäure	Luftzuführung		
	Die theoretisch erforderliche Luftmenge	Das Doppelte der theoretisch erforderlichen Luftmenge	Das Dreifache der theoretisch erforderlichen Luftmenge
Menge der entstandenen Verbrennungsgase	12,4 kg	23,8 kg	35,2 kg
Entwickelte Wärmeeinheiten . .	8080	8080	8080
Verbrennungs-Temperatur der Gase	2608° C	1356° C	916° C
Schornsteintemperatur	250° C	250° C	250° C
In den Kessel gebrachte Wärmeeinheiten	7305	6593	5880
Verlust durch den Schornstein in Prozenten	10 %	19 %	28 %

Im Dampfkesselbetriebe hat man es nun nicht mit der Verbrennung von einfachem Kohlenstoff und Wasserstoff zu tun, sondern mit der Verbrennung von Brennstoffen, das heißt Körpern, die in sehr verschiedener Weise aus Kohlenstoff, Wasserstoff und zahlreichen anderen Urstoffen oder Elementen zusammengesetzt sind. Die Verbrennung dieser zusammengesetzten Körper geht in folgender Weise vor sich:

Nachdem der aus größeren oder kleineren Stücken bestehende Brennstoff auf einer Platte, die mit zahlreichen Öffnungen versehen ist und Rost genannt wird, ausgebreitet worden ist, wird er entzündet und nun mit Hilfe eines Schornsteins oder auf andere Weise ununterbrochen atmosphärische Luft herbeigeholt und gezwungen, durch die Rostöffnungen hindurch zu dem Brennstoffe zu strömen. Die Verbrennung setzt sich fort, und der Brennstoff wird allmählich verzehrt und umgewandelt. Die brennbaren Bestandteile des Brennstoffes verbinden sich hierbei mit dem Sauerstoffe der Luft zu verschiedenen Gasarten, die entweichen, während die unverbrennlichen Bestandteile als Asche oder Schlacke zurückbleiben. Der verzehrte Brennstoff muß schließlich durch frischen ersetzt, die Asche und Schlacke müssen von Zeit zu Zeit entfernt werden.

Der Brennstoff wird in einer mehr oder weniger hohen Schicht auf dem Roste ausgebreitet. Die einzelnen Brennstoffstücke lassen hierbei zwischen sich zahlreiche Lücken und Hohlräume, durch die sich die zuströmende Luft winden muß. Sie prallt daher auf ihrem Wege häufig an Brennstoffstücke, die in ihrem Wege liegen, und ist dann gezwungen, sich um diese zu bewegen. Hierdurch wird aber erreicht, daß immer wieder neue Sauerstoffteilchen mit dem Brennstoffe in Berührung kommen und an der Verbrennung wirksamen Anteil nehmen.

Der der Feuerung zugeführte frische Brennstoff ist kalt und muß erst erhitzt werden, ehe er sich entzündet und von selbst weiter brennt. Die hierzu erforderliche Wärme liefert der bereits in lebhafter Verbrennung befindliche Brennstoff. Während und infolge dieser Erhitzung entweicht nun zunächst das in dem meistens feuchten Brennstoff enthaltene Wasser als Wasserdampf. Hierauf wird das im Brennstoffe befindliche Wasserstoffgas ausgetrieben, und werden bei allen Brennstoffen, mit Ausnahme des Kokes und der Holzkohle, längere oder kürzere Zeit hindurch an der Oberfläche und im Inneren des Brennstoffstückes neben Kohlenoxydgas eine große Menge von brennbaren Gasen und Dämpfen gebildet, die in verschiedener Weise aus Kohlenstoff und Wasserstoff zusammengesetzt sind und Kohlenwasserstoffe heißen. Dieses Gasgemisch ist nichts anderes als rohes Leuchtgas. Die in ihm enthaltenen und verdichteten, also flüssig gewordenen Dämpfe nennt man Teer.

Die im Innern des Brennstoffstückes sich bildenden Gase und Dämpfe zertreiben dieses oft mit großer Gewalt und brechen aus ihm in Strahlen hervor, oder sie blähen es auf, wenn der Brennstoff eine backende oder schmelzende Kohle ist. Durch diese Vorgänge wird aber ein wichtiger Zweck erfüllt. Das Brennstoffstück wird zerkleinert, aufgelockert oder porös gemacht, und der Luft das Eindringen in den Brennstoff zum Zwecke der weiteren Verbrennung erleichtert.

Damit das gebildete, aus Wasserstoff, Kohlenoxydgas und Kohlenwasserstoffen, also lauter brennbaren Körpern bestehende Gemisch verbrennen kann, muß es mit der zu seiner Verbrennung nötigen Luftmenge versehen und vermischt, alsdann aber entzündet, also auf die erforderliche Entzündungstemperatur gebracht werden. Sind alle diese Bedingungen erfüllt, so tritt eine vollkommene Verbrennung des Gemisches ein, und es entsteht aus dem Wasserstoffe Wasserdampf und aus dem Kohlenoxydgase Kohlensäure, während die Kohlenwasserstoffe in ihre Bestandteile, Kohlenstoff und Wasserstoff, zerfallen und ebenfalls zu Kohlensäure und Wasserdampf verbrennen. Bei der Verbrennung der Kohlenwasserstoffe bilden sich lange, leuchtende Flammen, deren Leuchten von dem in der Flamme schwebenden, fein verteilten, glühenden Kohlenstoff verursacht wird.

Wird das Gemisch zwar hoch genug erhitzt, um sich zu entzünden, ihm aber weniger Luft zugeführt, als zur Verbrennung nötig ist, so verbrennt zwar der Wasserstoff und ein Teil des Kohlenoxydes und der Kohlenwasserstoffe. Ein anderer Teil dieser Gase und Dämpfe bleibt aber unverbrannt oder verbrennt insofern mangelhaft, als von den Kohlenwasserstoffen nur der leichter verbrennliche Wasserstoff zur Verbrennung gelangt, während der von diesem Wasserstoffe getrennte Kohlenstoff als Ruß ausgeschieden wird und in Form einer weithin sichtbaren schwarzen

Rauchwolke dem Schornstein entquillt. Die Verbrennung des Gemisches ist dann eine **unvollkommene**. Daß hierdurch die Wärmeentwickelung geschmälert wird und Verluste herbeigeführt werden, liegt auf der Hand.

Wird das Gemisch von brennbaren Gasen und Dämpfen aber gar nicht bis zur Entzündungstemperatur erhitzt, so entweicht es **unverbrannt als Rauch**. Es führt dies zu einem noch größeren Verluste, weil eine beträchtliche Menge der im Brennstoffe schlummernden Wärme infolge der unterbliebenen Verbrennung gar nicht zur Entwickelung kommt.

Das von dem frischen Brennstoff entwickelte Gemisch von Gasen und Dämpfen liefert bei seiner vollkommenen Verbrennung selbstverständlich eine ganz bestimmte Menge Wärme. Es ist ohne weiteres klar, daß die Verbrennung des Gemisches mit einem **unnötig großen Luftüberschusse** die Nutzbarmachung der gewonnenen Wärme in ähnlicher Weise nachteilig beeinflussen wird, wie dies für den Kohlenstoff nachgewiesen wurde.

Also auch die aus dem frischen Brennstoffe sich entwickelnden Gase und Dämpfe müssen stets vollkommen, aber mit mäßigem Luftüberschusse verbrannt werden, wenn die in diesen brennbaren Körpern schlummernde Wärme vollständig entwickelt und ihre Ausnutzung eine möglichst weitgehende werden soll.

Sind aber nun alle jene Gase und Dämpfe aus dem frisch zugeführten Brennstoffe ausgetrieben worden, so besteht er in der Hauptsache nur noch aus Kohlenstoff und den später die Asche oder Schlacke bildenden Bestandteilen und ist demnach ein dem Koks oder der Holzkohle ganz ähnlicher Körper geworden.

In der den Rost bedeckenden, jetzt durchweg glühenden Brennstoffschicht geht die Verbrennung in folgender Weise vor sich:

Unmittelbar über dem Rost und in dem untersten Teile der Brennstoffschicht ist der Sauerstoff in großem Überflusse vorhanden. Der vorhandene Kohlenstoff verbrennt daher zu Kohlensäure. Dem nächst höheren Teile der Schicht strömt also ein Gemisch von Kohlensäure und Luft zu. Dieses Gemisch ist aber sauerstoffärmer wie die Luft. Es findet nun zwar in diesem Schichtteile, da immer noch sehr viel Sauerstoff vorhanden ist, einerseits eine weitere Verbrennung des Kohlenstoffes zu Kohlensäure statt. Andererseits bildet sich aber auch bei der Berührung zwischen Kohlenstoff und Kohlensäure durch Aufnahme von Kohlenstoff Kohlenoxydgas, das sich von neuem mit Luft mischt und mit derem Sauerstoffe noch innerhalb oder auch außerhalb der Brennstoffschicht wieder zu Kohlensäure verbrennt. Dieser Vorgang setzt sich von Schichtteil zu Schichtteil fort.

Man kann durch Versuche nachweisen, daß bei der Umwandelung der Kohlensäure in Kohlenoxydgas Wärme verbraucht wird. Die Menge dieser Wärme ist aber genau so groß wie die, welche bei der Verbrennung des Kohlenoxydes zu Kohlensäure erzeugt wird. Spielen sich daher diese beiden Vorgänge nacheinander ab, so wird hierbei weder Wärme gewonnen noch verloren, und das Endergebnis an Wärme ist genau dasselbe wie bei der einmaligen, unmittelbaren Verbrennung des Kohlenstoffes zu Kohlensäure.

Nun soll die Verbrennung des Kohlenstoffes stets eine vollständige mit mäßigem Luftüberschusse sein. Dann muß aber die Verbrennung in der glühenden Brennstoffschicht offenbar so erfolgen, daß aller Kohlenstoff und auch alles gebildete Kohlenoxydgas zu Kohlensäure verbrennen, und daß schließlich nur wenig freier Sauerstoff übrig bleibt. Hierzu ist wieder die Zuführung einer richtig bemessenen Menge Luft die Grundbedingung.

Ist dagegen die Luftzuführung eine zu geringe, so wird der entgaste Brennstoff nur teilweise zu Kohlensäure verbrannt. Der andere Teil verbrennt aber unvollständig, d. h. zu Kohlenoxydgas, das nicht weiter zu Kohlensäure verbrennen kann, weil es an Sauerstoff fehlt, und es wird dann weniger Wärme entwickelt, als bei vollständiger Verbrennung erhalten werden könnte*).

Ist endlich die Luftzuführung eine zu reichliche, so wird zwar die verfügbare Wärme vollständig entwickelt, aber die Ausnützung der entwickelten Wärme eine weniger gute.

Der entgaste Brennstoff, der in der Hauptsache aus Kohlenstoff und Asche besteht, muß also ebenfalls vollständig, aber mit mäßigem Luftüberschusse verbrannt werden, wenn die in ihm noch enthaltne Wärme vollständig entwickelt und diese Wärme möglichst ausgenützt werden soll.

Die Gase, die dem Schornstein entströmen, werden demnach bei der besten Verbrennung immer zusammengesetzt sein aus Kohlensäure, etwas Wasserdampf, dessen Menge nach dem Aufgeben frischen Brennstoffes am größten ist und mit der fortschreitenden Entgasung dieses Brennstoffes immer mehr abnimmt, einer geringen Menge von überschüssigem Sauerstoff und endlich dem mit der Luft zugeführten Stickstoffe. Der Stickstoff hat zur Verbrennung nicht das geringste beigetragen, ja, er ist sogar schädlich, denn er nimmt einen beträchtlichen Teil der entwickelten Wärme, der verloren geht, mit sich in den Schornstein. Seine Anwesenheit ist aber nicht zu umgehen.

Wenn dagegen die Verbrennung auf dem Roste eine mangelhafte oder fehlerhafte ist, so enthalten die dem Schornstein entströmenden Gase außer Kohlensäure, Wasserdampf und Stickstoff entweder noch un-

---

*) Nach Hempel hängt die Art der Verbrennung des Kohlenstoffs weniger von der Luftmenge, als von der Temperatur der Verbrennung ab. Bei Rotglut bildet sich vorwiegend Kohlensäure, bei Weißglut vorwiegend Kohlenoxydgas, das mit der überschüssigen Luft zu Kohlensäure verbrennt. Da die Dampfkesselfeuerungen stets mit Luftüberschuß arbeiten, so findet man in den Verbrennungen tatsächlich nur geringe Mengen Kohlenoxydgas vor.

verbranntes Kohlenoxydgas, unverbrannte Kohlenwasserstoffe als Rauch und unverbrannten Kohlenstoff in Gestalt von Ruß, oder auch viel überschüssige Luft.

Die Ergebnisse der bisherigen Erörterungen lassen sich in folgendem Satz zusammenfassen:

Soll die in dem Brennstoffe schlummernde Wärme bei der Verbrennung völlig zur Entwicklung kommen und so weit als möglich nutzbar gemacht werden, so hat der Heizer dafür zu sorgen, daß es nie an der zur Verbrennung erforderlichen Entzündungstemperatur fehlt, und daß dem Brennstoffe stets eine ausreichende Menge Luft zugeführt wird, damit der Wasserstoff zu Wasserdampf und aller Kohlenstoff vollständig zu Kohlensäure verbrennen kann. Die Luftzuführung ist indessen auf das unbedingt notwendige Maß zu beschränken, weil jedes Übermaß von Luft sofort zu Verlusten führt.

In diesem wichtigen Satze liegt nun die ganze Kunst des sparsamen Heizens verborgen, und aus ihm lassen sich auch alle die Regeln ableiten, die zu befolgen sind, wenn man mit einer bestimmten Menge Brennstoff möglichst viel Wasser in Dampf verwandeln will.

Die Wärmemenge, die bei der vollkommenen Verbrennung eines Kilogramm Brennstoffs entwickelt wird, nennt man seine Heizkraft. Sie kann ebenso durch Versuche ermittelt werden, wie dies mit den Verbrennungswärmen des Kohlenstoffes und des Wasserstoffes durch Favre und Silbermann geschehen ist.

Aber auch auf einem zweiten Wege läßt sich die Heizkraft eines Brennstoffes bestimmen. Ist nämlich die Zusammensetzung des Brennstoffes bekannt, so kann die bei vollkommener Verbrennung zu erwartende Wärme im voraus berechnet werden.

Für den im Brennstoff enthaltenen Kohlenstoff ist die Rechnung eine sehr einfache. Denn so viele Kilogramm Kohlenstoff in 100 kg Brennstoff enthalten sind, so viel mal 8080 Wärmeeinheiten werden bei seiner Verbrennung zu Kohlensäure entwickelt.

Bei dem Wasserstoff ist dagegen zu berücksichtigen, daß nicht das volle, im Brennstoff enthaltene Gewicht in Rechnung gezogen werden darf. Es ist nämlich nur ein Teil des Wasserstoffes als sogenannter freier Wasserstoff vorhanden, während der andere, unfreie oder gebundene, mit dem vollen Sauerstoffgehalte des Brennstoffes verbunden ist und das im Brennstoff enthaltene Wasser bildet. Nun besteht aber bekanntlich das Wasser aus einem Gewichtsteile Wasserstoff und 8 Gewichtsteilen Sauerstoff. Wird demnach die im Brennstoff enthaltene Sauerstoffmenge durch 8 geteilt, so ergibt dies die Wasserstoffmenge, die mit dem Sauerstoffe des Brennstoffes zu Wasser verbunden ist.

Die gebundene Wasserstoffmenge kann erst eine freie werden, wenn das in Dampfform übergegangene Wasser des Brennstoffes einer sehr hohen Temperatur ausgesetzt wird, unter welchen Umständen es in seine Bestandteile Wasserstoff und Sauerstoff zerfällt. Bei dieser Zersetzung wird aber Wärme verbraucht, deren Menge genau so groß ist, wie die bei der Verbrennung des Wasserstoffes zu Wasserdampf sich entwickelnde. Wird daher erst Wasserdampf zersetzt, und nachher der erhaltene Wasserstoff wieder verbrannt, so kann hierbei, ähnlich wie bei der Bildung von Kohlenoxydgas aus Kohlensäure und der nachherigen Wiederverbrennung dieses Gases zu Kohlensäure, ebensowenig Wärme gewonnen wie verloren werden.

Soll die aus dem Wasserstoffgehalte des Brennstoffes zu erwartende Wärmemenge berechnet werden, so muß also die an den Wassergehalt des Brennstoffes gebundene Wasserstoffmenge von der gesamten abgezogen, und darf nur der übrigbleibende, freie Wasserstoff in Rechnung gebracht werden, von dem dann jedes Kilogramm bei seiner Verbrennung 34462 Wärmeeinheiten erwarten läßt. Die zur Verdampfung des im Brennstoff enthaltenen Wassers erforderliche Wärmemenge ist dagegen als Verlust in Betracht zu ziehen.

Die bei der Verbrennung des Brennstoffes zu erwartende Wärmemenge oder seine Heizkraft ergibt sich schließlich als die Summe der aus dem Kohlenstoff und dem freien Wasserstoffe berechneten Wärmemengen, vermindert um die zur Verdampfung des Wassergehaltes erforderliche Wärmemenge.

Die im vierten Abschnitte mitgeteilte Tabelle enthält in der zweiten Spalte die berechneten Heizkräfte der gebräuchlichen Brennstoffe, und zwar für je ein Kilogramm bei mittlerer Güte.

Dritter Abschnitt.

Das sparsame und rauchfreie Heizen.

Inhalt: Ableitung der Regeln für das sparsame und rauchfreie Heizen: 1. Das Vorbereiten des Brennstoffes (geeignete Stückgröße). 2. Das Aufschichten des Brennstoffes (Schichthöhe). 3. Das Heizen nach dem Dampfverbrauche (Zusammenhang zwischen Luftmenge, Rostgröße und Schichthöhe). 4. Das Zuführen des frischen Brennstoffes. 5. Das Schüren und Abschlacken. 6. Die Betriebspausen und die Einstellung des Betriebes. — Zusammenstellung der Regeln. — Die Gewährung von Heizerprämien; Wettheizversuche.

An der Hand des im zweiten Abschnitte gewonnenen Satzes lassen sich nunmehr folgende Regeln für das sparsame und zugleich möglichst rauchfreie Heizen ableiten:

I. Damit möglichst viele der in der Luft enthaltenen Sauerstoffteilchen an der Verbrennung teilnehmen, ist es notwendig, die in mehr oder weniger starken Strahlen durch die Brennstoffschicht strömende Luft mit einer genügend großen Brennstoffoberfläche in Berührung zu bringen. Große Brennstoffstücke bieten aber im Verhältnisse zu ihrem Gewichte der Luft nur wenig Oberfläche dar und lassen zwischen sich weite Zwischenräume. Eine große Anzahl Sauerstoffteilchen der hierdurch gebildeten, dicken Luftströme kommt daher mit dem Brennstoffe gar nicht in Berührung und nimmt an der Verbrennung keinen Anteil. Soll trotz dieser ungünstigen Umstände der Sauerstoff der Luft möglichst ausgenützt und eine Verbrennung mit zu großem Luftüberschusse vermieden werden, so ist dies nur durch die Herstellung und Unterhaltung einer sehr hohen Schicht großer Brennstoffstücke zu erreichen.

Die Unterhaltung einer hohen Schicht großer Brennstoffstücke ist aber recht beschwerlich. Es ist offenbar zweckmäßiger, den Brennstoff in kleineren Stücken zu verwenden, die müheloser nach jedem beliebigen Punkte des Rostes gebracht werden können. Die kleineren Stücke besitzen auch im Verhältnisse zu ihrem Gewichte weit mehr Oberfläche, lassen zwischen sich nur enge Zwischenräume und teilen die Luft in dünnere Ströme, infolgedessen der Sauerstoff der Luft viel rascher aufgezehrt wird. Je kleiner die Stücke sind, um so günstiger werden die Verhältnisse und um so niedriger kann die Brennstoffschicht sein.

Der sorgsame Heizer wird also Kohle, die vom Schachte in großen Stücken geliefert wird, stets vor dem Aufgeben zerkleinern, und zwar im allgemeinen bis zu einem Grade, bei dem das Durchfallen durch die Rostspalten noch hinreichend verhindert wird, d. h. bis zu Ei= oder Faust= größe. Nur bei Kohle, die stark schmilzt und zusammenbäckt sowie bei mangelhaftem Zug infolge unzureichenden Schornsteins sind größere, weniger zusammenbackende und größere Zwischenräume lassende Stücke zu verwenden, um der Luft den Durchgang durch die Brennstoffschicht zu erleichtern.

Damit aber schließlich alle Brennstoffstücke möglichst gleich gut und rasch verbrennen, müssen sie vom Heizer in nahezu gleicher Größe dem Feuer zugeführt werden.

II. Sind Stellen des Rostes unbedeckt, so strömt durch sie eine Menge Luft ein, die unwirksam bleibt und den Luftüberschuß unnötiger= weise vermehrt. Ein solcher Zustand ist natürlich schädlich. Der Heizer muß daher besorgt sein, stets alle Stellen des Rostes mit Brennstoff be= deckt zu halten.

Aber auch Ungleichheiten in der Dicke der Brennstoffschicht sind leicht nachteilig. An den zu dick belegten Stellen des Rostes fehlt es an Sauer= stoff, und wird die Verbrennung infolge von Sauerstoffmangel zu einer unvollständigen. An den zu dünn belegten Stellen kommt dagegen eine große Menge von Sauerstoffteilchen mit dem in geringer Menge vor= handenen Brennstoffe gar nicht in Berührung und trägt nichts zur Ver= brennung bei. Die Verbrennung erfolgt an diesen Stellen mit einem zu großen Luftüberschusse.

Nun kann zwar noch außerhalb der Brennstoffschicht ein Ausgleich durch die nachträgliche Verbrennung der noch brennbaren und mit der überschüssigen Luft sich mischenden Gase stattfinden. Dieser Vorgang setzt aber voraus, daß die Vermischung der Gase mit der Luft eine gute und die erforderliche Entzündungstemperatur vorhanden ist. Dies ist nicht immer zu erreichen. Es wird daher besser sein, die Verbrennung so zu gestalten, daß sie von Haus aus auf allen Teilen des Rostes zu einer gleich guten wird. Dann hat aber der Heizer dafür zu sorgen, daß alle Teile des Rostes stets gleich hoch mit Brennstoff bedeckt sind.

III. Wird einem Dampfkessel mehr Dampf entnommen, als er er= zeugt, so macht sich dies durch Sinken des Dampfdruckes bemerkbar. Der Zeiger des Dampfdruckmessers oder Manometers geht zurück. Nun ist es aber in den meisten Fällen und besonders bei der Verwendung des Dampfes zum Betriebe von Dampfmaschinen erwünscht und vorteilhaft, immer gleichmäßig mit hohem Dampfdrucke zu arbeiten. Der Heizer wird sich daher bemühen müssen, dem Sinken des Druckes durch eine dem größeren Dampfverbrauche entsprechend stärkere Dampferzeugung zu be= gegnen. Soll der Kessel aber mehr Dampf erzeugen, so muß auch mehr

Wärme entwickelt und dem Keſſel zugeführt werden. Der Heizer muß also die Verbrennung des Brennſtoffes zu beſchleunigen ſuchen. Dieſen Zweck erreicht der Heizer bekanntlich dadurch, daß er den Zug durch Heben des Eſſenſchiebers oder der Aſchenfallklappe oder durch andere künſtliche Hilfsmittel verſtärkt, wodurch dem Brennſtoffe mehr Luft zugeführt und dieſer raſcher verzehrt wird.

Vermindert ſich dagegen der Dampfverbrauch, ſo merkt dies der Heizer am Steigen des Dampfdruckes und ſchließlichen Abblaſen der Sicherheitsventile. Die Dampferzeugung iſt jetzt zu vermindern, zu welchem Zwecke der Heizer den Zug durch Herablaſſen des Eſſenſchiebers oder auf andere Weiſe zu dämpfen hat. Die Luftzuführung wird hierdurch vermindert und die Verbrennung verlangſamt.

Der gute, mit dem Brennſtoffe ſparſam umgehende Heizer wird nun beſtrebt ſein, die Verbrennung unter allen Umſtänden, mag ſie auch raſcher oder langſamer zu erfolgen haben, zu einer guten, alſo vollſtändigen, aber mit mäßigem Luftüberſchuſſe ſich vollziehenden zu geſtalten. Es ſoll gleich gezeigt werden, auf welche Weiſe dieſes Ziel zu erreichen iſt, und welche Schwierigkeiten dem Heizer die Löſung dieſer Aufgabe zuweilen unmöglich machen.

Trifft ein Sauerſtoffteilchen auf den Brennſtoff und findet an der Berührungsſtelle eine Verbrennung ſtatt, ſo muß das hierbei entſtehende Gasteilchen ſich erſt entfernt haben, ehe an demſelben Punkt ein zweiter ſolcher Vorgang ſich abſpielen kann. Der Verbrennungsvorgang erfordert eben eine gewiſſe Zeit. Damit nun möglichſt viele Sauerſtoffteilchen der durch die Brennſtoffſchicht ſtrömenden Luft an der Verbrennung teilnehmen können, muß die Brennſtoffſchicht dem Luftſtrom eine entſprechend große Oberfläche darbieten.

Wird die Luftzuführung vermehrt, ſo iſt auch die den Luftſtrömen ſich darbietende Brennſtoffoberfläche zu vergrößern. Dies kann aber bei Brennſtoffſtücken beſtimmter Größe leicht durch die Erhöhung ihrer Schicht erreicht werden.

Je größer demnach die Menge der zugeführten Luft iſt, um ſo mehr Brennſtoff wird verbrannt. Eine um ſo höhere Schicht von Brennſtoff hat aber der Heizer zu unterhalten, um immer dieſelbe gute Verbrennung zu erzielen.

Es können nun aber bei zwei verſchiedenen Feuerungen in der gleichen Zeit gleich große Luftmengen zugeführt und gleich große Mengen Brennſtoff derſelben Art gleich gut verbrannt worden ſein und trotzdem war die Höhe der Brennſtoffſchicht nicht die gleiche. Waren nämlich die Flächen der Brennſtoffſchicht oder, was dasſelbe ſagen will, die Roſtflächen verſchieden groß, ſo mußten ſogar die Schichthöhen andere ſein, wenn eine gleich gute Verbrennung erzielt werden ſollte. Denn je größer die Roſtfläche iſt, eine um ſo kleinere Luftmenge entfällt auf einen beſtimmten Teil, etwa den

Quadratmeter dieser Fläche. Eine umso geringere Schichthöhe ist aber dann anzuwenden. Bei einer kleinen Rostfläche kehrt sich dieses Verhältnis um. Es muß hier eine entsprechend höhere Brennstoffschicht unterhalten werden.

Soll also in einer gewissen Zeit eine bestimmte Menge Brennstoff gut, d. h. vollständig, aber mit mäßigem Luftüberschusse verbrannt werden, so muß der Heizer außer für die Zuführung einer richtig bemessenen Luftmenge für die beständige Unterhaltung einer Brennstoffschicht Sorge tragen, deren Höhe um so größer zu sein hat, je kleiner der Rost ist.

Es könnte jetzt die Meinung entstehen, daß es für die Erzielung einer guten Verbrennung ganz gleichgültig sei, wie groß der Rost ist, auf dem die Verbrennung stattfindet, wenn nur immer die Luft in richtiger Menge zugeführt wird und die Schichthöhe des Brennstoffes mit der Rostgröße im Einklange steht. Dies trifft jedoch nur innerhalb gewisser Grenzen zu. Weiterhin hat die Größe des Rostes auf die Güte der Verbrennung einen ganz wesentlichen Einfluß.

Die Schädlichkeit eines zu großen Rostes ist ohne weiteres klar. Soll eine bestimmte Brennstoffmenge in einer bestimmten Zeit auf einem sehr großen Roste gut verbrannt werden, so wird der Luftzutritt auf allen Teilen des Rostes nur ein schwacher sein und den Rost eine nur dünne Schicht Brennstoff bedecken müssen. Das Feuer ist dabei ein mattes, mehr glimmendes. Eine gleichmäßig dünne Brennstoffschicht ist aber sehr schwer zu unterhalten. Immer und immer wieder wird es dem Heizer begegnen, daß der Brennstoff auf einzelnen Stellen des Rostes rascher verzehrt wird oder auch ganz verschwindet. Durch die dünn belegten oder ganz leer gewordenen Stellen des Rostes strömt dann eine Menge Luft ein, die den Luftüberschuß stark vermehrt und die Ausnützung der entwickelten Wärme in nachteiliger Weise beeinflußt. Um dem Kessel die erforderliche Wärmemenge zuzuführen, muß dann weit mehr Brennstoff aufgewendet werden, als bei regelrechter Verbrennung erforderlich wäre.

Soll es demnach dem Heizer möglich sein, eine gute Verbrennung ohne zu großen Luftüberschuß zu erzielen, so darf die Fläche des Rostes, den er zu bedienen hat, nicht unnötig groß sein, damit die Höhe der Brennstoffschicht nicht unter ein gewisses Maß herab zu gehen braucht. Ist aber eine Kesselanlage mit einem zu großen Roste versehen worden, so liegt es auch in der Hand des Heizers, auf eine einfache Weise die Verbrennung zu verbessern und wesentliche Kohlenersparnisse herbeizuführen. Er hat dann nur die Rostfläche etwas zu verkleinern, und zu diesem Zweck einen Teil des Rostes mit Schamottesteinen abzudecken.

Offenbar ist es weit besser, einen kleineren Rost und eine höhere Brennstoffschicht zu benutzen, weil dann mehr Sauerstoffteilchen der zugeführten Luft an der Verbrennung teilnehmen und die Ungleichheiten der Schicht an Einfluß verlieren, so daß die Verbrennung auch an den dünner belegten

Stellen weniger leicht mit zu großem Luftüberschusse erfolgt. Dann muß aber jedem Teile des Rostes eine entsprechend größere Luftmenge zugeführt werden, oder der Zug muß entsprechend schärfer sein.

Der kleinere Rost mit weniger Rostspalten und die höhere Brennstoff= schicht haben indessen zur Folge, daß die durch den Rost und die Schicht strömende und an den Brennstoffstücken sich reibende Luft in ihrer Be= wegung auch weit mehr gehemmt wird als bei einem größeren, die Luft infolge seiner zahlreicheren Öffnungen leichter durchlassenden Rost und bei einer niedrigeren Brennstoffschicht. Setzt sich aber der Bewegung der Luft ein größerer Widerstand entgegen, so muß auch die Zugkraft des Schornsteines eine stärkere sein, um diesen Widerstand zu überwinden und die erforder= liche Luftmenge durch den Rost und die Brennstoffschicht zu treiben. Nun wächst aber, wie später noch nachzuweisen ist, die Zugkraft eines Schorn= steines außer mit der Temperatur der in dem Schornsteine befindlichen Gase mit der Menge dieser Gase, d. h. mit der Weite und Höhe des Schorn= steins. Es muß daher die Kesselanlage der erforderlichen stärkeren Zug= kraft wegen mit einem weiteren und höheren Schornsteine versehen werden.

Daß ein kleinerer Rost und schärferer Zug weit sicherer zu einer guten Verbrennung führen, wird denn auch mehr und mehr erkannt und gewürdigt, und es werden demgemäß die neueren Kesselanlagen zumeist mit kleineren Rosten und des erforderlichen schärferen Zuges wegen mit weit mächtigeren und kostspieligeren Schornsteinen ausgerüstet wie früher. Manche Anlagen werden wohl auch, wenn ein hoher Schornstein nicht anwendbar ist, mit Vorrichtungen versehen, die auf künstliche Weise scharfen Zug er= zeugen, welche Art der Zugerzeugung infolge des hieraus erwachsenden Dampf= oder Kraftverbrauches aber noch teurer zu stehen kommt als der größere Schornstein. Alle Mehrausgaben machen sich aber in der Regel schon in kurzer Zeit durch die eintretenden Brennstoffersparnisse bezahlt.

Soll demnach eine gewisse Brennstoffmenge in einer bestimmten Zeit auf einem verhältnismäßig kleinen Roste gut verbrannt werden, so ist dies nur möglich, wenn die zur Zuführung der erforderlichen Luftmenge nötige Zugkraft verfügbar ist. Fehlt es aber an dieser, so ist auch der Heizer trotz des vollgeöffneten Essenschiebers oder der Einstellung des schärfsten Zuges nicht imstande, eine regelrechte Verbrennung zu erzielen, weil ihm das Mittel fehlt, die hierzu erforderliche Luftmenge durch den Rost und die hohe Brennstoffschicht zu treiben. Die Verbrennung leidet dann an Luftmangel, und die dem Schornstein entweichenden Gase enthalten Kohlen= oxydgas, wohl auch Kohlenwasserstoffe und unverbrannten Kohlenstoff in Gestalt von Rauch und Ruß. Der Schornstein raucht infolgedessen stark. Dann ist aber auch weit mehr Brennstoff für die zu erzeugende Dampf= menge aufzuwenden, als bei guter Verbrennung erforderlich wäre.

Reichte die Zugkraft des vorhandenen Schornsteines oder der verfüg= baren Vorrichtung zur Zugerzeugung gerade noch aus, die erwünschte gute

Verbrennung auf einem zweckmäßiger bemessenen Roste durchzuführen, so müßte, um den Brennstoffverbrauch zu vermindern, der Rost durch einen größeren ersetzt werden. Genügte aber dieses Mittel allein noch nicht, so müßte überdies die Zugkraft verstärkt und zu diesem Zwecke der vorhandene Schornstein erhöht oder ein neuer, höherer und weiterer Schornstein erbaut oder endlich eine Vorrichtung zur Erzeugung noch schärferen künstlichen Zuges beschafft werden.

Auch ein zu kleiner Rost kann demnach die Verbrennung nachteilig beeinflussen und schädlich wirken.

Aus diesen Erörterungen geht mit Klarheit hervor, daß dem Heizer, wenn es ihm möglich sein soll, die Verbrennung stets zur vorteilhaftesten zu machen, einerseits ein Rost, dessen Größe der Menge des zu verbrennenden Brennstoffs angemessen ist und andererseits ein genügend hoher und weiter Schornstein oder ein anderes Hülfsmittel zur Verfügung stehen müssen, das ihn in den Stand setzt, dem Brennstoffe stets die zur Verbrennung nötige Luftmenge zuzuführen. Wie diesen Anforderungen genügt werden kann, ist bei Besprechung der Feuerungen und der Zugerzeugungsmittel zu zeigen.

Werden nun aber bei einer Anlage diese beiden Grundbedingungen für die Möglichkeit einer guten Verbrennung erfüllt, so drängt sich auch die Frage auf, in welcher Höhe denn eigentlich der Heizer den Brennstoff auf dem Roste aufzuschichten hat, um mit Sicherheit eine gute Verbrennung zu erzielen. Auf diese Frage eine bestimmte, in Maßen ausgedrückte Antwort zu geben, ist unmöglich, weil die anzuwendende Höhe der Brennstoffschicht von mehreren Umständen abhängt.

Zunächst üben die Art des Brennstoffes und dessen Verhalten bei der Verbrennung auf die erforderliche Höhe der Brennstoffschicht einen ganz wesentlichen Einfluß aus. Es ist ein großer Unterschied, ob Steinkohle oder Braunkohle oder Holz verbrannt werden soll. Jeder Brennstoff verlangt eine andere Schichthöhe. Aber auch bei den verfügbaren Sorten derselben Brennstoffart machen sich noch erhebliche Unterschiede geltend.

Dann hatte sich unter I gezeigt, daß die anzuwendende Schichthöhe von der Stückgröße des Brennstoffs abhängig ist. Je größer die einzelnen Stücke des Brennstoffs sind, eine um so höhere Schicht muß unterhalten werden.

Weiter ergab sich eben, daß die Schichthöhe sich nach der Stärke der Luftzuführung oder der Schärfe des Zuges zu richten hat, die wiederum zur Rostgröße in gewissen Beziehungen steht. Je stärker die Luftzuführung und je kleiner der Rost ist, um so schärfer wird der Zug und um so höher muß die Schicht sein.

Ist demnach die zur Erzielung einer guten Verbrennung erforderliche Schichthöhe des Brennstoffs von mehreren verschiedenen Umständen abhängig, so leuchtet ein, daß es unmöglich ist, für sie bestimmte feste Zahlen an=

zugeben. Es läßt sich indessen ein gewisser Anhalt für die Beurteilung dieser wichtigen Frage gewinnen, wenn man die Erfahrung nutzbar macht und beobachtet, welche Schichthöhen in Anlagen angewendet werden, bei denen der Brennstoff in bester Weise zur Verbrennung gelangt. Da ergibt sich denn folgendes:

Die zerkleinerte Stein= und Braunkohle wird bei gewöhnlichem durch einen Schornstein erzeugten Zuge zumeist in etwa 10 cm hoher Schicht, der gröbere Koks aber in etwa 20 cm hoher Schicht verbrannt. Die klare und leichte Braunkohle muß, damit die Luft die ziemlich dichte Schicht noch zu durchbrechen vermag, in etwas dünnerer, etwa 5 bis 8 cm hoher Schicht verbrannt werden. Hierbei hat auch der Zug ein mäßiger zu bleiben, damit nicht Brennstoff unverbrannt mit fortgerissen und zum Schornsteine hinausgeblasen wird. Bei künstlichem scharfen Zug, insbesondere bei Lokomotiven kann die Schichthöhe der Stein= und Braunkohle etwa 20 bis 25 cm betragen.

Nach den vorangegangenen wichtigen Erörterungen kann nunmehr als dritte Regel für das richtige und sparsame Heizen aufgestellt werden: Der Heizer hat die Verbrennung immer so zu leiten, daß der am Manometer sichtbar werdende Dampfverbrauch durch eine entsprechend starke Wärmeentwickelung und Dampferzeugung gedeckt wird, damit der Dampfdruck ein möglichst gleich hoher bleibt. Dabei soll die Verbrennung stets eine vollständige, aber mit mäßigem Luftüberschusse sich vollziehende sein, was der Heizer dadurch erreicht, daß er die Luftzuführung oder die Zugstärke und die Schichthöhe des Brennstoffes, die beide, je nach Bedarf, gleichzeitig zu vermehren oder zu vermindern sind, stets in das richtige Verhältnis zueinander bringt. Merkzeichen an der Stellung des Essenschiebers und ähnliche Hilfsmittel, nach denen er die Höhe der Brennstoffschicht richtet, werden ihm hierbei von großem Nutzen sein.

Es ist einleuchtend, daß die gewissenhafte Befolgung dieser Regel von dem Heizer in besonderem Maße Verständnis, Geschicklichkeit und Rührigkeit erfordert. Sein Bestreben, dieser Regel gerecht zu werden, stößt auch deshalb auf besondere Schwierigkeiten, weil sich nicht ohne weiteres erkennen läßt, ob die Luftzuführung und die Schichthöhe des Brennstoffes im richtigen Verhältnisse zueinander standen. Luftmangel macht sich zwar durch eine trübe Färbung der Flamme und stärkere Rauchbildung bemerkbar. Ein zu großer Luftüberschuß hat dagegen keine besonderen Merkzeichen und kann nur mit Hilfe besonderer Instrumente, die über die Beschaffenheit der entweichenden Heizgase, insbesondere deren Gehalt an Kohlensäure und den bei der Verbrennung angewendeten Luftüberschuß Aufschluß geben, oder durch die chemische Untersuchung der Heizgase festgestellt werden.

Solche Hilfsmittel stehen dem Heizer in der Regel nicht zur Verfügung. Hat der Heizer seine Sache aber richtig gemacht, so beweist dies schließlich der geringere Brennstoffverbrauch.

Die Sparsamkeit des Brennstoffverbrauches läßt sich am einfachsten nachweisen, wenn außer dem Brennstoff- auch der Speisewasserverbrauch beständig beobachtet und mit einander verglichen werden. Werden hierbei nicht besondere Vorrichtungen benutzt, so erwächst dem Heizer eine neue Arbeit. Alle aufgewendete Mühe macht sich indessen durch die nicht ausbleibenden, oft ganz bedeutenden Ersparnisse an Brennstoff bezahlt.

IV. Infolge der fortschreitenden Verbrennung wird der auf dem Roste befindliche Brennstoff nach und nach verzehrt. Er muß daher durch frischen ersetzt werden. Der frische Brennstoff kann entweder in Pausen oder ununterbrochen zugeführt werden.

Zumeist wird der frische Brennstoff dem Roste in Pausen und durch eine Feuertüre zugeführt, die während dieser Arbeit offensteht. Durch diese offenstehende Türe strömt eine große Menge Luft in die Feuerung, die zur Verbrennung fast nichts beiträgt, aber den Luftüberschuß stark vermehrt und hierdurch zu einem beträchtlichen Wärmeverluste führt. Der Heizer wird dahin zu streben haben, diesen Verlust auf ein möglichst geringes Maß zu beschränken. Dann darf er aber den frischen Brennstoff weder zu oft noch in zu kleinen Mengen zuführen und muß während der Brennstoffzuführung den Zug stark dämpfen, damit möglichst wenig überflüssige Luft in die Feuerung bringt. Er muß auch diese Arbeit möglichst rasch erledigen.

Bei der Zuführung des frischen Brennstoffs kann weiter auf zweierlei Weisen verfahren werden. Er wird entweder über die ganze Rostfläche gleichmäßig verteilt, oder immer nur einer Stelle des Rostes zugeführt. Das aus dem frisch zugeführten Brennstoffe, Koks und Holzkohle ausgenommen, sich längere Zeit hindurch in beträchtlichen Mengen entwickelnde Gemisch von brennbaren Gasen soll aber unter allen Umständen, wie auch die Zuführung erfolgt ist, vollständig, aber mit mäßigem Luftüberschusse verbrannt werden. Um diesen Zweck zu erreichen, ist es notwendig, den zu verbrennenden Gasen eine richtig bemessene Menge Luft zuzuführen und beizumischen und dann das Gemisch auf eine genügend hohe Temperatur zu erhitzen, damit es sich entzündet und verbrennt. In welcher Weise sich die Verbrennung des Gemisches abspielt, darüber ist Seite 26 und folgende Näheres mitgeteilt worden.

Wird nun dem Roste der frische Brennstoff in Pausen zugeführt, so stellen sich der vollständigen Verbrennung der sich entwickelnden Gase oft große Schwierigkeiten entgegen. Unter Umständen wird sie auch unmöglich.

Verteilt der Heizer den frischen Brennstoff über den ganzen Rost, und läßt er recht lange Pausen eintreten, ehe er wieder Brennstoff aufwirft, so muß er natürlich jedesmal dem Roste eine große Menge Brennstoff zuführen, der die eben noch lebhaft brennende Brennstoffschicht vollständig bedeckt, deren Flamme erstickt und fast alle von der unteren Brennstoffschicht entwickelte Wärme aufnimmt. Unter der Einwirkung dieser Wärme werden aus dem frisch zugeführten Brennstoffe mit einem Male große Mengen von Gasen entwickelt, deren Verbrennung eine vermehrte Zuführung von Luft und deren Beimischung erforderlich macht. Ist die Luftzuführung unzureichend, so verbrennen die gebildeten Gase nur zum Teil oder mangelhaft, wobei Ruß ausgeschieden wird. Weiter darf es an der erforderlichen Entzündungstemperatur nicht fehlen. Über der Brennstoffschicht ist es aber verhältnismäßig kühl geworden. Die gebildeten Gase werden daher auch gar nicht entzündet und entweichen unverbrannt. Die hierdurch entstehenden Verluste und das Rauchen des Schornsteines dauern so lange an, bis endlich aus der Brennstoffschicht die Flammen wieder hervorbrechen und die Entzündung und vollständige Verbrennung der Gase sicherstellen.

Führt der Heizer den frischen Brennstoff nur einer Stelle des Rostes zu, aber ebenfalls in längeren Pausen und in größeren Mengen, so entwickelt dieser Brennstoff infolge der Wärme, die ihm von dem daneben liegenden, hellbrennenden Brennstoff und wohl auch von den glühenden Teilen der Feuerung zugestrahlt wird, ebenfalls plötzlich eine große Menge Gase. Diesen Gasen muß wieder Luft zugeführt werden, entweder durch die Rostspalten oder auch in besonderer Weise. Wird nunmehr das Gemisch von Gasen und Luft entweder über oder durch die Flammen der hellbrennenden Schicht geleitet, oder werden diese Flammen über den frischen Brennstoff hinweggeführt, so daß sie auf das Gemisch stoßen, so wird auch die Entzündung und Verbrennung der Gase sich rascher und sicherer vollziehen wie vorhin. Die Verhältnisse liegen demnach hier günstiger wie dort. Da dem frischen Brennstoff aber hier nicht so viel Wärme zugeführt wird wie dem über den ganzen Rost ausgebreiteten, so geht die Entgasung des frischen Brennstoffs etwas langsamer vor sich.

Der Heizer, der den Brennstoff dem Roste in Pausen zuzuführen hat und bestrebt ist, die aus dem frischen Brennstoffe sich entwickelnden Gase gut zur Verbrennung zu bringen, wobei zugleich Rauch und Ruß möglichst vermieden werden, wird nun alles zu vermeiden haben, was sich diesem Bestreben hindernd in den Weg stellt. Dann darf er aber den frischen Brennstoff auch nur in kleinen Mengen zuführen, damit sich kleinere Gasmengen entwickeln, die sich leichter verbrennen lassen.

Streut er den frischen Brennstoff über die ganze Rostfläche, so muß er ferner nach dem Aufgeben des Brennstoffs den Zug etwas verstärken, damit den sich entwickelnden Gasen die zu ihrer Verbrennung nötige Luft zugeführt wird. Ist die Gasentwicklung beendet und der Brennstoff in Glut gekommen, so ist der Zug auf das zur Verbrennung des entgasten Brennstoffs erforderliche Maß wieder zu vermindern.

Führt der Heizer den frischen Brennstoff nur einer Stelle des Rostes zu, so muß er auch hier dafür sorgen, daß den sich entwickelnden Gasen die zu ihrer Verbrennung erforderliche Luft beitritt, sich mit ihnen mischt und das Gas- und Luftgemisch Gelegenheit findet, sich zu entzünden. Wie diesen Erfordernissen genügt werden kann, wird noch bei der Besprechung der Feuerungen zu erörtern sein. Mit der fortschreitenden Entgasung des Brennstoffs ist dann der Zug wieder zu vermindern.

Wie bereits angedeutet wurde, bietet das erste Verfahren den Vorteil, daß die Verbrennung und die Dampferzeugung sich rascher verstärken lassen, das zweite aber den, daß die Verbrennung sich leichter zu einer vollständigen und möglichst rauch- und rußfreien gestalten läßt.

Wird dem Roste der frische Brennstoff in Pausen zugeführt, so erwächst dem Heizer noch eine andere Aufgabe. Innerhalb einer solchen Pause nimmt natürlich die Höhe der Brennstoffschicht allmählich ab. Der Heizer wird dafür zu sorgen haben, daß auch unter diesen Umständen die Luftzuführung oder die Zugstärke mit der Höhe der Schicht im Einklang bleibt. Er wird also den Zug in gleichem Maße, wie die Höhe der Schicht abnimmt, **zu dämpfen haben**.

Nunmehr ergibt sich als weitere Regel für das sparsame und zugleich rauchfreie Heizen, daß der in Pausen zuzuführende Brennstoff **weder in zu großen, noch in zu kleinen Mengen** auf den Rost zu bringen ist. Wird er durch eine Tür zugeführt, so ist während des Aufwerfens die Luftzuführung zu vermindern oder der Zug zu dämpfen. Die ganze Arbeit ist auch möglichst rasch zu erledigen.

Damit die aus dem Brennstoffe sich nunmehr entwickelnden Gase gut verbrennen können, ist die Luftzuführung oder der Zug entsprechend zu **verstärken** oder auch diesen Gasen in besonderer Weise Luft zuzuführen und beizumischen. Mit der fortschreitenden Entgasung des frischen Brennstoffs und dem Niederbrennen der Schicht ist die Luftzuführung wieder entsprechend zu vermindern.

Wird der frische Brennstoff ununterbrochen zugeführt, so werden auch ununterbrochen nur kleine Gasmengen entwickelt, deren regelrechte Verbrennung keine so großen Schwierigkeiten bereitet. Bei allen besseren rauchfreien Feuerungen, die später zu besprechen sind, wird daher in der Regel der frische Brennstoff in dieser Weise zugeführt.

V. Das Zusammenbacken der Brennstoffstücke, das gewissen Steinkohlensorten eigen ist, stört die Verbrennung. Der Luft wird hierdurch der Zutritt zur Oberfläche der Brennstoffstücke abgeschnitten und die zugeführte Luft nur ungenügend ausgenutzt. Die Verbrennung erfolgt dann mit einem zu großen Luftüberschuß. Auf manchen Stellen des Rostes hört die Verbrennung wohl auch ganz auf. Die Wärmeerzeugung wird dann unzureichend. Die Brennstoffschicht muß daher von Zeit zu Zeit aufgelockert werden.

Die auf den Brennstoffstücken und dem Roste sich ablagernde Asche verwehrt ebenfalls der Luft den Zutritt zum Brennstoff und ist der Verbrennung hinderlich. Sie muß daher von Zeit zu Zeit entfernt werden.

Bei geeigneter chemischer Zusammensetzung und ausreichend hoher Temperatur kommt die Asche auch zum Schmelzen und bildet dann kleinere oder größere Schlackenstücke. Diese toten, dem Brennstoffe den Platz raubenden Massen haben zur Folge, daß die Schicht, wenn noch eine gute Verbrennung erzielt werden soll, entsprechend höher unterhalten werden muß. Geschieht dies nicht, so vollzieht sich die Verbrennung mit einem zu großen Luftüberschusse. Die höhere Schicht setzt aber dem Durchströmen der Luft mehr Widerstand entgegen, als die niedrigere Schicht reinen Brennstoffes. Dann liegt aber die Gefahr nahe, daß Luftmangel eintritt. An den stark mit Schlacken durchsetzten Stellen der Brennstoffschicht wird überdies die Verbrennung so weit beeinträchtigt, daß die Wärmeentwicklung den Wärmebedarf nicht mehr zu decken vermag. Die Schlacke muß daher ebenfalls von Zeit zu Zeit entfernt werden.

Das Auflockern des Brennstoffes und das Entfernen der Asche, die durch die Rostspalten fällt, werden bekanntlich mit dem Schüreisen vorgenommen, das eine meißelartige Spitze besitzt, mittels dessen der Heizer die Brennstoffschicht aufhebt, vorsichtig durchstößt und zerteilt. Zu dem Entfernen der Schlacke bedient sich der Heizer eines eisernen Hakens oder einer Krücke.

Durch das Schüren und Abschlacken wird die regelrechte Verbrennung empfindlich gestört. An diese Arbeiten darf daher nicht unnötig oft gegangen werden.

Bei den meisten Feuerungseinrichtungen werden das Schüreisen und die Schlackenkrücke durch die Feuertür oder durch besondere, zu diesem Zwecke angebrachte Türen eingeführt. Durch diese Türen strömt während des Schürens und Abschlackens viel Luft ein, die zur Verbrennung fast nichts beiträgt, den Luftüberschuß aber stark vermehrt. Um den Zutritt überflüssiger Luft zu beschränken, muß daher der Heizer mit dem Schüren und Abschlacken sich möglichst beeilen und während dieser Arbeiten den Zug stark dämpfen oder fast ganz abstellen.

Hat der Heizer das Schüren und Abschlacken erledigt und ist das Feuer wieder in Ordnung, so strahlt es von allen Teilen des Rostes wieder gleichmäßig hell nach dem Aschenfalle herab.

VI. Vor den Arbeitspausen ist die Dampferzeugung rechtzeitig einzuschränken und mit Beendigung des Tagesbetriebes ganz einzustellen. Die Luftzuführung ist dementsprechend allmählig zu vermindern und Brennstoff nur noch in dem zur Unterhaltung des Feuers während der Pausen erforderlichen Maße zuzuführen. Es ist einleuchtend, daß der Heizer zu streben hat, auch unter diesen Verhältnissen der unter III. entwickelten Regel gerecht zu werden, d. h. den Zug und die abnehmende Höhe der Brennstoffschicht in das richtige Verhältnis zu setzen.

Die bisher gewonnenen Regeln für das sparsame und rauchfreie Heizen lassen sich nunmehr in folgende Sätze zusammenfassen:

1. Der Brennstoff, insbesondere die Kohle, ist vor seiner Verwendung bis zu geeigneter Stückgröße (Ei- oder Nußgröße, bei schmelzender und backender Kohle Faustgröße) zu zerkleinern.
2. Alle Teile des Rostes müssen möglichst gleich hoch mit Brennstoff bedeckt werden.
3. Die Wärmeerzeugung und Dampfentwickelungen sollen mit dem Dampfverbrauch immer gleichen Schritt halten, damit der Dampfdruck stets auf der zulässigen Höhe bleibt. Der Heizer hat daher die Luftzuführung und die Höhe der Brennstoffschicht dem am Manometer sichtbar werdenden Bedürfnis entsprechend zu vermehren oder zu vermindern. Zwischen Zugstärke und Schichthöhe muß der Heizer aber unter allen Umständen ein solches Verhältnis herzustellen suchen, bei dem der Brennstoff vollständig, aber mit mäßigem Luftüberschusse verbrennt.

   Hat der Heizer verstanden, immer das richtige Verhältnis herzustellen, so zeigt sich dies am sparsameren Brennstoffverbrauch. Um die Sparsamkeit des Brennstoffverbrauchs festzustellen, müssen die Menge des verbrauchten Brennstoffes und die des verdampften Wassers beständig beobachtet und miteinander verglichen werden.
4. Wird der frische Brennstoff der Feuerung in Pausen zugeführt, so hat dies öfters und in mäßigen Mengen zu geschehen. Erfolgt die Zuführung durch eine offenstehende Feuertüre, so ist während dieser Arbeit der Zug zu dämpfen. Die Arbeit muß auch möglichst rasch erledigt werden.

   Streut der Heizer den frischen Brennstoff über den ganzen Rost, so muß er, damit die aus dem Brennstoffe sich entwickelnden Gase regelrecht verbrennen, nach dem Aufgeben den Zug so lange entsprechend verstärken, als die Gasentwickelung andauert. Legt er dagegen den frischen Brennstoff immer nur an eine bestimmte Stelle des Rostes, so muß er dafür sorgen, daß den sich entwickelnden Gasen eine richtig bemessene Menge Luft zugeführt und beigemischt und daß das Gas- und Luftgemisch dann auch entzündet wird und verbrennt.

Die Regeln für sparsames und rauchfreies Heizen.

Ist der Brennstoff entgast, so ist der Zug wieder zu vermindern oder die besondere Luftzuführung einzustellen.

5. Das sich von Zeit zu Zeit nötig machende Schüren des Feuers und das Abschlacken dürfen nicht zu oft vorgenommen werden. Werden die hierbei benutzten Werkzeuge durch offenzuhaltende Türen eingeführt, so sind diese Arbeiten möglichst rasch zu erledigen, und ist während der Arbeiten der Zug stark zu dämpfen oder fast ganz abzustellen.

6. Vor den Arbeitspausen ist das Feuer rechtzeitig zu mäßigen und mit Schluß des Tagesbetriebes ganz einzustellen.

Der Heizer muß bemüht sein, auch unter diesen Umständen der unter 3. aufgestellten Regel gerecht zu werden, d. h. die abnehmende Höhe der Brennstoffschicht und den Zug in das richtige Verhältnis zu setzen.

Ein Rückblick auf die gewonnenen Regeln, die jeder Heizer sich einzuprägen hat, läßt ohne weiteres erkennen, daß ihre gewissenhafte Befolgung vom Heizer ein ganz bedeutendes Maß von Aufmerksamkeit, Geschicklichkeit und Fleiß fordert. Die Meinung, daß das Heizen auch vom ersten besten Tagelöhner verrichtet werden könnte, welche Ansicht man leider noch oft genug und selbst bei gebildeten Kesselbesitzern vorfindet, ist daher eine völlig verkehrte. Ein Heizer, der seine Pflicht schon zu erfüllen glaubt, wenn er die Feuerung in größeren Zwischenräumen mit Brennstoff vollstopft, wird nichts weniger, als sparsam mit diesem umgehen. Was der Kesselbesitzer dann am Heizerlohn spart, geht zehnfach am Brennstoffe verloren.

Stellt nun aber das sparsame Heizen an die Geschicklichkeit und Rührigkeit des Heizers so hohe Anforderungen, so sollte auch der Kesselbesitzer dem tüchtigen Heizer die wohlverdiente Anerkennung nicht vorenthalten. Ein dem Heizer an den durch seine Bemühungen erzielten Kohlenersparnissen bewilligter Anteil gereicht auch dem Kesselbesitzer zum Vorteil. Die Gewährung von Heizerprämien kann daher nicht warm genug empfohlen werden. Die Feststellung des Kohlenverbrauchs, die Beschaffung eines Wassermessers zur Ermittlung des Speisewasserverbrauches und eine dem Heizer für die aus diesen Beobachtungen sich ergebenden Ersparnisse gewährte Vergütung machen sich glänzend bezahlt.

Die Sparsamkeit des Heizens wird nun im allgemeinen durch die Ziffer:

$$\frac{\text{erzeugte Dampfmenge}}{\text{verbrauchte Brennstoffmenge}},$$

beide in kg für denselben Zeitraum, etwa eine Woche, gekennzeichnet, welche Ziffer angibt, wie viel kg Wasser der Heizer mit einem kg

Brennstoff durchschnittlich verdampft hat. Für jede Erhöhung dieser Ziffer würde dem Heizer eine bestimmte Vergütung zu gewähren sein.

Dieses Verfahren setzt allerdings einen Brennstoff von nahezu gleich bleibender Güte und einen gleichmäßigen Betrieb voraus. Ist aber der Betrieb starken Schwankungen unterworfen und zu gewissen Zeiten ein verstärkter, so reicht es nicht mehr zu. Denn je mehr Dampf dieselbe Kesselanlage zu liefern hat, desto mehr Brennstoff muß auf dem Roste verbrannt und um so größere Heizgasmengen müssen erzeugt werden, die aber, wie im nächsten Abschnitte sich zeigen wird, mit wesentlich höherer Temperatur in den Schornstein gehen. Die Anlage arbeitet dann weniger sparsam und die dem Heizer zu gewährende Vergütung vermindert sich.

Andererseits erwächst auch dem Heizer aus dem stärkeren Betrieb, insbesondere wenn er den Rost mit der Hand zu beschicken hat, wesentlich mehr Arbeit. Es wäre unbillig, ihm diese Mehrarbeit nicht auch zu vergüten.

Die Leistung des Heizers bemißt sich unter diesen Verhältnissen zutreffender durch den Ausdruck

$$\frac{\text{Dampfmenge}}{\text{Brennstoffmenge}} + \frac{\text{stündliche Dampfmenge}}{\text{Heizfläche}}.$$

Die erste Größe kennzeichnet wieder die Ausnutzung des Brennstoffs. Die zweite Größe gibt dagegen an, wie viel Dampf von jedem Quadratmeter Heizfläche des Kessels durchschnittlich stündlich erzeugt worden ist, oder was der Kessel zu leisten hatte. Was unter Heizfläche eines Dampfkessels zu verstehen ist, wird im nächsten Abschnitte noch erörtert werden. Für die vermehrte Dampferzeugung ist also dem Heizer ebenfalls eine Vergütung zu gewähren.

Die Festsetzung der dem Heizer zu gewährenden Vergütung wird ein Beispiel verständlicher machen:

Ein Flammenrohr-Dampfkessel werde mit Zwickauer Steinkohle beheizt. Der Kessel besitze 100 qm Heizfläche. Es seien in einer Woche mit 60 vollen Arbeitsstunden 12520 kg Steinkohle verbrannt und 83500 kg Wasser verdampft worden.

Aus diesen Zahlen ergibt sich zunächst, daß mit einem Kilogramm Brennstoff $\frac{83500}{12520} = 6{,}7$ kg Dampf erzeugt worden sind. Im nächsten Abschnitte findet sich die Angabe, daß mit einem Kilogramm Zwickauer Steinkohle wenigstens 5,4 kg Wasser verdampft werden können. Der Heizer hat 1,3 kg Wasser mehr verdampft. Es könnten ihm daher für jedes weitere Zehntel neben dem vereinbarten festen Wochenlohn etwa $^1/_2$ Mk., insgesamt also 6,5 Mk. vergütet werden.

Andererseits ergibt sich eine Leistung des Kessels für den Quadratmeter Heizfläche in der Stunde von $\frac{83500}{60 \cdot 100} = 13{,}8$ kg Dampf. Nach dem siebenten Abschnitte kann ein Flammenrohrkessel bis zu 20 kg Dampf, jedenfalls aber bequem 15 kg Dampf liefern. Der Betrieb war also kein angestrengter. Eine besondere Anstrengung, die eine weitere Vergütung rechtfertigte, ist dem Heizer nicht erwachsen.

Der Betrieb habe sich aber infolge Erweiterung der Fabrik erheblich verstärkt. Es haben in einer Woche 19 700 kg Steinkohle verbrannt werden müssen und seien 114 000 kg Dampf erzeugt worden. Dann ergibt sich für das Kilogramm Steinkohle eine Dampfmenge von 5,8 kg und für das Quadratmeter Heizfläche stündlich eine solche von 19,0 kg. Aus der Ausnutzung der Kohle würde sich für den Heizer nur noch eine Vergütung von $4 \times 0,5 = 2,0$ Mk. ergeben. Nunmehr würde der Heizer für die vermehrte Dampferzeugung zu entschädigen sein, die sich um 4 kg über die als Mindestmaß anzunehmende erhoben hat. Werden für 1 kg mehr etwa 1,0 Mk. gewährt, so ergibt sich eine Gesamtvergütung von $2,0 + 4,0 = 6,0$ Mk.

Die angegebenen Vergütungssätze von $^1/_2$ Mk. für jedes Zehntel Kilogramm mehr Dampf aus 1 kg Kohle und von 1 Mk. für jedes Kilogramm mehr Dampf für das Quadratmeter Heizfläche stündlich sind willkürlich gewählte. Es empfiehlt sich, sie in jedem Einzelfalle den vorliegenden besonderen Verhältnissen anzupassen. Insbesondere ist zu unterscheiden, ob dem Heizer durch die vermehrte Dampferzeugung auch tatsächlich mehr Arbeit erwächst. Bei der Beschickung des Rostes mit der Hand ist dies der Fall, weniger bei mechanischen Feuerungen, bei denen die Kohle dem Roste durch Maschinenkraft zugeführt wird. Es kann aber nicht schwer fallen, in jedem Falle eine angemessene, auch den Veränderungen im Betriebe Rechnung tragende Vergütungsweise ausfindig zu machen.

Eine andere Vergütungsweise besteht darin, dem Heizer für den höheren, einen geringeren Luftüberschuß anzeigenden Kohlensäuregehalt oder für die niedrigere Temperatur der Schornsteingase eine Vergütung zu gewähren. Dieses Verfahren setzt sinnreiche Vorrichtungen voraus, die ununterbrochen den Kohlensäuregehalt (Adosapparate) oder die Temperatur der abziehenden Heizgase messen und aufzeichnen. Die Festsetzung der Vergütung wird immerhin Schwierigkeiten bereiten. Das zuerst angegebene Verfahren, mit dem zugleich ein Urteil über die Betriebsverhältnisse der Anlage gewonnen wird, dürfte vorzuziehen sein.

Wie außerordentlich verschieden aber selbst alte, gediente Heizer die Kohle ausnützen, zeigte ein Wettheizversuch, den der verstorbene Direktor des Magdeburger Dampfkessel-Revisionsvereins, Weinlig, schon im Jahre 1885 veranstaltete. An dem Versuche nahmen 11 geübte Heizer teil. Jeder Heizer feuerte einen Tag lang unter gleichen Verhältnissen, und erhielten die drei besten Heizer, die am sparsamsten und zugleich rauchlosesten feuerten, Geldpreise zugesichert. Da ergab sich denn die merkwürdige Tatsache, daß der erste Heizer mit einem Kilogramm Steinkohle 6,89 kg, der sechste 5,64 kg und der elfte nur 4 kg Wasser verdampfte, wobei der erste das 3,1 fache, der sechste das 3,8 fache, der elfte aber das 5,1 fache der theoretisch erforderlichen Luftmenge zugeführt hatte. Bei dem ersten Heizer entwichen die Heizgase mit 233⁰ C, bei dem sechsten mit 250⁰ C und bei dem elften mit 298⁰ C in den Schornstein. Die Ergebnisse der übrigen Heizer sind der Kürze halber weggelassen worden.

Auch Oberingenieur Haage fand an einer Kesselanlage in den Leistungen zweier Heizer unter völlig gleichen Verhältnissen einen Unterschied von 30%.

Aus diesen Zahlen ist jedenfalls ersichtlich, welche großen Unterschiede im Dampfkesselbetriebe zutage treten, und wie vorteilhaft es sein muß, den Heizer durch Anteilnahme an den Brennstoffersparnissen zu größerem Eifer und bester Leistung anzuspornen.

Vierter Abschnitt.

Die Dampfkessel und ihre Benutzung zur Dampferzeugung.

Inhalt: Das Wesen des Dampfkesselbetriebes, der Dampfkessel, seine Heizfläche. — Der Übergang der Wärme von den Heizgasen an die Kesselwandungen und von diesen an den Wasserinhalt des Kessels, Gegenstrom. Die Wichtigkeit der Heizflächengröße; die Beziehungen zwischen Heizfläche und Dampferzeugung, der Einfluß des Dampfdruckes. — Die Abführung der Heizgase, der Schornstein. — Die Ausnutzung der Heizkraft der Brennstoffe, Verluste, das Nässen des Brennstoffes, die theoretische und die wirkliche Verdampfung. — Die Ermittelung des geeigneten Brennstoffes, die Verdampfungsziffer; der Preis des Dampfes.

Bei der Verbrennung des Brennstoffes wird, wie im zweiten Abschnitte gezeigt wurde, Wärme entwickelt, deren Menge, außer von der Menge des Brennstoffes, von dessen Zusammensetzung, der Menge der zugeführten Luft und der mehr oder weniger vollkommenen Art und Weise der Verbrennung abhängt. Es entsteht hierbei eine entsprechende Menge von Gasen, auch Feuergase oder Heizgase genannt, in denen die erzeugte Wärme enthalten ist.

Im Dampfkesselbetriebe wird die in den Heizgasen enthaltene Wärme zur Erzeugung von gespannten Wasserdämpfen benutzt. Man bedient sich hierzu der Dampfkessel. Unter einem Dampfkessel versteht man demnach ein aus einem oder mehreren Teilen bestehendes, allseitig geschlossenes Gefäß, in dem in der Regel aus Wasser durch die Einwirkung von Wärme gespannte Dämpfe erzeugt werden.

Damit die Heizgase ihre Wärme an den Kessel abzugeben vermögen, legt man die Feuerung möglichst nahe an den Kessel und läßt auch von den Gasen einen Teil der innerlich vom Wasser bespülten Kesselwandungen berühren. Die in dieser Weise der Einwirkung der Heizgase zugänglich gemachte Kesseloberfläche nennt man die Heizfläche des Kessels. Man berechnet sie und drückt sie in Quadratmetern aus.

An die Wandungen des Kessels geht nun die Wärme der Heizgase teils durch Strahlung, teils durch Leitung über. Der in der Nähe des Feuers gelegene Teil des Kessels nimmt den Hauptteil der entwickelten Wärme und zwar im wesentlichen durch Strahlung auf. In den sogenannten Feuerzügen oder Heizkanälen, in denen die Heizgase an die Kesselwandungen herantreten und sie berühren, wird ein weiterer Teil der Wärme durch Leitung übertragen.

Während nun die Kesselwandungen die strahlende Wärme ungemein rasch aufnehmen, ist zur Aufnahme der leitenden Wärme stets eine bestimmte, längere oder kürzere Zeitdauer erforderlich. Damit nämlich die zahlreichen Teilchen der in den Zügen eingeschlossenen Heizgase ihre Wärme an die Kesselwandungen abzugeben vermögen, muß jedes von ihnen eine gewisse Zeit lang die Kesselwandung berühren. Je mehr Heizgasteilchen die Kesselwandung zu gleicher Zeit berühren, desto rascher wird den Heizgasen ihre Wärme entzogen. Die bereits wirksam gewesenen Teilchen müssen aber auch wieder entfernt werden und müssen neuen heißeren Teilchen Platz machen, die nunmehr die Kesselwandungen berühren und wirksam werden. Nun werden im Dampfkesselbetrieb ununterbrochen neue Heizgasmengen gebildet, denen nicht nur ihre Wärme zu entziehen ist, sondern die auch schließlich zu entfernen sind. Beide Aufgaben werden gleichzeitig erfüllt, wenn man die Heizgase an den Kesselwandungen entlang ziehen und dann in einen Schornstein treten läßt, der sie abführt.

Damit auch unter diesen Verhältnissen die Heizgase ihre Wärme möglichst vollständig an die Kesselwandungen abzugeben vermögen, werden folgende Hilfsmittel angewendet:

Um Zeit für die Berührung zu gewinnen, sorgt man dafür, daß die Geschwindigkeit, mit der die Gase am Kessel hinziehen, eine mäßige bleibt. Dies wird einfach dadurch erreicht, daß man den Feuerzügen einen genügend großen Querschnitt gibt oder sie genügend weit macht.

Damit jedes Heizgasteilchen Gelegenheit findet, die Kesselwandungen wiederholt zu berühren, läßt man weiter die Heizgase einen recht langen Weg am Kessel entlang nehmen und ordnet zu diesem Zwecke nicht nur einen, sondern mehrere Feuerzüge an, die die Heizgase nacheinander durchziehen.

Damit möglichst viele Teilchen gleichzeitig die Kesselwandungen berühren, führt man auch die Heizgase in recht dünnen Strahlen am Kessel entlang. Dieser Gedanke wird in ausgesprochenster Weise bei den Kesseln der Lokomotiven verwertet, bei denen man die Heizgase durch eine große Anzahl ziemlich enger Röhren ziehen läßt. Hiermit wird in der Tat eine ganz vorzügliche Wärmeübertragung erzielt.

Damit immer wieder neue Heizgasteilchen an die Kesselwandungen herantreten, läßt man endlich die Heizgase entweder in den Zügen eine wirbelnde Bewegung annehmen oder sie möglichst oft senkrecht auf die Kesselwandungen stoßen. Solche Bewegungserscheinungen stellen sich zwar bis zu einem gewissen Grade von selbst ein. Durch eine geeignete Form der Kesselwandungen und Züge können sie indessen außerordentlich gefördert werden.

Der Übergang der Wärme an den Kessel.

Im Dampfkesselbetriebe werden in der Regel mehrere dieser angeführten Hilfsmittel gleichzeitig angewendet.

Damit weiterhin die Wärme durch die Kesselwandungen recht rasch geleitet wird, stellt man die Kessel aus guten Wärmeleitern her. Hierzu eignen sich vortrefflich die in dieser Beziehung den ersten Rang einnehmenden Metalle, die zugleich die weitere gute Eigenschaft besitzen, dem im Kessel herrschenden Dampfdruck infolge ihrer großen Festigkeit einen starken Widerstand entgegen zu setzen und hiermit die erforderliche Sicherheit gegen das Zersprengen des Dampfkessels zu bieten.

Von den Kesselwandungen wird nunmehr die Wärme dem Wasserinhalte des Kessels mitgeteilt und hierdurch das die innere Fläche der Kesselwandung berührende Wasser verdampft. Auch diese Dampfbildung beansprucht eine gewisse Zeitdauer. Das die Kesselwandung berührende Wasser verwandelt sich in kleine Dampfbläschen, die die Kesselwandung pelzartig bedecken, die Berührung zwischen Kesselwandung und Wasser aufheben und die Wärmeaufnahme des Wassers, da der Dampf an und für sich ein schlechter Wärmeleiter ist, eine gewisse Zeitlang ganz verhindern. Erst wenn die Dampfbläschen eine gewisse Größe erreicht haben, reißen sie sich von der Kesselwandung, an der sie haften, los und steigen empor, worauf dann wieder Wasser an die Kesselwandung herantreten kann und neue Dampfbläschen gebildet werden.

Es ist klar, daß die Wärme der Kesselwandung rascher entzogen und mehr Dampf gebildet wird, wenn die entstehenden Dampfbläschen möglichst rasch von der Kesselwandung entfernt werden. Hierzu ist es nur notwendig, das Wasser des Kessels in Bewegung zu setzen. Das bewegte Wasser spült dann die entstandenen Dampfbläschen sofort von der Kesselwandung ab. Je lebhafter die Bewegung des Wassers ist, um so rascher gibt die Kesselwandung ihre Wärme an das Wasser ab und um so mehr Dampf wird gebildet.

Es gibt aber noch einen zweiten Grund, der eine Bewegung des Kesselwassers erwünscht erscheinen läßt. Die Menge der Wärme, die von irgend einem Teile der Kesselwandung in einer bestimmten Zeit aufgenommen und an das Wasser des Kessels abgegeben wird, hängt nämlich außer von der Größe der zu diesem Kesselteile gehörigen Heizfläche, der Länge der Zeit, während der Wärme übergeht, und der Fähigkeit der Kesselwandung, die Wärme mehr oder weniger rasch weiterzuleiten (Kupfer leitet z. B. rascher als Eisen), vor allen Dingen von dem Unterschiede der Temperaturen ab, die einerseits die Wärme abgebenden Heizgase und andererseits der Wärme aufnehmende Kesselinhalt besitzen. Die Menge der übergehenden Wärme wird z. B. in der Nähe des lebhaft brennenden und glühenden Brennstoffes eine ganz andere, ungemein größere sein, als dort, wo die abgekühlten Heizgase den Kessel verlassen und in den Schornstein treten. Je größer der Unterschied der

Temperatur ist, desto mehr Wärme geht von den Heizgasen an das Wasser im Kessel über.

Um eine recht vollkommene Wärmeabgabe zu erzielen, muß man daher den Unterschied der Temperaturen, die die Heizgase und das Kessel=wasser besitzen, an allen Punkten der Heizfläche und bis zu dem zuletzt berührten so groß zu machen suchen wie möglich. Dies wird schon da=durch erreicht, daß man das dem Kessel zuzuführende, kalte Speisewasser dort einführt, wo die Heizgase am kühlsten sind, also dort, wo sie den Kessel verlassen und in den Schornstein treten. Das im Kessel sich fort=schiebende und allmählich erwärmende Speisewasser begegnet dann immer heißeren Heizgasen. Noch vorteilhafter wird es aber sein, dem Wasser des Kessels eine ununterbrochene Bewegung derart zu erteilen, daß das zugespeiste, kältere Speisewasser sich dem Kesselwasser beimischt, und nun beide den heißeren Heizgasen mit einer gewissen Geschwindigkeit entgegen=strömen, wobei die gebildeten Dampfbläschen von den Kesselwänden ge=spült werden und zugleich die Verdampfung beschleunigt wird. Man nennt eine solche Anordnung einen Gegenstrom.

Eine gewisse Strömung des Wassers stellt sich nun zwar in jedem Kessel von selbst ein. Es wird sich aber später zeigen, daß sie durch die besondere Form des Kessels und die Anordnung der Feuerzüge außer=ordentlich begünstigt und zum Gegenstrom gemacht werden kann. Der Gegenstrom wird denn auch im Dampfkesselbetriebe sehr häufig und mit großem Vorteil angewendet.

Strebt man demnach im Dampfkesselbetriebe mit allen zu Gebote stehenden Mitteln darnach, den Heizgasen ihre Wärme so vollständig zu entziehen wir möglich, so findet dieses Bestreben doch bald eine Grenze. Je mehr Wärme der Heizgasen entzogen werden soll, eine um so größere Heizfläche muß im allgemeinen der Kessel besitzen. Mit der großen Heiz=fläche eines Kessels nimmt indessen sein Gewicht stark zu. Eine Kessel=anlage mit übermäßig großer Heizfläche nützt daher die Wärme der Heiz=gase vorzüglich aus. Sie ist aber infolge des großen und schweren Kessels sehr teuer und ihre Mehrkosten können leicht den größeren Nutzen der reichlichen Heizfläche wieder aufheben. Weiter unten wird sich noch zeigen, daß es in der Regel auch gar nicht erwünscht und angängig ist, die Heiz=gase allzu weit abzukühlen.

Hat dagegen ein Kessel eine nur kleine Heizfläche, mit der aber sehr viel Dampf zu erzeugen ist, so muß zu diesem Zwecke eine verhältnis=mäßig große Menge Brennstoff verbrannt werden, aus der eine ent=sprechend große Menge von Heizgasen entsteht. Die große Heizgas=menge kommt indessen mit der kleinen Heizfläche des Kessels nur kurze Zeit in Berührung. Sie kann daher auch weniger Wärme an den Kessel abgeben und geht mit wesentlich höherer Temperatur in den Schornstein. Findet dann auch eine gute Verbrennung statt, bei der, wie meistens ge=

schießt, Heizgase gebildet werden, deren Temperatur etwa 1500⁰ C beträgt, so entweichen die Gase nunmehr mit etwa 450⁰ C in den Schornstein, während sie durch einen Kessel mit genügend großer Heizfläche bis auf 200⁰ C abgekühlt werden könnten. Das ergibt aber für den zu kleinen Kessel einen Verlust von $\frac{450-200}{1500} = \frac{250}{1500}$, oder ein Sechstel der entwickelten Wärme.

Hierzu tritt ein weiterer Nachteil. Werden alle Kesselwandungen von wesentlich heißeren Gasen berührt, so nehmen sie auch eine entsprechend höhere Temperatur an. Die stärkere Erhitzung der Kesselwandungen hat aber stets eine raschere Abnutzung und leicht Beschädigungen zur Folge.

Aus den vorstehenden Darlegungen geht überzeugend hervor, daß es sehr verkehrt ist, bei Anschaffung eines neuen Kessels mit der Größe allzusehr zu geizen. Wird der Kessel auch etwas größer gewählt, und wird für ihn auch etwas mehr ausgegeben, so macht sich diese Mehrausgabe doch schon in wenig Jahren durch den geringeren Brennstoffverbrauch und die längere Haltbarkeit des Kessels bezahlt. Bei dem zu kleinen Kessel wachsen dagegen die infolge größeren Brennstoffverbrauches sich täglich wiederholenden Mehrausgaben zu recht beträchtlichen Summen an, zu denen die Kosten der nicht ausbleibenden Ausbesserungen treten. Schon eine mäßige Verstärkung des Betriebes, die bei jeder aufblühenden Fabrik sich bald einzustellen pflegt, verschlimmert aber die mangelhafte Ausnützung des Brennstoffes. Die mit neuen Ausgaben verknüpfte Beschaffung eines größeren Kessels ist dann die unvermeidliche Folge der am unrechten Ort angewendeten Sparsamkeit.

Die Größe der Heizfläche ist somit ein außerordentlich wichtiges Maß einer jeden Kesselanlage. Ist die Größe der Heizfläche bekannt, so läßt sich leicht im voraus angeben, welche Dampfmenge die Anlage zu liefern vermag. Die Größe der Heizfläche ist demnach ein unmittelbarer Maßstab für die zu erwartende Leistung der Anlage.

Dabei ist von nur geringem Einflusse, welchen Druck der zu erzeugende Dampf besitzen muß, da die Wärmemengen, die die Umwandelung des in den Kessel gebrachten Wassers in Dampf erfordert, bei verschieden hohem Drucke nur geringe Unterschiede zeigen, wie ein Blick auf die Tabelle Seite 13 lehrt. Von der Höhe des Druckes, mit dem ein Dampfkessel betrieben werden soll, sind aber die Stärken unmittelbar abhängig, die die Kesselwandungen erhalten müssen.

Aus diesen Gesichtspunkten läßt sich nun auch beurteilen, welcher Druck dem zu einem gewissen Zwecke zu erzeugenden Dampf zu geben ist.

Soll Dampf für den Maschinenbetrieb erzeugt werden, so wird es stets vorteilhaft sein, diese Dämpfe hochzuspannen. Denn hochgespannte Dämpfe erfordern einen nur wenig größeren Wärmeaufwand als niedrig gespannte. Sie lassen aber in der Maschine eine bedeutend größere Leistung erzielen, so daß sowohl an Dampf wie an Brennstoff wesentlich gespart wird. Für eine bestimmte Leistung genügt dann ein in seiner Heizfläche wesentlich kleinerer, in seinen Wandungen allerdings etwas stärkerer Dampfkessel, der aber immer noch billiger ist und vor allem weniger Brennstoff verbraucht.

Sollen dagegen die Dämpfe zum Heizen verwendet werden, so wird man sich mit mäßigem Drucke begnügen, weil die in niedrig gespanntem Dampf enthaltene Wärme nur unwesentlich geringer ist, als die in hochgespanntem Dampf aufgespeicherte. Dem geringeren Dampfdrucke genügen aber schon wesentlich dünnere Kesselwandungen. Es kann also am Gewichte und Preise des Kessels bedeutend gespart werden.

Für den Maschinenbetrieb werden dementsprechend Dampfkessel mit einer Dampfspannung bis zu 15 Atmosphären Überdruck benutzt, während für Heizungen noch Dampfkessel mit einer halben Atmosphäre Überdruck verwendet werden.

Zwischen dem großen teueren Kessel mit bester Brennstoffausnützung und dem billigen kleinen Kessel mit Brennstoffverschwendung muß es nun aber jedenfalls Verhältnisse geben, unter denen die Anlage weder eine zu teuere, noch die Wärmeausnützung eine unbefriedigende ist. Dies wird der Fall sein, wenn dem Kessel nur eine seiner Heizfläche angemessene Dampferzeugung zugemutet wird.

Teilt man die Dampfmenge in Kilogrammen, die ein Kessel durchschnittlich in einer Stunde erzeugt durch die Heizfläche des Kessels in Quadratmetern, so erhält man die Dampfmenge, die ein Quadratmeter der Heizfläche stündlich liefert. Bei zweckmäßigen Anlagen wird diese Ziffer eine gewisse Größe haben, die indessen, wie sich später noch zeigen wird, auch von der Bauart des Kessels abhängig ist*). Wird dagegen die Heizfläche eines Kessels mit einer solchen Erfahrungszahl vervielfältigt, so erhält man die dem Kessel angemessene stündliche Dampfmenge. Ist aber ein neuer Dampfkessel zu beschaffen und der zu erwartende stündliche Dampfbedarf berechnet oder abgeschätzt worden, so läßt sich mit Hilfe der vorerwähnten Erfahrungszahl leicht bestimmen, welche Heizflächengröße der zu beschaffende Kessel erhalten muß. Man teilt die Dampfmenge durch jene Zahl und erhält die Größe der Heizfläche.

Nachdem den Heizgasen ein möglichst großer Teil ihrer Wärme entzogen worden ist, müssen sie schließlich entfernt werden. Damit sie der Umgebung nicht lästig fallen, leitet man sie mittels senkrechter Rohre in höhere Luftschichten, die die Gase aufnehmen und fortführen. Ist nun das hierzu benutzte Rohr, das man bekanntlich einen Schornstein nennt, weit

---

*) Bryan Donkin fand aus zahlreichen Versuchen, daß die höchste Ausnützung der Heizgase bei 7,5 kg Dampf für das Quadratmeter Heizfläche stündlich sich erzielen läßt. Bei noch kleineren Leistungen der Kessel nehmen die unvermeidlichen Verluste auf Kosten der Sparsamkeit wieder stark zu.

und hoch genug, so vermag es auch selbsttätig der Feuerung die zur Verbrennung des Brennstoffes erforderliche Luft zuzuführen, die gebildeten Heizgase durch die Feuerzüge zu treiben sowie endlich diese Gase nach ihrer Ausnutzung in die zu ihrer Unschädlichmachung erforderliche Höhe zu befördern.

Die Wirkung des Schornsteins beruht auf dem Naturgesetze, daß ein von einer schwereren Flüssigkeit oder einem schwereren Gas umgebener leichterer Körper empor zu steigen strebt. Man nennt dieses Bestreben den Auftrieb des Körpers. Dieser Auftrieb ist z. B. die Ursache, daß ein unter Wasser getauchtes Stück Holz, das leichter als das umgebende Wasser, sowie ein mit Leuchtgas gefüllter Luftballon, dessen Gasfüllung leichter als die umgebende Luft ist, kräftig darnach streben, empor zu steigen. Dieselbe Erscheinung stellt sich bei dem Schornstein ein. Die in den Feuerzügen und in dem Schornstein eingeschlossenen Heizgase sind heiß, infolgedessen stark ausgedehnt und deshalb leichter als die äußere Luft, mit der sie nur am Rost und an der oberen Mündung des Schornsteins verbunden sind. Der Inhalt der Züge und des Schornsteins ist daher ebenfalls bestrebt, mit einer gewissen Kraft emporzusteigen. Stellt sich diesem Bestreben kein Hindernis entgegen, so setzen sich die Gase in Bewegung, und die Folge ist, daß durch den Rost frische Luft zu dem Brennstoffe strömt und die Verbrennung fortsetzt.

Die Kraft, mit der sich diese Vorgänge abspielen, nennt man die **natürliche Zugkraft des Schornsteins.** Es ist leicht einzusehen, daß die Größe dieser Kraft von der Menge der in dem Schornstein eingeschlossenen Heizgase und deren Leichtigkeit oder Temperatur abhängt. Ein sehr hoher und weiter Schornstein, der kühlere Gase fortzuschaffen hat, äußert daher unter Umständen auch nicht mehr Zugkraft als ein kleiner Schornstein, dessen Gase aber eine höhere Temperatur besitzen. Immer muß aber die Zugkraft eines Schornsteins größer sein als die Widerstände, die sich dem Eintritte der Luft in die Feuerung und der Bewegung der Heizgase in den Feuerzügen und dem Schornsteine durch Reibung entgegensetzen.

Verbieten es die Umstände, einem Schornstein eine genügende Höhe und Weite zu geben, so muß die für den Betrieb erforderliche Zugkraft auf künstliche Weise erzeugt werden. Welche Mittel man anwendet, um **künstlichen Zug** zu erzeugen, wird im sechsten Abschnitte dargelegt werden.

Es wurde bereits an mehreren Orten angedeutet, daß es im Dampfkesselbetrieb auch bei der vollkommensten Verbrennung des Brennstoffes leider nicht möglich ist, dessen gesamte Heizkraft zur Verdampfung von Wasser nutzbar zu machen. Die Verluste sind verschiedener Art.

Zunächst fällt bei den meisten Feuerungen ein gewisser Teil des Brennstoffes durch die Rostspalten, bleibt unverbrannt und geht mit der Asche verloren. Der hieraus entstehende Verlust hat indessen zumeist keine erhebliche Bedeutung.

Dann führt das dem Brennstoff in der Regel in kleineren oder größeren Mengen anhaftende Wasser Wärmeverluste herbei, wie bereits Seite 30 dargelegt wurde. Denn dieses Wasser verläßt den Schornstein in Dampfform, die zu seiner Verdampfung erforderlich gewordene Wärme geht aber verloren. Je nässer ein Brennstoff ist, um so größer wird der Verlust. Hieraus folgt, daß der Brennstoff in der Regel so trocken wie möglich verwendet werden muß.

Demnach ist auch das von manchen Heizern geübte Nässen der Kohlen im allgemeinen zu verwerfen. Und doch kann es ausnahmsweise von Vorteil sein. Muß eine klare und magere, bei dem Verbrennen in kleine Stücke zerspringende Steinkohle auf einem Planroste verbrannt werden, so fallen auch viele dieser Stücke durch die Rostspalten und entsteht hierdurch schon ein erheblicherer Verlust. Durch daß Naßmachen solchen Brennstoffes wird erreicht, daß er zusammenbäckt und von ihm weniger durch die Spalten fällt. Der hiermit verbundene Verlust wird daher wesentlich vermindert. Der auf diese Weise erzielte Gewinn ist zuweilen größer als der Wärmeverlust, den die Verdampfung des beigemengten Wassers verursacht. In diesem Ausnahmefalle kann demnach das Nässen des Brennstoffes empfehlenswert sein. Allerdings wäre es noch vorteilhafter, einen geeigneteren Rost zu verwenden, der wenig oder gar keinen Brennstoff durch die Spalten fallen läßt.

Weiter geht eine gewisse Menge Wärme durch Ausstrahlung seitens des Kessels und des Kesselofens verloren. Je mehr nicht als Heizfläche nutzbar gemachte Außenfläche der Kessel besitzt und je mehr Mauerwerk ihn umgibt, desto größer sind diese Verluste.

Endlich nehmen die Verbrennungsgase eine beträchtliche Wärmemenge mit sich in den Schornstein, wodurch der Hauptverlust, der sogenannte Schornsteinverlust, entsteht. Bei guten Kesselanlagen werden die Heizgase in den Zügen bis auf etwa 250° C, bei sehr reichlich bemessenen Anlagen selbst bis auf 200° C abgekühlt. Ihnen noch mehr Wärme zu entziehen, ist nicht ratsam, da hierzu einerseits ein zu großer, teurer Kessel erforderlich wäre, und andererseits auch die Zugkraft des Schornsteins zu stark geschwächt werden würde.

Es ist nun gebräuchlich, aus der Heizkraft der Brennstoffe die ihr entsprechende sogenannte theoretische Verdampfung, bezogen auf Wasser von 0° C verwandelt in Dampf von 99,1° C oder einer Atmosphäre Druck, zu berechnen, die sich bei vollkommener Nutzbarmachung der Heizkraft ergeben würde. Man erhält diese Dampfmenge einfach durch Teilung der Heizkraft mit der Zahl 637, da 637 Wärmeeinheiten erforderlich sind, um 1 kg Wasser von 0° C in gesättigten Dampf von 99,1° C zu verwandeln. Die auf diese Weise für die verschiedenen Brennstoffe gefundenen Zahlenwerte stehen in der dritten Spalte der nachfolgenden Tabelle.

Der geeignetste Brennstoff.

In der vierten Spalte sind weiter die durch Verdampfungsversuche an Dampfkesseln ermittelten, mit einem Kilogramm Brennstoff wirklich erzeugten Dampfmengen angegeben. Sie fallen je nach der Güte der Verbrennung und der Ausnützung der Heizgase natürlich verschieden aus.

Die letzte Spalte enthält endlich die theoretisch zur Verbrennung erforderlichen Luftmengen. Die in den Dampfkesselfeuerungen zugeführten Luftmengen betragen gewöhnlich ihr $1^1/_2$—3 faches.

Aus der Tabelle ergibt sich, daß höchstens $^4/_5$ der im Brennstoff enthaltenen Wärme nutzbar gemacht werden kann.

Die Heizkraft der Brennstoffe und die Verdampfung.

1 kg Brennstoff	Heizkraft in Wärme-Einheiten	Theoretische Verdampfung in kg (Wasser von 0° C in Dampf von einer Atmosphäre)	Wirkliche Verdampfung in kg	Theoretisch erforderliche Luftmenge in kg
Westfälische Steinkohle .	7245	11,4	5,7 bis 9,0	10,0
Schlesische Steinkohle .	6895	10,8	5,5 „ 8,5	9,4
Zwickauer Steinkohle . .	6775	10,6	5,4 „ 8,0	9,3
Steinkohle des Plauenschen Grundes . . .	5490	8,6	4,3 „ 6,5	7,5
Böhmische Braunkohle .	4320	6,8	3,4 „ 5,0	6,2
Erdige Braunkohle . . .	2925	4,6	2,5 „ 3,5	4,4
Koks	7270	11,4	5,7 „ 7,5	10,3
Torf (lufttrocken) . . .	3565	5,6	3,0	6,3
Holz (lufttrocken) . . .	2845	4,5	2,5 bis 3,0	4,7

Eine sehr wichtige Frage für jeden Kesselbesitzer ist die nach dem geeignetsten Brennstoffe. Sieht man von Ausnahmefällen ab, so eignet sich aber offenbar für den Betrieb der Brennstoff am besten, der den billigsten Dampf liefert.

Um über diesen Punkt Aufschluß zu erlangen, ist folgendes Verfahren anzuwenden:

Man ermittelt zunächst in der auf S. 43 angegebenen Weise aus dem Brennstoffverbrauch und der Menge des verdampften Wassers, wieviel kg Wasser durch 1 kg Brennstoff in Dampf verwandelt worden sind. Die erhaltene Zahl wird Verdampfungsziffer genannt. Sie gibt schon einen Anhalt für die Güte des verwendeten Brennstoffes.

Hierauf ermittelt man den Preis des Brennstoffes, wie hoch er sich für 1 kg stellt, wenn man zu dem Preise auf dem Schacht alle Fuhrkosten bis vor den Kessel hinzurechnet.

Teilt man nunmehr den Preis des Brennstoffes durch die Verdampfungsziffer, so erfährt man, wie teuer ein jedes Kilogramm des erzeugten Dampfes zu stehen kommt.

An dasselbe Ziel gelangt man natürlich auch, wenn man die Kosten des zur Erzeugung des Dampfes erforderlich gewesenen Brennstoffes unmittelbar durch die ermittelte Dampfmenge teilt.

Stehen verschiedene Brennstoffsorten zur Verfügung, so ist es ratsam, mit jeder Brennstoffsorte und wohl auch mit Gemischen, die aus verschiedenen Brennstoffen, z. B. aus Steinkohle und Braunkohle hergestellt werden, Versuche vorzunehmen. Die Sorte oder das Gemisch ist jedenfalls der geeignetste und vorteilhafteste Brennstoff, der den billigsten Dampf liefert.

Wer mit seiner Kesselanlage weit entfernt vom Schachte gelegen ist, wird bald herausfinden, daß sich für ihn immer die besseren Brennstoffsorten vorteilhafter erweisen, deren Fuhrkosten auch nicht höher zu stehen kommen als die der geringwertigen Sorten. Die in der Nähe des Schachtes gelegene Anlage wird dagegen meistens mit den geringeren Sorten den billigsten Dampf erzielen, da hier die Fuhrkosten weit mäßigere sind und den Gesamtpreis des Brennstoffs weniger stark beeinflussen.

An größeren Anlagen angestellte Versuche haben ergeben, daß die Kosten für 1 kg Dampf je nach der Entfernung der Anlage von dem Gewinnungsorte des Brennstoffes auf 0,15 bis 0,3 Pfennige zu stehen kommen.

Fünfter Abschnitt.

Die Form, der Bau und die amtliche Prüfung der Dampfkessel.

Inhalt: Die Form der Dampfkessel im allgemeinen. — Die Baustoffe (Kupfer, Schweißeisen, Flußeisen, Stahl, Gußeisen, Messing). — Die Herstellung der Dampfkessel (Blechstärke, Nietung, Versteifung der Flammenrohre, Verankerung und Versteifung ebener Kesselwandungen, Befestigung der Heizröhren). — Die amtliche Prüfung des Kessels.

Die ersten Dampfkessel hatten die Form einer Kugel. Die Kessel der fast ohne Überdruck arbeitenden ersten Dampfmaschinen erhielten dagegen die Gestalt eines Kochtopfes mit einem nach innen gewölbten Boden und einer flachen Decke oder einer halbkugelförmigen Haube. Diese gedrungenen Formen bieten aber anderen Formen gegenüber bei gleicher Größe des Rauminhaltes eine nur kleine Oberfläche und damit eine nur kleine Heizfläche dar, wodurch ihre Leistungsfähigkeit herabgedrückt wird.

Der Engländer James (sprich: Dschehms) Watt, der Erbauer der ersten Dampfmaschinen, führte aus diesem Grunde die sogenannten Kofferkessel ein, die einen hufeisenförmigen Querschnitt besaßen und

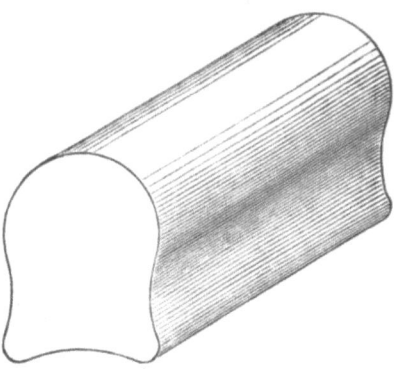

Abb. 3.

eine ziemliche Länge erhielten. Abbildung 3 stellt einen solchen Kofferkessel dar. Durch diese Kesselform, die ziemlich lange benutzt wurde, gelangte man bereits zu Kesseln mit wesentlich größeren Heizflächen und Leistungen.

Bei dem Kofferkessel lag die Feuerung stets unter dem vorderen Ende des Kessels, und wurden die Heizgase zuerst unter dem Kesselboden entlang nach hinten geführt. Dann zogen sie an den Seitenwänden des

Kessels entlang. Um die Leistungsfähigkeit zu erhöhen, wurde der Kofferkessel auch später mit einem durchgehenden ovalen Feuerrohre versehen, durch das die Heizgase zogen.

Damit die Gestalt des Kessels durch den Druck des Dampfes nicht verändert wird und insbesondere die Seitenwände nicht nach außen gebogen werden, wurden diese Kesselwandungen durch zahlreiche Anker miteinander verbunden. Hierdurch bekam aber der Kessel ein sehr großes Gewicht. Die vielen Anker erschwerten auch die innere Reinigung des Kessels. Sollte ein solcher Kessel mit einem nur nennenswerten Dampfdrucke betrieben werden, so mußten überdies die Kesselwandungen schon recht stark hergestellt werden.

Die allmähliche Steigerung des Dampfdruckes nötigte dazu, den Dampfkesseln zweckmäßigere Formen zu geben. Man ging daher bald dazu über, Kessel mit kreisförmigem Querschnitte, sogenannte Walzen- oder Zylinderkessel zu erbauen, bei welcher Form eine Verankerung der Seitenwände oder des sogenannten Kesselmantels nicht mehr notwendig und eine geringere Wandstärke erforderlich ist wie bei dem Kofferkessel.

Um größere Heizflächen zu gewinnen und mit mäßigen Blechstärken auszukommen, verband man auch mehrere Walzen zu einem Kessel und legte diese Walzen, um an Platz für die Aufstellung des Kessels zu sparen, über- oder ineinander. Auf dem ersteren Wege kam man zu dem mehrfachen Walzen- oder Siederohrkessel, den zuerst der Engländer Woolf (spr. Wulf) herstellte, auf dem zweiten zu dem Flammenrohrkessel, deren Einführung dem Amerikaner Evans (spr. Iwens) zu verdanken ist. Aus den beiden neuen Grundformen, dem mehrfachen Walzenoder Siederohrkessel und dem Flammenrohrkessel, entwickelten sich bald zahlreiche weitere Formen, auf die in einem späteren Abschnitte noch näher einzugehen sein wird.

Haben auf diese Entwickelung zunächst die Größe der zu erzielenden Heizfläche und der Druck des zu erzeugenden Dampfes den stärksten Einfluß ausgeübt, so hat doch auch die Notwendigkeit, Raum für die Aufstellung zu sparen oder dem verfügbaren Raume sich anzupassen, zu besonderen Formen geführt, die im Röhrenkessel, im Lokomotivkessel und im Schiffskessel ihren besonderen Ausdruck fanden.

Der Baustoff, aus dem die ersten Dampfkessel hergestellt wurden, war Kupfer, das sich infolge seiner guten Wärmeleitungsfähigkeit und seiner Zähigkeit zur Herstellung von Kesselwandungen ganz vorzüglich eignet. Es wird indessen seines hohen Preises wegen heutigen Tages nur noch ausnahmsweise zu besonderen Kesselteilen, wie den Feuerbüchsen der Lokomotivkessel u. a., und auch hier schon weniger verwendet. An die Stelle des Kupfers traten bald das Schmiede- und das Gußeisen, später auch der Stahl.

Zunächst war man auf das in den Hüttenwerken in Flammen- oder Puddel-Öfen aus Roheisen erzeugte Schweiß- oder Puddeleisen angewiesen. Neuerdings wird zumeist Flußeisen verwendet, das in der Bessemer-Birne oder besser im Siemens-Martin-Ofen erzeugt wird. Das Flußeisen ist schlackenfreier als das Schweißeisen und zeigt einen feinkörnigen Bruch, während das Schweißeisen sehnigfaseriges Gefüge besitzt. Auch ist das Flußeisen fester als das Schweißeisen. Es läßt sich aber nicht so gut schweißen wie das Schweißeisen, und auch nur im erhitzten, rotwarmen Zustande biegen und hämmern, ohne Schaden zu leiden.

Die Verwendung von Stahl ist eine beschränkte geblieben, weil dieser Baustoff, wenn er der abwechselnden Erhitzung und Abkühlung ausgesetzt ist, leicht rissig wird. Zudem läßt er sich auch schwieriger bearbeiten als Schmiede- und Flußeisen. Da die Stahlbleche aber bedeutend mehr Festigkeit besitzen als Schweiß- oder Flußeisenbleche, so können natürlich Stahlblechkessel viel dünner und leichter gemacht werden. Man stellt hauptsächlich Kesselteile aus Stahlblech her, die große Festigkeit besitzen müssen, aber der Einwirkung der Flamme nicht ausgesetzt sind wie die Mäntel der Schiffskessel und Lokomotivkessel.

Die ersten Woolfschen Siederohrkessel bestanden aus Gußeisen. Da indessen bei diesem Baustoffe gleichmäßige Wandstärken nur schwer zu erzielen sind, das Gußeisen auch oft innerlich Blasen und poröse Stellen enthält, so machte man recht bald üble Erfahrungen. Nur zu bald stellten sich verderbenbringende Explosionen solcher Kessel ein. Die Verwendung dieses spröden, unzuverlässigen Baustoffs ist auf das notwendigste zu beschränken. Insbesondere sollten die Oberteile der Dampfdome nicht mehr aus Gußeisen hergestellt werden*).

Auch die vom Bundesrate erlassenen und im Anhange abgedruckten allgemeinen polizeilichen Bestimmungen über die Anlegung von Dampfkesseln vom 17. Dezember 1908 berücksichtigen die Unzuverlässigkeit des Gußeisens. Sie enthalten im § 2 Absatz 2 die Vorschrift: „Die von den Heizgasen berührten Teile der Wandungen der Dampfkessel dürfen nicht aus Gußeisen oder Temperguß hergestellt werden; andere nur, sofern ihre lichten Querschnitte kreisförmig sind und ihre lichte Weite 250 mm nicht übersteigt. Für höhere Dampfspannungen als 10 Atmosphären Überdruck ist Gußeisen oder Temperguß in keinem Teile der Kesselwandungen gestattet. Formflußeisen darf für alle nicht im ersten Feuerzuge liegenden Teile der Wandungen benutzt werden".

---

*) Wie unzuverlässig das Gußeisen ist, beweist ein vor einiger Zeit auf dem Wasserwerke der Stadt Dresden vorgekommener Unfall, bei dem ein gußeiserner, auf den Kessel genieteter 500 mm weiter Mannhut oder Fahrstutzen bei der Wiederinbetriebsetzung des gereinigten Kessels plötzlich an seinem ganzen Umfange abriß, obgleich der Dampfdruck erst etwas mehr als die Hälfte des zulässigen betrug.

Unter Formflußeisen ist gegossenes, schmiedebares Eisen, auch Guß= stahl zu verstehen. Da sich Gußeisen dem Rosten gegenüber weit widerstandsfähiger und dauerhafter erweist als Schmiedeeisen, so fertigt man aus ihm noch gern Vorwärmer und andere Gegenstände des Kessel= betriebes an.

Das Messing wird zu Dampfkesseln so gut wie nicht mehr ver= wendet, weil es von der Flamme zerstört wird und abbrennt oder schmilzt. § 2 Absatz 4 der oben bezeichneten gesetzlichen Bestimmungen gestattet seine Verwendung nur für Feuerröhren, deren lichte Weite 80 mm nicht über= steigt. Früher stellte man die Heizröhren der Lokomotivkessel aus Messing her. Aber auch hier ist das Messing durch das billigere Eisen verdrängt worden.

Soll ein Dampfkessel erbaut werden, von dem die zu liefernde Dampf= menge und der Druck des zu erzeugenden Dampfes bekannt sind, so ist zunächst zu entscheiden, welche Bauart bei dem neuen Kessel anzuwenden ist. Unter welchen Gesichtspunkten dies zu geschehen hat, darüber wird der neunte Abschnitt Aufschluß geben.

Hiernach ist die Größe der erforderlichen Heizfläche in der im vor= angehenden Abschnitte angedeuteten Weise zu bestimmen, worauf der In= genieur einen Plan des zu erbauenden Kessels entwirft. Die Größen= verhältnisse des Kessels sind natürlich derart zu wählen, daß die gewünschte Heizfläche erhalten wird.

Sehr wichtig ist, welche Stärke den Kesselwandungen zu geben ist, was nach verschiedenen, zum Teil entgegengesetzten Gesichtspunkten be= urteilt werden muß.

Die anzuwendende Blechstärke ist natürlich abhängig von der Festigkeit oder Widerstandsfähigkeit des gewählten Baustoffs. Je fester die Bleche sind, aus denen der Kessel hergestellt werden soll, um so schwächer können sie genommen werden. Dann hängt aber die Wandstärke, insbesondere die der Kesselmäntel und Flammenrohre vom Durchmesser des betreffenden Kesselteiles und vom Dampfdruck ab. Je größer der Durchmesser und je höher der Druck ist, um so stärker müssen die Wandungen hergestellt werden.

Die einzelnen Blechtafeln, aus denen der Kessel in der Regel zusammengesetzt wird, werden bei Kupfer durch Lötung oder Nietung, bei Eisen und Stahl aber durch Schweißung oder Nietung verbunden. Bei großen Kesseln wird vorwiegend Nietung verwendet. Die Verbindungs= stellen besitzen natürlich nicht die Festigkeit des vollen Bleches, welcher Um= stand bei der Bestimmung der Blechstärken zu berücksichtigen ist.

Von einer guten Nietung wird außer der Festigkeit auch Dichtheit verlangt.

Um die erforderliche Festigkeit zu erzielen, muß der Durchmesser der Niete zur Stärke der zu verbindenden Bleche und zu dem Abstande der einzelnen Niete in einem gewissen Verhältnisse stehen. Zu dünne

und weitstehende Niete können durch den im Kessel herrschenden Dampf=
druck abgerissen werden. Zwischen zu stark gewählten und engstehenden
Niete bleibt aber zu wenig Blech übrig, das dann der Gefahr des Zer=
reißens ausgesetzt ist. Beiden Gefahren muß gleichmäßig Rechnung ge=
tragen werden.

Um allen Ansprüchen zu genügen, ist bei Kesseln, die mehr als 1,5 m
Durchmesser besitzen und für höheren Dampfdruck bestimmt sind, an Stelle
der einfachen oder einreihigen Nietung, doppelreihige, ja selbst dreireihige
Nietung anzuwenden.

Um dichte Nähte zu erhalten, darf die Entfernung zwischen den ein=
zelnen Nieten nicht zu groß gewählt werden. Ist diese Entfernung eine
zu große, so schließt die Naht nicht dicht und bringt Wasser und Dampf
zwischen den beiden Blechen hervor. Macht man sie dagegen zu klein, so
erhält man zwar eine dichte Naht, aber eine solche mit vielen Nieten, die
unnötig viel Arbeit erfordert.

Um Dichtheit zu erzielen, darf auch die Entfernung des Nietloches
vom Blechrande nicht zu groß gemacht werden. Ist die Entfernung zwischen
Nietloch und Blechrand zu groß, so fängt der breite, übergreifende Blech=
rand an zu federn, und es ist dem Kesselschmied unmöglich, die Naht dicht
zu bekommen. Ist dagegen die Entfernung des Nietloches vom Blechrande
eine zu kleine, so können schon während des Nietens Risse zwischen Niet=
loch und Blechrand entstehen.

Die völlige Dichtheit der Naht wird bekanntlich erst durch das so=
genannte Verstemmen erreicht. Bei dem Verstemmen einer Naht wird
die Kante des äußeren, übergreifenden Bleches mit dem Stemmer aufge=
trieben und auf das unter ihm liegende Blech gepreßt.

Um eine feste und dichte Naht zu erhalten, ist es daher unbedingt
erforderlich, sich an gute bewährte Regeln zu halten.

Der Mantel eines Walzenkessels bedarf keiner Sicherung seiner
Form. Sollte diese auch nicht genau kreisförmig, sondern etwas unrund
sein, so hat der allseitig von innen wirkende Dampfdruck nur das Be=
streben, den beim Baue des Kessels entstandenen Fehler zu beseitigen und
die unrunde Form des Kessels in die kreisförmige überzuführen. Anders
liegt die Sache bei den Flammenrohren, die von allen Seiten einem
äußeren Drucke ausgesetzt sind. Diese Kesselteile haben nur solange
kein Bestreben, ihre Form zu ändern, als diese vollkommen kreisrund ist.
Weicht die Form des Flammenrohrs aber von der des Kreises ab, so er=
fährt das Rohr in der senkrechten Richtung zum größeren Durchmesser
einen wesentlich größeren Druck, als in der mit diesem Durchmesser zu=
sammenfallenden Richtung. Der Dampfdruck ist also jederzeit bestrebt, das
Rohr flach zu drücken und zu zerstören. Da die Flammenrohre selten
genau kreisrund hergestellt werden können, so ist auch die Gefahr des Zu=
sammenklappens stets vorhanden. Diese Gefahr wird umso größer, je

länger das Rohr und je größer sein Durchmesser ist. Nun werden zwar kurze Rohre durch die Kesselböden genügend versteift. Lange und weite Rohre müssen aber mit besonderen Versteifungen versehen werden.

Die Flammenrohre können auf verschiedene Weise versteift werden. Die älteste und einfachste Versteifung ist die von dem Engländer Fairbairn (sprich Färbärn) erfundene durch Winkelringe.

Ein aus Winkeleisen hergestellter Ring, der etwa 50 mm weiter ist, als der äußere Durchmesser des Flammenrohres, wird um dieses gelegt und mit ihm durch eine Anzahl Niete verbunden (Abbildung 4). Damit der Winkelring nirgends aufliegt, und das Wasser alle Teile des Rohres noch berührt, werden um die Niete, zwischen Winkelring und Flammenrohr,

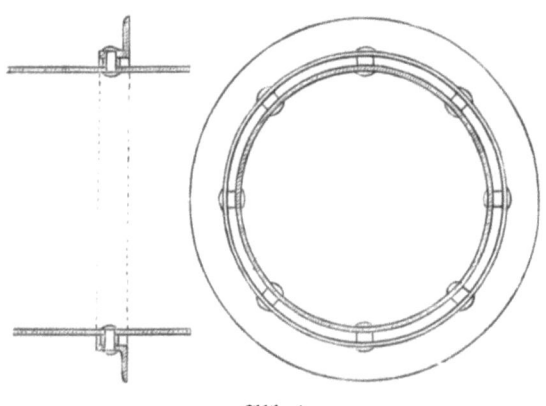

Abb. 4.

entsprechend hohe und schmale Ringe gelegt. Diese Versteifungsringe erhalten voneinander 2 bis 3 m Abstand. Ihre Zahl richtet sich mithin nach der Länge des Flammenrohres.

Bei neuen Kesseln werden geschweißte Winkelringe verwendet. Sollen die Flammenrohre alter Kessel nachträglich versteift werden, so sind die Ringe aus zwei Teilen herzustellen, die im Inneren des Kessels zusammengeschraubt oder genietet werden.

Eine andere, etwas teurere Versteifung der Flammenrohre wird erhalten, wenn die Enden der einzelnen, zumeist durch Schweißung hergestellten Trommeln des Flammenrohres umgebördelt, und diese Trommeln hierauf unter Zwischenlegung je eines flachen, hohen Ringes, der dem Rohre sowohl Steifigkeit verleiht, als auch das Dichtstemmen der Verbindung erleichtert, zusammengenietet werden (Abbildung 5).

Diese, von dem Engländer Adamson eingeführte Art der Versteifung hat den Vorteil, daß alle Nietnähte des Flammenrohres der Einwirkung der Flamme entzogen werden, und daß das Flammenrohr in den zahl-

Versteifungen. 63

reichen Bördelungen etwas federt, infolgedessen der mit Adamsonschen Versteifungsringen versehene Flammenrohrkessel von den durch die Einwirkung der Flamme verursachten Ausdehnungen weniger zu leiden hat. Die gewöhnlichen, glatten oder mit Winkelringen versteiften Flammenrohre

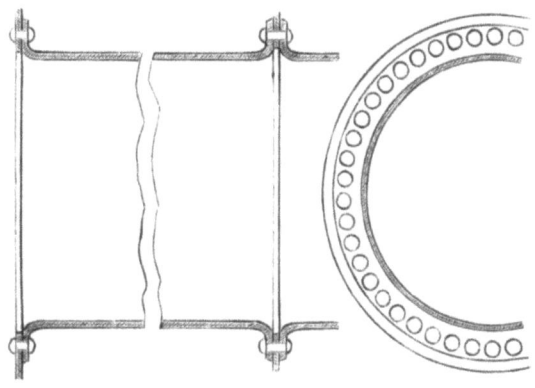

Abb. 5.

drücken dagegen bei ihrer Ausdehnung mit großer Gewalt die Kesselböden nach außen, und diese wirken nun wieder mit derselben Kraft auf die Rohre zurück, wodurch leicht Beschädigungen eintreten.

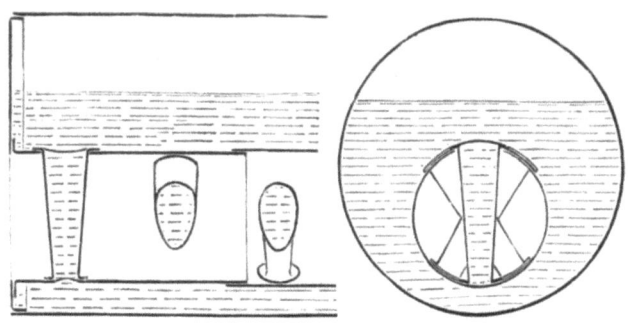

Abb. 6.

Eine weitere Art der Flammenrohrversteifung ist die durch sogenannte Galloway=Röhren oder Pfeifen, nach ihrem Erfinder, dem Engländer Galloway (sprich Gallowee) so genannt (Abbildung 6).

Die Gallowayröhren sind sich erweiternde, geschweißte Röhren, deren Enden umgebördelt werden. Der obere und untere Teil der Flammenrohre wird mit Öffnungen versehen, deren Weiten so bemessen sind, daß der untere

Flansch der Gallowayröhre noch durch die obere Öffnung geht. Die Gallowayröhren können daher von oben in das Flammenrohr gesteckt und mittels Vernietung oder auch Schweißung mit ihm verbunden werden. Jedes Flammenrohr wird mit einer ganzen Anzahl solcher Röhren ausgerüstet, die abwechselnd senkrecht und verschieden geneigt gestellt werden.

Die Gallowayröhren bieten neben einer guten Versteifung des Flammenrohres noch folgende Vorteile: Die Heizgase wirbeln auf ihrem Wege durch das Flammenrohr lebhaft durcheinander, stoßen öfters senkrecht auf die Gallowayröhren und geben infolgedessen ihre Wärme rasch an den Kessel ab. In den Röhren selbst stellt sich eine lebhafte Bewegung des Wassers ein. Der aus Wasser und Dampfbläschen bestehende, leichtere Inhalt der Röhren steigt empor und zieht immer neue Wassermassen von unten nach sich. Die Wärme der Heizgase geht daher an den Wasserinhalt des Kessels viel schneller über, und die Verdampfung wird beschleunigt.

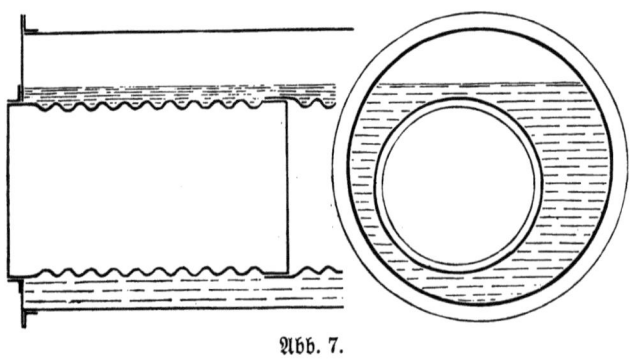

Abb. 7.

Infolge der Strömung des Wassers soll sich auch weniger Kesselstein ansetzen. Endlich bietet diese Art der Flammenrohrversteifung auch den Vorteil, daß die Heizfläche des Kessels um einen beträchtlichen, sehr wirksamen Teil vermehrt wird.

Auf der anderen Seite kann allerdings nicht in Abrede gestellt werden, daß die Reinigung der Flammenrohre von Ruß und Flugasche durch die Gallowayröhren sehr erschwert wird.

Eine vortreffliche Art, die Flammenrohre zu versteifen, ist endlich die des Engländers Fox.

Die einzelnen Rohrtrommeln werden zunächst glatt und ohne Längsnähte, also geschweißt hergestellt, hierauf aber mittels eines besonderen von der Gewerkschaft Schulz-Knaudt ausgebildeten Walzverfahrens mit ringförmigen Wellen (Abbildung 7) versehen. Durch diese, gewöhnlich 50 mm tiefen Wellen wird ein Flammenrohr außerordentlich wirksam versteift. Versuche mit zwei geschweißten, 965 mm weiten, 2235 mm langen und

9½ mm starken Rohren, von denen das eine glatt, das andere aber gewellt war, ergaben, daß das glatte Rohr bei einem äußeren Drucke von 15,8 Atmosphären, das gewellte dagegen erst bei einem Drucke von 71,7 Atmosphären zusammengedrückt wurde. Die Widerstandsfähigkeit des gewellten Rohres erwies sich mithin ungefähr 4½mal so groß, als die des glatten Rohres.

Die Wellrohre bieten aber außer ihrer großen Sicherheit noch eine ganze Reihe anderer Vorteile.

Vor allem gestatten sie, sehr weite Flammenrohre anzuwenden. Während die gewöhnlichen Flammenrohre nicht weiter als 1000 mm hergestellt werden können, wobei aber schon bei mäßigem Dampfdrucke 15 mm starke Bleche verwendet werden müssen, kann der Durchmesser der Wellrohre bis 1500 mm betragen, und dabei braucht die Blechstärke nicht größer zu sein, als 10 bis 11 mm. Das Wellrohr wird also auch wesentlich leichter.

Infolge des größeren Durchmessers läßt sich dann auch bei großen Kesseln der oft in das Flammenrohr zu legende Rost gut unterbringen, was bei glatten Rohren oft schwierig, ja unmöglich ist. Die in gewöhnliche Flammenrohre eingebauten Roste müßten des kleineren Rohrdurchmessers halber sehr lang werden. Einen über 2 m langen Rost kann aber ein Heizer nicht mehr bedienen. Der Ingenieur sieht sich alsdann gezwungen, den Kessel mit einem zu kleinen Roste zu versehen, was aber, wie der dritte Abschnitt zeigte, die Verbrennung leicht in nachteiliger Weise beeinflußt. Die Verwendung eines Wellrohres hilft über dieses, die Güte der Kesselanlage beeinträchtigende Hindernis rasch hinweg.

Ein weiterer Vorzug des gewellten Flammenrohres gegenüber dem glatten besteht in der etwas größeren Heizfläche. Dabei ist die Heizfläche eine bessere, als die des glatten Rohres, weil die Heizgase durch die Wellen in Wirbelungen versetzt werden, wodurch, wie bei den Gallowayröhren, die Wärme rascher an die Kesselwand abgegeben und die Dampfbildung vermehrt wird.

Endlich soll sich auf den gewellten Flammenrohren weniger Kesselstein ansetzen, als auf glatten Rohren. Infolge der im Betrieb eintretenden, abwechselnden Erhitzung und Abkühlung werden die Wellen bald zusammengedrückt, bald wieder ausgestreckt. Durch diese Bewegungen soll aber ein beständiges Abblättern und Abspringen des Kesselsteins herbeigeführt werden. Ob dies wirklich zutrifft, mag dahingestellt bleiben. Immerhin sind die größere Sicherheit und die größere zulässige Weite der Wellrohre so große Vorteile, daß ihre Verwendung bei großen Kesseln, namentlich auch bei Schiffskesseln, immer mehr zunimmt.

Die bereits genannte Gewerkschaft Schulz-Knaudt in Essen hat das Forsche Patent für Deutschland erworben und fertigt Wellrohre in verschiedenen Längen und Weiten an.

Das Morisonsche Wellrohr, das von derselben Firma hergestellt wird, ähnelt dem Forschen. Der im siebenten Abschnitte dargestellte größere Schiffskessel ist mit solchen Rohren versehen.

Von großer Wichtigkeit sind auch die Versteifungen oder Verankerungen, durch die die ebenen Kesselböden und sonstigen Wandungen, sofern sie nicht durch Flammenrohre, Heizröhren oder andere Kesselteile genügend gestützt werden, gegen Ausbiegungen oder Formveränderungen gesichert werden müssen.

Bei kleinen Kesselböden wird die erforderliche Steifigkeit schon durch eine innen auf den Boden genietete Winkeleisenschiene erzielt.

Größere Kesselböden werden zu dem gleichen Zwecke durch schmiedeeiserne Anker miteinander verbunden. Die Enden der Anker erhalten Gewinde und je zwei Muttern und Unterlegscheiben, die die Kesselböden zwischen sich fassen (Abbildung 8a). Da diese Verbindung indessen leicht undicht wird, so ist es auch gebräuchlich, auf die Böden Winkelschienen zu

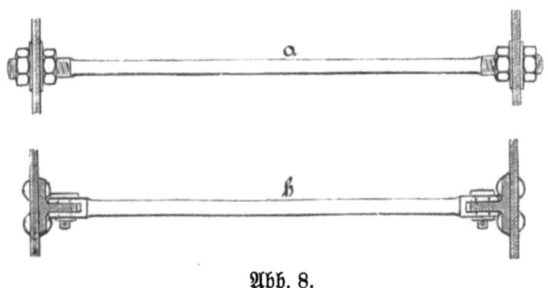

Abb. 8.

nieten, deren Schenkel durch an den Enden gegabelte Anker mit durchgesteckten Bolzen verbunden werden (Abbildung 8b). Man umgeht auf diese Weise jede Dichtung.

Eine zweite, sehr häufig angewendete Art der Bodenversteifung ist die durch Blechwinkel, die unter Zuhilfenahme von Winkeleisen an den Kesselmantel und an den Kesselboden genietet werden (Abbildung 9). Die Befestigung mit einem Winkeleisen ist eine einseitige, die nachgibt. Die Blechwinkel werden daher besser an jedem Ende mit zwei Winkeleisen versehen, die das Blechstück zwischen sich nehmen.

Die Seitenwände der Feuerbüchsen von Lokomotiv- und Schiffskesseln werden mit dem äußeren Kesselmantel, um beide Kesselteile vor Formveränderungen zu bewahren, durch eine Anzahl Stehbolzen verbunden. Es sind dies mit Schraubengewinde versehene, schmiedeeiserne oder kupferne Bolzen, die in beide Kesselwände eingeschraubt werden. Die vorstehenden Enden erhalten einen Nietkopf (Abbildung 10).

Versteifungen. 67

Bei den Lokomotiven wird die Feuerbüchse in der Regel aus Kupfer, der äußere Kesselmantel aber regelmäßig aus Schmiedeeisen hergestellt. Reißt nun ein Stehbolzen ab, so geschieht dies kaum einmal an der zähen Kupferwand, sondern immer dicht an der Eisenwand. Damit ein solcher Bruch bemerkbar wird, werden die kupfernen Bolzen von außen her mit einer Bohrung von 3 bis 4 mm Stärke und 25 bis 30 mm Tiefe versehen. Nach dem Bruche des Bolzens spritzt Kesselwasser aus der Bohrung und macht auf den entstandenen Schaden aufmerksam. Die Stehbolzen der Lokomotivkessel werden stets mit solchen Anbohrungen versehen.

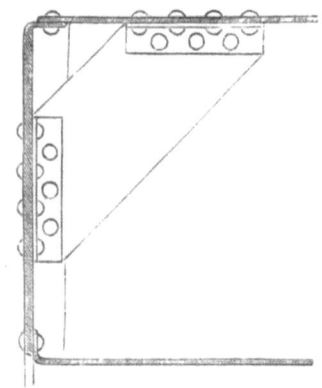

Abb. 9.

Die ebenen Decken der Feuerbüchsen und Feuerkisten, auf die der Dampfdruck von außen wirkt, versteift man entweder ebenfalls durch Stehbolzen oder man legt auf diese Kesselwandungen schmiedeeiserne oder gußstählerne Schienen und hängt sie an diesen mittels Nietbolzen oder Schrauben auf (Abbildung 11). Damit die Feuerbüchse überall noch vom Wasser benetzt und gekühlt wird und die Deckenschiene nicht mit ihrer ganzen Fläche aufliegt, werden um die Nieten oder Schrauben Ringe gelegt, die einen gewissen Abstand zwischen Feuerbüchse und Deckenschiene sichern.

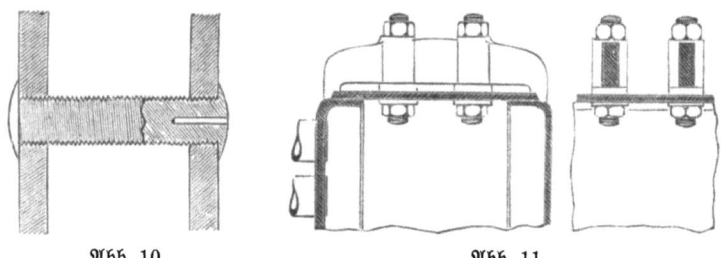

Abb. 10. Abb. 11.

Die Kessel der Lokomotiven, Lokomobilen und Schiffskessel sowie auch viele feststehende Kessel werden mit einer großen Anzahl von engen Röhren versehen, die von den Heizgasen durchzogen und vom Wasser umspült werden. Diese Röhren, Heizröhren genannt, müssen mit den ebenen Kesselböden oder sogenannten Rohrwänden fest und dicht verbunden werden. Es geschieht dies auf eine sehr einfache Weise. Entweder werden die in die Rohrwände gesteckten Röhren unter Zuhilfenahme eines konischen Stahl-

5*

dornes mit dem Hammer aufgetrieben oder sie werden mit einem besonderen Instrumente, das mit drei kleinen, zum Auseinanderpressen eingerichteten Walzen versehen ist und in das Rohr gesteckt wird, aufgewalzt, auf welche Weise eine sowohl feste wie dichte Verbindung der Röhren mit der Rohrwand erzielt wird. Um diese noch mehr zu sichern, werden die Rohrenden wohl auch mit Gewinde versehen und die Rohre in die Rohrwände geschraubt.

Werden die Wandungen eines Kessels mit größeren Öffnungen versehen, wie die zum Befahren des Kessels erforderlichen Mannlöcher und sonstige Reinigungsöffnungen, so sind die hierdurch entstandenen Schwächungen der Wand durch Aufnieten von Verstärkungsringen auszugleichen.

Auf die Berechnung der Wandstärken und die für die verschiedenen Arten von Nietungen anzuwendenden praktischen Regeln sowie die Berechnung der Versteifungen einzugehen, ist hier nicht der Ort. Sie sind Sache des mit mathematischen Kenntnissen ausgerüsteten Ingenieurs und in den Lehrbüchern über Maschinenbau zu finden.

Im öffentlichen Interesse und zur Erzielung einer gleichmäßigen Behandlung ist im § 2 Absatz 1 der allgemeinen polizeilichen Bestimmungen über die Anlegung von Dampfkesseln vorgeschrieben worden, daß die Baustoffe für Dampfkessel gewissen Vorschriften zu entsprechen haben, und daß bei dem Baue der Dampfkessel einer Reihe von Vorschriften nachgegangen wird, die von einer Sachverständigen-Kommission, der deutschen Dampfkessel-Normen-Kommission aufgestellt und vom Bundesrate genehmigt worden sind. Die Durchführung dieser Vorschriften wird von den mit der Aufsicht über die Dampfkessel betrauten Beamten überwacht.

Wurde bisher nur die Festigkeit und Widerstandsfähigkeit des Kessels ins Auge gefaßt, wobei die erforderliche Sicherheit gegen eine Explosion gewonnen wird, so macht sich auf der anderen Seite der Nachteil geltend, daß der sicherste Kessel die stärksten Wandungen erfordert und dann natürlich der schwerste und dabei teuerste wird. Ein zu großes Gewicht muß aber bei gewissen Kesselarten, wie den Schiffskesseln, Lokomotivkesseln u. a. auch noch aus anderen Gründen vermieden werden.

Der Ingenieur wird daher zwischen Festigkeit und Sicherheit einerseits sowie Gewicht andererseits recht sorgfältig abwägen und seine Berechnungen in einer Weise vornehmen müssen, bei der sowohl ein genügend fester und sicherer, als auch ein nur mäßig schwerer und nicht zu teurer Kessel hervorgeht.

Bei der Herstellung des Dampfkessels in der Werkstätte wird nun in folgender Weise vorgegangen:

Nachdem die einzelnen Blechtafeln vorgezeichnet worden sind, wobei darauf geachtet wird, daß bei den Blechen der Kesselmäntel die Walzrichtung des Bleches in die Richtung des Kesselumfanges zu liegen kommt, weil die Bleche nach dieser Richtung mehr Festigkeit besitzen und auch einen größeren Widerstand zu leisten haben, werden sie durch Beschneiden und Behauen oder Behobeln in die erforderliche Größe gebracht, an den Kanten etwas abgeschrägt und an den Ecken, wo mehrere Platten übereinander zu liegen kommen, etwas zugespitzt.

Zu den Kesselteilen, die dem ersten Feuer ausgesetzt sind, den sogenannten Feuerplatten, sowie zu den Teilen, die wiederholt gebogen und bearbeitet werden müssen, sind selbstverständlich die besten Bleche zu verwenden. Zu den übrigen Teilen des Kessels genügt eine etwas geringere Gattung.

Hierauf werden die Nietlöcher gelocht oder gebohrt. Das Bohren ist besser, weil bei dem Lochen oder Stanzen das Blech feine Rißchen bekommt, die sich oft später erweitern und fortsetzen.

Dann werden die Blechtafeln mittels Biegemaschinen gebogen und wohl auch, damit die Bleche recht gut aufeinander zu liegen kommen, warm zusammengerichtet sowie durch einige Schrauben miteinander in vorläufige Verbindung gebracht. Die einzelnen Ringe der Kesselmäntel und Flammenrohre, die teils verjüngte, teils walzenförmige Form erhalten, müssen hierbei so ineinander gesteckt werden, daß später die unter dem Kessel oder im Flammenrohre hinziehende Flamme nicht auf vorspringende Blechkanten stößt.

Schließlich werden die Nietlöcher aufgerieben, damit sie genau zusammenpassen, oder auch zum größeren Teil erst nach dem Zusammensetzen der gebogenen Blechtafeln gebohrt, wodurch genau aufeinander passende Nietlöcher erzielt werden. Das Zusammenpassen durch Eintreiben eines Dornes in die Nietlöcher ist dagegen zu verwerfen, weil auch hierbei das Blech rissig wird und leidet.

Nach allen diesen Vorarbeiten kann mit dem Zusammennieten der Blechtafeln begonnen werden. Das Nieten erfolgte früher ausschließlich mit der Hand. Neuerdings werden hierbei mit Wasserdruck (hydraulisch) betriebene Nietmaschinen benutzt, die eine weit vollkommenere Arbeit liefern und bei großen Blechstärken unentbehrlich sind.

Die Hauptteile des Kessels, den Mantel, die Flammenrohre, die Feuerbüchse und andere stellt man zunächst getrennt für sich her. Die Kesselböden, die meistens umgebördelte Ränder erhalten, werden von den Hütten in jeder beliebigen Größe, Form und Stärke vorrätig gehalten und geliefert.

Endlich erfolgt das Zusammennieten der Hauptteile des Kessels, wobei darauf geachtet wird, daß die Längsnähte der Kesselmäntel in die Seitenzüge zu liegen kommen, damit sie der ersten Flamme entzogen werden, leicht zu beobachten sind und zugänglich bleiben, die Längsnähte der Flammenrohre aber nach unten, an welcher Stelle sich im Betriebe sehr bald schützende Flugasche ablagert.

Mit dem Verstemmen der Nähte und erforderlichenfalls auch gewisser Niete erreichen die Herstellungsarbeiten eines Dampfkessels ihr Ende.

Ist ein Dampfkessel fertiggestellt und in allen seinen Nähten und Verbindungsstellen vollkommen dicht gemacht worden, so darf er doch keineswegs ohne weiteres eingemauert oder in Betrieb gesetzt werden. Es hat nunmehr die in § 12 der allgemeinen polizeilichen Bestimmungen über die Anlegung von Dampfkesseln vorgeschriebene amtliche Bauprüfung und Wasserdruckprobe des Kessels zu erfolgen. Diese Prüfungen nimmt der von der Regierung hierzu ernannte oder ermächtigte Aufsichtsbeamte vor.

Bei der Bauprüfung wird festgestellt, ob der Kessel aus vorschriftsmäßigen Baustoffen und in regelrechter Weise hergestellt wurde und seine Abmessungen, Wandstärken und Versteifungen dem der zuständigen Behörde zur Genehmigung vorgelegten Plan entsprechen.

Bei der Wasserdruckprobe wird der Kessel vollständig mit Wasser gefüllt, und werden alle seine Öffnungen dicht verschlossen. Hierauf wird mittels einer mit dem Kessel verbundenen Druckpumpe solange Wasser in den sich in geringem Maße ausdehnenden Kessel gepreßt, bis der vorgeschriebene Probedruck erreicht ist. Beträgt der festgesetzte höchste Betriebsdruck des Kessels weniger als 10 Atmosphären Überdruck, so ist als Probedruck ein Überdruck von ein und einhalbmal so vielen Atmosphären anzuwenden, als der Betriebsdruck angibt. Für Kessel mit mehr als 10 Atmosphären Überdruck hat dagegen der Probedruck den beabsichtigten Betriebsdruck um 5 Atmosphären zu übersteigen. Der Kessel hat die Prüfung bestanden, wenn er sich vollkommen dicht zeigt, und wenn keine dauernden Formveränderungen oder gar Risse entstehen.

Nach befriedigendem Erfolge der Bauprüfung und Wasserdruckprobe erklärt der Beamte den Kessel nunmehr für diensttüchtig, versieht die Nieten des am Kessel befestigten Fabrikschildes mit dem amtlichen Stempel und stellt über die vorgenommenen Prüfungen je ein Zeugnis aus.

Ist der Kessel nicht vorschriftsmäßig hergestellt worden, ist er undicht, bekommt er Risse, oder vermag er dem Probedrucke nicht zu widerstehen, ohne in seiner Form starke oder gar bleibende Veränderungen zu erfahren, so ordnet der Beamte ein nochmaliges Verdichten seiner Nähte oder die nötigen Abänderungen an und nimmt die amtlichen Prüfungen von neuem vor. Oder er erklärt ihn für dienstuntauglich.

Der Kesselverfertiger wird übrigens durch die amtliche Prüfung des Kessels nicht der Pflicht enthoben, nur gute Baustoffe zu verwenden und mit größter Sorgfalt zu arbeiten. Denn das Strafgesetzbuch macht ihn für die Folgen von Unglücksfällen haftbar, die durch wissentliche Verwendung schlechten Baustoffes oder mangelhafte Ausführung herbeigeführt werden. Außerdem kann er zivilrechtlich in Anspruch genommen werden.

Es ist hinzuzufügen, daß nach § 13 der allgemeinen polizeilichen Bestimmungen auch Dampfkessel, die eine Hauptausbesserung erfahren haben oder durch Wassermangel oder Brandschaden überhitzt worden sind, vor der Wiederinbetriebnahme einer amtlichen Wasserdruckprobe unterzogen werden müssen.

Sechster Abschnitt.

Die Feuerungen, die Feuerzüge und der Schornstein.

Inhalt: A. Die Feuerungen: Planroste, Treppenroste, Unterfeuerungen, Vorfeuerungen und Innenfeuerungen. Größe des Rostes und Höhe des Feuerraumes. Der Aschenraum. Erfordernisse. 1. Die gewöhnlichen Feuerungen: a) Die Planrost=Feuerung. b) Die Treppenrost=Feuerung. — 2. Die rauchfreien Feuerungen: a) Einrichtungen, bei denen der frische Brennstoff dem Rost in Pausen zugeführt wird. Bewegliche Feuerbrücke, Rostbeschicker, Doppelroste, Oberluft, Dampfschleier, Luftschleier, Nachluft (zweite oder sekundäre Luft), rückkehrende Flamme (Tenbrinkfeuerung), umhüllende Flamme. b) Einrichtungen, bei denen der frische Brennstoff dem Rost ununterbrochen zugeführt wird: Schrägrostfeuerungen, Treppenrostfeuerungen, Tenbrinkfeuerungen, Muldenrostfeuerungen, Korbrostfeuerungen, mechanische Feuerungen, Kohlenstaubfeuerungen, Gasfeuerungen. — B. Die Feuerzüge (der Oberzug). — C. Der Schornstein (natürlicher und künstlicher Zug).

Im dritten Abschnitte wurde gezeigt, wie vor allem durch das Verständnis, die Aufmerksamkeit, Geschicklichkeit und den Fleiß des Heizers ein sparsamer und möglichst rauchfreier Betrieb zu erzielen ist. Es ergab sich aber auch, daß auch die Einrichtung, mittels der der Heizer die Verbrennung der Brennstoffe zu vollziehen hat, gewisse Bedingungen erfüllen muß, wenn es ihm möglich sein soll, den Brennstoff in der besten Weise nutzbar zu machen. Daß überdies der Kessel eine der geforderten Dampferzeugung entsprechend große Heizfläche besitzen muß, um einen genügend großen Teil der in den gebildeten Heizgasen enthaltenen Wärme aufzunehmen und dem Wasserinhalte des Kessels zuzuführen, ist selbstverständlich.

Um einen Dampfkessel bestimmungsgemäß benutzen zu können, muß er mit einer Feuerung, in der der Brennstoff verbrannt wird und die Feuer= oder Heizgase gebildet werden, mit Feuerzügen oder Heizkanälen, in denen die Heizgase mit dem Kessel in Berührung gebracht und zur Abgabe ihrer Wärme an diesen gezwungen werden, und endlich mit einem Schornstein ausgerüstet werden, der die abgekühlten Heizgase fortzuschaffen hat.

A. Die Feuerungen.

Die Möglichkeit, eine gute Verbrennung zu erzielen, hängt außer von dem Vorhandensein ausreichenden Zuges, wesentlich von der Gestalt und Größe der Feuerung ab.

Auf die Gestalt der Feuerung ist zunächst die Form des Rostes, dann aber dessen Lage zum Kessel von Einfluß.

Die Form des Rostes wird in der Regel durch die Stückgröße des Brennstoffes bedingt. Während der in größeren Stücken zu verwendende Brennstoff meistens auf mit senkrechten Schlitzen versehenen wagerechten Rosten, sogenannten Planrosten, verbrannt wird, muß bei klarem Brennstoffe, von dem durch die Spalten des Planrostes zu viel in den Aschenraum fallen und verloren gehen würde, ein mit wagerechten Spalten versehener, geneigter Rost, ein sogenannter Treppenrost, benutzt werden. In besonderen Fällen werden auch senkrechte Roste verwendet.

Unter Umständen läßt sich allerdings auch ein klarer Brennstoff auf einem Planroste noch leidlich gut verbrennen. Der Brennstoff muß aber dann beim Verbrennen etwas backen, und die Rostspalten müssen entsprechend enge sein. Andererseits wird auch ein stückförmiger Brennstoff, der beim Verbrennen in viele kleine Teile zerfällt, besser auf einem Treppenroste verbrannt als auf einem Planroste.

Die Lage der Feuerung zum Kessel hat sich zunächst nach dem für diese Einrichtung verfügbaren Raume zu richten. Ist der Platz beschränkt, so muß die Feuerung unter den Kessel gelegt werden. Soll an Höhe gespart werden, so wird die Feuerung vor dem Kessel angebracht Mangelt es aber sowohl an Platz wie an Höhe, so wird die Feuerung, wenn dies die Form des Kessels gestattet, gleich in diesen gelegt. Hieraus ergeben sich drei Arten von Feuerungen, nämlich Unterfeuerungen, Vorfeuerungen und Innenfeuerungen.

Bei der Anordnung der Feuerung ist aber auch auf die Art des zu verwendenden Brennstoffes Rücksicht zu nehmen. Bei einem Brennstoff, aus dem Verbrennungsgase mit sehr hoher Temperatur entstehen, wird, um die Wärmeverluste zu vermindern, der Anordnung den Vorzug zu geben sein, die kleinere wärmeausstrahlende Massen besitzt. Für Steinkohle eignet sich daher eine Unterfeuerung oder Innenfeuerung besser als eine Vorfeuerung.

Wie im dritten Abschnitte gezeigt wurde, hängt die Güte der Verbrennung namentlich von einer richtig bemessenen Größe des Rostes ab. Diese muß so bemessen sein, daß auf einem bestimmten Teil, auf einem Quadratmeter, in einer gewissen Zeit im Mittel nur eine bestimmte Gewichtsmenge Brennstoff verbrannt wird. Diese Brennstoffmenge ist wiederum abhängig einerseits von der Art und Stückgröße des Brennstoffes, andererseits von der Stärke des zur Verfügung stehenden Zuges. Sie kann indessen in mäßigen Grenzen vermehrt und vermindert werden, ohne daß sofort ein merklich nachteiliger Einfluß auf die Verbrennung ausgeübt wird. Immerhin ist es aber ratsam, sich von bewährten Erfahrungszahlen nicht zu weit zu entfernen, damit der Heizer auch stets in der Lage bleibt, eine gute Verbrennung herbeizuführen. Wie groß die betreffenden Brennstoffmengen anzunehmen sind, darüber wird noch Näheres bei der Besprechung der verschiedenen Feuerungen mitzuteilen sein.

Die aus der Länge und Breite des Rostes berechnete Fläche wird schlechthin die Rostfläche genannt. Die Summe aller der Öffnungen des Rostes, durch die die Luft eintritt, heißt freie Rostfläche. Die freie Rostfläche wird so groß wie möglich gemacht, damit die Luft recht ungehindert an den Brennstoff herantreten kann, und möglichst viel Brennstoff verbrennt. Da indessen viel freie Rostfläche nur durch weite Rostspalten zu erzielen ist, durch diese aber viel Brennstoff fällt und verloren geht, so dürfen gewisse Maße nicht überschritten werden.

Von besonderer Wichtigkeit ist auch die Höhe des über dem Roste gelegenen Raumes, des Feuerraumes, die im allgemeinen mit der Größe der Rostfläche etwas zunehmen soll, sich aber vor allem nach dem Verhalten des Brennstoffes bei seiner Verbrennung und der Art der oberen Begrenzung des Feuerraumes zu richten hat. Hierbei ist der Gesichtspunkt maßgebend, daß die Verbrennung nicht durch die Decke des Feuerraumes gestört werden darf.

Schlägt eine Flamme an einen wesentlich kühleren Körper, so wird ein Teil der in der Verbrennung begriffenen Gase unter die Entzündungstemperatur abgekühlt. Sie verbrennen infolgedessen gar nicht oder nur mangelhaft und dem Schornstein entweichen, wenn die unverbrannt gebliebenen und ziemlich schwer entzündlichen Stoffe nicht noch nachträglich durch nochmalige Berührung mit der Flamme verbrennen, Kohlenoxydgas, Kohlenwasserstoffe und Kohlenstoff. Der Schornstein raucht stark. Dieser Vorgang wird deutlich erkennbar, wenn man mit einem kalten Gegenstand, etwa einen Porzellanteller, eine Kerzen- oder eine Leuchtgasflamme berührt. Mit dem Augenblicke der Berührung entweichen unverbrannte Kohlenwasserstoffe, die sich durch ihren brenzlichen Geruch bemerkbar machen, und wird Ruß auf der Oberfläche des Porzellans niedergeschlagen.

Je längere Flammen der Brennstoff bei seiner Verbrennung bildet und je kühler der Körper ist, aus dem die Decke des Feuerraumes besteht, desto größer wird die Entfernung zwischen Brennstoffschicht und Decke des Feuerraumes sein müssen, damit die Verbrennung nicht gestört wird. Besteht die Decke aus Mauerwerk, das sich während des Betriebes beständig in glühendem Zustande befindet und der Verbrennung eher förderlich als hinderlich ist, so kann die Höhe eine geringere sein. Ist die Decke des Feuerraumes aber eine Kesselwandung, die durch den Wasserinhalt des

Kessels beständig kühl gehalten wird, so muß dem Feuerraum eine größere Höhe gegeben werden.

Der Gedanke liegt nahe, dem Feuerraum, um Störungen der Verbrennung zu vermeiden, eine möglichst große Höhe zu geben. Aber auch hierin ist Maß zu halten. Sind die Seitenwände des Feuerraumes wie bei den Lokomotivkesseln, Kesselwandungen, die Wärme aufnehmen und nutzbar zu machen vermögen, so wirkt eine größere Höhe des Feuerraumes nicht schädlich. Sind dagegen die Seitenwände des Feuerraumes aus Mauerwerk hergestellt, so wird die Verbrennung durch diese zwar wenig gestört. Doch nimmt das Mauerwerk einen beträchtlichen Teil der entwickelten Wärme auf, von der ein ansehnlicher Teil nach außen geleitet oder ausgestrahlt wird und auf diese Weise verloren geht. Je höher die Seitenwände sind, um so größer ist dieser Verlust. In diesem Falle würde demnach eine zu große Höhe des Feuerraumes schädlich sein.

Aus dem Vorstehenden ergibt sich nun auch, daß die drei verschiedenen Anordnungen der Feuerung, die als Unterfeuerung, Vorfeuerung und Innenfeuerung bezeichnet werden, die Verbrennung in wesentlich verschiedener Weise beeinflussen.

Bei der Vorfeuerung bestehen die Umfassungswände und die Decke des Feuerraumes immer aus Mauerwerk, das sich während des Betriebes in glühendem Zustande befindet. Es ist ohne weiteres klar, daß bei dieser Einrichtung die Temperatur im Feuerraume stets sehr hoch und die Verbrennung eine gute ist. Ein Teil der entwickelten Wärme geht aber durch Ausstrahlung verloren.

Im Feuerraume der Innenfeuerung, deren Umfassungen und Decke Kesselwandungen sind, wird dagegen, da die Kesselwandungen die strahlende Wärme des Feuers rasch aufnehmen und dem Wasserinhalte des Kessels mitteilen, eine wesentlich niedrigere Temperatur herrschen, und die Verbrennung, die überdies durch das Anschlagen der Flamme an die vom Wasser gekühlten Kesselwandungen leicht Störungen erleidet, eine weniger gute sein. Dem steht aber der Vorteil gegenüber, daß von der strahlenden Wärme des Feuers nur wenig verloren geht.

Die Unterfeuerung, deren Feuerraum seitlich von gemauerten Wänden umgeben und oben durch den Kessel abgeschlossen wird, besitzt die Vorteile der Vor- und Innenfeuerung in schwächerem, ihre Nachteile in milderem Maße.

Der unterhalb des Rostes gelegene Raum, in dem sich die durch den Rost fallende Asche ansammelt, wird Aschenraum oder Aschenfall genannt. Er hat geringere Bedeutung. Insbesondere ist seine Größe und Höhe nicht an Maße gebunden. Im allgemeinen soll der Aschenraum so groß und hoch wie möglich sein, damit die Oberfläche der Asche nicht zu nahe an den Rost rückt und der Luft den Zutritt zu den Rostspalten erschwert oder etwa gar absperrt, und damit in ihm eine möglichst große Menge Asche Platz findet.

Im unteren Teile des Aschenraumes wird häufig ein Wasserbehälter angebracht. Die durch den Rost fallende brennende Kohle wird durch das im Behälter befindliche Wasser gelöscht und kann später noch nutzbar gemacht werden. Auch kühlt der entstehende Wasserdampf die Roststäbe und schützt sie vor dem Verbrennen.

Eine zweckentsprechende und gute Feuerung soll folgenden Anforderungen gerecht werden:
1. Sie muß für den zu verwendenden Brennstoff geeignet sein und eine der zu verbrennenden Brennstoffmenge angemessene Größe besitzen.
    Zu diesem Zweck ist es erforderlich, daß
    a) der Rost zweckmäßig gestaltet,
    b) die Fläche des Rostes entsprechend groß gewählt und
    c) die Höhe des Feuerraumes richtig bemessen wird.
2. Sie muß leicht zu bedienen sein und insbesondere dem Heizer ermöglichen, die im dritten Abschnitt entwickelten Regeln für das sparsame und rauchfreie Heizen zu befolgen.
    Insbesondere soll
    a) dem Heizer jeder Punkt des Rostes sichtbar und zugänglich sein, damit er ihm frischen Brennstoff zuführen, den dort befindlichen Brennstoff auflockern und die sich ansammelnde Asche oder Schlacke leicht entfernen kann, wobei aber keine Wärmeverluste eintreten dürfen;
    b) es dem Heizer möglich sein, die Verbrennung dem Dampfverbrauch entsprechend ohne nachteiligen Einfluß auf ihre Güte zu verstärken oder zu vermindern;
    c) die Bedienung der Feuerung so erfolgen können, daß weder Rauch noch Ruß entstehen.
3. Sie muß die am meisten gefährdeten Stellen des Kessels, die der Flamme ausgesetzten Feuerplatten, sichtbar lassen, damit ein eingetretener Schaden sofort vom Heizer bemerkt werden kann.
4. Sie soll auch möglichst dauerhaft sein.
5. Sie muß sich endlich dem verfügbaren Raume gut anpassen.

Die Zahl der Wünsche ist ziemlich groß. Allen Wünschen gerecht zu werden ist nicht möglich. Es wird sich gleich zeigen, inwieweit die gebräuchlichen Einrichtungen den an sie zu stellenden Anforderungen entsprechen und was sie schuldig bleiben.

Die gebräuchlichen Feuerungen lassen sich in zwei Gruppen scheiden, in die gewöhnlichen, schlechthin der Verbrennung stückförmigen Brennstoffes dienenden und in die rauchfreien Feuerungen, mit denen neben einer sparsamen auch eine möglichst rauchfreie Verbrennung erzielt werden soll.

1. Die gewöhnlichen Feuerungen.

Wie bereits dargelegt wurde, erfordert eigentlich jeder Brennstoff eine besondere Form des Rostes und eine besondere Gestalt der Feuerung. Es ergeben sich aber aus der Form des Rostes zwei grundverschiedene Arten von Feuerungen, die Planrost=Feuerungen und die Treppenrost= Feuerungen. Je nach der Lage der Feuerung zum Kessel werden bei ihnen wieder Vorfeuerungen, Unterfeuerungen und Innenfeuerungen unter= schieden.

a) Die Planrost=Feuerung.

Die Planrost=Feuerung besitzt zumeist einen wagerechten, zuweilen auch schwach geneigten Rost. Sie eignet sich nur zur Verbrennung stückförmiger Brennstoffe, wie der Stein= und Braunkohlen, des Kokes und Holzes und allenfalls klarer, aber etwas backender Steinkohle.

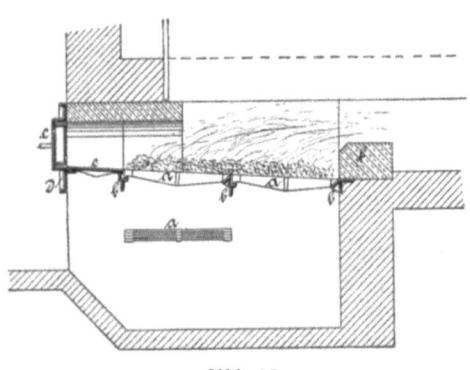

Abb. 12.

Eine Planrost=Feue= rung der gebräuchlichsten Art ist in den Abbil= dungen 12 und 13 dar= gestellt. Sie kennzeich= net sich als eine Unter= feuerung.

Der Rost wird durch eine größere Anzahl guß= eiserner oder schmiede= eiserner Roststäbe a gebildet, deren schmale Oberfläche wagerecht liegt und die zwischen sich senkrechte Spalten lassen. Die Enden der Roststäbe ruhen auf eisernen, im Mauerwerke des Feuerraumes gelagerten oder sonst= wie befestigten Querbalken, den sogenannten Rostträgern b, auf.

Um die Feuerung bedienen zu können, wird die vordere Stirnwand des Feuerraumes mit einer oder auch zwei, etwa 35 cm breiten und 30 cm hohen Öffnungen versehen, die durch je eine Feuertür c geschlossen werden können. Die Türen drehen sich in einer, an der sogenannten Brustplatte d angebrachten Angel, die gewöhnlich, damit die Tür von selbst gut schließt, eine schwache Neigung nach hinten erhält. Doppelte Türen, die die Bedienung der Feuerung erleichtern, wendet man erst bei über 1,2 m breiten Rosten an. Die Brustplatte wird mit dem Mauer= werke des Feuerraumes durch Mauerschrauben fest verbunden.

Die Planrost=Feuerung.

Zwischen der Feuertür und den Roststäben liegt eine etwa 25 cm breite, gußeiserne Platte, die Schürplatte e, die den Werkzeugen des Heizers, dem Schüreisen, der Krücke usw., als Auflage dient.

Der Feuertür gegenüber befindet sich die sogenannte Feuerbrücke f, ein aus Mauerwerk hergestellter Wall, der sowohl das Hinüberfallen von Brennstoff in den, an den Feuerraum sich anschließenden ersten Feuerzug verhindern, als auch durch die Einschnürung der in diesen Zug eintretenden Flamme ein Durcheinanderwirbeln der Flammenteile und damit die nachträgliche Verbrennung aller etwa noch nicht verbrannten Gase bewirken soll.

Die Seitenwände des Feuerraumes und die Feuerbrücke werden aus feuerbeständigem Mauerwerke hergestellt. Die erste Rundnaht des Kessels wird, wenn angängig, in schützendes Mauerwerk gelegt.

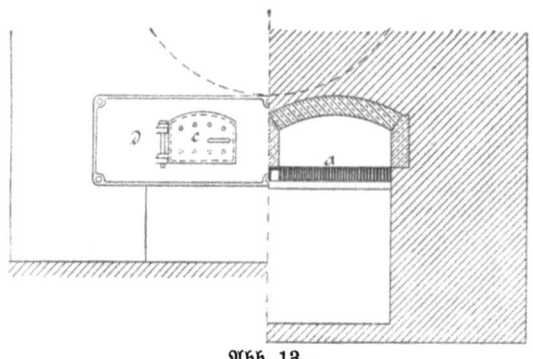

Abb. 13.

Unterhalb des Rostes liegt der Aschenraum, dessen vordere Öffnung zumeist durch eine Tür oder Klappe verschließbar gemacht wird. Diese Tür bildet auch zuweilen das alleinige Mittel zur Regelung des Zuges.

Um den auf Seite 75 unter 1 gestellten Anforderungen zu genügen, ist bei der Herstellung der Planrost=Feuerung folgendes zu beachten:

Damit die senkrechte Lage der Rostspalten nicht zu erheblichen Verlusten an Brennstoff führt, ist die Weite der Rostspalten richtig zu bemessen. Die Weite der Rostspalten hat sich aber außer nach der Stückgröße des zu verwendenden Brennstoffes auch nach dessen Verhalten bei der Verbrennung zu richten. Je kleinstückiger der Brennstoff oder je magerer und in kleine Stücke zerfallend die Kohlensorte ist, um so feinere Spalten muß der Rost besitzen. Bei solchem Brennstoffe sind Spaltenweiten von 3 bis zu 8 mm anzuwenden. Je gröber dagegen der Brennstoff ist, oder je mehr er bäckt und flüssige Schlacke absondert, um so weiter können und müssen die Spalten sein. Sie würden sich sonst im Betriebe rasch verschmieren und verstopfen. Die Roststäbe, zwischen die keine Luft mehr strömt, kommen dann ins Glühen und verbrennen. Die Spalten müssen in diesem Falle 12 bis 15 mm Weite erhalten.

Damit die Asche nicht hängen bleibt, sondern gut durchfällt, werden die Spalten nach unten etwas erweitert und die Roststäbe zu diesem Zweck unten etwas dünner, etwa nur $2/3$ so stark wie oben gemacht.

Damit endlich die Weite der Rostspalten gesichert und dauernd bewahrt wird, erhalten die Enden der Roststäbe, Köpfe genannt, und wohl auch die Mitte des Stabes Ansätze, deren Höhe gleich der Spaltenweite ist.

Die Form der gewöhnlich aus Gußeisen hergestellten Roststäbe wird eine zweckmäßige, wenn die obere Stärke der Stäbe etwa das doppelte der Spaltenweite, ihre Höhe etwa das 10fache der Stabstärke und ihre Länge etwa das 50fache der Stabstärke betragen. Die freie Rostfläche ergibt sich dann zu $1/3$ der gesammten.

Um an Gewicht zu sparen, wird oft die Höhe der Roststäbe nach den Enden zu verringert. Da indessen die Roststäbe durch die zwischen ihnen sich bewegende Luft kühl gehalten werden soll, dies aber durch eine entsprechend breite Fläche der Roststäbe begünstigt wird, so ist es besser, die Roststäbe in ihrer ganzen Länge gleich hoch zu machen.

Sehr dünne Roststäbe werden der größeren Haltbarkeit wegen aus Schmiedeeisen angefertigt. Jeder Stab besteht gewöhnlich aus drei gewalzten, oben etwas stärkeren Flacheisenschienen, zwischen die dünne, die Spaltenweite sichernden Platten oder Scheiben gelegt und die durch einige Niete verbunden werden.

Neben der in den Abbildungen 12 und 13 dargestellten einfachsten Form wird den Roststäben die verschiedenartigste Gestalt gegeben. Alle diese Formen verfolgen in der Regel den Zweck, den Luftzutritt durch möglichst viele Öffnungen der Rostfläche zu vermehren und die Wärmeabgabe an die einströmende Luft sowie das Kühlbleiben des Roststabes durch eine recht große Oberfläche darbietende Gestalt der auf oder in den Roststäben angeordneten Luftkanäle zu begünstigen und hiermit die Haltbarkeit der Roststäbe zu erhöhen. Es finden sich deshalb häufig derartige, außer mit Längsspalten auch mit Querspalten versehene Roststäbe bei Kesselarten, wie den Lokomotivkesseln, vor, bei denen auf einem verhältnismäßig kleinen Rost in kurzer Zeit ganz bedeutende Brennstoffmengen zu verbrennen sind. Es ist zuzugeben, daß ein solcher Rost eine etwas reichlichere Verbrennung ergibt. Da indessen mit den gewöhnlichen, billigeren Roststäben bei gleicher Haltbarkeit sich eine ebenso gute Verbrennung erzielen läßt, so soll auf diese Besonderheiten nicht weiter eingegangen werden.

Die Fläche des Rostes entspricht erfahrungsgemäß der Menge des zu verbrennenden Brennstoffes, wenn auf einem Quadratmeter der Rostfläche in der Stunde durchschnittlich verbrannt werden:

Die Planrost-Feuerung.

bei natürlichem Schornsteinzug 80 kg Steinkohle oder 120 kg
böhmische Braunkohle oder 60 kg Koks;
bein künstlichem scharfen Zug (Lokomotivkessel) das 3- bis
5fache hiervon.

Die Höhe des Feuerraumes, oder der Abstand des Kessels vom Roste, der sich nach der Art des Brennstoffes und dessen Verhalten bei der Verbrennung zu richten hat, ist eine zweckmäßige, wenn sie beträgt:

bei Steinkohle, je nachdem sie bei dem Verbrennen kürzere oder längere Flammen bildet, 40 bis 60 cm,
bei böhmischer Braunkohle 35 bis 45 cm,
bei Koks 50 cm.

Den unter 2 gestellten Forderungen hinsichtlich der Bedienung genügt die Planrost-Feuerung in folgender Weise:

Überschreitet die Länge des Rostes nicht 2 m, so bleibt auch jeder Punkt des Rostes gut sichtbar und zugänglich. Die Herstellung und Unterhaltung einer auf allen Teilen des Rostes gleich hohen Brennstoffschicht erfordert aber ziemliche Geschicklichkeit. Auch bereitet das Schüren und Abschlacken, obgleich die senkrechten Rostspalten das Entfernen der Asche erleichtern und begünstigen, erhebliche Mühe und Arbeit. Hierzu kommt, daß alle diese Arbeiten bei geöffneter Feuertür ausgeführt werden müssen. Während dieser Zeit strömt trotz Dämpfen des Zuges eine Menge kalte Luft in den Feuerraum, die nicht nur diesen, sondern auch den Kessel abkühlt und schließlich den Schornstein in erwärmtem Zustande verläßt, wodurch aber, wie im dritten Abschnitte gezeigt wurde, ein nicht unbeträchtlicher Wärmeverlust herbeigeführt wird. Die wechselnde Abkühlung und Wiedererhitzung ist auch dem Kessel keineswegs dienlich und führt leicht zu Beschädigungen.

Dagegen ist der Heizer bei plötzlich eintretendem, starkem Dampfverbrauche nicht behindert, die Verbrennung und Dampferzeugung rasch zu verstärken. Er braucht nur die Brennstoffschicht entsprechend zu erhöhen und den Zug zu verstärken, was leicht zu bewerkstelligen ist. Die Güte der Verbrennung wird hierbei nicht beeinträchtigt.

Es soll hierbei aber möglichst wenig Rauch entstehen. Welche Mittel anzuwenden sind, dieses Ziel zu erreichen oder ihm doch nahe zu kommen, ist bereits Seite 38 u. f. angedeutet worden. Für die Planrost-Feuerung ergibt sich hierzu noch folgendes:

Wird der frische Brennstoff, wie zumeist geschieht, in Pausen und in der Weise zugeführt, daß er gleichmäßig über den ganzen Rost verteilt wird, so gerät der frische Brennstoff zwar rasch in Brand. Dagegen ist es, wie bereits a. a. O. erläutert wurde, unmöglich, alle aus dem zugeführten Brennstoffe in größeren Mengen sich entwickelnden Gase vollkommen zu verbrennen. Der Schornstein raucht eine Zeit lang.

Dieser Übelstand kann gemildert werden, wenn der frische Brennstoff nur einer bestimmten Stelle des Rostes zugeführt wird. Der Teil des Rostes, der am bequemsten zu erreichen ist, also der Feuertür zunächst liegt, ist jedenfalls die hierzu geeignetste Stelle des Rostes.

Auch hierbei kann auf zweierlei Weise verfahren werden: Vor dem Aufwerfen des frischen Brennstoffes macht der Heizer den vorderen Teil des Rostes auf ein Drittel oder ein Viertel seiner Länge frei, indem er den hellbrennenden Brennstoff mit der Krücke nach der Feuerbrücke zu schiebt, und bringt den frischen Brennstoff auf die freigemachte Stelle (vergleiche Abbildung 14a). Oder er legt den frischen Brennstoff auf die Schürplatte, wartet, bis er entgast ist, und schiebt ihn dann nach hinten (vergleiche Abbildung 14b).

Damit den sich entwickelnden Gasen die zu ihrer Verbrennung erforderliche Luft zugeführt wird, sind folgende Kunstgriffe anzuwenden: Bei

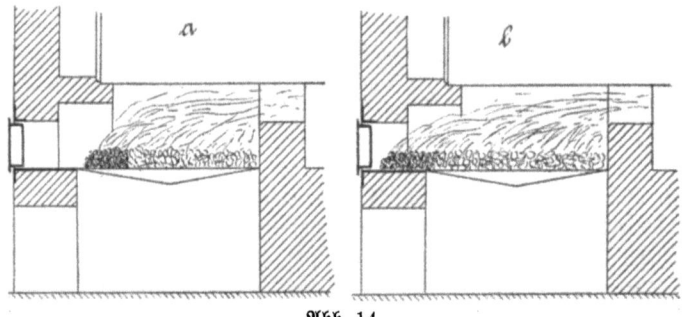

Abb. 14.

dem Verfahren nach Abbildung 14a wird der vordere Teil des Rostes in 4 bis 5 cm Breite freigelassen, so daß durch die Rostspalten eine genügende Menge Luft einströmt, die sich mit den Gasen mischt und deren vollständige Verbrennung vermittelt. Bei dem Verfahren nach Abbildung 14b wird die zur Verbrennung der Gase erforderliche Luft entweder durch die etwas geöffnete Feuertür oder durch in dieser angebrachte Schlitze eingelassen. Ist der frische Brennstoff entgast und in Glut gekommen, so hat auch die besondere Luftzuführung aufzuhören, und kann dann die Feuertür oder können deren Schlitze, die gewöhnlich mit einem Schieber versehen werden, wieder geschlossen werden. In beiden Fällen werden die Gase durch Berührung mit den Flammen der hellbrennenden Brennstoffschicht, über die sie hinziehen, entzündet und verbrannt.

Sind demnach die aus dem frischen Brennstoffe sich entwickelnden Gase leichter zu verbrennen und Rauch und Ruß sicherer zu vermeiden, wenn dieser Brennstoff immer nur einer Stelle, und zwar dem vorderen Teile des Rostes zugeführt wird, so ist mit diesem Verfahren doch auch ein Nachteil verbunden. Der frisch zugeführte Brennstoff wird nur durch die ihm von dem daneben liegenden, hellbrennenden Brennstoffe und dem glühenden Mauerwerke des Feuerraumes zugestrahlte Wärme entgast. Dies geschieht aber viel langsamer als bei der Verteilung über den ganzen Rost, bei der der Brennstoff dünner verteilt ist und rascher in Brand gerät. Es ist dem Heizer daher auch nicht möglich, bei plötzlichem, starken Dampfverbrauche die Verbrennung und Dampferzeugung genügend zu beschleunigen. Der Dampfdruck wird infolgedessen sinken.

Die Erfüllung des Wunsches, die Verbrennung und Dampferzeugung beliebig zu beschleunigen aber gleichzeitig das Rauchen zu vermeiden, versagt die Planrost-Feuerung. Wird auf die rasche Erzielung größerer Dampfmengen das Hauptgewicht gelegt, so muß der frische Brennstoff über den ganzen Rost verteilt werden. Dann wird es auch nicht ohne Rauch abgehen. Ist dagegen der Dampfverbrauch ein ziemlich gleichmäßiger, und soll das Rauchen möglichst vermieden werden, so muß der Feuerung der frische Brennstoff in einer der zuletzt geschilderten Weisen zugeführt werden.

Auf den Erfolg der Bestrebungen, den Rauch zu verhüten, sind natürlich auch die Art des Brennstoffs und sein Verhalten bei der Verbrennung von wesentlichem Einflusse. Koks verbrennt an und für sich rauchlos. Auch trockenes Holz entwickelt wenig Rauch. Bei Braunkohle und magerer Steinkohle, die bald in Glut kommen und während des Verbrennens lockere Massen bilden, macht es ebenfalls nur wenig Mühe, eine gute und nahezu rauchlose Verbrennung zu erzielen. Bei stark schmelzender und backender Steinkohle bilden sich aber größere zusammenhängende Klumpen, deren innere Teile der Einwirkung der Wärme sich entziehen und an der Gasentwickelung nicht teilnehmen. Müssen diese Klumpen bei dem bald nötig werdenden Schüren des Feuers zerteilt werden, so gelangen stets neue unentgaste Brennstoffteile an die Oberfläche und werden von neuem Gase entwickelt. Die Entgasung des Brennstoffes wird infolgedessen stark verzögert und dem Heizer die Arbeit außerordentlich erschwert, sein Streben, den Rauch zu verhüten, unter Umständen aber völlig vereitelt.

Es wird sich später zeigen, daß stark backender Steinkohle gegenüber sich auch die besten, sogenannten rauchfreien Feuerungen machtlos erweisen. Es muß dann zu dem Aushilfsmittel gegriffen werden, der backenden Kohle eine magere Kohle oder Braunkohle beizumischen, die das Feuer bis zu einem gewissen Grade locker hält und das allzu starke Zusammenbacken verhindert. Nur auf diese Weise ist es möglich, bei backender Kohle eine übermäßige Rauchentwickelung zu vermeiden.

Dem unter 3 geforderten Sichtbarlassen der gefährdeten Kesselteile, der Feuerplatten, wird die Planrost-Feuerung in weitestem Maße gerecht. Öffnet der Heizer die Feuertür, so kann er bequem jeden Punkt der Feuerplatten in Augenschein nehmen.

Auch bezüglich der unter 4 verlangten Haltbarkeit und Dauerhaftigkeit läßt die Planrost-Feuerung wenig zu wünschen übrig, wenn folgendes berücksichtigt wird.

Es müssen natürlich zweckmäßig gestaltete, dem Brennstoff entsprechende Roststäbe verwendet werden. Den Roststäben muß ferner ermöglicht werden, sich frei und ungehindert auszustrecken, zu welchem Zwecke das eine Ende der Stäbe nicht rechteckig gestaltet, sondern abgeschrägt wird (vergleiche Abbildung 12). Sind beide Ecken rechteckig, so setzt sich zwischen die Köpfe der Roststäbe Asche und Schlacke, und werfen sich die am freien Ausdehnen verhinderten Roststäbe bald krumm. Es entstehen dann weite Spalten, durch die der Brennstoff fällt, und die unbrauchbar gewordenen Stäbe müssen schließlich entfernt werden.

Es ist auch versucht worden, größere Haltbarkeit der Roststäbe dadurch zu erreichen, daß die obere, mit dem Brennstoff in unmittelbare Berührung kommende Fläche der Roststäbe in Hartguß umgewandelt wird.

Weiter müssen die Brustplatte und Schürplatte kräftig hergestellt werden. Dünne Platten springen leicht.

Die Feuertür erhält entweder einen Schutzschirm, der die vom Feuer ausgestrahlte Wärme auffängt. Oder sie wird doppelwandig hergestellt und mit kleinen Öffnungen versehen. Der durch den Hohlraum der Tür sich ständig bewegende Luftstrom kühlt die Tür.

Es ist selbstverständlich, daß zu dem Mauerwerke des Feuerraumes, der Feuerbrücke usw. gute feuerfeste Steine verwendet werden müssen.

Sind alle diese Gesichtspunkte beachtet worden, so wird die Feuerung auch haltbar und dauerhaft sein.

Die unter 5 gewünschte Anpassungsfähigkeit besitzt die Planrost-Feuerung ebenfalls in befriedigendem Maße. Sie läßt sich allen Raumverhältnissen gut anpassen. Bei geeigneter Kesselform kann sie selbst in den Kessel gelegt werden und beansprucht dann den geringsten Raum.

Ein Rückblick läßt folgende Vorzüge und Mängel der Planrost-Feuerungen erkennen.

Sie sind gut zu übersehen und zugänglich, gestatten die Verbrennung rasch zu verstärken, entziehen die Feuerplatten nicht dem Blicke des Heizers, sind, wenn richtig angelegt, auch haltbar und lassen endlich sich dem verfügbaren Raum gut anpassen.

Ihre regelrechte Bedienung erfordert aber vom Heizer viel Geschicklichkeit und Mühe. Während der Bedienung kann auch das Einströmen von kalter Luft nicht vermieden werden, wodurch nicht nur Wärmeverluste entstehen, sondern auch der Kessel leidet. Endlich kann auch Rauch und Ruß nur bei geeignetem Brennstoff und gleichmäßigem Betriebe vermieden werden.

b) Die Treppenrost-Feuerung.

Die Treppenrost-Feuerung wird bei klarem oder leicht zerfallendem Brennstoff, insbesondere erdiger Braunkohle, Sägespänen und Lohe sowie bei klarer, magerer Steinkohle verwendet. Um das Durchfallen des Brennstoffes zu verhüten, sind die Rostspalten wagerecht angeordnet, wodurch sich für den Rost eine schräge Lage ergibt. Abbildung 15 stellt eine Treppenrost-Feuerung der üblichsten Form dar.

Die Roststäbe a erhalten die Form flacher Stäbe, deren Enden in der, in der rechten unteren Ecke der Abbildung in etwas größerem Maßstabe dargestellten Weise durch die mit entsprechenden Ansätzen versehenen gußeisernen Treppenwangen b getragen werden. Der oberste Roststab erhält eine größere Breite und dient als Schürplatte. Die Treppenwangen lagern auf den eingemauerten, quergelegten Rostträgern c und g.

Am oberen Ende des Rostes ist ein eiserner, trichterförmiger Kasten d angebracht, in den der Brennstoff geschüttet und aus dem er nach Bedarf unter Zuhilfenahme eines Schiebers herabgelassen und dem Roste zugeführt wird.

An das untere Ende des Rostes schließt sich ein schmaler Planrost, auf dem

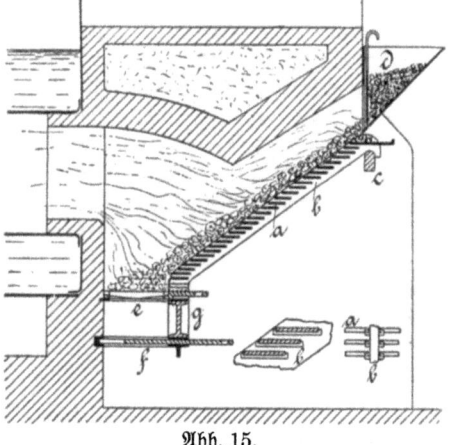

Abb. 15.

der Brennstoff noch vollständig verbrennt und die Asche und Schlacke sich ansammeln. Die Asche und Schlacke werden entweder durch seitliche, im Mauerwerke des Feuerraumes angebrachte Reinigungstüren entfernt, oder auch nach unten fallen gelassen. Zu diesem Zweck ist entweder der Rost in den Falzen wagerecht verschiebbar eingerichtet, so daß er vom Heizer nach vorn gezogen werden kann, oder er besitzt die Form einer Klappe, die sich um eine an der Rückwand der Feuerung liegende, wagerechte Angel dreht.

Um zu verhindern, daß während des Entfernens der Asche und Schlacke kalte Luft in den Feuerraum bringt, wird gern die in Abbildung 15 dargestellte Vorrichtung benutzt. Sie besteht aus einem schmalen Planrost e, der nach vorn gezogen werden kann. Unter diesem ist noch eine ebenfalls verschiebbare eiserne Platte f angeordnet. Der Raum zwischen diesen beiden Schiebern wird nach vorn durch den eisernen Balken *g* abgeschlossen.

Während des Betriebes ist der obere Schieber geschlossen und der untere geöffnet, so daß noch Luft eintreten und der auf dem oberen Schieber liegende Brennstoff vollends verbrennen kann. Soll die Asche und Schlacke entfernt werden, so wird der untere Schieber ganz geschlossen und der obere geöffnet. Asche und Schlacke fallen nunmehr in den zwischen den beiden Schiebern gelegenen Hohlraum. Hierauf wird der obere Schieber wieder geschlossen, Brennstoff nachgestoßen und dann der untere Schieber geöffnet. Asche und Schlacke fallen herab und der Kasten ist wieder aufnahmebereit. Es ist einleuchtend, daß diese Arbeiten vollzogen werden können, ohne daß kalte Luft in den Feuerraum dringt.

Die Seitenwände und die Decke des Feuerraumes müssen natürlich aus feuerfesten Steinen hergestellt werden. Um die durch Strahlung nach außen entstehenden Wärmeverluste zu vermindern, werden diese Wandungen gewöhnlich doppelt hergestellt, und zwischen ihren Teilen eine Luft- oder Ascheschicht angeordnet, die als schlechter Wärmeleiter den Durchgang der Wärme möglichst verhindert. Den vorderen Teil der Decke bildet in der Regel ein Gewölbe, das die aus dem frischen Brennstoffe sich entwickelnden Gase zwingt, in die Flamme des auf dem unteren Teile des Rostes befindlichen bereits entgasten Brennstoffes zu treten.

Bei der Treppenrost-Feuerung treten nun folgende **Erfordernisse und Eigenschaften** hervor:

Der Rost erhält eine zweckmäßige Gestalt, wenn folgende Regeln beachtet werden:

Damit nur kurze, nicht so rasch krumm werdende **Roststäbe** sich nötig machen, wird der Abstand zwischen den Treppenwangen auf 0,4 bis 0,6 m beschränkt. Die Stärke der Roststäbe beträgt gewöhnlich 8 bis 12 mm, der lichte Abstand der einzelnen Roststäbe 20 mm. Damit der Brennstoff nicht aus den Rostspalten herausfällt, müssen die Stäbe 100 bis 120 mm Breite erhalten. Wenn die Roststäbe die angegebenen Stärken und Spaltenweiten erhalten, beträgt die freie Rostfläche $2/3$ der gesamten.

Von großer Wichtigkeit ist die **Neigung** des Rostes. Sie muß so gewählt sein, daß der Brennstoff möglichst selbsttätig und ohne große Nachhilfe des Heizers nachrutscht. Dies wird z. B. bei erdiger Braunkohle erreicht, wenn der Neigungswinkel des Rostes gegen die Wagerechte etwa 35^0 ausmacht. Ist der Rost steiler, so stürzt aller Brennstoff, der aus dem Schüttkasten gelassen wird, sofort nach unten, und würde der obere und mittlere Teil des Rostes unbedeckt bleiben. Liegt dagegen der Rost zu flach, so bleibt der Brennstoff am oberen Ende des Rostes liegen und muß vom Heizer nach unten geschoben werden. Um die für den Brennstoff erforderliche Neigung des Rostes ausprobieren zu können, empfiehlt es sich daher, den Rost stellbar zu machen.

Die Treppenrost-Feuerung.

Die Fläche des Rostes ist eine angemessene, wenn bei natürlichem Schornsteinzug auf einem Quadratmeter stündlich etwa 160 kg klare Braunkohle oder ebensoviel Sägespäne und Holzabfall und 100 kg klare, magere Steinkohle verbrannt werden. Künstlicher, scharfer Zug wird bei Treppenrost-Feuerungen nicht angewendet, weil dieser von dem leichten, klaren Brennstoffe zu viel unverbrannt mit sich fortreißen würde.

Da die Decke des Feuerraumes aus Mauerwerk besteht, das während des Betriebes glühend ist und die Verbrennung nicht stört, so kann die Höhe des Feuerraumes wesentlich geringer sein als bei dem Planroste. Damit der frisch zugeführte Brennstoff durch die strahlende Wärme der Feuerraumdecke rascher entgast und entzündet wird, soll die Höhe des Feuerraumes in seinem oberen Teile nur etwa 25 bis 30 cm betragen. In seinem unteren Teile ist eine größere Höhe erforderlich, damit die Flammen sich entfalten und durcheinander wirbeln können.

Die Treppenrost-Feuerung ist nun wesentlich leichter zu bedienen als die Planrost-Feuerung. Zunächst kann auch bei dem Treppenroste jeder Punkt des Rostes noch gut übersehen und ihm leicht Brennstoff zugeführt werden. Stößt der Heizer mit einem flachen Schüreisen zwischen die Roststäbe, so rutscht der Brennstoff von selbst nach und gelangt an den gewünschten Ort. Ja, die Herstellung einer gleichmäßigen Brennstoffschicht macht selbst dem wenig geübten Heizer geringe Mühe, sobald nur der Rost eine richtig gewählte Neigung besitzt. Die auf den Roststäben sich ablagernde Asche fällt zwar nicht, wie bei dem Planroste, von selbst durch die Rostspalten. Doch ist sie auch nicht schwer zu entfernen. Endlich ist auch die Schlacke mit wenig Mühe zu beseitigen. Alle diese Arbeiten können vorgenommen werden, ohne daß während ihrer Verrichtung kalte Luft in die Feuerung strömt und Verluste herbeiführt.

Die Möglichkeit, das Feuer rasch zu verstärken, gewährt die Treppenrost-Feuerung in nahezu gleichem Maße wie die Planrost-Feuerung. Da die aus dem frischen Brennstoffe sich entwickelnden Gase gezwungen werden, an dem glühenden Gewölbe der Decke entlang zu ziehen und auf die Flammen der den unteren Teil des Rostes bedeckenden, lebhaft brennenden Brennstoffschicht zu stoßen, infolgedessen diese Gase sicher entzündet und verbrannt werden, so läßt sich endlich auch der Rauch leichter vermeiden. Dieses Vorteiles wegen wird die Treppenrost-Feuerung auch zuweilen bei Steinkohle verwendet, die aber nicht backen darf, da sonst die Kohle nicht nachrutscht und dem Heizer ihre gleichmäßige Verteilung über den Rost unmöglich gemacht wird.

Leider ist es aber dem Heizer verwehrt, die von den Flammen zuerst getroffenen Stellen des Kessels während des Betriebes zu beobachten, was gegenüber der Planrost-Feuerung als ein Mangel zu bezeichnen ist.

Bezüglich der Haltbarkeit steht die Treppenrost=Feuerung aber mit der Planrost=Feuerung auf gleicher Stufe.

Infolge der schrägen Lage des Rostes nimmt endlich die Treppenrost= Feuerung eine beträchtlichere Höhe ein, als die Planrost=Feuerung. Sie läßt sich unter Umständen kaum unter, viel weniger aber in einen Kessel legen, wie dies die Planrost=Feuerung so bequem gestattet. Die Treppen= rost=Feuerung wird daher fast ausschließlich als Vorfeuerung verwendet. Der große Raumbedarf der Treppenrost=Feuerung ist aber oft recht störend.

Hiernach ergeben sich für die Treppenrost=Feuerung folgende Vorzüge und Mängel:

Die Bedienung ist eine wesentlich leichtere und einfachere als die der Planrost=Feuerung. Während des Beschickens, Schürens und Abschlackens strömt auch keine kalte Luft in den Feuerraum. Bei plötzlich eintretendem starkem Dampfverbrauche kann das Feuer leicht verstärkt und dem Sinken des Dampfdruckes wirksam begegnet werden. Auch ist der Rauch leichter zu vermeiden als bei der Planrost=Feuerung.

Bei der Treppenrost=Feuerung sind aber leider die Feuerplatten des Kessels dem Blicke des Heizers entzogen. Auch ist ihr Raumbedarf ein größerer als der der Planrost=Feuerung.

2. Die rauchfreien Feuerungen*).

Während die Wasserkraft an einen bestimmten Ort, den Wasserlauf gebunden und ihre Größe durch die Menge des fließenden Wassers und das verfügbare Gefälle begrenzt ist, bietet die Dampfkraft die Möglichkeit, an jedem beliebigen Orte Betriebskräfte in unbeschränktem Umfange zu ent= wickeln. Diese Vorzüge waren die Ursache, daß die Industrie sich mehr und mehr der Dampfkraft bediente und aus den einsamen Tälern in die Städte wanderte, wo sie immer mächtiger emporblühte. Je mehr sich aber die Dampfanlagen auf einem engen Raume zusammendrängten, desto fühl= barer wurden auch die Nachteile, unter denen die Umgebung dieser Anlagen zu leiden hat.

Weit lästiger als der Lärm der Maschinen werden dem Nachbar der Dampfanlage die dem Schornstein entströmenden Heizgase. Die Schä= digungen durch die aus dem Schwefelgehalte des Brennstoffes herrührende und ein giftiges, auch den Pflanzen schädliches Gas darstellende schweflige

---

*) Eine erschöpfende Darstellung bietet das auch hier benutzte Werk: F. Haier, Dampfkesselfeuerungen zur Erzielung einer möglichst rauchfreien Ver= brennung, zweite Auflage, im Auftrage des Vereins deutscher Ingenieure be= arbeitet vom Verein für Feuerungsbetrieb und Rauchbekämpfung in Hamburg. Julius Springer, Berlin, 1910.

Säure, die mit den Heizgasen entweicht, machen sich weniger bemerkbar und können übergangen werden. Weit schlimmer erweisen sich aber der den Heizgasen oft in erheblichen Mengen beigemischte Rauch und der Ruß. Diese unangenehmen Begleiter schwärzen und schänden nicht nur in kurzer Zeit die Außenseite der Häuser, sie dringen auch in die Zimmer und beschmutzen und verderben alle Gegenstände. Aber auch gesundheitliche Schädigungen sind ihre Folgen. Denn die mit der eingeatmeten Luft in die Lunge dringenden Rauch= und Rußteilchen können dem Wohlbefinden des Menschen unmöglich förderlich sein.

In Erkenntnis der durch die Feuerungsanlagen hervorgerufenen Mißstände sind denn auch überall die Behörden bemüht gewesen und noch bemüht, die Rauchplage zu bekämpfen und den bedrängten Nachbar der Dampfanlage zu schützen. In England wurde das Rauchen der Schornsteine einfach gesetzlich verboten und mit Strafe belegt.

Die Ursachen der Rauch= und Rußentwickelung wurden bereits im zweiten und dritten Abschnitte erörtert. Es ergab sich, daß Rauch und Ruß unvermeidlich sind, wenn an eine Kesselanlage in bezug auf Dampferzeugung zu hohe Anforderungen gestellt werden. Der zu kleine Rost und der zu schwache Schornstein machen es dann dem Heizer unmöglich, die große Menge Brennstoff, die unter dem Kessel verbrannt werden muß, vollkommen zu verbrennen. Zuweilen verursachen auch nur einzelne Mängel das Übel. Hierbei kämen in Betracht: Eine zu kleine oder ungeeignete Feuerung, zu schwacher Zug infolge ungenügenden Schornsteins, weiterhin die ausschließliche Verwendung eines die Rauchentwickelung begünstigenden Brennstoffes, endlich die mangelhafte Bedienung der Anlage durch einen unfähigen Heizer. Um die Rauchentwickelung zu vermindern oder zu beseitigen, muß dann entweder die Heizfläche vermehrt und ein größerer Kessel beschafft, oder auch nur die Feuerung vergrößert oder verbessert, oder ein ausreichender Schornstein beschafft, oder ein geeigneterer Brennstoff verwendet, oder endlich für eine fachkundigere Bedienung der Anlage gesorgt werden. Unter Umständen ist auch zu mehreren dieser Hilfsmittel gleichzeitig zu greifen.

Erhebliche Schwierigkeiten stellen sich mitunter der Gewinnung eines tüchtigen Heizers entgegen. Denn an solchen ist kein Überfluß. Dieser Umstand ist aber die Ursache gewesen, daß die Ingenieure schon seit langer Zeit sich bemühen, die Feuerungen zu vervollkommen und sie entweder mit Vorrichtungen auszurüsten, die dem Heizer seine Aufgabe erleichtern, oder sie so auszugestalten, daß die Güte der Verbrennung von der Geschicklichkeit und dem guten Willen des Heizers möglichst unabhängig wird. Diese Bestrebungen führten zur Erfindung der zahlreichen, sogenannten rauchfreien Feuerungen, von denen nunmehr die wichtigeren besprochen werden sollen. Sie lassen sich in zwei Gruppen scheiden: in solche, bei denen der frische Brennstoff dem Rost in Pausen, und in solche, bei dem er ununterbrochen zugeführt wird.

a) Rauchfreie Feuerungen, bei denen der frische Brennstoff in Pausen zugeführt wird.

Mit dem mannigfachsten, eine vollkommenere und rauchfreiere Verbrennung erstrebenden Verbesserungen ist die an und für sich so einfache und zweckmäßige Planrost-Feuerung bedacht worden.

Bereits Fairbairn (sprich Färbärn) suchte den Rauch zu vermindern, indem er den Planrost durch eine Längswand in zwei Teile schied und diese Teile abwechselnd mit frischem Brennstoffe beschicken ließ. Die auf dem beschickten Teile sich entwickelnden Gase werden bei ihrem Eintritte in die Feuerzüge von den Flammen der nachbarlichen Rosthälfte entzündet und verbrannt. Der Erfolg dieser Einrichtung ist indessen selbst bei gewissenhafter und verständiger Bedienung nicht wesentlich größer, als er mit einem einfachen Roste erzielt werden kann.

Wie mehrfach hervorgehoben wurde, muß zur Erzielung einer vollkommenen Verbrennung der Rost hinsichtlich seiner Gestalt und Größe gewissen Bedingungen entsprechen. Insbesondere muß die Rostgröße der für den Betrieb erforderlichen Brennstoffmenge angemessen sein. Die Größe des Rostes läßt sich nun zwar innerhalb gewisser Grenzen durch teilweises Abdecken mit feuerfesten Steinen regeln. Ist aber der Brennstoffverbrauch ein stark schwankender, so erscheint es vorteilhaft, einen Rost zu benutzen, dessen Größe auch während des Betriebes verändert werden kann.

Bei der Planrost-Feuerung ist zu dem bezeichneten Zwecke von Müller & Korte, Pankow-Berlin u. A. die Feuerbrücke verschiebbar gemacht worden. Eine solche Feuerung wird allerdings eine mehr brennstoffsparende als rauchverhütende sein.

Die Seite 75 unter 2 geforderte leichte Bedienung des Rostes sowie das Fernhalten kalter, die Temperatur im Feuerraume herabdrückender und die Entzündung der aus dem frischen Brennstoffe sich entwickelnden Gase beeinträchtigender Luft während der Bedienung erstreben die Feuerungen von Cario und Haage. Beide Feuerungen besitzen von der Mitte nach beiden Seiten hin abfallende Planroste. Der frische Brennstoff wird dem mittleren, erhöhten Teile des Rostes mittels einer oben offenen Blechmulde zugeführt, deren vorderes Ende zugespitzt und deren Länge gleich der Rostlänge ist. Die mit Brennstoffe gefüllte Mulde wird durch eine Öffnung der Brustplatte auf dem Kamme des Rostes entlang in den Feuerraum und hierbei der alte Brennstoff zur Seite geschoben, hierauf die Mulde umgedreht und wieder herausgezogen. Der frische Brennstoff bleibt dann auf dem Kamme des Rostes liegen. Die sich entwickelnden Gase werden durch die Flamme der älteren Brennstoffschicht entzündet und verbrannt. Besondere Schlackentüren ermöglichen das Schüren und Entfernen der sich ansammelnden Schlacke. Sowohl die Zuführungstüren wie die Schlackentüren sind zweiteilig hergestellt und pendelnd aufgehangen. Hierdurch wird erzielt, daß diese Türen nur soweit und solange geöffnet werden können, als unbedingt erforderlich ist, hiermit aber das Einströmen kalter Luft in den Feuerraum tunlichst beschränkt.

Mit dieser Einrichtung läßt sich die Rauchbildung zwar etwas vermindern. Bei backender Kohle bleibt sie indessen wirkungslos. Ihre Verwendbarkeit als Innenfeuerung für Flammenrohrkessel erwarb ihr aber viele Freunde.

Die Fernhaltung zu großer Mengen kalter Luft bei dem Beschicken des Rostes sowie dem Schüren und Abschlacken bezwecken auch Vorrichtungen, die bewirken, daß ein Öffnen der Feuertür ein Senken der Aschenfallklappe oder des Schornsteinschiebers nach sich zieht. Für die Rauchverhütung sind sie ohne wesentlichen Wert.

Damit den aus dem frischen Brennstoffe sich entwickelnden Gasen genug Luft zugeführt wird, diese Luftzufuhr mit der fortschreitenden Entgasung des Brennstoffes sich aber wieder entsprechend vermindert, wenden Hörenz in Dresden u. A. sogenannte Zugregler an. Nach dem Aufgeben des Brennstoffes wird der Schornsteinschieber gehoben, der sich hierauf wieder allmählich selbsttätig bis auf ein Mindestmaß senkt. Ohne fortgesetzte Beihilfe des Heizers ist auch mit diesen Vorrichtungen schwerlich eine befriedigende Wirkung zu erzielen.

Die zur Verbrennung der aus dem frischen Brennstoffe sich entwickelnden Gase erforderliche Luft wird diesen auch durch besondere Vorrichtungen als sogenannte Oberluft zugeführt. Als eine solche Vorrichtung einfachster Art stellt sich die bei den Planrost-Feuerungen auf Seite 80 beschriebene, mit Lufteinlaß-Schlitzen und einem Verschlußschieber versehene Feuertür dar. Lewicki in Dresden-Plauen versieht die Schürplatte mit einer schmalen Öffnung, durch die Luft zu dem auf den vorderen Teile des Rostes gebrachten frischen Brennstoffe strömt. Diese Luftzuführung kann durch eine Klappe geregelt werden. Topf & Söhne in Erfurt führen Luft über der Feuertür zu und regeln diese Luftzufuhr, die nach der Beschickung des Rostes am größten sein muß, mittels eines selbsttätig wirkenden Verschlusses so, daß sie mit fortschreitender Entgasung des Brennstoffes abnimmt. Kowitzke & Co., Berlin, führen Oberluft, deren Menge sich ebenfalls selbsttätig regelt, durch die Feuertür zu.

Um die Wirkung der Oberluft zu erhöhen, fügten zunächst Langer, dann Marcotty in Schöneberg-Berlin, den sogenannten Dampfschleier hinzu.

Auch bei der Marcottyschen Feuerung wird die Zufuhr der durch die Feuertür eintretenden Oberluft selbsttätig geregelt. Über der Oberluftzuführung ist aber noch ein Dampfrohr angeordnet, aus dem feine, schräg abwärts gerichtete Dampfstrahlen treten. Der durch die Dampfstrahlen gebildete Schleier drückt die Oberluft auf die Brennstoffschicht herab und fördert die Mischung der brennbaren Gase mit der Oberluft. Es sind mit dieser

Feuerung namentlich an Dampfkesselarten gute Erfolge erzielt worden, bei denen die Feuergase nicht nach hinten abziehen, sondern senkrecht emporsteigen, insbesondere an Wasserröhrenkesseln, Lokomotivkesseln u. a.

Mederer & Gärtner in Wiesbaden verwenden ebenfalls einen Dampfschleier, sorgen überdies für eine bessere Mischung der Oberluft mit den brennbaren Gasen durch zwei seitlich der Feuertür angeordnete Dampfdüsen und blasen auch während der Entgasung des Brennstoffs noch unter den Rost mittels eines Dampfstrahles etwas Luft.

Müller & Korte in Pankow-Berlin, benutzen nur einen Dampfstrahl, der sowohl als Dampfschleier wie als Mischvorrichtung wirkt. Sie haben die Einrichtung für Flammenrohrkessel mit Innenfeuerung passend gemacht.

Eine ähnliche Einrichtung, die auch zugregelnd auf den Essenschieber einwirkt, wird von Ganz & Co. in Wien, hergestellt.

Staby (Gebr. Körting, A.-G. Körtingsdorf b. Hannover) gibt der Oberluft, die durch ein Dampfstrahlgebläse zugeführt wird, die Form eines Luftschleiers. Der für den Betrieb des Gebläses erforderliche Dampf tritt mit dem Öffnen der Feuertür in einen besonderen Behälter, füllt diesen an und strömt hierauf in sich allmählich verringernder Menge dem Gebläse zu. Mit der fortschreitenden Entgasung des Brennstoffes vermindert sich also auch die Zufuhr der Oberluft.

Damit noch unverbrannt gebliebene Gase nachträglich verbrennen, wird ferner schon seit langer Zeit das Mittel angewendet, der über die Feuerbrücke hinziehenden Flamme noch einmal Luft, sogenannte Nachluft oder zweite (sekundäre) Luft, zuzuführen. Bei Feuerungen ohne Feuerbrücke geschieht dies an der Stelle, wo die Flamme in die Feuerzüge tritt. Die Wirkung wird erhöht, wenn die zuströmende Luft Gelegenheit findet, sich zu erwärmen. Auch wird oft hinter der Feuerbrücke ein Gitterwerk von feuerfesten Steinen angebracht, das natürlich glühend wird und das sowohl für ein Durcheinanderwirbeln der Flamme und Mischen der Gase wie auch für deren Entzündung sorgt. Um einen zeitweilig zu großen Luftüberschuß zu vermeiden, muß natürlich auch die Zuführung von Nachluft mit der fortschreitenden Entgasung des frischen Brennstoffes abnehmen. Die Luftzufuhr wird daher entweder mit der Hand durch Klappen oder auch selbsttätig geregelt.

Von den zahlreichen Ausführungsformen solcher Luftzuführung sollen nur die von Thost in Zwickau (Roststäbe mit angegossener Heißluft-Feuerbrücke) und Chubb, Maschinenfabrik Cyclop, Mehlis & Behrend in Berlin, beide mit der Hand stellbar, ferner die von Kowitzke & Co. in Berlin (gußeiserne Feuerbrücke, selbsttätig sich einstellend), endlich die von Schmidt in Hamburg mit selbsttätig sich regelndem Luftzutritte hinter der Feuerbrücke und die von Klose in Berlin mit Luftzutritt im Schamottegitter hinter der Feuerbrücke hervorgehoben werden.

Nachluft, rückkehrende Flamme.

Es liegt auf der Hand, daß alle diese Einrichtungen, ob sie nun Oberluft oder Nachluft zuführen, zwar Nutzen schaffen, daß sie aber namentlich bei schwankendem Dampfbedarfe der Nachhilfe des Heizers nicht entbehren können, wenn nicht zeitweilig entweder Luftmangel oder starker Luftüberschuß eintreten soll.

Ein vortreffliches, viel angewandtes Mittel, die aus dem frischen, auf den vorderen Teile des Rostes gebrachten Brennstoffe sich entwickelnden Gase sicher zu entzünden, besteht darin, die aus dem entgasten Brennstoffe tretende Flamme zurück nach den brennbaren Gasen zu führen und mit diesen zu vereinigen. Als Erfinder der Feuerung mit rückkehrender Flamme gilt der Ingenieur Tenbrink, der sie zuerst in Frankreich bei Lokomotivkesseln anwandte.

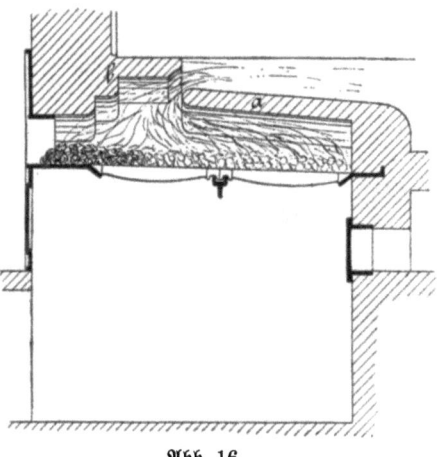

Abb. 16.

Die einfachste Form einer Feuerung mit rückkehrender Flamme dürfte die von Adam in Sebnitz eingeführte sein, die in Abbildung 16 dargestellt ist.

Ein über den Rost gespanntes, hinten etwas tiefer liegendes Gewölbe von feuerfesten Steinen a zwingt die Flamme des hinteren Rostteiles am Gewölbe entlang nach vorn zu ziehen und auf die aus dem frischen Brennstoffe entwickelten Gase zu stoßen. Diesen wird die zu ihrer Verbrennung nötige Luft entweder durch die Rostspalten oder durch Öffnungen der Feuertüre zugeführt (vergleiche Seite 80). In dem Zwischenraume, den das Gewölbe mit einem zweiten darüber liegenden und nach hinten etwas ansteigenden, kurzen Gewölbebogen b bildet, werden die brennbaren Gase entzündet, worauf die Flammen am Kessel entlang ziehen.

Mit der Adamschen Einrichtung ließ sich zwar der Rauch wesentlich vermindern. Bei Brennstoffen mit hoher Heizkraft strahlten aber die rückkehrende Flamme und das glühende Gewölbe dem Roste und der Feuertür so lebhaft Wärme zu, daß die Roststäbe rasch zerstört wurden, und die Feuertür glühend wurde und zersprang. Die von der strahlenden Wärme belästigten Heizer gerieten auch in Versuchung, die Tür stets etwas geöffnet zu halten und reichlich Luft einzulassen. Sie unterließen wohl auch das Hinterschieben des entgasten Brennstoffes, so daß auf dem hinteren Teile des Rostes leere Stellen entstanden, durch die noch mehr überflüssige Luft zuströmte. Versuche haben ergeben, daß solche Feuerungen gewöhnlich mit dem 2= bis 3fachen der theoretisch erforderlichen Luftmenge arbeiteten. Wegen ihres unsparsamen Betriebes und des raschen Schadhaft= werdens wird die Adamsche Feuerung nicht mehr benutzt.

Auf die vollkommenere Tenbrink=Feuerung wird weiter unten zurück= gekommen werden.

Eine sichere Entzündung der aus dem frischen Brennstoffe sich ent= wickelnden Gase wird auch erzielt, wenn diese Gase gezwungen werden, in den vergasten glühenden Brennstoff und dessen Flamme zu treten, die sie umhüllt und entzündet.

Bei der Planrost=Feuerung wird zu diesem Zwecke der vordere größere Teil des Feuerraumes durch eine bis zur Oberfläche der Brennstoffschicht herab=

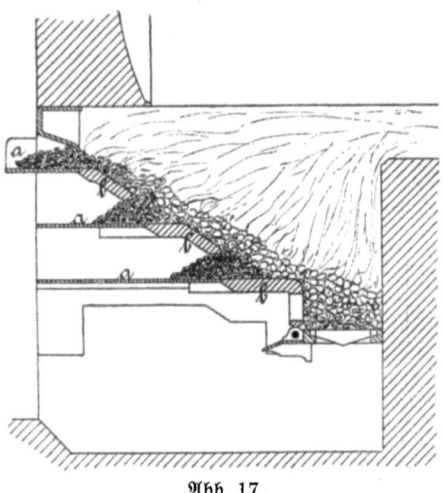

Abb. 17.

reichende Wand abgetrennt, und der frische Brennstoff nur diesem Raume zugeführt. Der entgaste Brennstoff muß später nach hinten geschoben werden. Er entzündet die zu ihm tretenden Gase.

Wilmsmann führt bei Unterfeuerungen auch einen Teil der aus dem frischen Brennstoffe sich ent= wickelnden Gase durch be= sondere, im seitlichen Mauer= werke des Feuerraumes an= gebrachte Kanäle ab und in die Flamme. Bei in Flam= menrohren untergebrachten Innenfeuerungen werden aber diese Gase durch die doppelt hergestellte Trennungswand senkrecht nach unten in die Flamme geführt.

Die von Wilmsmann ausgeführte sogenannte Wehrfeuerung ist vorwiegend in Westfalen für magere Steinkohle benutzt worden. Ihre Bedienung ist keine leichte. Auch werden das Schüren und Abschlacken recht erschwert.

Der gleiche Gedanke liegt auch einer älteren Einrichtung zu Grunde, die nach ihrem Erfinder der Langensche Stufen= oder Etagenrost genannt und in verbesserter Form noch heutigen Tages angewendet wird. Die Einrichtung ist in Abbildung 17 dargestellt und besitzt eine dem Treppenrost ähnliche Gestalt. Der Rost besteht hier aus mehreren stufen= förmig übereinander liegenden Schürplatten a, deren vorderes Ende sich in schräg nach unten gerichtete Roststäbe b fortsetzt. Wie bei dem

Treppenroste schließt ein Schlackenrost den unteren Teil des Feuerraumes ab.

Der frische Brennstoff wird auf die Schürplatten geworfen. Die aus ihm sich entwickelnden Gase müssen ihren Weg durch die hellbrennende Brennstoffschicht nehmen und werden hierbei sicher entzündet und verbrannt. Ist der Brennstoff entgast, so wird er mit dem Schüreisen von den Platten weg nach hinten geschoben und über den Rost verteilt.

Mit Braunkohle und magerer Steinkohle wird auf diese Weise eine recht gute, rauchfreie Verbrennung erzielt. Doch erfordert die Bedienung des Stufenrostes einen geschickten Heizer. Für backende Kohle ist die Einrichtung nicht anwendbar. Auch läßt die Haltbarkeit des Rostes zu wünschen übrig.

Das gleiche Ziel kann endlich auch erreicht werden, wenn bei einer Planrost=Feuerung die Richtung des Feuers in der Brennstoffschicht umgekehrt wird. Die zur Verbrennung erforderliche Luft strömt durch die offene Feuertür ein, der Feuerraum wird an der Feuerbrücke und der Aschenfall unterhalb der Feuertür abgeschlossen, die hintere Stirnwand des Aschenfalls aber mit einer Öffnung versehen, an die sich der erste Feuerzug anschließt. Die Flamme schlägt dann durch den Rost in den Aschenfall und tritt von diesem aus in die Feuerzüge.

Eine gute Rauchverzehrung wird mit einer solchen Einrichtung erzielt. Leider hat die Sache den Nachteil, daß der Rost sehr rasch verbrennt und zerstört wird. Um diesem Übelstande zu begegnen, wurden die Roststäbe hohl gemacht und ihre Enden mit ebenfalls hohlen Rostbalken verbunden, die wiederum mit dem Kessel verbunden waren, so daß in den mit Wasser gefüllten Roststäben auch eine nicht unbeträchtliche Dampfmenge erzeugt wurde. Die nicht zu vermeidenden Verstopfungen der Roststäbe und sonstigen Rohrverbindungen, sowie die zahlreichen in stand zu haltenden Dichtungen waren die Ursache, daß solche Einrichtungen nur versuchsweise ausgeführt wurden und bald wieder verschwanden.

b. Rauchfreie Feuerungen, bei denen der frische Brennstoff ununterbrochen zugeführt wird.

Schon die Darlegungen des dritten Abschnittes führten zu der Erkenntnis, daß sich bei den üblichen Feuerungen eine rauchfreie Verbrennung am leichtesten erzielen läßt, wenn der frische Brennstoff dem vorderen Teile des Rostes zugeführt wird. Es muß dies aber in möglichst kleinen Mengen, am besten ununterbrochen geschehen.

Wird nun ein Planrost entsprechend geneigt, so bewirkt die Schwerkraft, daß der dem oberen Teile des Rostes zugeführte frische Brennstoff in dem Maße nachrutscht, wie der ältere bereits entgaste Brennstoff abbrennt. Der oben wiederholte Gedanke läßt sich also leicht durchführen.

Die Treppenrostfeuerung erfüllt zwar bei geeigneter Bauart bis zu einem gewissen Maße den gleichen Zweck. Sie ist aber auf gewisse Arten von Brennstoffen beschränkt. Die mit geneigten Planrosten versehene sogenannte Schrägrost=Feuerung arbeitet aber noch mit etwas backender Steinkohle befriedigend. Die rauchfreien Schrägrost=Feuerungen sind denn auch die am meisten benutzten.

Es lag nahe, auch bei der Schrägrost=Feuerung und der für eine ununterbrochene Beschickung ausgestalteten Treppenrost=Feuerung die Seite 88 u. flg. unter a besprochenen mannigfachen Verbesserungen nutzbar zu machen.

Um bei stark schwankendem Dampfverbrauche die Rostgröße während des Betriebes der erforderlich werdenden Brennstoffmenge anpassen zu können, stellen Kraft in Dresden=Löbtau und Hochmuth in Dresden Schrägrostfeuerungen mit veränderlicher Rostgröße her. Kraft deckt den oberen Teil des Rostes mit einem verschiebbaren Schüttkasten ab. Die Höhe der Brennstoffschicht kann durch eine im Schüttkasten angebrachte verstellbare Platte geregelt werden. Hochmuth ordnet unter dem Roste einen Schieber an, der den Zutritt der Luft beschränkt. Die Kraftsche Feuerung wird vielfach und mit gutem Erfolge auch zu gewerblichen Zwecken, bei Brennöfen u. a. benutzt.

In ausgedehntem Maße wird auch von der Zuführung von Oberluft und Nachluft, die in der Regel erwärmt in den Feuerraum tritt, Gebrauch gemacht. Die erwärmte Oberluft tritt durch Öffnungen ein, die in dem über den oberen Teile des Rostes gespannten Gewölbe angebracht sind, die Nachluft durch Öffnungen des die hintere Wand des Feuerraumes bildenden Mauerwerks.

Besondere Erfolge erzielte der Ingenieur Tenbrink in Arlen bei Singen mit einer Schrägrostfeuerung, bei der Oberluft zugeführt und die rückkehrende Flamme benutzt wird..

Die erste, 1857 von Tenbrink für feststehende Dampfkessel angegebene Einrichtung benutzte allerdings die rückkehrende Flamme noch nicht. Erst bei seiner Lokomotivfeuerung vom Jahre 1860 ordnete er einen über dem Roste schwebenden, geneigten doppelwandigen Körper an, der mit dem Wasserraume des Kessels in Verbindung stand und die Flamme zwang, nach dem oberen Teile des Rostes zurückzukehren.

Die in Abbildung 18 dargestellte Form der Feuerung ist die von Tenbrink seit dem Jahre 1871 bei feststehenden Dampfkesseln eingeführte. Sie wird noch heutigen Tages benutzt.

Unter dem Dampfkessel oder dessen Hauptteil liegt ein wagerechter, kurzer Walzenkessel, in den ein oder zwei schrägliegende Flammenrohre eingebaut sind. In jedem Flammenrohre ist ein geneigter Planrost a angeordnet, dessen Stäbe in ihrem oberen Teil, um das Durchfallen kleinerer noch lockerer Brennstoffstücke zu verhindern, mit seitlichen wagerechten Ansätzen versehen werden. Der Brennstoff wird in den Schüttkasten b ge=

bracht und rutscht aus diesem über die Schürplatte c hinweg auf den Rost. Die mittlere Platte des Schüttkastens ist verstellbar. Ihre Stellung bestimmt die Dicke der Brennstoffschicht. Die Neigung des Rostes und des Flammenrohres muß natürlich so gewählt werden, daß der Brennstoff immer den Rost in gleicher Schichtstärke zu bedecken sucht und dabei selbsttätig nachrutscht. Der Winkel zwischen der Rostfläche und der Wagerechten beträgt nahezu 45°. Die sich am Fuße des Rostes ansammelnde Asche und Schlacke d werden niemals ganz entfernt. Sie verschließen die untere Öffnung des Flammenrohres und verhindern das Eindringen kalter Luft.

Den aus dem frischen auf der Schürplatte befindlichen Brennstoffe sich entwickelnden Gasen wird nun die zu ihrer Verbrennung erforderliche Oberluft durch den Kanal e zugeführt. Die Menge dieser Luft kann durch die einstellbare Klappe f geregelt werden. Die von unten kommende Flamme stößt bei ihrem Austritt aus den Flammenrohren auf das im oberen Teil der Feuerung gebildete Gas- und Luftgemisch, das entzündet wird und verbrennt.

Um den Luftzutritt durch die Klappe f auf das richtige Maß zu bringen, wendet man folgendes einfache Mittel an: Man schließt die Klappe zunächst vollständig. Sofort wird der Schornstein rauchen. Die Klappe wird hierauf nach und nach geöffnet.

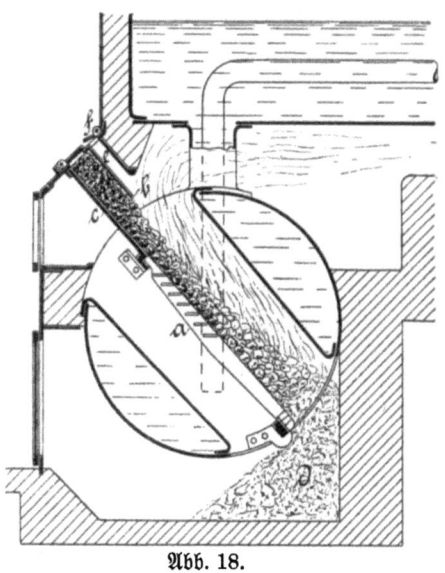

Abb. 18.

Sowie das Rauchen des Schornsteins aufhört, hat auch die Luftzuführung das richtige Maß erreicht. Die Klappe wird nunmehr in dieser Lage festgestellt.

Es ist ergänzend hinzuzufügen, daß der Querkessel an seinem höchsten Punkte mit dem Hauptkessel durch Rohre oder Stutzen verbunden wird, die den in ihm gebildeten Dampf abführen. Ein schwächeres, im tiefsten Punkte des Querkessels mündendes Rohr oder auch eine seitliche Rohrverbindung führt ihm frisches Wasser aus dem Hauptkessel zu. Hierdurch wird auch ein ziemlich lebhafter Umlauf der Wassermasse erzielt.

Die Einrichtung ist leicht zu bedienen und ergibt eine rauchfreie und gute Verbrennung mit mäßigem Luftüberschusse. Als weitere Vorteile sind hervorzuheben, daß zugleich die Heizfläche vermehrt wird und daß von der strahlenden Wärme des Feuers, wie bei allen Innenfeuerungen, verhältnismäßig wenig verloren geht. Bei stark backender und schlackender Kohle hört allerdings das regelmäßige Nachrutschen des Brennstoffs auf und versagt sie den Dienst.

Durch ihren außergewöhnlichen Erfolg ist die Tenbrink-Feuerung namentlich in Süddeutschland sehr beliebt geworden. An ihrer weiteren Ausgestaltung beteiligten sich die namhaftesten Maschinenfabriken.

Kuhn in Stuttgart-Berg verließ den teuren, mit Feuerrohren versehenen Querkessel, der überdies die Rostfläche beschränkte, und ordnete dem Tenbrinkroste gegenüber wagerechte, walzenförmige, mit Wasser gefüllte Kesselteile an. Die Maschinenfabrik Eßlingen wendet schrägliegende walzen-

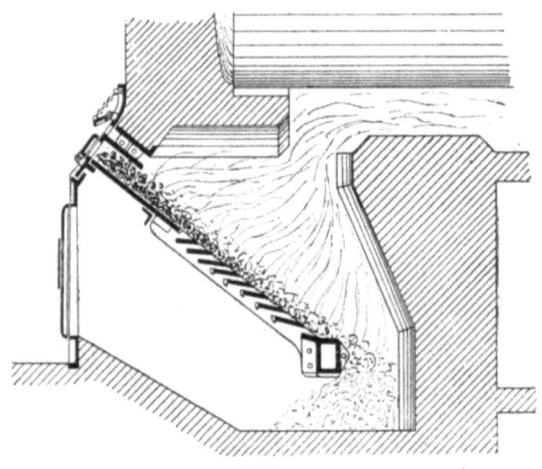

Abb. 19.

förmige Kesselteile an, die teils neben, teils über den Tenbrinkrosten liegen. Andere verzichteten auf die Zuhilfenahme von Kesselteilen ganz und setzten an deren Stelle aus feuerfesten Steinen hergestelltes Mauerwerk, das die Flamme zur Rückkehr zwingt. Doch machte sich hier, namentlich bei Verwendung von guter Steinkohle, der Nachteil geltend, daß eine beträchtliche Steigerung der Temperatur im Feuerraum, infolgedessen aber eine vermehrte Schlackenbildung und eine raschere Zerstörung des Rostes eintraten.

Besondere Sorgfalt wurde auch der Vervollkommnung der Roststäbe zugewandt, die stets starker Abnutzung ausgesetzt sind.

Der Grundgedanke der Tenbrink-Feuerung ist auch für die Verwendung klarer Brennstoffe, namentlich auch zerfallender, aschenreicher Steinkohle mit Erfolg nutzbar gemacht worden. Prof. Dr. Bunte und Oberingenieur Gyßling in München führten eine Feuerung ein, die einen Treppenrost besitzt und unter dem Namen des Münchener Stufenrostes bekannt ist. Ihre Gestalt geht aus Abbildung 19 hervor, die einer Erläuterung nicht bedarf. Bemerkenswert ist die Stellung der Roststäbe. Sie sind verschieden und derart geneigt, daß der Heizer von seinem Stand aus zugleich in alle Rostspalten blicken kann. Der Münchener Stufenrost wird vielfach in Bayern benutzt.

Das von Wilmsmann bei der Planrost-Feuerung angewendete Hilfsmittel, die aus dem frischen Brennstoffe sich entwickelnden Gase durch ein den Feuerraum in zwei Teile trennendes Wehr und besondere Kanäle zu zwingen, in den entgasten glühenden Brennstoff oder dessen Flamme zu treten, ist von Völcker (Keilmann & Völcker) in Bernburg für die Treppenrost-Feuerung nutzbar gemacht worden. Mit dem verstellbaren Wehre kann die Höhe der Brennstoffschicht geregelt werden. Den Gasen wird überdies erwärmte Oberluft zugeführt. Ähnlich ist die Feuerung von Reich in Hannover, bei der aber den Gasen keine Oberluft, sondern nur der in den ersten Feuerzug tretenden Flamme erwärmte Nachluft zugeführt wird.

Auf weitere der überaus zahlreichen Ausführungsformen der Schrägrost- und Treppenrost-Feuerungen mit ununterbrochener Brennstoffzuführung einzugehen, gestattet der verfügbare Raum des Buches nicht.

Es sind endlich Feuerungen zu erwähnen, die an Stelle der üblichen, besondere Rostformen benutzen, im übrigen aber nach gleichen Grundsätzen verfahren.

Bei der Muldenrost-Feuerung von Topf & Söhne in Erfurt wird der Brennstoff zwei seitlichen, aus Mauerwerk hergestellten Kammern zugeführt und hier seiner Gase beraubt. Er gelangt dann selbsttätig herabsinkend auf zwei Schrägroste, zwischen denen ein Planrost angeordnet ist. Auf diesem verbrennt der Rest des Brennstoffes. Die Nachhilfe des Heizers wird freilich nicht ganz zu entbehren sein. Ähnlich ist die Feuerung von Fränkel & Co. in Leipzig beschaffen, die ebenfalls über dem Feuerraume angeordnete Brennstoffbehälter benutzt, aus denen der entgaste Brennstoff auf einen oder zwei, eine gekrümmte Mulde bildende Roste herabrutscht. Den sich entwickelnden Gasen wird erwärmte Oberluft zugeführt. Beide Feuerungen werden vielfach für Braunkohle und andere leichte Brennstoffe benutzt.

Eine eigenartige Form zeigt die Korbrost-Feuerung von Donneley in Altona. Sie ist in Abbildung 20 dargestellt.

Vor dem Kessel befindet sich eine Reihe senkrechter Röhren a, die zwischen sich nur schmale Spalten lassen. Die Röhren münden mit ihrem oberen und unteren Ende paarweise in Köpfe, die an den wagerechten Sammelrohren b und c befestigt sind. Das Rohr b ist durch ein Rohr, das in der Höhe der Wasserlinie des Kessels mündet, mit diesem, das

Rohr c durch ein oder zwei Rohre mit dem unteren Teile des Keſſels verbunden. Zuweilen werden auch zwiſchen den Rohren b und c ſeitliche Verbindungsrohre angebracht. Dem Röhrenroſt a gegenüber liegt ein nahezu ſenkrechter Planroſt d. Der friſche Brennſtoff wird in den Schüttkaſten e geworfen und der ſchachtförmige Raum zwiſchen dem Röhrenroſt und dem Planroſte mit Brennſtoff gefüllt.

Den aus dem friſchen, im oberen Teile des Schachtes befindlichen Brennſtoffe ſich entwickelnden Gaſen wird die zu ihrer Verbrennung erforderliche Luft durch die Roſtſpalten in genügender Menge zugeführt. Sie nehmen ihren Weg nach unten und werden von den Flammen des bereits entgaſten Brennſtoffes entzündet. In demſelben Maße, wie die Verbrennung fortſchreitet, fällt von oben friſcher Brennſtoff nach. Unten aber ſammelt ſich die Aſche und Schlacke f an, die von Zeit zu Zeit entfernt werden muß.

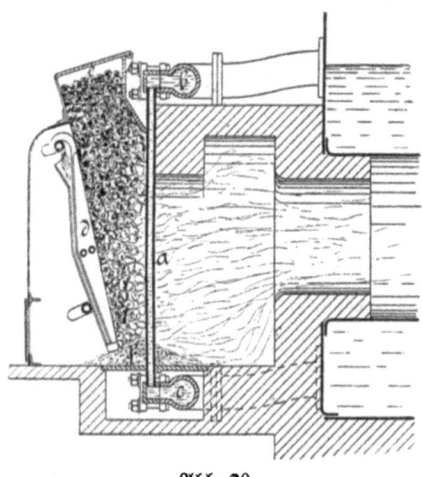

Abb. 20.

In der Hauptſache wird die Verbrennung durch die Veränderung des Zuges geregelt. Doch kann auch die Weite des Raumes zwiſchen Röhrenroſt und Planroſt und damit die Dicke der Brennſtoffſchicht verändert werden.

Die Donuley=Fenerung hat ſich gut bewährt. Ihre Bedienung erfordert wenig Mühe und keine beſondere Geſchicklichkeit. Die Verbrennung vollzieht ſich mit mäßigem Luftüberſchuß und iſt eine rauchfreie. Der Röhrenroſt ergibt zugleich eine nicht unbeträchtliche Vermehrung der Keſſelheizfläche und der Verdampfung. Stark backende und ſchlackende Kohle bleibt aber leicht hängen und bildet Hohlräume, durch die kalte Luft einſtrömt. Stößt der Heizer den ungenügend entgaſten Brennſtoff nach, ſo raucht auch ſchließlich die Feuerung. Weitere Nachteile ſind der erhebliche Raumbedarf und das öftere Schadhaftwerden der Röhren bei nicht ganz reinem Waſſer.

Die auf Seite 79 flg. dargelegten großen Vorzüge der gewöhnlichen wagerechten Planroſt=Feuerung, insbeſondere die leichte Zugänglichkeit und die gute Überſichtlichkeit der Roſtfläche lockten die Ingenieure an, auch bei dieſer die Brennſtoffe ununterbrochen zuzuführen und hiermit dem Heizer die Arbeit zu erleichtern. Natürlich mußte Maſchinenkraft zu Hilfe genommen

Leach-Feuerung.

werden. Den besten Erfolg hatten Einrichtungen, bei denen der frische Brennstoff über die ganze Rostfläche gleichmäßig zerstreut wird. Es wurden aber auch die sonst üblichen Arten der Brennstoffzuführung benutzt. Alle solche Einrichtungen besitzen den weiteren Vorteil, daß während der Beschickung des Rostes keine kalte Luft in den Feuerraum bringt.

Es wurde zunächst versucht, die aus einem Trichter fallende und durch ein Walzwerk zerkleinerte Kohle mittels eines Luft- oder Dampfstrahles von veränderlicher Stärke auf den Rost zu blasen und hier gleichmäßig zu verteilen. Der Erfolg konnte selbstverständlich ein befriedigender nicht sein.

Zweckmäßiger erwiesen sich Einrichtungen, bei denen der Brennstoff durch rasch laufende Schleuderräder über den Rost verstreut wird. Die

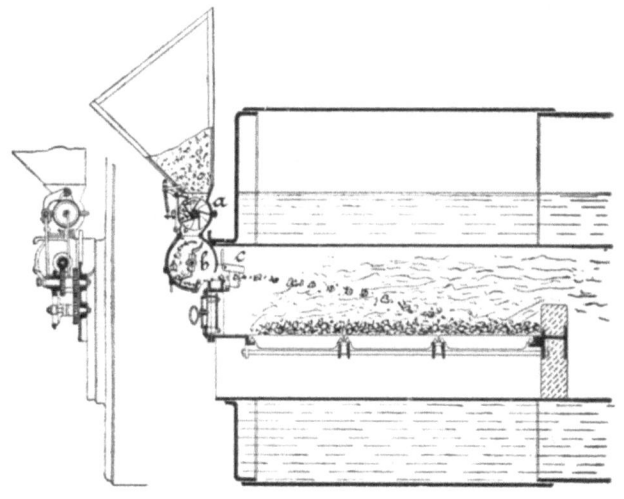

Abb. 21.

erste Einrichtung solcher Art gab John Stanley 1822 an, ohne indessen Erfolge zu erzielen. Mit mehr Glück wurde sie wieder von Leach (sprich Liedsch) aufgenommen und in Deutschland von der Sächsischen Maschinenfabrik vorm. Rich. Hartmann A.-G. in Chemnitz eingeführt.

Bei der Leachschen Feuerung, die in Abbildung 21 dargestellt ist, fällt die zerkleinerte Kohle aus dem, den Kohlenvorrat bergenden Behälter in eine mit Kammern versehene und sich langsam drehende Speisewalze a und aus dieser auf die rasch laufenden Schleuderräder b, deren Schaufeln die Kohle in den Feuerraum werfen. Die Verteilung der Kohle über den Rost wird durch eine, vor den Schaufelrädern angeordnete und um eine wagerechte Achse verstellbare Klappe c geregelt. Je nachdem die

Kohlenstücke an dieser Klappe ungehindert vorbeifliegen oder infolge deren mehr oder weniger geneigten Stellung anprallen, fällt die Kohle entweder am Ende des Rostes oder näher der Feuertür nieder. Die Stellung der Klappe ändert sich stetig, infolgedessen die Kohle gleichmäßig über den Rost verteilt wird. Die Menge des zuzuführenden Brennstoffes wird durch die Umdrehungsgeschwindigkeit der Speisewalze geregelt, die in ziemlich weiten Grenzen verändert werden kann. Alle erforderlichen Bewegungen werden von einer durch Maschinenkraft angetriebenen Welle veranlaßt. Unterhalb der Zuführungsvorrichtung angebrachte Feuertüren ermöglichen das Anzünden des Feuers sowie das Schüren und Abschlacken des Rostes.

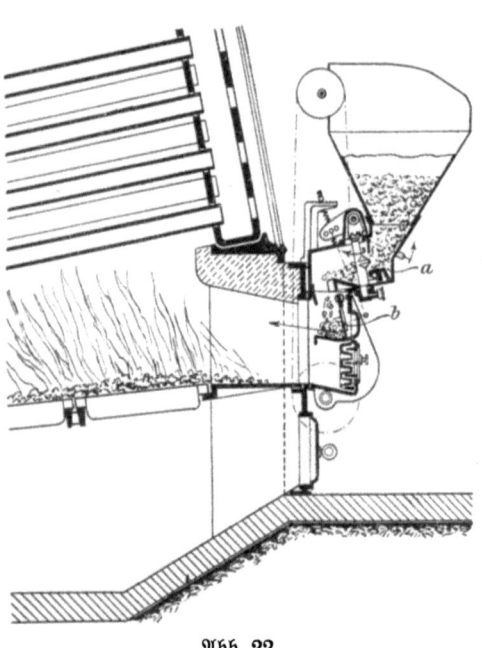

Abb. 22.

Die Leachsche Feuerung hat sich gut bewährt. Die Verbrennung vollzieht sich mit einem mäßigen Luftüberschuß und ist nahezu rauchfrei. Nur bei stark backender Kohle geht es nicht ganz ohne Rauch ab. Die Einrichtung wird auch bei einer großen Zahl von Kesseln mit Erfolg benutzt, deren Betrieb starken Schwankungen unterworfen ist.

Weniger Verbreitung hat die Ruppertsche Feuerung, „Kolumbus = Rostbeschicker" genannt, gefunden, die von der Maschinenfabrik Germania vorm. Schwalbe & Sohn in Chemnitz ausgeführt wird und sich ebenfalls bewährt hat.

Die mittels einer Speisewalze zugeführte klare Kohle wird hier von einer kreisenden Wurfschaufel erfaßt, die sich zufolge einer eigentümlichen Vorrichtung mit sich stetig ändernder Geschwindigkeit dreht. Je nach der Geschwindigkeit der Wurfschaufel wird die Kohle mehr oder weniger weit fortgeschleudert und hierdurch der Brennstoff gleichmäßig über die Rostfläche verteilt. Die Vorrichtung ruht auf einem Wagen und wird an den Kessel geschoben. Nach ihrer Entfernung verbleibt eine gewöhnliche Planrost=Feuerung.

An Stelle der kreisenden Wurfräder und Wurfschaufeln werden zum Fortschleudern des Brennstoffes auch um eine Achse schwingende Schaufeln benutzt, denen durch eine gespannte Feder eine schnellende Bewegung erteilt wird. Je nach der Endspannung der Feder, die natürlich wechselt, wird der Brennstoff mehr oder weniger weit geschleudert.

Die von Proctor in Burnley zuerst hergestellten und von Münckner & Co. in Bautzen in Deutschland eingeführten Feuerungen dieser Art haben ebenfalls große Verbreitung gefunden und sich gut bewährt.

Die Münckner'sche Feuerung stellt Abbildung 22 dar. Der Brennstoff wird von einem schwingenden Schieber a über ein Wehr geschoben und fällt vor die Wurfschaufel b, die ihn in den Feuerraum schleudert.

Sowohl die Leach- wie die Proctor-Feuerungen werden auch von anderen Firmen in mehr oder weniger abweichender Form ausgeführt. Sollen sie befriedigend wirken, so muß allerdings eine Kohle verwendet werden, die eine gewisse gleichmäßige Stückgröße besitzt. Damit der Rost stets gleichmäßig mit Brennstoff bedeckt ist, muß der Heizer von Zeit zu Zeit auch etwas nachhelfen. Um bei gasreicher Kohle eine rauchfreiere Verbrennung zu erzielen, wird häufig noch Oberluft oder Nachluft zugeführt.

Die nach S. 80 der Rauchverhütung förderliche Zuführung des Brennstoffes zum vorderen Ende des Rostes, aber in ununterbrochener Folge, ist ebenfalls in England zuerst versucht worden.

Bei der ältesten Einrichtung dieser Art, dem Juckes'schen Kettenroste, besteht der Rost aus einzelnen, an den Enden durch Gelenkbolzen miteinander verbundenen Stäben. Er bildet eine endlose, über zwei wagerechte Trommeln laufende, entsprechend breite Kette, die durch Maschinenkraft langsam nach hinten bewegt wird. Der frische Brennstoff fällt aus einem Trichter auf den Rost herab, wird in den Feuerraum geführt, wo er verbrennt, und gelangt schließlich an der Feuerbrücke als Schlacke an. Die Schwierigkeit, die Bewegung des Rostes mit der fortschreitenden Verbrennung in Einklang zu bringen, und die geringe Haltbarkeit des Rostes waren die Klippen, an denen der Erfolg der Einrichtung zunächst scheiterte. Neuerdings ist sie von den Deutschen Babcock & Wilcox-Dampfkesselwerken A.-G. in Oberhausen wieder aufgenommen worden und namentlich bei Kesseln sehr beliebt geworden, die einen großen Rost erfordern. Durch geeignete Verbesserungen sind die früheren Schwierigkeiten behoben worden. In Abbildung 23 ist ein solcher Ketten- oder Wanderrost Bauart Dürr der Düsseldorf-Ratinger Röhrenkesselfabrik dargestellt. Der Schieber a regelt die Dicke der sich bildenden Brennstoffschicht. Die Geschwindigkeit, mit der der Rost sich bewegt, kann ebenfalls verändert werden. Die Verbrennungsluft wird dem Roste durch die Öffnungen b zugeführt. Die Schlacke fällt bei c herab. Der ganze Rost ist auf Schienen fahrbar und kann aus dem Feuerraume gezogen werden.

Der Wanderrost wird auch von anderen Fabriken ausgeführt und namentlich bei Wasserröhrenkesseln gern benutzt. Es sind bisher mit ihm recht gute Erfolge erzielt worden.

Den gleichen Gedanken wie der Wanderrost verwirklichen auch Einrichtungen, bei denen der Brennstoff auf den Rost gebracht wird, und dieser für ein Fortschreiten sorgt. Bei der von Hodgkinson zuerst hergestellten Einrichtung fällt die frische Kohle aus einem Trichter in ein Gehäuse herab, in dem sich Kolben oder Schieber hin= und herbewegen. Die Kolben schieben den Brennstoff vor sich her und auf den Rost. Die der Feuertür zunächst gelegenen Enden der Roststäbe werden aber durch eine

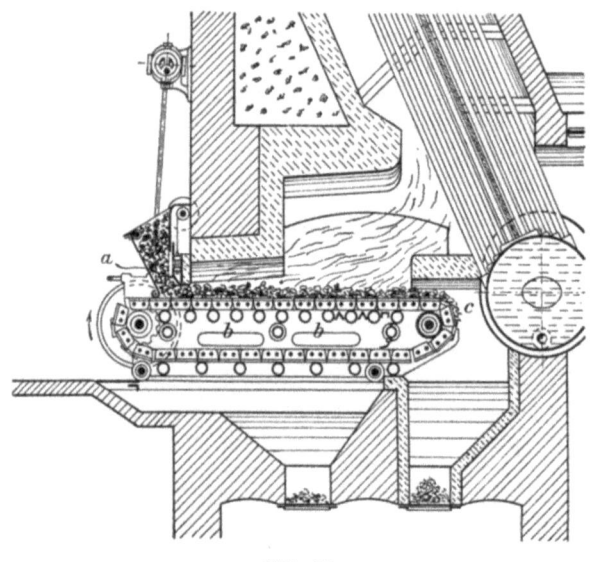

Abb. 23.

vielfach gekröpfte Welle oder eine Anzahl Exzenter erfaßt und im Kreise bewegt, während die hinteren Roststabenden auf dem Rostträger hin= und hergleiten. Die Roststäbe nehmen demnach eine schwingende Bewegung an. Da indessen die benachbarten Roststäbe nicht gleichzeitig schwingen, sondern hierin einander vorauseilen, so wird nicht nur die Brennstoffschicht beständig aufgelockert, sondern auch ein Wandern des Brennstoffes nach der Feuerbrücke zu veranlaßt, wo sich schließlich die Schlacke ansammelt und vermittels eines Kipprostes entfernt werden kann.

Auch diese Einrichtungen, die in Deutschland durch die Spar= feuerungs=Gesellschaft, Düsseldorf, eingeführt worden sind, ergeben bei nicht backender Kohle eine ziemlich rauchfreie Verbrennung. Doch fällt viel Brennstoff durch die Rostspalten und geht verloren.

Es sind endlich auch Feuerungen hergestellt worden, bei denen der frische Brennstoff der Brennstoffschicht ununterbrochen von unten zugeführt wird und die sich aus ihm entwickelnden Gase gezwungen werden, in den glühenden Brennstoff zu treten.

Bei dieser von dem Engländer Smith erdachten Einrichtung, wohl auch Helix- oder Schneckenrost genannt, befindet sich vor der Feuerung wieder ein Behälter, in den der zerkleinerte Brennstoff geworfen wird. Aus dem Behälter fällt er in einen querliegenden Trog, an den sich mehrere, unter dem Rost entlang geführte Röhren schließen. In jeder dieser Röhren, die nahezu so lang sind wie der Rost, bewegt sich langsam eine nach vorn schwächer werdende Schnecke oder Schraube. Die Röhren sind oben offen und mit einem langen Schlitze versehen. Durch die Schnecken wird nun sowohl der Brennstoff in den Röhren fortgeschoben, als auch emporgehoben und aus den Schlitzen auf den Rost gedrückt. Die Roststäbe erhalten aber eine langsam auf- und abschwingende Bewegung, durch die der frische Brennstoff gleichmäßiger über den Rost verteilt und die Brennstoffschicht locker gehalten wird.

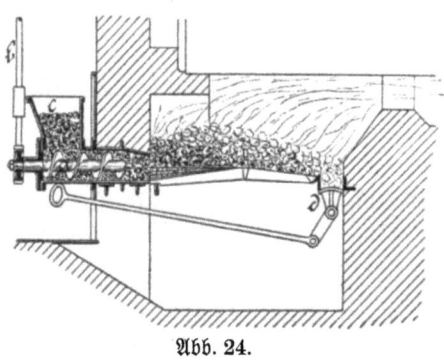

Abb. 24.

Das hintere Ende des Rostes ist als Kipprost hergestellt, mittels dessen die Schlacke entfernt werden kann.

Die Smithsche Feuerung ist neuerdings von der Deutschen Unterschub-Feuerungs-Gesellschaft in abgeänderter Form aufgenommen worden. Für backende und schlackende Kohle dürfte sie sich nicht eignen.

Eine der Smithschen verwandte Feuerung ist der Schultzsche Schneckenrost, den Abbildung 24 darstellt. Schultz führt aber nur dem vorderen Teile des Rostes den Brennstoff ununterbrochen von unten zu. Eine oder mehrere Schrauben a, die von einer stehenden Welle b unter Beihilfe einer Schnecke und eines Schneckenrades in langsame Umdrehung versetzt werden, befördern den Brennstoff auf den im vorderen Teile muldenförmig vertieften Rost, auf dem sich ein kegelförmiger Berg von Kohlen bildet. Die Umdrehungsgeschwindigkeit der Schrauben kann natürlich verändert werden. Zwei seitlich von der Zuführvorrichtung angebrachte Türen ermöglichen es dem Heizer, die Kohle mit dem Schüreisen gleichmäßiger über die Rostfläche zu verteilen. Am hinteren Ende des Rostes ist wieder ein Kipp- oder Schlackenrost *d* angebracht, mittels dessen die nach hinten geschobene Schlacke entfernt wird.

Die Schultzsche Feuerung wurde früher in Sachsen vielfach benutzt. Die ihr eigene, unvollkommene Verteilung des Brennstoffs, die stete Nachhilfe des Heizers erfordert, wobei es aber ohne Rauchbildung nicht abgeht, sowie die geringe Anpassungsfähigkeit bei schwankendem Betriebe, ließen sie aber mehr und mehr verschwinden.

Der frische Brennstoff kann auch mittels eines Kolbens dem Roste zugeführt und unter die glühende Brennstoffschicht gedrückt werden. Bei dem von dem Amerikaner Friesbie erfundenen sogenannten Maulwurfsroste treibt ein langsam bewegter Kolben den Brennstoff in einem wagerechten Rohre vor sich her, dessen Ende nach oben gekrümmt ist und der zu einer in der Mitte des kreisförmigen Rostes gelegenen Öffnung führt. Der aus der Öffnung quellende Brennstoff bildet die unterste Schicht eines runden Hügels, deren Gase in den über ihr liegenden glühenden Brennstoff treten müssen. Die Verteilung des Brennstoffs ließ immerhin zu wünschen übrig und die Bedienung der Feuerung war wie bei dem Schultzschen Rost keine so einfache.

Die Maulwurfs-Feuerung ist in neuerer Zeit in verbesserter Form durch die Firma C. Wegener in Berlin in Deutschland eingeführt und teils als Vorfeuerung, teils als Innenfeuerung verwendet worden. Der Rost ist nicht eben. Er bildet eine Kegelfläche, die bewirken soll, daß der Brennstoff sich besser nach außen verteilt. Der Flamme wird beim Verlassen des Feuerraumes noch Nachluft zugeführt. In bezug auf Rauchfreiheit hat die Wegenersche Feuerung befriedigt. Bei backender und schlackender Kohle und bei schwankendem Betriebe stellen sich indessen Schwierigkeiten ein.

Es ist weiter zuerst von dem Engländer Crampton 1868 versucht worden, eine gute rauchfreie Verbrennung dadurch zu erzielen, daß der zu Staub zerkleinerte Brennstoff mit einem Luftstrahl in den Feuerraum geblasen wird und hier verbrennt. Auch in Deutschland hoffte man mit diesen Kohlenstaub-Feuerungen Erfolge zu erzielen. Die Zerkleinerung des Brennstoffs ist aber mit erheblichen Kosten verbunden, die den Betrieb stark verteuern, weshalb die Einrichtung bald wieder verschwand.

Auf eine etwas umständlichere, aber sichere Weise läßt sich endlich eine rauchfreie Verbrennung erzielen, wenn der feste Brennstoff zunächst in einen gasförmigen umgewandelt und dieser in einer entsprechend gestalteten Feuerung verbrannt wird. Die hierbei aufzuwendenden Mittel sind an und für sich einfach.

In einem schachtförmigen, mit einem Planroste oder Treppenroste versehenen Ofen, dem Gaserzeuger (Generator), wird zunächst in gewöhnlicher Weise ein Feuer entzündet, hierauf die Kohle ungewöhnlich hoch aufgeschichtet und dieser Zustand beständig unterhalten. Die Flamme erstickt

Gasfeuerungen. 105

natürlich. Die Verbrennung hört aber nicht auf. In unmittelbarer Nähe des Rostes verbrennt zwar der Brennstoff unter Luftüberschuß noch zu Kohlensäure. Diese wandelt sich aber, wie bereits Seite 27 erläutert wurde, bei ihrer Berührung mit dem glühenden Brennstoffe wieder ziemlich vollständig in Kohlenoxydgas um. Die in der untersten Schicht entwickelte Wärme dient nun ausschließlich dazu, den in den höheren Schichten befindlichen kalten Brennstoff zu erwärmen und zu entgasen, wobei sich, wie auf Seite 26 gezeigt wurde, neben Wasserstoff und Kohlenoxydgas eine Menge brennbare Gase und Dämpfe, sogenannte Kohlenwasserstoffe entwickeln. Diesem Gasgemische sind allerdings noch etwas Wasserdampf und der in der zugeführten Luft enthaltene Stickstoff beigemengt.

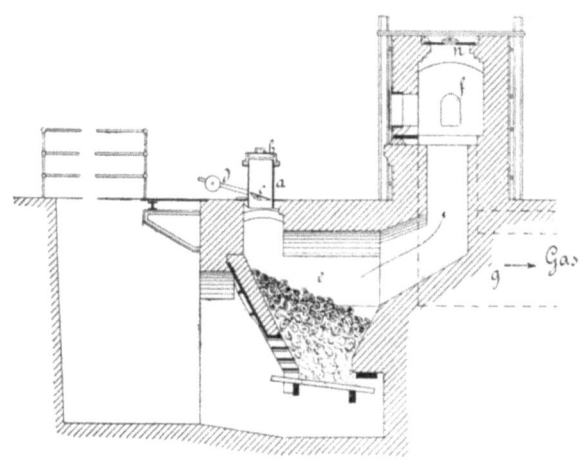

Abb. 25.

In Abbildung 25*) ist ein solcher Generator dargestellt. Die frische Kohle wird in den Fülltrichter a geworfen, dessen Deckel b für gewöhnlich in einen mit Wasser gefüllten Ring taucht und hierdurch dicht abgeschlossen ist. Nach der Füllung des Trichters wird die Klappe c mittels des Hebels d herumgedreht, worauf die Kohle in den Generator e herabstürzt. Die im Generator verbleibende Asche und Schlacke kann leicht von dem aus Quadrateisenstäben hergestellten Schlackenroste entfernt werden.

Es ist sofort zu erkennen, daß Störungen unvermeidlich sind, wenn stark backende und schlackende Kohle verwendet werden soll. Der Brennstoff bäckt dann zu großen zähen Klumpen zusammen, und die Gasentwickelung hört schließlich auf.

---

*) Nach Zeichnungen des Herrn Zivilingenieur R. Schneider in Dresden.

Bei größeren Anlagen werden mehrere Generatoren aufgestellt. Das entwickelte Gas steigt dann nach dem Sammelkanal f empor. Von hier aus wird es durch den Gaskanal g nach den Verbrauchsorten geleitet.

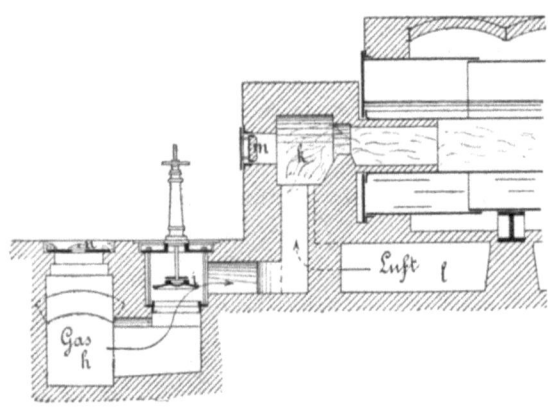

Abb. 26.

Wie weiter die Abbildungen 26 und 27, Aufriß und Grundriß*) darstellen, liegt vor den zu beheizenden Dampfkesseln ein Verteilungskanal h. Von diesem Kanal aus strömt das Gas, falls ihm dies nicht durch das Absperrventil i verwehrt wird, in die vor oder unter dem Kessel gelegene

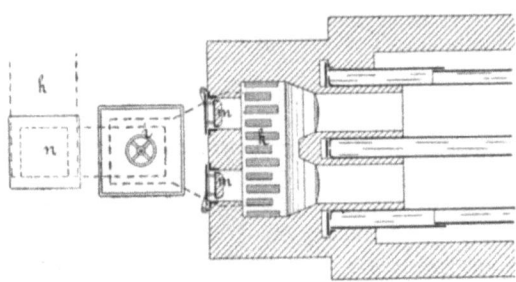

Abb. 27.

Verbrennungskammer k, in die es durch eine Anzahl schmale Kanäle eintritt. Zwischen diesen Gas-Eintrittskanälen liegen andere, etwas längere Kanäle, die durch den Luftzuführungskanal l zugeleitete Luft einlassen.

---

*) Nach Zeichnungen des Herrn Zivilingenieur R. Schneider in Dresden.

Die Gasströme vermischen sich nun mit den Luftströmen und verbrennen bei geringem Luftüberschusse mit hoher Temperatur und langer, in die Flammenrohre schlagender Flamme ohne jede Rauchentwickelung. Die Verbrennung wird geregelt durch das Gasventil und den im Fuchse befindlichen Schieber.

Das Ingangsetzen einer solchen Gasfeuerung erfordert natürlich beträchtliche Zeit. Auch erfordert das Entzünden der Flamme in der Verbrennungskammer Vorsicht, da sich leicht explodierbare Gemische von Gas und Luft bilden, deren Explosion erheblichen Schaden anrichten kann. Damit nicht Luft eingesogen wird, muß daher in den Gaskanälen stets etwas Überdruck herrschen. Bei der Entzündung der Flamme, die durch die Tür *m* vorgenommen wird, ist aber stets zuerst die Luft und dann das Gas einzulassen. Zur Sicherheit sind übrigens die Hauptgaskanäle mit Sicherheitsdeckeln *n* versehen, die lose aufliegen, nur mit Sand abgedichtet sind und im Falle einer Explosion sich abheben.

Der große Raumbedarf und hohe Preis sowie die nicht zu umgehenden Wärmeverluste und der Umstand, daß sich die Gasfeuerungen nur für Betriebe eignen, die ohne Pausen Tag und Nacht arbeiten, sind indessen die Ursache gewesen, daß diese Einrichtungen trotz ihrer guten Wirkung eine allgemeinere Anwendung nicht gefunden haben. Nur in den Hüttenwerken, in denen aus den Hochöfen entweichende, noch brennbare Gase verfügbar sind, werden noch Gasfeuerungen benutzt.

Es sind auch Gasfeuerungen hergestellt worden, bei denen jeder Kessel seinen eigenen Generator besitzt und dieser unmittelbar unter dem Kessel liegt. Die Wärmeverluste werden hierdurch wesentlich vermindert. Da aber die sonstigen rauchfreien Feuerungen in ihrer Wirkung den Gasfeuerungen kaum nachstehen, so haben auch diese Feuerungen keine weitere Verbreitung gefunden.

Es wäre endlich der Feuerungen zu gedenken, bei denen **flüssige Brennstoffe** (Erdölrückstände) zerstäubt und in diesem Zustande verbrannt werden. Ihre Bedeutung ist indessen eine untergeordnete geblieben. Auf ihre Besprechung kann daher verzichtet werden.

B. Die Feuerzüge.

Bei Unter- und Innenfeuerungen geht ein beträchtlicher Teil der erzeugten Wärme schon im Feuerraume durch Strahlung an den Kessel über. Um von dem übrigen Teile der in den Heizgasen enthaltenen Wärme noch möglichst viel nutzbar zu machen, werden die Gase in **Feuerzügen** ein oder mehrere Male an den Kesselwandungen entlang geführt und schließlich, nachdem sie auch durch Leitung Wärme an den Kessel abgegeben haben, durch den Schornstein abgeführt.

Die Feuerzüge bieten den Heizgasen entweder wie das Flammenrohr eines Flammenrohrkessels eine einzige Durchgangsöffnung dar. Oder sie sind wie bei den Heizröhrenkesseln in eine größere Zahl kleiner Kanäle geteilt. Immer sollen aber die Züge, wie Seite 48 dargelegt wurde, einen genügend großen Querschnitt besitzen, damit die Geschwindigkeit der sie durchziehenden Heizgase eine mäßige bleibt.

Aber auch aus anderen Gründen, als den dort dargelegten, müssen zu enge Züge vermieden werden. Bei engen Zügen und größerer Geschwindigkeit der Heizgase stellt sich der Bewegung der Gase ein größerer Widerstand durch Reibung entgegen. Hierdurch kann aber leicht, namentlich zu Zeiten stärkeren Betriebes der Zug zu stark beeinträchtigt und die Luftzuführung ungenügend werden. Bei größeren Kesseln sind die Züge auch genügend weit herzustellen, damit der Heizer sie befahren und sich von dem guten Zustande des Kessels und der Züge überzeugen kann. Unter 40 cm weite Züge sind aber nicht mehr befahrbar. Weiter setzt sich im Betrieb auf den Kesselwandungen sehr bald eine Rußkruste an. Auch lagert sich in den Feuerzügen mehr oder weniger Flugasche ab. Sowohl der Ruß wie die Flugasche sind schlechte Wärmeleiter, die der Wärmeabgabe der Heizgase an die Kesselwandungen hinderlich sind. Verengt oder verstopft sich aber ein Feuerzug durch Ruß und Flugasche, so wird auch die Bewegung der Heizgase in den Zügen gehemmt. Es fehlt bald an der nötigen Luft, und die Verbrennung wird mangelhaft. Der Kessel und die Züge müssen daher von Zeit zu Zeit gründlich gereinigt werden. Damit nun die Züge sich nicht so rasch verengen oder verstopfen und Ruß und Flugasche bequem beseitigt werden können, dürfen die Züge ebenfalls nicht zu eng sein.

Auch nach § 16 der allgemeinen polizeilichen Bestimmungen über die Anlegung von Dampfkesseln müssen die Feuerzüge in der Regel so groß bemessen sein, daß sie befahrbar sind.

Hiernach sind die Seitenzüge eines eingemauerten Kessels an ihrer schmalsten Stelle, also in der Höhe der Kesselmitte bei a (siehe Abbildung 28), niemals enger als 12 cm zu machen. Um ferner Raum für die sich ablagernde Flugasche zu gewinnen, ist die Sohle der Seitenkanäle in der aus Abbildung 28 ersichtlichen Weise zu vertiefen.

Weniger nachteilig sind weite Feuerzüge. Bei diesen ist zwar die Geschwindigkeit der Heizgase in den Zügen eine nur mäßige und berühren die Heizgase den Kessel längere Zeit. Doch kommen zu wenige Teilchen des breiten Heizgasstromes mit der Kesselwandung in Berührung. Die Wärmeabgabe verzögert sich. Überdies wird an das eine größere Oberfläche darbietende Mauerwerk der Seitenzüge mehr Wärme abgegeben und von diesem nach außen geleitet und ausgestrahlt, die verloren geht. Immerhin sind diese Nachteile nicht so erheblich.

Erfahrungsgemäß sind die Feuerzüge zweckmäßig bemessen, wenn sie mindestens denselben Querschnitt besitzen, wie ein der Anlage angemessener Schornstein an seiner Mündung. Den gleichen Querschnitt muß natürlich auch ein Zug aufweisen, der entweder durch ein oder zwei Flammenrohre oder eine größere Anzahl von Heizröhren gebildet wird.

Der gleiche Querschnitt soll auch an der Feuerbrücke vorhanden sein. Bei Flammenrohrkesseln mit Innenfeuerung ist dies allerdings nicht zu erreichen, und muß dann ein etwas geringerer Querschnitt genügen.

Da die im ersten Feuerzuge befindlichen heißeren Heizgase einen wesentlich größeren Raum einnehmen als die abgekühlten und in den Schornstein tretenden, so würde die Geschwindigkeit in diesem Zuge, wenn alle Züge einen gleich großen Querschnitt besäßen, eine wesentlich größere sein als in dem letzten Zuge. Um die Geschwindigkeit in allen Zügen zu einer nahezu gleichen zu machen, empfiehlt v. Reiche den bei eingemauerten Kesseln gebräuchlichen drei Zügen, vom Rost ab gerechnet, ein Querschnittsverhältnis von 6:5:4 zu geben, wobei der letzte Zug den Schornsteinquerschnitt erhält.

Angaben über den erforderlichen Querschnitt des

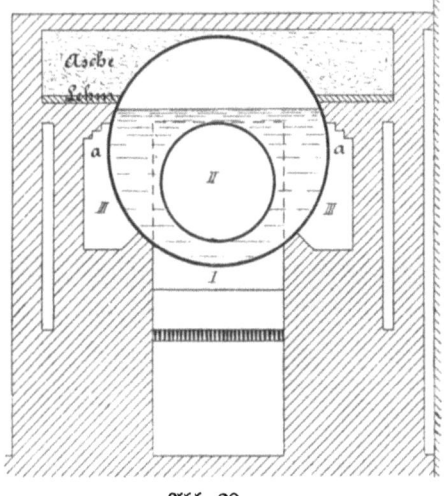

Abb. 28.

Schornsteines an seiner Mündung sind weiter unten zu finden.

Die Höhe, bis zu der die Seitenzüge eingemauerter Kessel, sowie die von Kesselwandungen gebildeten Feuerzüge (Flammenrohre, Heizrohre, Feuerbüchse) heraufreichen, hat sich nach der Linie des für den Kessel festgesetzten tiefsten Wasserstandes zu richten. Denn die höchsten Stellen der äußerlich von den Flammen und den hocherhitzten Feuergasen berührten Kesselwandungen müssen innerhalb des Kessels reichlich mit Wasser bedeckt sein, damit der Kessel nicht beschädigt wird. Ein Herantreten der Feuergase an innerlich vom Dampfe berührte Kesselwandungen ist nur in besonderen Fällen statthaft.

Nach § 3 Absatz 1 der allgemeinen polizeilichen Bestimmungen über die Anlegung von Landdampfkesseln müssen die Feuerzüge an ihrer höchsten Stelle mindestens 100 mm unter dem festgesetzten niedrigsten Wasserstande liegen. Bei Dampfkesseln, deren Wasseroberfläche kleiner als das 1,3 fache der gesamten Rostfläche ist, muß dieser Abstand mindestens 150 mm betragen. Bei Innenzügen ist der Mindestabstand über den von den Heizgasen berührten Blechen zu messen.

Die im vorletzten Satze enthaltene Vorschrift bezweckt, bei Kesseln mit kleiner Wasseroberfläche ein allzu rasches Sinken des Wasserspiegels bis auf die Feuerzughöhe zu verhüten.

Nach § 3 Absatz 2 der allgemeinen polizeilichen Bestimmungen sind aber die Bestimmungen über die Höhenlage der Feuerzüge nicht anzuwenden auf Wasserröhrenkessel, deren Röhren weniger als 100 mm lichte Weite besitzen, sowie auf Feuerzüge, bei denen ein Erglühen der vom Dampfe berührten Wandungen nicht zu befürchten ist. Die Gefahr des Erglühens ist aber in der Regel als ausgeschlossen zu betrachten, wenn die vom Wasser bespülte Kesselfläche, die von den Heizgasen vor Erreichung der vom Dampfe bespülten Kesselfläche bestrichen wird, bei natürlichem Luftzuge mindestens zwanzigmal, bei künstlichem Luftzuge mindestens vierzigmal so groß ist, als die gesamte Rostfläche.

Was als künstlicher Luftzug anzusehen ist, bestimmt § 3 Absatz 4 und wird noch weiter unten erläutert werden.

Die Beheizung der vom Dampfe berührten Kesselwandungen bezweckt, die gesamte Oberfläche des Kessels als Heizfläche nutzbar zu machen und insbesondere dem Dampfe noch Wärme zuzuführen, damit auch die in dem Dampfe schwebenden Wasserperlchen in Dampf verwandelt werden, und der Dampf den Kessel als ganz reiner oder, wie man sagt, trockener Dampf verläßt.

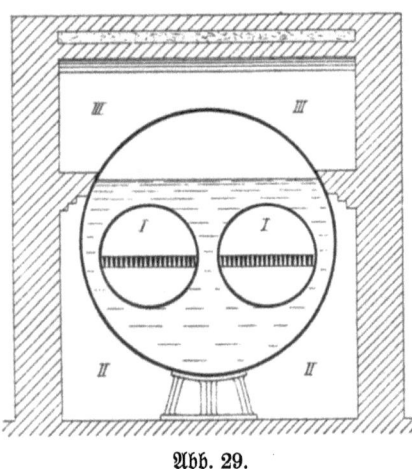

Abb. 29.

Mit diesem Verfahren sind bei Kesseln, die aus engen Siederöhren bestehen, Gefahren nicht verbunden. Bedenklich ist es dagegen bei Kesseln mit großem Durchmesser. Eine vielfach übliche Einrichtung dieser Art ist die aus Abbildung 29 ersichtliche. Die auf dem Roste gebildeten Heizgase durchziehen zuerst die Flammenrohre (I), bestreichen dann die untere Hälfte des Kessels in dem Zug II von hinten nach vorn und werden zuletzt im Zuge III über den Kessel hinweg nach hinten und in den Schornstein geführt. Hierbei müssen natürlich die oben mitgeteilten Bedingungen erfüllt sein. Man nennt den Zug III einen Oberzug und einen solchen Kessel einen mit einem Oberzuge versehenen oder kurz Oberzugkessel.

Der Oberzug ist mit verschiedenen Mängeln behaftet. Der im Oberzuge gelegene Teil des Kessels bedeckt sich im Betriebe sehr rasch mit Ruß und Flugasche, also schlechten Wärmeleitern, die die Wärmeabgabe an den Dampfinhalt des Kessels nahezu aufheben. Weiter nimmt das über dem Kessel befindliche, den Oberzug begrenzende Mauerwerk eine nicht unbeträchtliche Menge Wärme auf und strahlt sie an die Luft des Kesselhauses aus, so daß die Heizgase, ohne den gewünschten Nutzen geleistet zu haben, kühler in den Schornstein treten, als wenn sie den Oberzug nicht durchzogen hätten. Endlich kann auch der Oberzug gefährlich werden. In einem amtlich festgestellten Falle war das Mauerwerk der Züge schadhaft geworden und beschädigte die aus den Flammenrohren unmittelbar in den Oberzug tretende Flamme den Kessel derart, daß er explodierte.

Alle diese Umstände sprechen gegen den Oberzug. Nützlich hat er sich nur dann erwiesen, wenn in ihn Speisewasservorwärmer oder Dampfüberhitzer gelegt wurden.

In welcher Höhe die Linie des tiefsten zulässigen Wasserstandes im Kessel anzunehmen ist, darüber wird der nächste Abschnitt Aufschluß geben. Nach § 8 der allgemeinen polizeilichen Bestimmungen ist der festgesetzte niedrigste Wasserstand durch eine an der Kesselwandung anzubringende Marke dauernd kenntlich zu machen.

Die Decke der Seitenzüge wurde früher oft gewölbt hergestellt. Dieses Verfahren ist indessen nicht zu empfehlen. Die nicht immer sorgfältig hergestellten Mörtelfugen brennen im Betriebe aus. Es rutscht dann leicht ein Wölbstein aus dem Bogen heraus und fällt herunter, was aber bald den Einsturz eines Teiles des Gewölbes nach sich zieht. Besser ist es, den Zug in der Weise abzudecken, daß die Ziegelschichten durch Überkragung allmählich an den Kessel heranrücken, wie Abbildung 28 zeigt.

Damit das Mauerwerk möglichst wenig Wärme nach außen leitet, die verloren geht und nur die Luft des Kesselhauses in unerwünschtem Maße erwärmt, werden verschiedene Hilfsmittel angewendet.

Es wird zu diesem Zweck an geeigneten Stellen durch ruhende Luftschichten unterbrochen, die als schlechte Wärmeleiter den Durchgang der Wärme nach außen wirksam verhindern. So erhält das den Feuerraum und die Seitenzüge einschließende Mauerwerk, wie in Abbildung 28 ersichtlich, etwa 8 cm weite, geschlossene Zwischenräume. Den hierbei entstehenden, dünneren Wänden wird aber der nötige Halt gegeben, wenn beide Teile der Seitenwände in Entfernungen von 1 bis 1,5 m durch schmale, senkrechte Mauerzungen miteinander verbunden werden. Auch wird über den Kesselmantel in etwa 10 cm Abstand ein Gewölbe gespannt. Die zwischen Kessel und Gewölbe eingeschlossene Luft verhindert den Durchgang der Wärme nach oben.

Weiter wird auf den Kessel eine dicke Asche- oder Sandschicht gebracht, die der Sauberkeit halber mit einer Ziegelschicht abgepflastert wird. Dem Einsickern der Asche oder des Sandes in die Züge, das durch Risse in der Zugabdeckung herbeigeführt werden könnte und neben dem Einsinken und Zusammenfallen der Abpflasterung auch ein Verstopfen der Züge nach sich ziehen würde, begegnet man dadurch, daß auf die Abdeckung der Züge eine 6 bis 8 cm starke Schicht von Lehm gelegt wird, die des besseren Zusammenhanges wegen mit gehacktem Stroh oder Häcksel vermischt wird (siehe Abbildung 28).

Bei nebeneinander aufgestellten Kesseln muß verhindert werden, daß der außer Betrieb stehende Kessel durch den im Betriebe befindlichen zu stark erwärmt wird. Es wird daher die gemeinsame Seitenwand ebenfalls durch Luftschichten unterbrochen oder entsprechend stark hergestellt. Nach § 16 der allgemeinen polizeilichen Bestimmungen muß die gemeinsame Wand mindestens 34 cm dick sein.

In § 16 der allgemeinen polizeilichen Bestimmungen wird auch verlangt, daß die Feuerzüge durch genügend weite Einfahröffnungen zugänglich sind. Dementsprechend werden im Mauerwerke der Züge an geeigneten Stellen mit gußeisernen Rahmen begrenzte Öffnungen angebracht, die durch ebensolche Deckel verschlossen werden.

Das Mauerwerk der Züge muß sehr sorgfältig mit dünnen Mörtelfugen hergestellt werden. In dicken Fugen entstehen im Betriebe leicht Risse, durch die Luft in die Züge strömt. Von der Dichtheit des Mauerwerks kann man sich leicht überzeugen, wenn man ein Licht an die Fugen hält. An rissigen, undichten Fugen wird die Flamme des Lichtes lebhaft eingezogen.

Die innerste Schicht des ersten, von der Flamme durchzogenen Zuges ist, wie die des Feuerraumes, in feuerfesten Schamotteziegeln mit einem Mörtel aus Schamottemehl oder Ton und Sand herzustellen. Zu den übrigen Zügen werden gewöhnliche Ziegel benutzt, die in mageren Lehm gesetzt werden.

Das Mauerwerk eines Dampfkessels nimmt infolge der häufigen Erhitzung mit der Zeit einen größeren Raum ein, es treibt oder wächst. Damit bei dieser Raumvergrößerung weder auf den Kessel, noch auf die Umfassungsmauern des Kesselhauses ein Druck ausgeübt wird, muß nach § 16 der allgemeinen polizeilichen Bestimmungen zwischen dem Mauerwerke, das den Feuerraum und die Feuerzüge feststehender Dampfkessel einschließt, und den dieses umgebenden Wänden ein Zwischenraum von mindestens 8 cm verbleiben (s. Abbildung 28) der oben abgedeckt und an den Enden verschlossen werden darf. Aus gleichen Gründen darf das Kesselmauerwerk nicht zur Unterstützung von Gebäudeteilen benutzt werden.

Der Fuchs und der Essenschieber.

Um das Mauerwerk zusammen zu halten, müssen größere, eingemauerte Kessel mit Verankerungen versehen werden. Diese Verankerungen bestehen in der Regel aus eisernen, auf die senkrechten Flächen des Kesselmauerwerkes gelegten Schienen, die durch in das Gemäuer gelegte Eisenanker miteinander verbunden werden.

Das Mauerwerk der Züge wird gleichzeitig dazu benutzt, eingemauerte Kessel fest und sicher zu lagern. Kleinere und mittlere Kessel werden in der aus Abbildung 28 ersichtlichen Weise auf Mauerzungen gelegt, die mindestens 15 cm breit sein müssen. Größere Kessel erhalten überdies starke, meistens gußeiserne Tragwinkel, die auf den Kesselmantel genietet werden und sich mit breiten Flächen auf das über den Seitenzügen befindliche Mauerwerk stützen. Wird der unter dem Kessel liegende Zug nicht von der Flamme oder sehr heißen Gasen durchzogen, so kann der Kessel, wie in Abbildung 29 dargestellt, auch auf gußeiserne Kästen gelegt werden. Diese Kästen dürfen aber mit dem Kessel nicht fest verbunden werden, damit der Kessel sich noch frei ausdehnen und auf den Kästen verschieben kann. Sie werden in Abständen von 2 bis 3 m auf die Sohle des Zuges gestellt.

Damit der aus dem Wasser sich absetzende Schlamm sich nicht auf Kesselwandungen ablagert, die äußerlich von den Flammen berührt werden, wird der Kessel übrigens nicht wagerecht gelegt. Er erhält vielmehr eine schwache Neigung. Unterläßt man diese Vorsichtsmaßregel, so brennt der Schlamm auf den Feuerplatten fest, und werden diese leicht durch die Flamme beschädigt. Walzen- oder Siederohrkessel und Flammenrohrkessel mit unter dem vorderen Kesselende liegender Feuerung werden daher mit dem hinteren Ende stets etwas tiefer gelegt, damit der Schlamm sich hier ablagert. Hierbei wird auch der Vorteil erzielt, daß der Kessel beim Ablassen des Wassers sich vollständiger entleeren kann. Es genügt, auf jeden Meter Kessellänge den Kessel um etwa einen Zentimeter zu senken. Bei kurzen Kesseln kann diese Neigung etwas vergrößert und bei langen etwas ermäßigt werden.

Bei eingemauerten, feststehenden Kesseln durchziehen die Heizgase, nachdem sie den Kessel verlassen haben, zunächst einen kurzen Kanal, den man den Fuchs nennt. In diesen Kanal wird auch in der Regel der so wichtige und unentbehrliche Essenschieber eingebaut. Es ist dies eine einfache, eiserne Platte, die sich in einem eingemauerten Rahmen senkrecht bewegt. Die Durchgangsquerschnitte des Fuchses und des Schiebers sollen so groß sein, wie der Mündungsquerschnitt eines dem Kessel angemessenen Schornsteines.

Der Essenschieber ist gewöhnlich an einer Kette aufgehangen, die über einige am Dachgebälke des Kesselhauses befestigte Rollen läuft, nach dem Heizerstande vor dem Dampfkessel führt und dort mit einem der Schwere des Schiebers entsprechenden Gegengewichte belastet ist. Das Gegengewicht hat den Zweck, dem Schieber das Gleichgewicht zu halten, damit er in jeder Stellung von selbst stehen bleibt. Durch das Heben und Senken der

Schieberplatte wird die Durchgangsöffnung des Schiebers erweitert oder verengt, und kann hierdurch die Zugkraft des Schornsteines nach Belieben voll oder in vermindertem Maße zur Wirkung gebracht werden. Der Heizer hat darauf zu sehen, daß dieser Schieber stets leicht beweglich ist.

Die nicht eingemauerten, feststehenden Kessel werden mit dem Schornstein oft durch ein Blechrohr verbunden. In diesem, gewöhnlich kreisförmigen Rohre wird dann eine drehbare Klappe angebracht, durch deren Stellung der Zug geregelt werden kann.

C. Der Schornstein, natürlicher und künstlicher Zug.

Die Heizgase treten schließlich in den Schornstein und werden von diesem in höhere Luftschichten geführt, die die Gase mit sich nehmen. Damit die Gase niemandem lästig fallen, wird von den Baupolizeibehörden für die Schornsteine der Dampfkessel gewöhnlich eine Mindesthöhe vorgeschrieben.

Es wurde Seite 53 gezeigt, daß ein genügend weiter und hoher Schornstein imstande ist, auf natürliche Weise den für den Betrieb erforderlichen Zug zu erzeugen, und daß die Zugkraft eines Schornsteines von der Menge und der Temperatur der in ihm befindlichen Heizgase abhängt. Hiernach könnte vermutet werden, daß bei gleichem Rauminhalte des Schornsteines und bei gleicher Temperatur der Heizgase ein sehr weiter und niedriger Schornstein ebenso wirksam sei wie ein sehr enger und hoher. Üben auch die beiden Schornsteine die gleiche Zugkraft aus, so ist doch weder der eine noch der andere zu gebrauchen. In dem weiten Schornsteine steigen die Heizgase sehr langsam empor. Die Folge ist, daß schon ein mäßiger, über die Schornsteinmündung streichender Wind den Gasen den Austritt zu verwehren und den Zug zu stören imstande ist. Der enge und hohe Schornstein steht dagegen nicht fest genug und wird leicht vom Winde umgeworfen. Es ist daher notwendig, die Weite in ein gewisses, durch die Erfahrung bewährtes Verhältnis zur Höhe des Schornsteines zu setzen.

Ein Schornstein erzeugt ausreichend natürliche Zugkraft, wenn der Ausströmungs-Querschnitt an der Mündung bei Steinkohlenfeuerung und einer Schornsteinhöhe von

16 bis 25 m $\frac{1}{4}$ der Rostfläche
25 „ 36 „ $\frac{1}{5}$ „ „
über 36 „ $\frac{1}{6}$ „ „

beträgt. Bei Feuerungen mit klarer Braunkohle genügen $\frac{2}{3}$ bis $\frac{3}{4}$ dieses Querschnittes.

Gute Wirkung und Standfestigkeit sind ferner gesichert, wenn die Höhe bei mittleren Schornsteinen wenigstens 25 mal, bei großen Schornsteinen dagegen höchstens 50 mal so groß ist als die Weite an der Mündung.

Der Schornstein.

Ist ein neuer Schornstein zu errichten, so ist es natürlich ratsam, alle Maße etwas reichlich zu nehmen, um auch bei später notwendig werdenden Betriebserweiterungen noch genug Zugkraft zu besitzen.

Werden mehrere Kessel mit einem gemeinschaftlichen Schornsteine versehen, so ist der Mündungsquerschnitt aus der Summe der Rostflächen aller gleichzeitig im Betriebe befindlichen Kessel zu bestimmen. Gewöhnlich münden die Füchse solcher Kessel in einen gemeinschaftlichen Sammel= kanal, der die Gase nach dem Schornsteine führt. Auch dieser Sammel= kanal erhält an seinem, dem Schornsteine nahegelegenen Ende einen Quer= schnitt, der dem des Schornsteines gleich ist. In den übrigen Teilen würde ein Querschnitt genügen, der den hinter ihm gelegenen Rostflächen entspricht. Die Züge jedes einzelnen Kessels werden natürlich nach dem Querschnitte des Schornsteines bemessen, der dem einzelnen Kessel ent= sprechen würde.

Meistens erhalten die Schornsteine von unten bis oben gleiche Weite. Zur Erzielung größerer Standfestigkeit werden sie auch oft unten um etwa $1/4$ weiter gemacht.

Der untere Teil der aus Mauerwerk hergestellten Schornsteine wird Sockel genannt und erhält gewöhnlich einen quadratischen Quer= schnitt. Seine Höhe beträgt in der Regel $1/4$ der gesamten Höhe. Der übrige Teil, Schaft genannt, wird entweder kreisrund, achteckig oder auch quadratisch gestaltet.

Der runde Schaft ist der teuerste, aber beste, weil er dem Sturm am besten Widerstand leistet. Der quadratische ist der billigste, aber vom Sturm am meisten gefährdetste. Der achteckige hält zwischen diesen beiden die Mitte.

Der oberste Teil des Schornsteines wird meistens des gefälligeren Aussehens wegen mit einer Verstärkung, einem Kopfe, versehen.

Die Mauerstärken, die von oben nach unten zuzunehmen haben, richten sich nach der Weite und Höhe des Schornsteines und müssen so gewählt werden, daß der Schornstein eine genügende Standfestigkeit erhält. Die Berechnung der Standfestigkeit der Schornsteine erfordert eingehende mathematische Kenntnisse. Es kann daher auf sie hier nicht eingegangen werden[*]).

Bei schlechtem Baugrund, oder wenn es sich um eine vorübergehende oder kleinere Anlage handelt, wird der Schornstein auch aus Eisen her= gestellt. Das den Schornstein bildende Blechrohr wird dann auf ein ge= mauertes Fundament geschraubt und wohl auch durch Drahtseile, die von dem oberen Teile des Schornsteins schräg nach dem Erdboden herabführen und dort befestigt sind, gegen das Umstürzen gesichert.

---

[*]) Der größte Schornstein Deutschlands befindet sich auf den Königlichen Schmelzhütten zu Halsbrücke bei Freiberg. Er besitzt eine Höhe von 140 m und an seiner oberen Mündung eine Weite von 2,5 m.

In einem eisernen Schornsteine kühlen sich natürlich die Heizgase bei der guten Wärmeleitungsfähigkeit des Eisens weit mehr ab, als in einem gemauerten, wodurch die Zugkraft des Schornsteines Einbuße erleidet. Dann kostet auch ein größerer eiserner Schornstein meistens etwas mehr als der gemauerte. Endlich zerfrißt der Rost den eisernen Schornstein ziemlich rasch, während ein gemauerter Schornstein Jahrhunderte alt werden kann. Aus allen diesen Gründen ist in der Regel dem gemauerten Schornsteine der Vorzug zu geben.

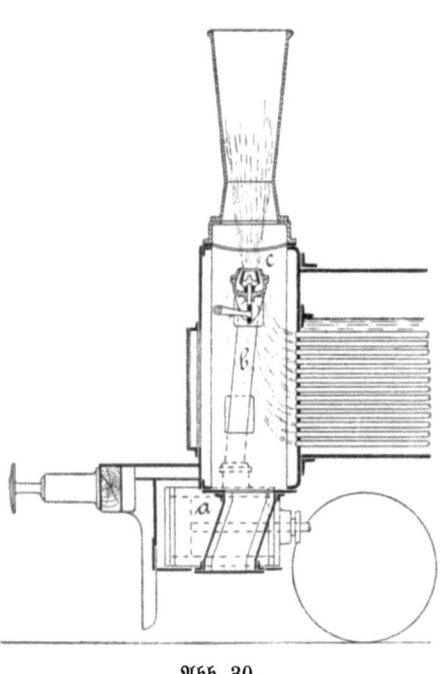

Abb. 30.

Bei beweglichen Dampfkesseln, insbesondere den Lokomotiv=, auch vielen Lokomobil= und Schiffskesseln muß der Schornstein niedrig und leicht sein. Solche Schornsteine sind aber nicht imstande, den für den Betrieb des Kessels erforderlichen Zug unmittelbar zu erzeugen. Es müssen dann besondere Hilfsmittel angewendet werden, mit denen auf künstliche Weise ein kräftiger Zug erzeugt wird.

Bei den Lokomotiven wird die sogenannte Blaserohr=Einrichtung verwendet, die in Abbildung 30 dargestellt ist und den von der Maschine verbrauchten Dampf als Triebkraft benutzt.

Von den beiden Dampfzylindern *a* der Maschine wird der abgehende Dampf durch je ein Rohr *b* in die dicht abgeschlossene Rauchkammer des Lokomotivkessels geführt, in die seitlich die Heizröhren münden. Beide Rohre *b* vereinigen sich zu dem senkrechten Mundstücke *c*, dessen Mündung durch Heben oder Senken eines vom Führerstande aus durch Zugstangen und Hebel in Bewegung zu setzenden Einsatzstückes verengt oder erweitert werden kann. Über dem Mundstücke befindet sich der auf die Rauchkammer gesetzte, nach oben sich etwas erweiternde gußeiserne Schornstein. Der aus dem Mundstücke mit großer Geschwindigkeit strömende Dampfstrahl reißt nun an seinem Umfange die in der Rauchkammer befindlichen Heizgase kräftig mit sich fort und zum Schornsteine hinaus, wodurch weitere Heiz=

gase nachgesogen werden und ein sehr lebhafter Zug entsteht. Durch die Verstellung des Mundstückes läßt sich die Geschwindigkeit des Dampfstrahles vergrößern oder mäßigen und auf diese Weise der Zug regeln.

Zum Anfachen des Feuers während des Stillstandes der Lokomotiven wird ferner eine Einrichtung benutzt, die in gleicher Weise wirkt wie das Blaserohr. Ein dünnes vom Kessel ausgehendes Rohr ist nach dem unteren Teile des Schornsteins geführt und endigt in dessen Mitte mit einer senkrecht nach oben gerichteten Zuspitzung. Läßt man in dieses Rohr Dampf aus dem Kessel strömen, so erzeugt der aus der Mündung des Rohres tretende Dampfstrahl ebenfalls einen ziemlich kräftigen Zug. Man nennt eine solche Einrichtung einen Bläser oder Puster.

Ähnliche Vorrichtungen werden auch bei Dampffeuerspritzen, Lokomobilen und kleinen Schiffskesseln verwendet.

Bei Schiffskesseln sowie auch bei feststehenden Kesseln, unter denen klarer, dichtliegender und daher einen schärferen Zug erfordernder Brennstoff verbrannt werden soll, wird oft der Aschenfall geschlossen und in diesen mittels eines Flügelrad-Gebläses oder eines nach Art des Blasrohres wirkenden Dampfstrahl-Gebläses gepreßte Luft geblasen. Es kann aber auch im Fuchs oder im Schornstein ein solches Gebläse aufgestellt werden, das die Heizgase aus den Feuerzügen saugt und in den Schornstein drückt. Für solche Zwecke verwendbare Dampfstrahlgebläse werden besonders von der Firma Gebr. Körting in Hannover hergestellt.

Die im Fuchse untergebrachten Flügelrad-Gebläse leiden natürlich unter den heißen, sie durchstreichenden Heizgasen mehr wie die Dampfstrahl-Gebläse. Die Firma Schwabach & Co. in Berlin vermeidet diesen Übelstand dadurch, daß sie das Flügelradgebläse neben den Schornstein stellt und die erzeugte gepreßte Luft mittels eines Rohres in den Schornstein führt, wo sie nach Art des Blaserohres wirkt. Der treibende Luftstrahl verdünnt zugleich die Heizgase bis zu einem gewissen Maße und vermindert dadurch ihre Schädlichkeit. In neuerer Zeit sind wiederholt größere feststehende Anlagen mit solchem Saugzug ausgeführt worden, bei denen dann zur Abführung der Heizgase ein mäßig hoher eiserner Schornstein genügt.

Sowohl die Flügelrad-Gebläse, zu derem Betriebe Dampfkraft erforderlich ist, als auch die Dampfstrahlgebläse, die mit frischem Kesseldampfe betrieben werden, verursachen recht erhebliche Betriebskosten. Für feststehende Anlagen ist daher in der Regel ein gemauerter oder eiserner Schornstein mit natürlichem Zuge vorzuziehen, dessen Betrieb nichts kostet, und der überdies die ausgenutzten Heizgase in größerer Höhe abführt. Nur bei Anlagen, die auf kleinem Raume große Dampfmengen erzeugen sollen, kann der künstliche Zug Vorteile bieten.

Siebenter Abschnitt.

Die wichtigsten Bauarten der Dampfkessel.

Inhalt: Die an einen Dampfkessel zu stellenden Anforderungen: Leichte Herstellbarkeit und Billigkeit; mäßiges Gewicht und geringer Raumbedarf; rasches und billiges Anheizen; reichliche Dampfentwickelung; gleichmäßiger Dampfdruck; Reinheit (Trockenheit) des erzeugten Dampfes; bequeme Reinigung des Kessels; Sicherheit gegen schwere Explosionen. — A. Die feststehenden Dampfkessel: 1. Der Walzen- oder Zylinderkessel. 2. Der mehrfache Walzen- oder Siederohrkessel. 3. Der Flammenrohrkessel. 4. Der Heizröhrenkessel. 5. Der zusammengesetzte Kessel. 6. Der Wasserröhrenkessel. — B. Die beweglichen Dampfkessel: 1. Der bewegliche Kessel mit Siederöhren. 2. Der bewegliche Kessel mit Heizröhren: Der Lokomobilkessel, der Lokomotivkessel, der Schiffskessel.

So gewaltig die Menge der benutzten Dampfkessel ist, mit derem Betriebe doch immer der gleiche Endzweck, Dampf zu erzeugen, verfolgt wird, so verschieden ist auch die Gestalt dieser Kessel. Ein wesentlicher Unterschied in der Gestalt ergibt sich schon aus der Benutzungsart. Ein Dampfkessel, der immer an demselben Orte benutzt werden soll, ein feststehender, muß anders gestaltet sein wie ein beweglicher oder fahrbarer. Aber auch innerhalb der beiden aus diesem Gesichtspunkte sich ergebenden Hauptgruppen treten noch grundverschiedene Formen zutage. Sie erklären sich aus den mannigfaltigen Anforderungen, die sowohl an die Dampfkessel im allgemeinen, als auch an ihr Verhalten im Betriebe und an den erzeugten Dampf gestellt werden. Diese Anforderungen lassen sich in die folgenden Punkte zusammenfassen:

1. Der Wunsch liegt nahe, daß ein zu erbauender Dampfkessel leicht herzustellen sein möchte. Dies ist der Fall, wenn er eine recht einfache, möglichst walzenförmige Gestalt erhält. Der Kessel wird dann auch verhältnismäßig billig. Ist nun bei kleineren Kesseln eine einfache Gestalt fast immer anwendbar, so muß bei größeren Kesseln wenigstens eine verhältnismäßig einfache Form gewählt werden. Freilich besitzt ein solcher Kessel auch großes Gewicht und ergibt im Verhältnisse zu seiner Größe nur eine mäßig große Heizfläche.

2. Bei manchen Kesselarten muß besonderer Wert darauf gelegt werden, daß der Kessel im Verhältnisse zu seiner Heizfläche möglichst leicht

ist und wenig Raum beansprucht. Es dürfte ohne weiteres einleuchten, daß dieser Bedingung nur Kessel entsprechen, deren Wandungen zum größeren Teile aus dünnen Blechen hergestellt sind und die einen im Verhältnisse zu ihrer Heizfläche geringen Wasserinhalt besitzen. Zu den Wandungen solcher Kessel müssen daher in ausgedehntem Maße enge Röhren verwendet werden.

3. Das Anheizen eines Dampfkessels erfordert jedesmal eine gewisse Zeitdauer und entsprechende Menge Brennstoff, bis das Wasser des Kessels zum Sieden gebracht und Dampf erzeugt worden ist. Auch die Erwärmung des Mauerwerkes eingemauerter Kessel bedarf einer entsprechenden Menge Brennstoffes. Je mehr Wasser ein Kessel im Verhältnisse zu seiner Heizfläche enthält, und je mehr Mauerwerk ihn umgibt, desto mehr Zeit und Brennstoff oder Wärme geht für das Anheizen verloren. Muß ein Kessel täglich von neuem angeheizt werden, so fallen diese Brennstoffmengen schon ins Gewicht.

Dampfkessel, die rasch und mit wenig Brennstoff Dampf geben sollen, müssen daher im Verhältnisse zu ihrer Heizfläche möglichst wenig Wasser enthalten. Sie werden dementsprechend wieder zum größeren Teile aus engen Röhren hergestellt. Sie erhalten auch möglichst wenige oder gar keine aus Mauerwerk hergestellten Feuerzüge.

4. Jeder Dampfkessel soll eine recht wirksame Heizfläche besitzen, d. h. er soll die Wärme des Brennstoffes möglichst gut ausnutzen und bei gegebener Heizfläche möglichst viel Wasser in der Stunde zu verdampfen fähig sein. Zu diesem Zwecke muß für eine möglichst rasche und weitgehende Abgabe der aus dem Brennstoff entwickelten Wärme an die Kesselwandungen und der von diesen aufgenommenen Wärme an den Wasserinhalt des Kessels gesorgt werden. Es wurde Seite 48 ff. näher dargelegt, daß die Gestalt des Kessels sowie der zu ihm gehörigen Feuerzüge dieses Bestreben zu fördern vermögen und kann auf das dort Angeführte Bezug genommen werden.

Sollen weiter die Wärmeverluste durch Ausstrahlung keine großen werden, so müssen die Züge möglichst durch Kesselwandungen begrenzt und darf der Kessel nicht mit umfangreichem Mauerwerk umgeben sein.

5. Der Kessel soll auch bei ungleichmäßigem Dampfverbrauch immer Dampf von gleich hohem Drucke liefern. Dies ist in erhöhtem Maße erwünscht, wenn der erzeugte Dampf zum Betriebe von Maschinen verwendet wird, da diese, gleiche Leistung vorausgesetzt, bei geringerem Dampfdrucke wesentlich mehr Dampf verbrauchen und unvorteilhafter arbeiten als bei hohem Drucke.

Dem Sinken des Dampfdruckes kann nun zwar bei plötzlich eintretendem, stärkeren Dampfverbrauche mit mehr oder weniger Erfolg durch die Verstärkung des Feuers begegnet werden. Doch reicht dieses Mittel allein nicht aus. Es muß vielmehr durch die Seite 13 geschilderte und als

Sättigung des Dampfes bezeichnete Erscheinung unterstützt werden. Bisweilen wird es auch von diesem Vorgang in der Wirkung weit übertroffen.

Je mehr nun ein Kessel Wasser enthält, um so größere Dampfmengen werden sich in ihm bei einer durch Dampfentnahme veranlaßten Druckabnahme entwickeln, und um so weniger wird sein Druck sinken. Die Menge des im Kessel enthaltenen Dampfes oder die Größe des Dampfraumes des Kessels ist dagegen auf die Erhaltung des Dampfdruckes einflußlos, und eine zu diesem Zwecke etwa vorgenommene Vergrößerung des Dampfraumes wäre sinnlos, wie sich aus der folgenden Betrachtung ergibt:

Ein Kessel enthalte 3 cbm Wasser und 2 cbm Dampf und stehe unter einem Dampfdrucke von 5 Atmosphären Überdruck. Dann ist das Gewicht des im Kessel befindlichen Wassers annähernd 3000 kg, das des Dampfes, da nach der Tabelle auf S. 13 1 cbm 3,16 kg wiegt, aber 6,32 kg.

Weiter berechnet sich die im Wasser aufgespeicherte Wärmemenge, da ein Kilogramm bei der im Kessel herrschenden Temperatur von 157,9° C (vergleiche die Tabelle auf Seite 13) annähernd 157,9 Wärmeeinheiten enthält, zu $3000 \times 157,9 = 473700$ Wärmeeinheiten, die im Dampf enthaltene Wärmemenge, da nach derselben Tabelle 1 kg 654,7 Wärmeeinheiten in sich birgt, aber zu $6,32 \times 654,7 = 4138$ Wärmeeinheiten.

Es ist nun einleuchtend, daß selbst die mehrmalige Entleerung des Dampfraumes, bei der dem Kessel jedesmal eine Wärmemenge von 4138 Wärmeeinheiten entzogen und aus dem erhitzten Wasserinhalte des Kessels auch ohne die Einwirkung des Feuers neuer Dampf gebildet wird, das Wasser doch nicht merklich abkühlt und den Dampfdruck nicht wesentlich vermindert.

Andererseits wird auch bei einer Stockung im Dampfverbrauche der Druck um so weniger rasch steigen, eine je größere Wassermasse vorhanden ist, da diese schon eine beträchtliche Wärmemenge aufzunehmen vermag, ehe ihre Temperatur erheblich zunimmt.

Hieraus folgt, daß ein Kessel, der auch bei schwankendem Dampfverbrauche möglichst gleich hohen Dampfdruck halten soll, einen im Verhältnisse zu seiner Heizfläche großen Wasserinhalt besitzen muß. Kessel, die infolge ihrer besonderen Gestalt diese Eigenschaft besitzen, werden als **Großwasserraumkessel** bezeichnet.

6. Der in einem Dampfkessel erzeugte Dampf ist in der Regel nicht ganz rein. Es sind ihm Wasserperlchen beigemischt. Mit Wasserperlen vermischter Dampf gibt aber zu Wasseransammlungen und zu Stößen in den Rohrleitungen und der Dampfmaschine und überdies zu Wärmeverlusten Anlaß. Denn das Wasser, das im Zylinder der Maschine keinerlei Arbeit verrichtet, ihn aber in nahezu siedendem Zustande verläßt, nimmt eine beträchtliche Menge Wärme mit sich fort, die nutzlos verloren geht. Der

vom Kessel gelieferte Dampf soll daher kein Wasser enthalten, er soll trocken sein.

Der Wassergehalt des Dampfes hängt nun von verschiedenen Umständen ab.

Je mehr Heizfläche unter dem Wasserspiegel eines Kessels liegt, um so mehr Dampf wird erzeugt. Der erzeugte Dampf muß aber emporsteigen und den Wasserspiegel durchbrechen. Es wird dies um so stürmischer geschehen und ein um so heftigeres Aufwallen des Wassers hervorrufen, je kleiner der Wasserspiegel im Verhältnisse zur Heizfläche ist. Um so mehr Wasserperlchen reißt aber der erzeugte Dampf mit sich empor, und um so mehr Wasser enthält er. Um trockenen Dampf zu erzielen, muß daher der Kessel einen im Verhältnisse zur Heizfläche möglichst großen Wasserspiegel besitzen.

Verbleibt der erzeugte Dampf im Kessel nur kurze Zeit, so werden auch viele der bei dem lebhaften Sieden des Wassers emporgerissenen Wasserteilchen mit fortgeführt. Kann sich dagegen der Dampf noch eine gewisse Zeit im Kessel aufhalten, so fallen die im Dampfe schwebenden Wasserperlchen zum größeren Teile wieder in das Wasser des Kessels herab und der dem Kessel entnommene Dampf ist bedeutend reiner oder trockener. Damit nun der erzeugte Dampf länger im Kessel verbleiben kann, muß dem Raume des Kessels, der mit Dampf gefüllt ist, eine entsprechende Größe gegeben werden.

Um recht gleichmäßigen Dampfdruck zu erzielen, sollte der Wasserraum des Kessels möglichst groß sein. Um recht trockenen Dampf zu erhalten, soll dagegen der Dampfraum des Kessels möglichst groß sein. Erfahrungsgemäß wird diesen beiden sich widersprechenden Forderungen in annähernd gleichem Maße genügt, wenn der Rauminhalt des Wassers zu dem des Dampfes sich etwa wie 3 : 2 verhält. Diesem Verhältnis entsprechend wird denn auch in der Regel die Lage des tiefsten zulässigen Wasserstandes eines Kessels festgesetzt.

Endlich ist es auch erforderlich, daß der Dampf dem Kessel nicht an der Stelle entnommen wird, an dem das Wasser am lebhaftesten siedet, also nicht über der Feuerung, sondern an einem von dieser möglichst entfernten Punkte des Kessels, nach dem der erzeugte Dampf einen längeren Weg zurückzulegen hat. Die Kessel werden zu diesem Zwecke meistens mit einem walzenförmigen Aufsatze versehen, an dessem oberen Rande die Dampfentnahme=Ventile angebracht werden. Ein solcher Aufsatz, der bekanntlich Dampfdom genannt wird, soll demnach nicht über der Feuerplatte, sondern möglichst weit entfernt von dieser seinen Platz finden.

Es ist klar, daß die Berücksichtigung aller dieser Gesichtspunkte einen wesentlichen Einfluß auf die dem Kessel zu gebende Gestalt ausübt. Kann ihnen aber nicht allenthalben Rechnung getragen werden und ist die Er=

zeugung naſſen Dampfes nicht zu umgehen, ſo müſſen beſondere Hilfs=
mittel angewendet werden, um den naſſen Dampf vor ſeiner Verwendung
in trocknen zu verwandeln. Hierzu dienen die noch weiter unten zu be=
ſprechenden Überhitzer, in denen aber nicht bloß die im Dampfe noch
enthaltenen Waſſerperlchen nachträglich verdampft werden, ſondern auch der
nunmehr trockene Dampf weiter erhitzt wird, was zu den Seite 15 dar=
gelegten Vorteilen führt.

7. Das in den Dampfkeſſeln verdampfte Waſſer hinterläßt in der
Regel eine kleinere oder größere Menge von Rückſtänden, die teils loſe,
teils feſte ſind und ſich an den Keſſelwänden als Schlamm oder Keſſelſtein
feſtſetzen. Sie ſind als ſchlechte Wärmeleiter dem Wärmedurchgange hinder=
lich und müſſen von Zeit zu Zeit entfernt werden.

Das Entfernen des feſt an den Keſſelwandungen haftenden Keſſel=
ſteins mit dem Keſſelſteinhammer iſt ſehr beſchwerlich. Es wird aber
ſehr erleichtert, wenn die Keſſelteile eine genügende Weite beſitzen, die dem
Heizer das bequeme Befahren des Keſſels geſtattet. Dieſer Umſtand iſt
wohl zu beachten, wenn ein neuer Keſſel angelegt werden ſoll, es ſich um
die Wahl ſeiner Bauart handelt, und an dem Aufſtellungsorte des Keſſels
ein Waſſer zur Verfügung ſteht und verwendet werden muß, das vielen
und feſten Keſſelſtein abſetzt. Es iſt dann einer Keſſelform der Vor=
zug zu geben, die nur aus einem oder einer kleineren Anzahl weiter
Teile beſteht. Sehr enge Keſſelteile, insbeſondere Siederöhren, können ohne
beſondere Hilfsmittel vom Keſſelſteine überhaupt nicht befreit werden. Es
iſt dann auch ratſam, dem Anſetzen des Keſſelſteins durch vorangehende
Reinigung des Waſſers vorzubeugen.

8. Die Dampfkeſſel werden zwar in der Regel genügend ſtark und
ſicher hergeſtellt. Sie ſind aber im Betriebe der Abnutzung unterworfen,
die nicht immer ſofort erkennbar iſt. Auch können durch die Nachläſſigkeit
des Heizers Umſtände eintreten, unter denen die Widerſtandsfähigkeit des
Keſſels gegen den Dampfdruck in gefahrdrohender Weiſe geſchwächt iſt (ſo
bei Waſſermangel, unterlaſſener Reinigung u. a. m.). Die Keſſelwan=
dungen geben ſchließlich nach und reißen auf. Entſtehen hierbei größere
Öffnungen, aus denen Dampf oder Waſſer in größeren Mengen aus=
treten, ſo ſinkt auch in entſprechendem Maße der Dampfdruck. Das im
Keſſel noch verbliebene Waſſer befindet ſich aber alsdann in einem ſtark
überhitzten Zuſtande. Bei der ungeheueren Menge der in dieſem Waſſer
aufgeſpeicherten Wärme entwickelt ſich nun ſofort eine gewaltige Menge
Dampf, welcher Vorgang ſich ſo ſtürmiſch abſpielt, daß die Waſſer=
maſſen des Keſſels mit großer Gewalt nach allen Richtungen auseinander
geſchleudert werden. Die hierdurch erzeugten Stöße führen alsdann zur
völligen Zertrümmerung des Keſſels. Der Keſſel platzt oder explodiert.
Je mehr Waſſer ein Keſſel enthält, deſto verderbenbringender wird im
allgemeinen die eintretende Exploſion.

Und doch ergibt sich ein wesentlicher Unterschied. Ist die Wassermasse des Kessels nicht in einen gemeinsamen großen Kesselraum eingeschlossen, sondern auf eine größere Anzahl miteinander verbundener kleinerer Kesselteile verteilt, so tritt selbstverständlich nicht so leicht eine Zertrümmerung dieser Teile ein, die nur kleine Wassermengen enthalten. Auch werden bei einer solchen nur kleinere und leichtere Kesselteile davongeschleudert. Die Explosion hat dann weniger schwere Folgen.

Je sicherer also ein Dampfkessel und je ungefährlicher eine doch eintretende Explosion sein soll, desto weniger Wasserinhalt darf er im Verhältnisse zu seiner Heizfläche besitzen, und aus desto mehr kleineren Teilen muß er zusammengesetzt sein.

Es wird sich bei der Besprechung der verschiedenen Kesselarten zeigen, daß besondere Bauarten erfunden worden sind, die diesem Grundsatz entsprechen, die Erzeugung von Dämpfen mit hohem Drucke gestatten und dabei doch große Sicherheit gegen die Gefahr einer mit schweren Folgen verbundenen Explosion bieten.

Aus den vorstehenden Erörterungen dürfte zur Genüge hervorgehen, daß die an die Dampfkessel zu stellenden Anforderungen sehr mannigfaltige sind, und daß zu ihrer Erfüllung oft ganz entgegengesetzte Wege eingeschlagen werden müssen. Es ist deshalb auch ganz unmöglich, daß eine Kesselbauart allen Wünschen entspricht. Es muß genügen, wenn ein möglichst großer und zwar der unter den vorliegenden Verhältnissen notwendigste Teil dieser Wünsche erfüllt wird.

In welcher Weise und bis zu welchem Maße die gebräuchlichsten Kesselbauarten den zu stellenden Anforderungen gerecht werden, wird die nachfolgende Darstellung dieser Kesselarten zeigen.

A. Die feststehenden Dampfkessel.

Der weitaus überwiegende Teil der im Betriebe befindlichen Dampfkessel gehört zu den feststehenden und wird zumeist alltäglich benutzt. Es kommt daher bei diesen Kesseln besonders auf einen sparsamen Betrieb an. Sie erhalten demzufolge in der Regel reichlich große Heizflächen und werden mit natürlichem Zuge betrieben.

I. Der Walzen- oder Zylinderkessel.

Die einfachste Form der benutzten Dampfkessel ist die des Walzen- oder Zylinderkessels. Meistens erhalten die Walzenkessel eine wagerechte Lage. Doch kommen in den Hüttenwerken auch aufrechtstehende, von den abziehenden Gasen der Flammen- und Glühöfen beheizte Walzenkessel vor.

Ein liegender Walzenkessel ist in den Abbildungen 31 (Längenschnitt und Grundriß) und 32 (Querschnitt) dargestellt. Die Böden dieser Kessel erhalten in der Regel eine gewölbte Form, weil bei dieser dünnere Wandstärken zulässig sind als bei der ebenen. Gewöhnlich sind die Kessel mit

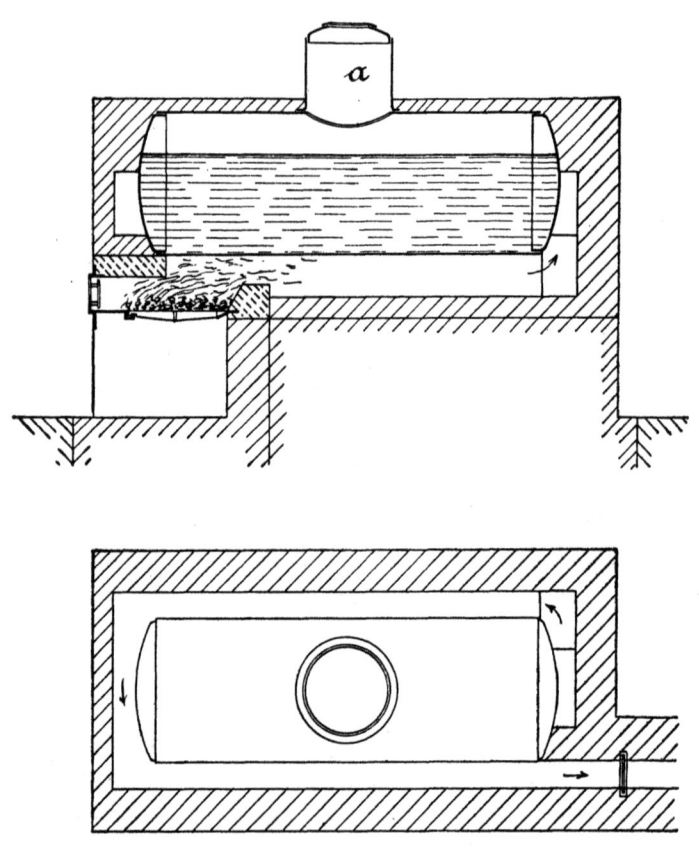

Abb. 31.

einem Dampfdom *a* versehen, in dessen Decke dann auch die zum Befahren des Kessels erforderliche Einsteigeöffnung, das Mannloch, angebracht wird.

Die Feuerungsanlage des Walzenkessels besteht zumeist aus einer Unterfeuerung mit einem Planroste, wie Abbildung 31 darstellt, oder auch einem Treppenroste.

Der Walzenkessel. 125

Kleine Kessel werden nur mit einem Feuerzuge versehen. Die auf dem Roste gebildeten Feuergase ziehen dann, die untere Hälfte des Kessels bestreichend, an diesem entlang und treten sofort in den Schornstein. Daß bei dieser Anordnung den Feuergasen ihre Wärme nur sehr mangelhaft entzogen wird, liegt auf der Hand.

Bei größeren Kesseln werden entweder die Feuergase unter dem Kessel entlang und in zwei getrennten Seitenkanälen wieder nach vorn geführt, um sie dann senkrecht nach unten fallen zu lassen, dort in einem Kanale wieder zu vereinigen und hierauf in den Fuchs zu führen. Oder es werden die Gase, wie bei dem dargestellten Kessel, unter ihm entlang, in einem Seitenzuge nach vorn, dort um den vorderen Boden des Kessels herum und hierauf auf der anderen Seite des Kessels wieder nach hinten geführt, von wo sie durch den Fuchs in den Schornstein treten.

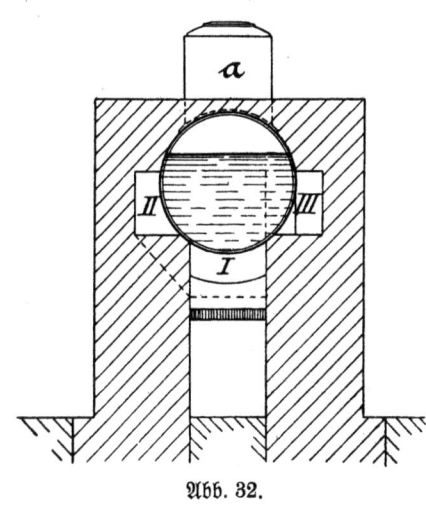

Abb. 32.

Damit bei starker Ausscheidung von Schlamm und Kesselstein diese Stoffe sich mehr im hintern Teile des Kessels ablagern und die Feuerplatten des Kessels nicht Schaden leiden, wird das hintere Ende des Kessels etwas tiefer gelegt.

Mit dem Durchmesser der Walzenkessel geht man bis 1,5 m, mit der Länge bis 10 m und erzielt dann Heizflächen bis zu 25 Quadratmetern.

Die Eigenschaften des Walzenkessels lassen sich in folgende Punkte zusammenfassen:

Sein Bau verlangt keine Kunstfertigkeit und verursacht nur mäßige Kosten. Freilich wird der Walzenkessel auch, eine bestimmte Heizflächengröße vorausgesetzt, am schwersten von allen Kesseln und erfordert zu seiner Aufstellung den größten Raum. Er kann daher nur bei kleinen Anlagen verwendet werden.

Da das Anheizen eines Walzenkessels infolge der großen, während der Pausen abgekühlten und wieder zu erhitzenden Massen von Wasser und Mauerwerk viel Zeit und Brennstoff erfordert, so eignet er sich ferner nicht für Betriebe, die nicht ununterbrochen, sondern mit Nachtpausen arbeiten.

Da weiter sowohl die Abgabe der Wärme an den Kessel infolge des breiten, am Kessel gleichmäßig hinziehenden Heizgasstromes verzögert, als auch die Übertragung der Wärme an das Wasser infolge der schwachen Bewegung des Wassers verlangsamt wird, so kann die Dampferzeugung eines Quadratmeters der Heizfläche keine reichliche sein. Die Dampferzeugung wird auch geschmälert durch erheblichere Ausstrahlungsverluste infolge des umfangreichen Mauerwerks der Feuerzüge. Es darf daher bei einem solchen Kessel, wenn der Betrieb noch sparsam sein soll, nicht mehr als 10 bis 12 kg Dampf von dem Quadratmeter Heizfläche in der Stunde verlangt werden.

Im Verhältnisse zur Heizfläche besitzt der Walzenkessel aber von allen Kesselarten den größten Wasserinhalt, demzufolge er auch bei unregelmäßigen Dampfverbrauche den Dampfdruck gut hält. Er eignet sich daher ganz gut für kleinere Färbereien und ähnliche Betriebe. Da im Verhältnisse zur Heizfläche der Wasserspiegel und der Dampfraum groß sind, so ist der vom Walzenkessel erzeugte Dampf auch genügend trocken.

Die Reinigung eines Walzenkessels kann ferner so leicht und bequem wie nur irgend möglich vorgenommen werden, auf welchen Umstand, wie bereits bemerkt, bei schlechtem Speisewasser viel Wert zu legen ist.

Eine Schattenseite des Walzenkessels besteht allerdings darin, daß eine eintretende Explosion infolge der auf einen Punkt zusammengedrängten großen Wassermasse und des vorhandenen großen Kesselkörpers außerordentlich verheerend wird.

Die Mängel des Walzenkessels überwiegen seine Vorteile so erheblich, daß er nur in ganz beschränktem Maße benutzt wird.

2. Der mehrfache Walzen- oder Siederohrkessel.

Die einfachsten, aus mehreren Walzenkörpern zusammengesetzten Dampfkessel bestehen aus einem obenliegenden größeren Hauptkessel, dem **Oberkessel**, und einem darunter liegenden kleineren Kessel, welcher der **Unterkessel**, das **Siederohr** oder wohl auch der **Vorwärmer** genannt wird. Der Durchmesser des Unterkessels beträgt hierbei gewöhnlich $2/3$ von dem des Oberkessels. Die Böden der Kesselteile sind meistens gewölbte. Oberkessel und Unterkessel werden gewöhnlich durch zwei kurze Blechzylinder, **Verbindungsstutzen** genannt, miteinander verbunden. Der Oberkessel wird mit einem Dampfdome versehen. Ein Walzenkessel dieser Art ist in den Abbildungen 33 (Längenschnitt) und 34 (Querschnitt) auf der nächsten Seite dargestellt.

Der Durchmesser und die Länge des Oberkessels sind wie bei dem einfachen Walzenkessel anzunehmen. Damit ein Siederohr noch bequem gereinigt werden kann, darf sein Durchmesser nicht kleiner als 55 cm sein.

Die bei größeren Anlagen früher übliche Verbindung eines Hauptkessels mit zwei nebeneinander liegenden Unterkesseln oder Siederohren wird mehr und mehr verlassen. Werden mehrere Unterkessel benutzt, so werden sie nicht neben=, sondern übereinander gelegt und unter sich verbunden, worauf schließlich zwei oder drei solcher Gruppen zu einem einzigen Kessel vereinigt werden. Solche Anordnungen sind als Batteriekessel bekannt. Ein solcher Batteriekessel ist in den Abbildungen 35 (Längenschnitt) und 36 (Schnitt durch den Feuerraum) dargestellt. An die Stelle des Dampfdomes tritt dann ein liegender Dampfsammler a.

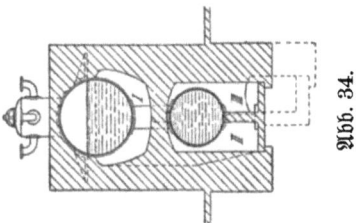

Abb. 34.

Die mehrfachen Walzenkessel erhalten in der Regel eine Unterfeuerung, die unter den Oberkessel gelegt wird. Sie werden mit einem Plan= oder auch Treppen=(Schräg=)roste versehen. Die in Abbildung 35 dargestellte Feuerung ist für Steinkohlenschlamm bestimmt und wird vielfach auf den sächsischen Steinkohlengruben benutzt.

Die Feuerung unter den Unterkesseln anzuordnen, die dann ganz zutreffend den Namen Siederohre oder Sieder führen, ist nicht zu empfehlen, weil hierbei die Flamme auf den Kesselteil einwirkt, in dem sich der Schlamm und Kesselstein ablagern. Ein Verbrennen der Feuerplatten bleibt nicht aus, und die erforderlichen Ausbesserungen werden recht betriebsstörend und kostspielig.

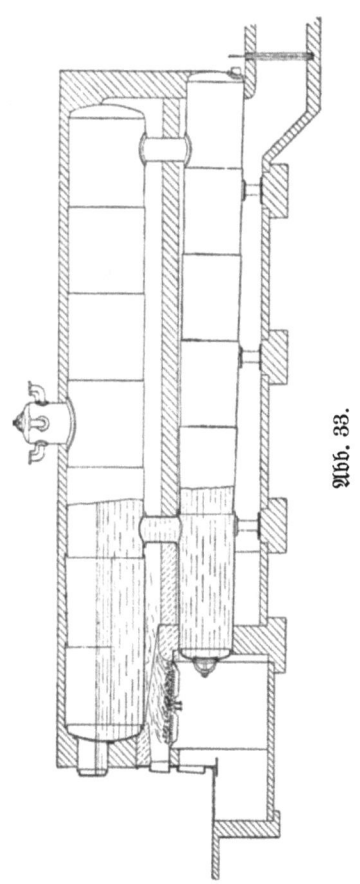

Abb. 33.

Um der Ablagerung des Schlamms auf den Feuerplatten vorzubeugen, wird der Oberkessel hinten etwas tiefer gelegt und hierdurch der Schlamm veranlaßt, sich mehr im hinteren Teile des Kessels abzusetzen und durch die Stutzen in die Unterkessel herabzufallen.

Damit sich ferner in den Unterkesseln keine mit Dampf gefüllten Räume bilden, was z. B. eintritt, wenn das Ende eines Unterkessels von dem Verbindungsstutzen ab ansteigt, müssen die Unterkessel eine derartige Lage erhalten, daß der in ihnen gebildete Dampf nach dem Oberkessel entweichen kann. Wird diese Vorsichtsmaßregel nicht beobachtet, so beschädigt die Flamme leicht die Wandungen des Unterkessels, hinter denen sich anstatt des kühlenden Wassers Dampf befindet. Hierzu kommt der Übelstand, daß sich an solchen Orten größere Dampfmengen ansammeln, die plötzlich in geballter Masse, unter heftigem Gepolter und schädlichen Erschütterungen des Kessels nach dem Oberkessel emporsteigen. Bei Kesseln der in Abbildung 33 und 35 dargestellten Art wird daher der vordere Teil des Unterkessels wagerecht gelegt. Der übrige Teil erhält nach hinten Fall.

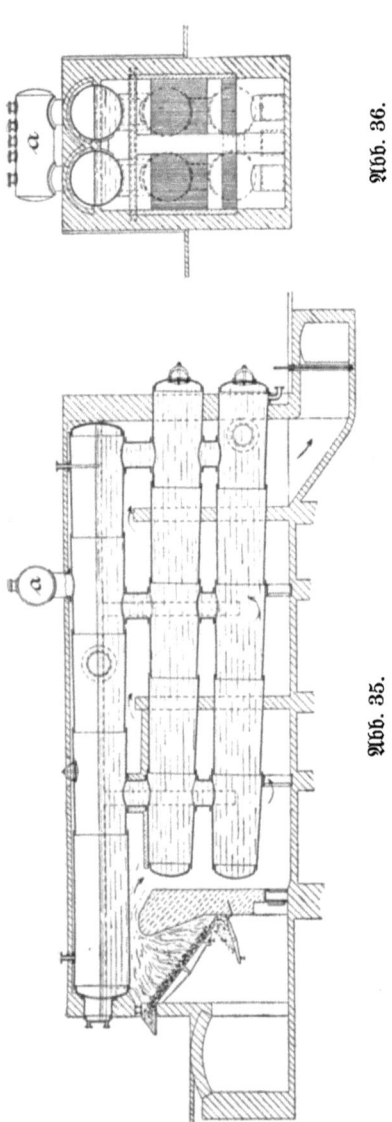

Abb. 36.

Abb. 35.

Bei dem Walzenkessel mit einem Unterkessel werden die Feuerzüge gewöhnlich in der in den Abbildungen 33 und 34 dargestellten Weise angeordnet. Die Feuergase bestreichen zunächst die untere Hälfte des Oberkessels (I), fallen durch eine Öffnung des über den Unterkessel gespannten Gewölbes nach unten, ziehen an der einen Seite des Unterkessels nach vorn (II), kehren hier um, nehmen ihren Weg hierauf an der anderen Seite des Unterkessels entlang wieder nach hinten (III) und werden endlich durch den Fuchs in den Schornstein geführt.

Es bedarf keines Hinweises, daß der Raum, in dem der Unterkessel liegt, durch je eine unter dem Unterkessel sowie zwischen dem Unterkessel- und dem Gewölbescheitel sich hinziehende Mauerzunge in zwei Teile getrennt werden muß, die nur am vorderen Ende des Unterkessels verbunden sind.

Sind zwei nebeneinander liegende Unterkessel vorhanden, so wird der Kessel in der Weise eingemauert, daß die Feuergase zuerst am Oberkessel entlang nach hinten ziehen, dort nach unten geleitet werden und sich hierauf an dem einen Unterkessel, dessen ganzen Umfang berührend, nach vorn bewegen. Sie treten nunmehr an den anderen Unterkessel herüber, ziehen an diesem entlang nach hinten und werden schließlich durch den Fuchs in den Schornstein geführt.

Eine recht zweckmäßige Anordnung der Züge bei mehrfachen Walzenkesseln ist auch die in den Abbildungen 35 und 36 dargestellte kammerförmige, bei der die Wärmeabgabe an den Kessel dadurch gefördert wird, daß die Feuergase gezwungen werden, wiederholt senkrecht auf die Kesselwandungen zu stoßen. Der Kessel wird zu diesem Zweck in eine Anzahl durch Mauern getrennte Kammern gelegt, die mit Durchgangsöffnungen versehen sind. Die Feuergase treten über die Feuerbrücke hinweg in die jenseits der Feuerbrücke gelegene erste Kammer, fallen in dieser nach unten, ziehen unter der nur bis zur Mitte des untersten Unterkessels reichenden Kammerwand in die Nachbarkammer hinüber und steigen in dieser wieder nach oben. Sie überschreiten nunmehr die zweite, nicht ganz bis zum Oberkessel geführte Kammerwand und bewegen sich in der nächsten Kammer wieder nach unten, worauf sich das Spiel wiederholt. Die Bewegung der Feuergase ist mithin eine schlangenförmige, abwechselnd auf- und absteigende, die mit dem Eintritt in den Fuchs endet.

Der Scheitel des vorderen Teiles des obersten Unterkessels sowie die vordersten, oberen Verbindungsstutzen werden vor Überhitzungen durch Mauerwerk geschützt.

Die in dieser Weise ausgeführte Einmauerung gewährt neben einer etwas rascheren Abgabe der Wärme an den Kessel auch den Vorteil, daß bei zweckmäßig angebrachten Reinigungsöffnungen die Flugasche aus den Feuerzügen bequemer entfernt werden kann als aus den langgestreckten Zügen der zuerst erläuterten Einmauerungsart.

Der Walzenkessel mit einem Unterkessel ergibt Heizflächen bis zu 50, der mit zwei Unterkesseln bis zu 70 und der Batteriekessel bis zu 150 qm.

Bezüglich seiner Eigenschaften steht der mehrfache Walzenkessel dem einfachen Walzenkessel nahe. Es kann daher auf das dort Gesagte verwiesen werden. Die beiden Kesselarten unterscheiden sich nur darin, daß der mehrfache Walzenkessel bei gleicher Heizfläche etwas leichter ausfällt, daß zu seiner Aufstellung weniger Platz, wenn auch mehr Höhe, erforderlich ist, und daß bei ihm die Verdampfung zufolge der vorteilhafteren Zuganordnung und des etwas besseren Wasserumlaufs günstiger wird. Sie ist zu etwa 12 bis 15 kg für das Quadratmeter Heizfläche und die Stunde anzunehmen.

3. Der Flammenrohrkessel.

Der Flammenrohrkessel ist seiner zahlreichen guten Eigenschaften wegen der beliebteste und am meisten benutzte. Je nachdem der Kessel ein oder zwei Flammenrohre besitzt, wird er als Einflammenrohr- oder als Zweiflammenrohrkessel bezeichnet.

Besondere Rücksichten erfordern der Durchmesser und die Lage der Flammenrohre. Damit genügend große Heizflächen erzielt werden und der Zug nicht beeinträchtigt wird, darf der Durchmesser der Flammenrohre nicht

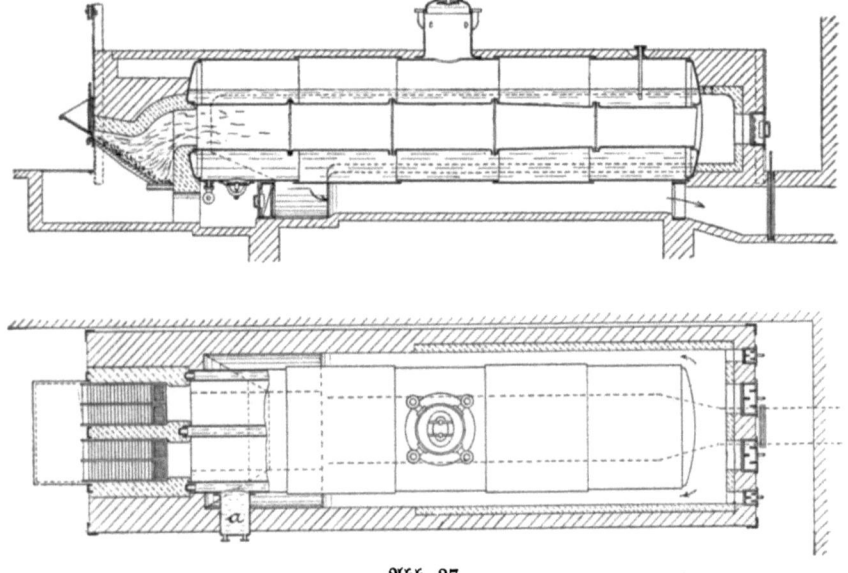

Abb. 37.

zu klein sein. Andererseits erhöhen weite Rohre die Schwierigkeiten, die mit dem Befahren und Reinigen des Kessels verbunden sind.

Damit der Einflammenrohrkessel noch befahrbar ist und gereinigt werden kann, muß zwischen der Oberkante des Flammenrohres und dem oberen Scheitel des Kesselmantels (vergleiche Abbildung 28 auf Seite 109) ein Abstand von wenigstens 60 cm und unterhalb des Flammenrohrs, zwischen Flammenrohr und Kesselmantel, ein solcher von mindestens 15 cm vorhanden sein. An dem letzteren Orte, wo sich leider auch der Kesselstein stark ansetzt, ist aber auch dann noch die Bearbeitung der Kesselwandungen mit dem Kesselsteinhammer sehr erschwert. Um diese Arbeit zu erleichtern, wird das Flammenrohr zuweilen nach der Seite gelegt (vergleiche Abbildung 7 auf Seite 64). Hiermit wird gleichzeitig ein anderer Vorteil erreicht. In dem engeren Raume zwischen Flammenrohr und Kesselmantel steigt das Wasser infolge der lebhafteren Verdampfung empor, um dann in dem weiteren Raume wieder niederzusinken. Es stellt sich demnach eine ziemlich kräftige, die Verdampfung begünstigende Bewegung der Kesselwassers ein.

Bei dem Zweiflammenrohrkessel kann zwar der untere Teil des Kessels bequemer gereinigt werden. Diese Arbeit wird aber bei den seitlich von den Flammenrohren gelegenen Kesselteilen wieder sehr erschwert, selbst wenn ein Abstand von 15 cm gewahrt bleibt. Damit weiter ein Mann sich zwischen den beiden Flammenrohren noch hindurchzwängen kann, muß zwischen diesen ein lichter Zwischenraum von mindestens 30 cm vorhanden sein. Liegen die Rohre enger beisammen, so hat, damit der Raum unterhalb der Flammenrohre zugänglich wird, einer der Kesselböden eine Einsteigeöffnung zu erhalten.

Die Flammenrohre größerer Kessel müssen natürlich vor dem Zusammengedrücktwerden durch den allseitig von außen wirkenden Dampfdruck besonders gesichert werden, worüber Seite 62 u. f. näheres mitgeteilt wurde.

Erhalten die Kesselböden ebene Gestalt, so müssen sie ebenfalls versteift werden, worüber Seite 66 näheres mitgeteilt wurde. Solche Versteifungen vermehren natürlich das Gewicht des Kessels und setzen den durch die Wärme hervorgerufenen ungleichmäßigen Ausdehnungen der Kesselteile ein Hindernis entgegen, was namentlich bei recht langen Kesseln sich nachteilig bemerkbar macht und leicht zu Undichtheiten der Nähte führt. Die langgestreckten Flammenrohrkessel werden daher neuerdings zumeist mit gewölbten Böden versehen, die etwas nachgiebiger sind.

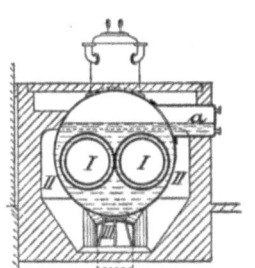

Abb. 38.

Auch der Flammenrohrkessel erhält stets einen auf den Kesselmantel genieteten Dampfdom.

Wird der Flammenrohrkessel mit einer Planrost=Feuerung versehen, so kann diese in allen drei Lagen zum Kessel, entweder unter, vor oder auch in dem Kessel angeordnet werden. Die Treppenrost=Feuerung läßt sich nur unter oder vor dem Kessel unterbringen.

Die Unterfeuerung wird bei Flammenrohrkesseln mehr und mehr verlassen. Bedenklich ist es, sie zu benutzen, wenn das Speisewasser viel Schlamm und festen Kalkstein absetzt. Ein öfteres Schadhaftwerden der Feuerplatten ist dann unvermeidlich.

Bei dem Einflammenrohrkessel mit seitlichem Flammenrohre werden die Züge derart angeordnet, daß die Feuergase zunächst das Flammenrohr, dann die eine und hierauf die andere seitliche Hälfte des Kesselmantels bestreichen. Bei den übrigen Einflammenrohrkesseln ist zumeist die bei dem nachfolgend beschriebenen Zweiflammenrohrkessel ersichtliche Zugordnung üblich.

In den Abbildungen 37 (Aufriß und Grundriß) und 38 (Querschnitt) ist ein Zweiflammenrohrkessel mit durch Adamsonschen Ringen versteiften Flammenrohren und einer für klare Braunkohle bestimmten Treppenrost-Vorfeuerung dargestellt. Der Kesselteil a ist ein sogenannter Wasserstandstutzen, an dem die Wasserstandszeiger angebracht werden.

Die dargestellte, zumeist übliche Zuganordnung zwingt die Feuergase, ihren Weg zunächst durch die Flammenrohre nach hinten zu nehmen (I).

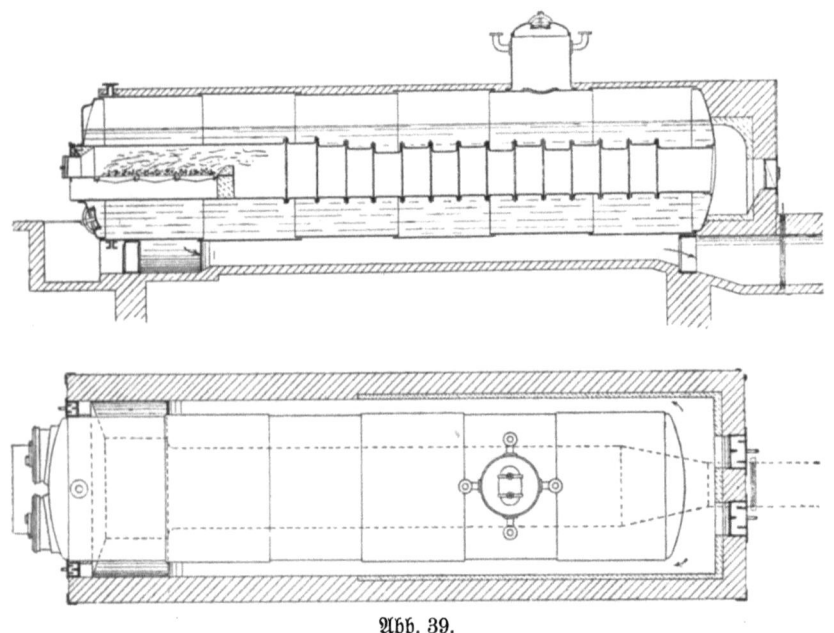

Abb. 39.

Die Gase wenden sich nunmehr um den hinteren Kesselboden, bestreichen die beiden Seiten des Kessels (II), fallen vorn schräg nach unten, vereinigen sich und ziehen hierauf unter dem Kessel entlang nach hinten (III). Sie treten schließlich durch den Fuchs in den Schornstein.

Das Ablaßventil des Kessels befindet sich am vorderen Kesselboden. Damit der Kessel sich beim Ablassen vollständiger entleert, wird er vorn etwas tiefer gelegt.

In den Abbildungen 39 (Aufriß und Grundriß) und 40 (Querschnitt) ist ein sogenannter Stufenrohrkessel dargestellt, welche Kesselform die Firma Pauckſch & Co. in Landsberg a. d. W. eingeführt hat.

Der Flammenrohrkessel.

Um die für die vorgesehene Planrost=Innenfeuerung erforderliche Rost= größe zu erzielen, aber hierbei keine zu langen Roste zu erhalten, werden die Flammenrohre derartiger Kessel im vorderen Teile weiter gemacht. Die Flammenrohre bestehen aus einer größeren Anzahl geschweißter Trommeln von verschiedenem Durchmesser, die unten glatt durchlaufen, oben aber sichelförmige Vorsprünge bilden und im hinteren Teile des Kessels enger werden. Durch diese Form wird ein lebhaftes Durcheinanderwirbeln der Feuergase, eine raschere Wärmeabgabe an den Kessel und eine reichlichere Verdampfung erzielt.

Die Zuganordnung ist die gleiche wie bei dem vorher beschriebenen Zweiflammenrohrkessel.

Es möge noch ein von der Firma Lehner & Schmalz in Dresden hergestellter Flam= menrohrkessel mit Planrost=Innenfeuerung (Ab= bildungen 41 und 42) folgen, dessen Flammen= rohre Morisonsche Wellrohre sind und der mit einem Dampfüberhitzer versehen ist. Die Züge sind im wesentlichen wie bei den eben beschriebenen Kesseln angeordnet. Mittels der vom Kesselgemäuer aus bewegbaren Klappen *a a* kann der Überhitzer *b* aus= und eingeschaltet werden. Während des Anheizens wird der Überhitzer ausgeschaltet. Zu diesem Zwecke brauchen nur die Klappen geöffnet zu werden. Die aus den Flammenrohren tretenden heißen

Abb. 40.

Gase gelangen dann unmittelbar in die Seitenzüge. In der gezeich= neten geschlossenen Stellung müssen die Gase in einem Schacht empor= steigen und erst den Überhitzer umspülen, ehe sie in die Seitenzüge ge= langen.

Der Durchmesser des Einflammenrohrkessels soll mindestens 1,2 m betragen und sein Flammenrohr einen halb so großen Durchmesser er= halten wie der Hauptkessel. Die Länge des Kessels beträgt gewöhnlich das $2^{1}/_{2}$ bis 5 fache seines Durchmessers.

Der Zweiflammenrohrkessel muß einen Durchmesser von mindestens 1,7 m erhalten. Der Durchmesser der Flammenrohre beträgt hier ge= wöhnlich das 0,35 bis 0,40 fache von dem des Hauptkessels, die Kessel= länge wieder höchstens das 5 fache seines Durchmessers.

Mit dem Einflammenrohrkessel werden Heizflächen bis zu 50, mit dem Zweiflammenrohrkessel bis zu 100 Quadratmetern erzielt.

Die Eigenschaften des Flammenrohrkessels lassen sich in folgendes zusammenfassen:

Die Herstellung des Flammenrohrkessels erfordert schon größere Kunstfertigkeit und ist daher etwas teurer. Auch sind das Gewicht und der Raumbedarf noch beträchtlich.

Im Verhältnisse zur Heizfläche besitzt der Flammenrohrkessel aber einen wesentlich geringeren Wasserinhalt, demzufolge das Anheizen weniger Zeit und Brennstoff erfordert. Dieser Vorteil macht sich insbesondere bei den Flammenrohrkesseln mit Innenfeuerung geltend, die am wenigsten hoch zu erhitzendes Mauerwerk besitzen. Die Flammenrohrkessel eignen sich daher vorzüglich für solche Betriebe, die in der Nacht ruhen.

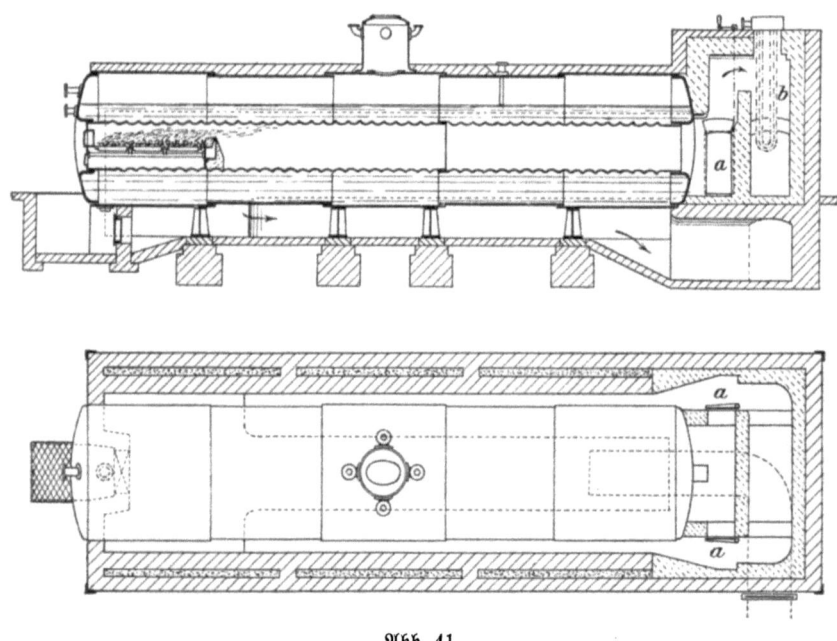

Abb. 41.

Werden die Flammenrohre mit Gallowayröhren versehen, oder als Stufenrohre ausgebildet oder gewellt, so geben die in Wirbelung versetzten Heizgase ihre Wärme an den Kessel rascher ab. Das weniger umfangreiche Mauerwerk gibt auch in geringerem Maße zu Wärmeverlusten Anlaß. Die Dampferzeugung ist daher eine reichlichere wie bei dem einfachen und mehrfachen Walzenkessel. Sie beträgt bei sparsamem Betriebe für den Quadratmeter bis zu 20 kg stündlich.

Da der Wasserinhalt im Verhältnisse zur Heizfläche bei dem Flammenrohrkessel zwar geringer ist als bei dem Walzenkessel, so treten bei unregelmäßigem Dampfverbrauch auch etwas größere Schwankungen im Dampf=

druck ein, die sich indessen nicht so fühlbar machen, daß der Flammenrohrkessel sich auch nicht gut zum Dampfmaschinenbetrieb eignete. Da ferner ein im Verhältnisse zur Heizfläche großer Wasserspiegel und ein beträchtlicher Dampfraum vorhanden sind, so ist der erzeugte Dampf auch rein und trocken.

Ein Nachteil der Flammenrohrkessel ist aber ihre schwierigere Reinigung.

Endlich liegt auch bei diesen Kesseln die Gefahr einer Explosion näher. Stellt sich bei einem mit Innenfeuerung versehenen derartigen Kessel während des Betriebes Wassermangel ein, so wird das vom Wasser entblößte Flammenrohr glühend und gibt schließlich nach. Das Flammenrohr klappt zusammen und tritt dann leicht eine Explosion des ganzen Kessels ein. Ist weiter die Form des Flammenrohres nicht völlig kreisrund, und steigt der Druck sehr hoch, so droht die gleiche Gefahr. Die größere Gefährlichkeit findet denn auch in den bei dieser Kesselart weit häufiger vorkommenden Explosionen ihre Bestätigung. Leider erweisen sich solche Ereignisse infolge des beträchtlichen Wasserinhaltes des Kessels meistens sehr verheerend. Durch gute Versteifung der Flammenrohre oder die Verwendung von Stufen- oder Wellrohren kann man allerdings dieser Gefahr bis zu einem gewissen Grade begegnen.

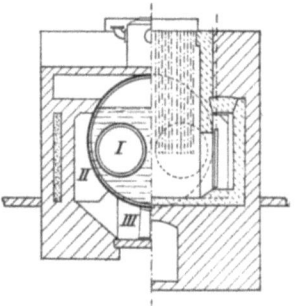

Abb. 42.

Schließlich überwiegen aber doch die Vorteile die Nachteile des Flammenrohres ganz erheblich, welche Eigenschaft denn auch seine weitgehende Benutzung erklärt.

4. Der Heizröhrenkessel.

Das Streben nach einem Kessel, der die Vorteile des Flammenrohrkessels in nahezu gleichem Maße besitzt, der insbesondere die Wärme der Heizgase durch eine große und wirksame Heizfläche gut ausnützt, und der weiter wenig Raum zu seiner Aufstellung erfordert, führte zur Erfindung des Heizröhrenkessels, den die Abbildungen 43 (Aufriß) und 44 (Querschnitt) darstellen. Um die Ausbildung dieser Kesselgattung hat sich wieder die Firma Paukfch & Freund in Landsberg a. d. W verdient gemacht.

Der Heizröhrenkessel ist im wesentlichen ein Dampfkessel mit einer großen Zahl von Flammenrohren. Die Heizröhren werden in der Regel in zwei Gruppen angeordnet. Der zwischen diesen liegende freie Raum ermöglicht es dem Heizer, im Kessel zu stehen und die Heizröhren von oben und der Seite her zu reinigen.

Die Heizröhren dürfen natürlich nicht zu eng sein, damit die Heizgase in ihnen nicht zu viel Reibung erfahren. Sie erhalten einen Durchmesser von 70 bis 100 mm.

Der größere Teil der ebenen Bodenflächen ist zwar schon durch die Heizröhren miteinander verankert und gegen Ausbiegungen geschützt. Der über den Heizröhren liegende Teil dieser Kesselwandungen muß aber noch durch Blechwinkel oder Längsanker versteift werden. Der Heizröhrenkessel wird neuerdings bei großen Ausführungen auch oft mit gewölbten Böden hergestellt.

Auf den Kesselmantel wird ein senkrechter Dampfdom genietet, unter dem bei dem dargestellten Kessel ein wagerechtes Dampfsammelrohr sich

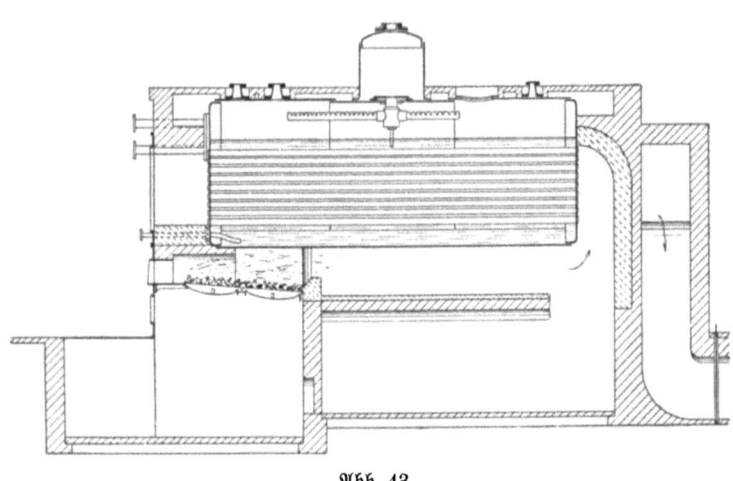

Abb. 43.

befindet. Dieses Rohr soll die dem Dampfe beigemischten Wasserteilchen zurückhalten und dem Dome nur trocknen Dampf zuführen.

Der Heizröhrenkessel wird zumeist mit einer Planrost-Unterfeuerung versehen.

Die Züge werden in der Regel derart angeordnet, daß die Heizgase unter dem Kessel entlang ziehen (I), am hinteren Kesselboden in einem gemauerten, oben und seitlich an den Kesselboden anschließenden Schacht emporsteigen und in die Heizröhren treten (II), in denen sie sich nach vorn bewegen. Nach dem Verlassen der Röhren kehren sie am vorderen Kesselboden um, ziehen an beiden Seiten des Kessels entlang nach hinten, vereinigen sich dort wieder und werden endlich vom Schornstein aufgenommen.

Der Kessel wird wagerecht gelegt. Eine Schutzwirkung durch Neigen läßt sich bei dem verhältnismäßig kurzen Kessel doch nicht erreichen. Bei schlechtem Speisewasser setzen sich dann freilich viel Schlamm und Kessel-

Der Heizröhrenkessel.

stein auf der Feuerplatte sowie auch zwischen den Heizröhren fest und Beschädigungen der Feuerplatte sowie Undichtwerden der Heizröhren sind häufige Erscheinungen.

Um die Heizröhren während des Betriebes reinigen zu können, ist der vor den Heizröhren gelegene Teil des Ofenmauerwerks durchbrochen und mit einer gußeisernen Platte verschlossen, in der zwei große Türen angebracht sind. Nach dem Öffnen der Türen kann der Heizer die Heizröhren ausfegen.

Der bei den Heizröhrenkesseln angewendete Durchmesser ist der bei den Flammenrohrkesseln übliche. Die Länge des Kessels beträgt aber höchstens das $2^1/_2$ fache des Durchmessers. Dem Kessel und den Heizröhren eine größere Länge zu geben, ist überflüssig, da diese den Heizgasen die Wärme schon rasch genug entziehen.

Die Heizfläche der Heizröhrenkessel beträgt bis zu 120 Quadratmetern.

In seinen Eigenschaften weicht der Heizröhrenkessel vom Flammenrohrkessel etwas ab. Er ist zwar ebenfalls nicht schwer herzustellen und daher auch nicht teuer. Auch wird er nicht schwer und erfordert zu seiner Aufstellung einen noch kleineren Raum.

Bei dem im Verhältnisse zur Heizfläche geringeren Wasserinhalt erfordert auch das Anheizen etwas weniger Zeit und Brennstoff als bei dem Flammenrohrkessel.

In der Dampferzeugungsfähigkeit steht er diesem aber nach, was überrascht, da die vielen engen Heizröhren eine sehr rasche Wärmeaufnahme und reichliche Dampf-

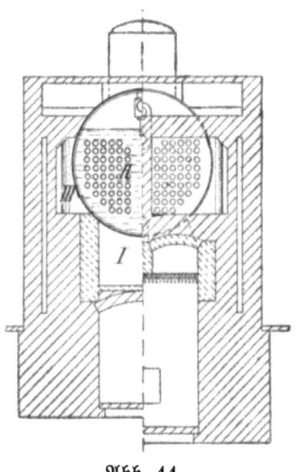

Abb. 44.

erzeugung vermuten lassen. In den Heizröhren sammelt sich leider im Betriebe viel Flugasche an, und läßt dann die Leistungsfähigkeit des Kessels bald nach. Es ist daher nur auf eine Verdampfung von 12 bis 15 kg auf das Quadratmeter Heizfläche in der Stunde zu rechnen.

Da ferner der Wasserinhalt und der Dampfraum sowie der Wasserspiegel im Verhältnisse zur Heizfläche des Kessels beträchtlich kleiner sind als bei dem Flammenrohrkessel, so ist der Druck bei unregelmäßigem Dampfverbrauche ziemlich wechselnd und der erzeugte Dampf nässer als bei jenem Kessel.

Auch die innere Reinigung des Kessels, insbesondere die der Heizröhren, wird recht erschwert. Soll sie einmal gründlich erfolgen, so müssen

138 Die wichtigsten Bauarten der Dampfkessel.

sämtliche Heizröhren herausgenommen, gereinigt und dann wieder eingesetzt werden, was natürlich sehr störend und kostspielig ist.

Die Explosionsgefahr ist dagegen etwas geringer als bei dem Flammen= rohrkessel.

5. Der zusammengesetzte Kessel.

Das Bestreben, einen Dampfkessel zu erhalten, der von den guten Eigenschaften der bisher erörterten Kesselarten möglichst viele, von ihren

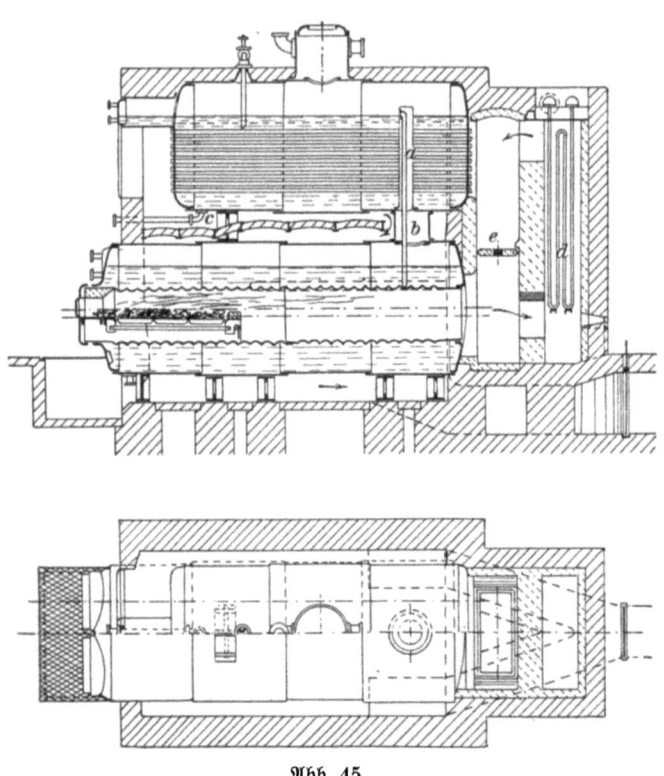

Abb. 45.

Mängeln aber möglichst wenige besitzt, hat zahlreiche Kesselformen ins Leben gerufen, die aus den einfacheren zusammengesetzt sind und das ge= steckte Ziel auch mehr oder weniger erreichen.

So sind Kessel erbaut worden, die sich als die Verbindung eines liegenden Walzenkessels mit einem stehenden Heizröhrenkessel oder eines Flammenrohrkessels mit einem darunter liegenden walzenförmigen Unter=

Der Tischbeinkessel.

keffel oder zwei folchen Unterkeffeln, ferner eines Flammenrohrkeffels mit einem darüber liegenden zweiten folchen Keffel und fonft welche Vereinigungen darftellen. Von diefen mannigfachen Keffelarten foll nur noch die gebräuchlichfte, die Verbindung eines **Flammenrohrkeffels** mit einem **Heizröhrenkeffel** befprochen werden, als deren Erfinder A. Tifchbein gilt. Sie ift in Abbildung 45 im Aufriß und Grundriß und in Abbildung 46 im Querfchnitte dargeftellt.

Der Unterkeffel ift ein Flammenrohrkeffel, deffen Flammenrohre oft mit Gallowayröhren ausgerüftet oder auch als Wellrohre hergeftellt werden, der Oberkeffel ein gewöhnlicher Heizröhrenkeffel.

Der Oberkeffel wurde früher mit dem Unterkeffel durch zwei Stutzen verbunden. Der Unterkeffel war dann vollftändig, der Oberkeffel aber zum Teile mit Waffer gefüllt. Unter diefen Umftänden hat der im Unterkeffel erzeugte Dampf, um in den Dampfraum zu gelangen, einen fehr langen Weg im Waffer zurückzulegen und verfetzt hierbei die Waffermaffe des Keffels in lebhafte Wallung, fo daß viel Waffer mit emporgeriffen wird. Hierzu tritt als weiterer Mangel ein fehr kleiner Dampfraum. Der dem Keffel entnommene Dampf erwies fich daher als fehr naß.

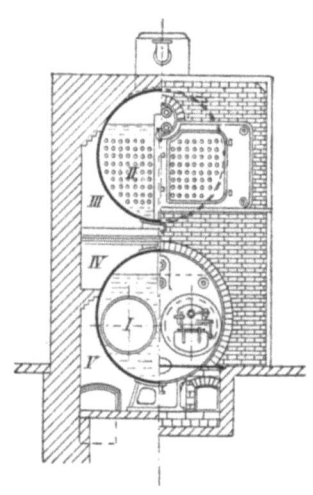

Abb. 46.

Diefer Übelftand wurde dadurch behoben, daß nach dem Vorgange Weinligs auch der Unterkeffel einen Dampfraum erhielt und der im Unterkeffel erzeugte Dampf durch ein fenkrechtes und genügend weites Rohr a nach dem Dampfraume des Oberkeffels geführt wurde. Der Mantel des Oberkeffels erhält dann nur eine Öffnung, auf die das Rohr a dicht aufgefetzt ift.

Im Innern des Rohres a ift weiter ein zweites fchwächeres Rohr b angebracht, das bis zur Höhe des tiefften Wafferftandes des Oberkeffels und bis in den Wafferraum des Unterkeffels reicht. Das frifche Waffer wird in der Regel dem Oberkeffel zugeführt, der aber nicht höher gefüllt werden kann als bis zur Einmündung des Rohres b. Alles weiter zugeführte Waffer fließt durch das Rohr b nach dem, die größere Waffermenge verbrauchenden und den größeren Teil des Dampfes erzeugenden Unterkeffel herab. Es braucht daher nur der Wafferftand im Unterkeffel beobachtet zu werden. Der Oberkeffel bleibt ftets in richtigem Maße gefüllt. Damit es indeffen möglich ift, im Unterkeffel fich einftellenden Waffer=

mangel auch unmittelbar zu bekämpfen, fordert § 5 Absatz 2 der allgemeinen polizeilichen Bestimmungen, daß sowohl der Oberkessel wie der Unterkessel für sich gespeist werden können.

Eines zweiten Verbindungsstutzens bedarf es nun nicht mehr. An dessen Stelle wird ein aus starkem Bleche hergestellter Fuß c angebracht.

Der Tischbeinkessel wird meistens mit einer Planrost-Innenfeuerung versehen. Vielfach ist auch die Treppenrost-Vorfeuerung im Gebrauche.

Die Feuerzüge werden gewöhnlich derart angeordnet, daß die aus den Flammenrohren (I) tretenden Feuergase in einem gemauerten, oben abgedeckten Schachte senkrecht emporsteigen und hierauf die Heizröhren (II) durchziehen. Bei dem dargestellten Kessel ist noch ein Dampfüberhitzer d angeordnet, der mittels der Klappe e aus- und eingeschaltet werden kann. Von der vorderen Stirnwand des Oberkessels werden die Heizgase oft schräg nach unten und unmittelbar in den Fuchs geführt, wobei sie die Mantelflächen des Ober- und Unterkessels bestreichen. Oder sie bestreichen, wie dargestellt, zunächst die Mantelfläche des Oberkessels (III), dann die obere Mantelfläche des Unterkessels (IV) und zuletzt dessen untere Mantelfläche (V).

Die Größe des Oberkessels und die des Unterkessels sind im allgemeinen die bei den Flammenrohr- und Heizröhrenkesseln üblichen. Doch werden beide Kesselteile wesentlich kürzer gehalten.

Die gebräuchlichen Tischbeinkessel ergeben Heizflächen bis zu 250 Quadratmetern*).

Mit seinen Eigenschaften steht der Tischbeinkessel zwischen dem Flammenrohr- und dem Heizröhrenkessel.

Der Kessel ist nicht schwer herzustellen, aber auch nicht gerade billig. Das Gewicht des Kessels ist noch ziemlich beträchtlich, der Raumbedarf dagegen gering.

Das Anheizen erfordert nicht mehr Zeit und Brennstoff als bei den beiden Kesselarten, aus denen er entstanden ist.

Der Tischbeinkessel erzeugt etwa 15 kg Dampf auf das Quadratmeter Heizfläche in der Stunde. Der Dampfdruck ist bei ungleichmäßigem Dampfverbrauch etwas schwankend und der erzeugte Dampf nicht ganz rein, da der Wasserinhalt, der Wasserspiegel und der Dampfraum im Verhältnisse zur Heizfläche nicht sehr groß sind.

Der Kessel ist allerdings nicht leicht und bequem zu reinigen, der Röhrenkessel besonders schwer.

Bezüglich der Explosionsgefahr steht der Tischbeinkessel mit dem Flammenrohrkessel auf nahezu gleicher Stufe.

---

*) Die Sächsische Maschinenfabrik vorm. Rich. Hartmann in Chemnitz hat Tischbeinkessel mit drei Flammenrohren und 248 Heizröhren erbaut, deren Heizfläche 720 Quadratmeter beträgt.

6. Der Wasserröhrenkessel.

Je mehr erkannt wurde, daß hoher Dampfdruck die Grundbedingung eines sparsamen Dampfmaschinenbetriebes ist, um so eifriger waren die Ingenieure bemüht, Kesselarten zu erfinden, die für die Erzeugung hochgespannter Dämpfe geeignet sind, und doch große Sicherheit gegen eine folgenschwere Explosion bieten. Hierzu sind aus den Seite 123 erörterten Gründen nur solche Kessel geeignet, die vorwiegend aus kleineren Teilen bestehen und im Verhältnisse zu ihrer Heizfläche möglichst wenig Wasser enthalten. Sie werden demgemäß in ihrem Hauptteil aus engen Röhren hergestellt, die das Kesselwasser aufnehmen, weshalb sie Wasserröhrenkessel genannt werden.

Die ersten brauchbaren Kessel dieser Art erbaute Dr. Alban in Plau (Mecklenburg-Schwerin), ohne indessen die gebührende Anerkennung zu finden und Erfolge zu erzielen. Mit mehr Glück nahmen später der Franzose Belleville (sprich Bellwill) und die Amerikaner Wilcox und Root (sprich Rut) den Bau solcher Kessel in die Hand und gelangten bald zu Bauarten, die große Verbreitung fanden.

Der Belleville-Kessel bestand aus einer großen Anzahl schmiedeeiserner, wagerecht oder etwas geneigt liegender Röhren, die in senkrechten Reihen angeordnet waren. Die Neigung der benachbarten Rohrreihen wechselte. Auf die Enden der Rohre waren gußeiserne Köpfe geschraubt, welche die einzelnen Rohre paarweise miteinander verbanden. Anfangs verband Belleville die übereinander liegenden Rohre, später die nebeneinander liegenden miteinander, so daß entweder jede senkrechte Reihe oder zwei benachbarte solche Reihen einen in sich geschlossenen Strang bildeten. Die untersten Rohre aller Reihen waren mit dem einen Ende an ein wagerechtes Wassersammelrohr geschlossen, die obersten Rohre an ein ebensolches Dampfsammelrohr.

Unter den Röhren war eine Planrost-Feuerung angeordnet. Die Feuergase stiegen senkrecht empor, umspülten die zum größeren Teile mit Wasser gefüllten Röhren und wurden oben seitlich abgeführt.

Bei dem Wilcox- und Rootkessel lagen die Röhren schräg, aber in gleicher Richtung geneigt. Wilcox griff auf Alban zurück und ließ die Röhren in flache Wasserkammern münden. Root benutzte zur Verbindung der Röhren auf die Rohrenden geschraubte gußeiserne Köpfe und auf diesen befestigte Bogenstücke.

Alle drei Bauarten besaßen den Fehler, daß infolge des im Verhältnisse zur Heizfläche außerordentlich kleinen Wasser- und Dampfraumes der Druck stark schwankte und der erzeugte Dampf viel Wasser enthielt. Infolge ihrer geringen Explosionsgefahr erlangten sie dagegen die wertvolle Eigenschaft, auch unter übersetzten und bewohnten Räumen aufgestellt werden zu dürfen.

Während der Belleville=Kessel in Deutschland sich wenig Freunde erwarb, wurden der Wilcox= und Root=Kessel um so beliebter, und bald befaßten sich namhafte Fabriken mit ihrem Bau.

Die Ingenieure Steinmüller und Büttner nahmen zu gleicher Zeit den Bau von Wasserröhrenkesseln auf, bei denen nach dem Vorbild Albans und Wilcox Wasserkammern benutzt wurden. Um den Wasser= und Dampfraum zu vergrößern, wurde der Kessel mit einem walzenförmigen Oberkessel versehen und weiter durch geeignete Verbindung der Kesselteile ein rascher Wasserumlauf und hierdurch reichliche Dampferzeugung erzielt.

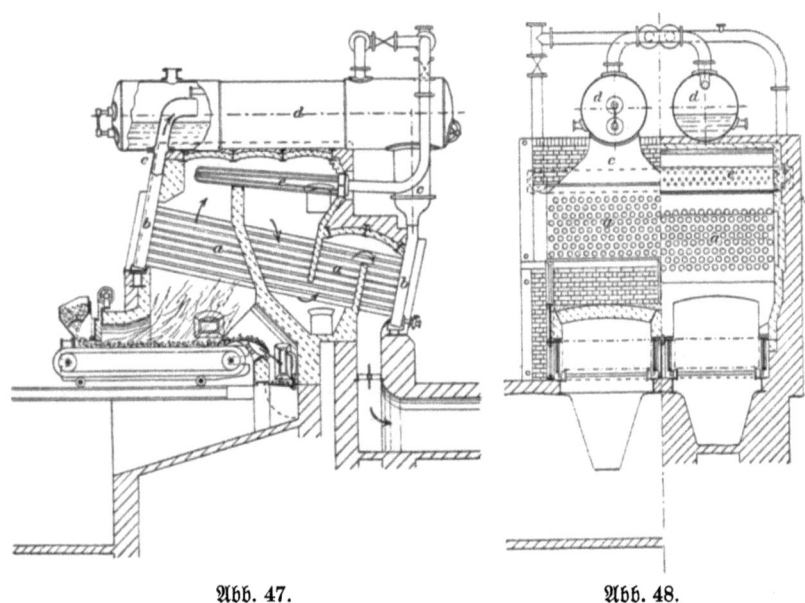

Abb. 47.   Abb. 48.

Die Firma L. & C. Steinmüller in Gummersbach (Rhein= provinz) baut Alban=Kessel der in Abbildung 47 (Längenschnitt) und Ab= bildung 48 (Stirnansicht) dargestellten Art.

Die Röhren a sind in senkrechten Reihen derart angeordnet, daß über dem Zwischenraume zweier benachbarter Röhren stets ein drittes Rohr zu liegen kommt, so daß die Feuergase immer wieder senkrecht auf die Röhren stoßen.

Die Röhren münden in zwei flache, schmiedeeiserne Wasserkammern b. Die Kammerwand, in der die Röhren befestigt sind, ist mit der gegenüber= liegenden Wand durch eine größere Anzahl Stehbolzen (vergleiche Ab= bildung 10 auf Seite 67) verbunden und hierdurch gegen Ausbauchungen geschützt. In der äußeren Kammerwand, den Röhren gegenüber, sind kreisrunde Öffnungen angebracht, welche die innere Reinigung der Röhren ermöglichen und durch Deckel geschlossen werden.

Rohrstutzen c verbinden die Kammern mit den beiden Oberkesseln d, die fast zur Hälfte mit Wasser gefüllt sind. In dem vorderen und kürzeren Stutzen steigt der aus den höher gelegenen Rohrenden tretende Dampf, mit Wasser vermischt, nach oben. Durch die hinteren und längeren Stutzen wird den Röhren wieder Wasser zugeführt. Das Kesselwasser wird hierdurch in lebhaften Umlauf versetzt. Die Stutzen müssen selbst-

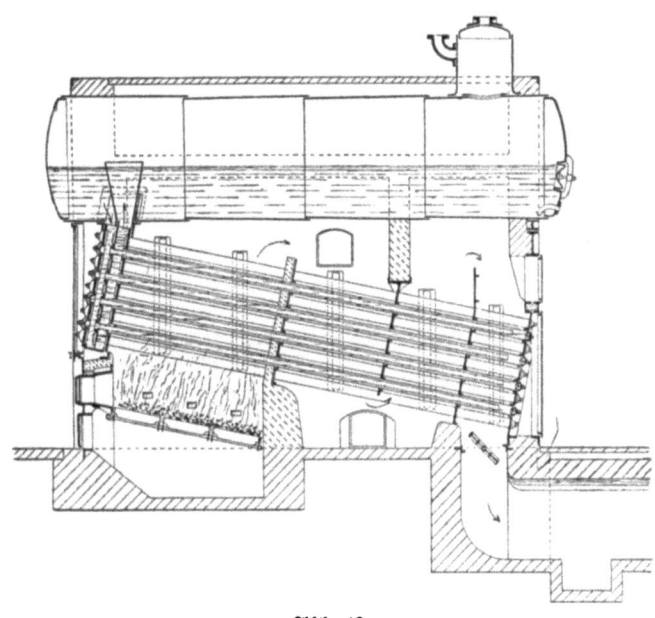

Abb. 49.

verständlich eine der Heizfläche des Kessels entsprechende Weite erhalten, damit die Bewegung des Wassers möglichst wenig gehemmt wird.

Die Feuerungsanlage besteht aus zwei Wanderrosten, die, abweichend von dem in Abbildung 23 dargestellten, an ihrem hinteren Ende mit so-genannten Schlackenstauern versehen sind. Die Schlacke fällt in den hinter dem Roste befindlichen Raum und kann von hier mittels einer Klappe ent-fernt werden.

Die von den beiden Wanderrosten aufsteigenden Feuergase müssen zufolge der die Feuerzüge bildenden Wasserkammern und zungenförmigen Scheidewände den durch Pfeile angedeuteten Weg nehmen und bespülen hierbei auch den Dampfüberhitzer e.

Die Steinmüllersche Bauart verfolgt das Ziel, dem Wasser einen recht ungehinderten Umlauf zu verschaffen und hierdurch die Dampferzeugung zu vermehren. Dieses Ziel wird denn auch glänzend erreicht.

Dem Steinmüller=Kessel ähnliche Wasserröhrenkessel bauen auch die Rheinische Dampfkessel= und Maschinenfabrik Büttner G. m. b. H in Urdingen am Rhein u. a.

Die Wasserröhrenkessel der Deutschen Babcock & Wilcox=Dampfkesselwerke A.=G. in Oberhausen besitzen geneigte Röhren und eine Anzahl schmaler Wasserkammern, in die die Enden zweier benachbarten senkrechten Rohrreihen münden. Die Wasserkammern sind durch je ein Rohr mit quer über ihnen liegenden Sammelrohren verbunden. Eines der beiden Sammelrohre ist an das vordere, das andere an das hintere Ende eines wieder zur Hälfte mit Wasser gefüllten Oberkessels genietet. Auch diese Bauart hat sich vorzüglich bewährt.

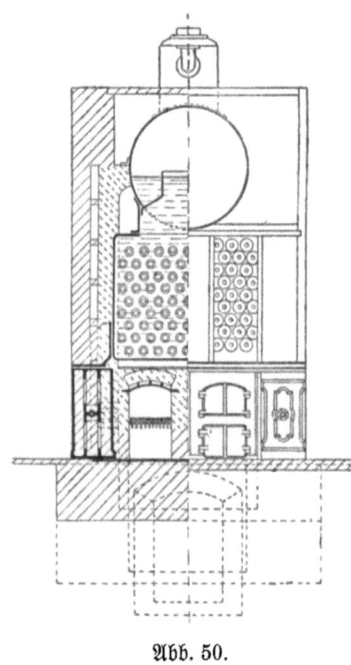

Abb. 50.

Der Wasserröhrenkessel der Düsseldorf=Ratinger Röhrenkesselfabrik vorm. Dürr & Co. in Ratingen, der in den Abbildungen 49 und 50 dargestellt ist, besitzt geneigte Röhren, deren oberes Ende in einer Wasserkammer mündet und die an dem tieferliegenden Ende geschlossen sind. In jedem dieser Rohre befindet sich ein etwas engeres, fast bis zum hinteren Ende des Wasserrohres reichendes und dort offenes Wasserzuführungsrohr, eine Einrichtung, die von dem Engländer Field, wenn auch bei anderen Kesseln, eingeführt wurde (vergleiche Seite 150). In diesem Rohre fließt das vom Oberkessel kommende Wasser nach dem hinteren Ende, kehrt in dem ringförmigen Raume zwischen dem inneren und dem äußeren, von den Heizgasen berührten Rohre zurück und steigt als Dampf= und Wassergemisch nach dem Oberkessel empor.

Damit das Wasser in der angegebenen Weise umläuft, ist die Wasserkammer durch eine Zwischenwand geteilt. Die Wasserzuführungsrohre sind in dieser Zwischenwand befestigt. Um die Wasserrohre reinigen zu können, ist die Zwischenwand aus wegnehmbaren Stücken zusammengesetzt.

Auch der Dürr=Kessel wird vielfach benutzt. In bezug auf den Wasserumlauf steht er dem Steinmüller=Kessel etwas nach.

Der Wasserröhrenkessel. 145

Die Firma Walther & Co. in Kalk bei Köln am Rhein erbaute Root=Kessel der aus den Abbildungen 51 (Längenschnitt) und 52 (Stirn= ansicht) ersichtlichen Art.

Die Röhren *a* sind untereinander nach Art des ursprünglichen Root= Kessels mittels auf die Rohrenden geschraubter Kapseln *b* und Bogen= stücken *c* verbunden. Die wagerechten Rohrreihen sind auch hier gegen= einander derart verschoben, daß stets über einen Röhrenzwischenraum ein Rohr der höhergelegenen Reihe zu liegen kommt. Weitere Bogenstücke *c'* verbinden die Röhren mit dem Wassersammelrohr *d* und dem Dampf= sammelrohr *e*.

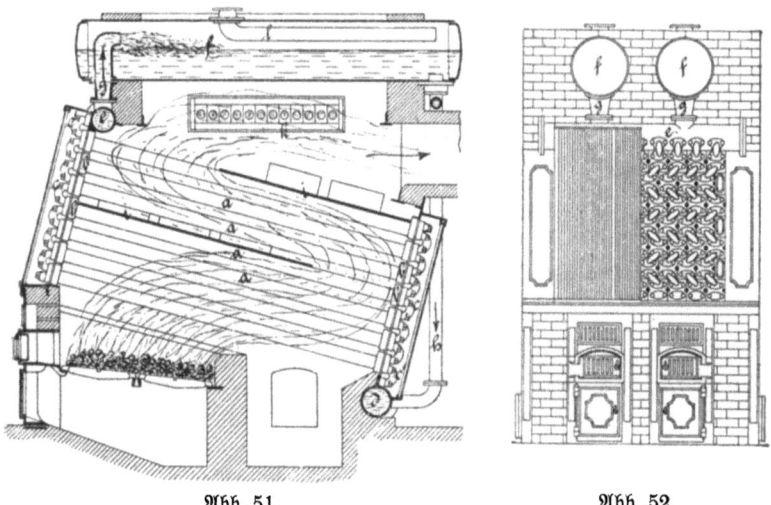

Abb. 51.   Abb. 52.

Ein oder zwei zur Hälfte mit Wasser gefüllte walzenförmiger Ober= kessel *f*, die vorn durch Rohrstutzen *g* mit dem Dampfsammelrohr, hinten aber durch Rohre *h* mit dem Wassersammelrohr verbunden sind, vermitteln den Umlauf des Kesselwassers, der allerdings weit mehr gehemmt ist wie bei dem Steinmüller=Kessel.

Die Feuergase werden durch die auf die Rohrreihen gelegten Platten *i* gezwungen, an den unteren Rohrreihen entlang nach hinten zu ziehen, an den oberen Reihen aber wieder nach vorn zurückzukehren. Sie treten hierauf, nachdem sie noch das durch die Röhren *k* geführte Speisewasser erwärmt haben, in den Fuchs und den Schornstein.

Der Dampf wird dem Kessel mit Hilfe eines nach dem hintern Ende des Oberkessels geführten Rohres *l* über dem dort wesentlich ruhigeren Wasserspiegel entnommen und dann durch eine außerhalb des Kessels auf dem Oberkessel befindliche, in Abbildung 53 dargestellte Vorrichtung, einen sogenannten Wasserabscheider, geleitet.

Diese von Ehlers erfundene Vorrichtung besteht aus einem weiten, gußeisernen Rohre, in dem drei größere Trichter a mit abgeschnittener Spitze und zwei etwas kleinere, aber volle Trichter b befestigt sind. Die Wasserperlchen des in der Richtung der Pfeile durch den Wasserabscheider strömenden Dampfes werden auf die mit vorspringenden Rändern versehenen Wandflächen der abgeschnittenen Trichter geschleudert, rieseln an diesen Flächen nach unten und fließen schließlich durch die Rohre c in den Kessel zurück. Die Vorrichtung wirkt recht zufriedenstellend.

Walther & Co. legten besonderen Wert darauf, daß der Kessel in viele Teile zerlegbar sei, damit ein schadhaft gewordenes Stück rasch durch ein bereit gehaltenes ersetzt werden kann. Sollen die Röhren gereinigt werden, so müssen natürlich sämtliche Bogenstücke entfernt werden, was viel Arbeit bereitet.

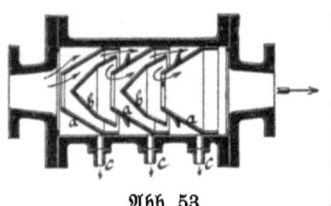

Abb. 53.

Auch diese Firma hat sich neuerdings dem Bau von Alban=Kesseln zugewendet.

Bei dem in großen Städten sehr teueren Grund und Boden ist es oft erwünscht, auf einem recht beschränkten Raume möglichst große Dampfmengen zu erzeugen. Es wird dann zu dem Mittel gegriffen, auf eine weitgehende Ausnutzung des Brennstoffes durch den Dampfkessel selbst zunächst zu verzichten, und auch größere Nässe des erzeugten Dampfes in den Kauf genommen. Diesen Mängeln wird aber wieder dadurch abgeholfen, daß die noch heißen Feuergase, die ihre Wärme hauptsächlich durch Strahlung an den Kessel abgeben, Überhitzer bestreichen, in denen der Dampf vor seiner Verwendung nicht nur getrocknet, sondern auch stark überhitzt wird, und daß ihnen schließlich noch durch Vorwärmer, die sie berühren und mit deren Hilfe sie das in den Kessel zuführende Speisewasser stark erwärmen, Wärme entzogen wird, worauf sie erst in den Schornstein treten. Die Wärme des Brennstoffes kann auf diese Weise ebenfalls sehr weitgehend ausgenutzt werden.

Für die angedeuteten Zwecke sind nur Wasserröhrenkessel, insbesondere Alban=Kessel verwendbar, bei denen das Kesselwasser recht ungehemmt umlaufen kann. Da weiter die dem starken Brennstoffverbrauche entsprechend größer anzulegenden Feuerungen nicht mehr mit der Hand bedient werden können, so müssen Maschinenfeuerungen zu Hilfe genommen werden. In der Regel werden Ketten= oder Wanderroste verwendet, deren Größe fast unbeschränkt ist. Nach den dargelegten Grundsätzen hergestellte Dampfkesselanlagen werden als Hochleistungsanlagen bezeichnet.

Um an Platz für die Aufstellung möglichst zu sparen, sind in neuester Zeit Wasserröhrenkessel hergestellt worden, bei denen die Röhren nicht schwach geneigt sind, sondern nahezu oder auch ganz senkrecht stehen. An die Stelle der flachen Wasserkammern treten walzenförmige Ober- und Unterkessel. Solche Kessel erfordern zu ihrer Aufstellung natürlich auch eine weit größere Höhe.

Auch bei dieser als **Steilrohrkessel** bezeichneten Bauart gibt es verschiedene Ausführungsformen, von denen hier nur eine, der nach seinem Erfinder benannte Garbe-Kessel der Düsseldorf-Ratinger Röhrenkesselfabrik vorm. Dürr & Co. besprochen werden kann. Er ist in Abbildung 54 dargestellt.

Der Mantel des Ober- und Unterkessels aa ist bei dem Garbe-Kessel mit Ausbeulungen versehen, in die die Wasserröhren b senkrecht eingesetzt sind. Bei anderen Bauarten fehlen solche Ausbeulungen und ist ein Teil der Röhren an den Enden abgebogen, damit sie senkrecht in den gekrümmten Kesselmantel gesteckt werden können.

Die vom Wanderrost emporsteigenden Feuergase bestreichen zufolge der in das Rohrbündel gesetzten Scheidewand zunächst die

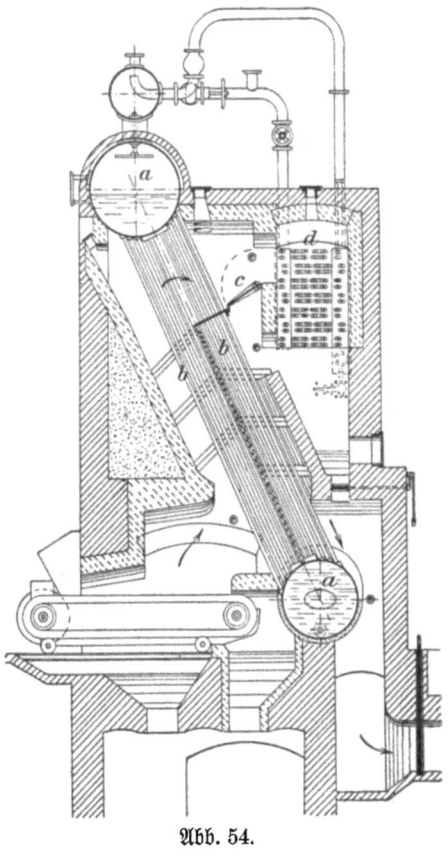

Abb. 54.

eine Hälfte des Rohrbündels und hierauf, sich nach abwärts bewegend, deren andere Hälfte. Vermittels der Klappe c kann der Dampfüberhitzer d ein- und ausgeschaltet werden.

Gegenüber den sonst gebräuchlichen Wasserröhrenkesseln besitzen die Steilrohrkessel den Vorteil, daß die durch viele Stehbolzen versteiften und mit zahlreichen Verschlüssen versehenen Wasserkammern wegfallen. Der

Wasserumlauf steht dagegen dem der Alban= und anderen Wasserröhren=
keſſel nach. Denn das Aufſteigen des Waſſers in dem vorderen ſchärfer
beheizten Teile des Rohrbündels und das Abfallen in dem hinteren Teile
des Rohrbündels iſt infolge der geringeren Gewichtsunterſchiede des Waſſers
und der vermehrten Reibung in den langen engen Röhren weniger lebhaft.
Die Dampferzeugung wird hierdurch etwas beeinträchtigt. Die durch den
kleineren Dampfraum und Waſſerſpiegel verurſachte größere Näſſe des er=
zeugten Dampfes kann indeſſen durch Überhitzung ausgeglichen werden.

Die üblichen Waſſerröhrenkeſſel werden mit Siederöhren von 80 bis
100 mm lichter Weite und bis zu 6 m Länge verſehen. Sie arbeiten
mit Betriebsſpannungen bis zu 15 Atmoſphären Überdruck und werden mit
Heizflächen bis zu 350 Quadratmetern hergeſtellt.

Die Waſſerröhrenkeſſel beſitzen folgende Eigenſchaften:

Sie ſind nicht leicht herzuſtellen und daher nicht billig, beſitzen aber
im Verhältniſſe zur Heizfläche ein geringes Gewicht und beanſpruchen wenig
Raum. Nach § 15 Abſatz 2 der allgem. polizeil. Beſtimmungen dürfen
ſie auch, wenn gewiſſe Bedingungen erfüllt ſind, in überſetzten oder unter
bewohnten Räumen aufgeſtellt werden, was oft ſehr erwünſcht iſt.

Weiter bedarf es zum Anheizen eines Waſſerröhrenkeſſels infolge des
kleinen Waſſerinhaltes und wenigen Mauerwerkes nur kurzer Zeit und
wenig Brennſtoffes.

Da die Feuergaſe durch die Röhren in viele ſchmale Ströme geteilt
werden und wiederholt ſenkrecht auf die Röhren ſtoßen, und da ferner das Waſſer
in den Röhren ſehr raſch umläuft, ſo iſt auch die Dampferzeugung eine
reichliche. Sie beträgt 12 bis 18 kg ſtündlich für das Quadratmeter Heiz=
fläche, bei Hochleiſtungskeſſeln ſogar 30 kg und mehr.

Da aber der Waſſerinhalt, der Dampfraum und der Waſſerſpiegel
im Verhältniſſe zur Heizfläche ſehr klein ſind, ſo ſchwankt auch der Dampf=
druck, ſelbſt bei ziemlich gleichmäßigem Dampfverbrauche, noch ſtark. Auch
iſt von einem ſolchen Keſſel ohne beſondere Hilfsmittel kein reiner, trockener
Dampf zu erhalten. Die Keſſel eignen ſich daher nur für den Betrieb
von Dampfmaſchinen in Fabriken und ſonſtigen Anlagen, die möglichſt
gleichmäßigen Kraftbedarf haben.

Der Keſſel iſt auch infolge der zahlreichen engen Röhren recht ſchwer
zu reinigen. Dieſe Arbeit wird zugleich wegen der vielen Verſchraubungen
und Dichtungen zu einer recht zeitraubenden. Bei ſchlechtem Waſſer ſind
dieſe Keſſel überhaupt nicht zu gebrauchen, da alsdann die Röhren ſich
mit Schlamm und Keſſelſtein verſetzen, durchbrennen und ſchließlich auf=
reißen.

Das nicht ganz ausbleibende Aufreißen der dem Feuer ſtark aus=
geſetzten Siederöhren kann zwar zu einer Explosion führen. Deren Folgen
ſind aber ſelbſtverſtändlich keine ſo ſchweren wie die anderer Keſſel.

Immerhin kann bei einem solchen Ereignisse die Einmauerung des Kessels zerstört und unter Umständen der Heizer auch töbtlich verletzt werden. Den Kessel als nicht explodierbar (inexplosibel) und gefahrlos zu bezeichnen, ist daher nicht zulässig.

B. Die beweglichen Kessel.

Es entstand auch bald das Bedürfnis nach Dampferzeugern, die an **wechselnden und beliebigen Orten benutzt werden können**. Solche Kessel dürfen kein großes Gewicht besitzen. Es sind daher nur Kessel mit geringem Wasserinhalte verwendbar, deren Heizfläche im wesentlichen von Siederöhren oder Heizröhren gebildet wird. Die Feuerung wird am besten im Kessel untergebracht. Sie wird in eine dem Flammenrohr ähnelnde Feuerbüchse gelegt. Aus Mauerwerk hergestellte Züge sind natürlich ausgeschlossen. Wird der Kessel, um die Beweglichkeit zu erhöhen, auf Räder gestellt, so muß er mit einem leichten eisernen Schornsteine versehen werden. Um den unter Umständen mangelhaften Zug zu verbessern, müssen dann künstliche Hilfsmittel angewendet werden.

Ein solcher beweglicher Kessel kann natürlich in geeigneten oder besonderen Fällen auch dauernd am gleichen Orte benutzt werden. Er untersteht aber dann hinsichtlich der Aufstellung den strengen, für feststehende Kessel geltenden gesetzlichen Vorschriften. Von den im Abschnitt A behandelten feststehenden Kesseln sind nur die Wasserröhrenkessel als bewegliche und, wie sich zeigen wird, auch nur in einem besonderen Falle verwendbar.

Wie bereits angedeutet wurde, können zwei Gruppen beweglicher Kessel unterschieden werden, je nachdem bei ihnen Siederöhren oder Heizröhren den Hauptteil der Heizfläche bilden.

1. Der bewegliche Kessel mit Siederöhren.

Die beweglichen Kessel mit Siederöhren werden zumeist in **aufrechtstehender Form** verwendet. Einen solchen Kessel stellt Abbildung 55 dar.

Er besteht aus dem **Außenkessel a und der Feuerbüchse b**. Die Decke des Außenkessels und der Feuerbüchse erhalten gewöhnlich eine gewölbte Form. Beide Decken werden durch das Rauchrohr c verbunden. Damit dieses nicht durch die Feuergase beschädigt wird, ist in ihm ein etwa 60 bis 80 mm engeres Schutzrohr d aus schwachem Blech angebracht.

In der Feuerbüchse werden nun wagerechte, schwach geneigte oder senkrechte Siederöhren angeordnet. Der von H. Lachapelle (sprich Laschapell) eingeführte Kessel besitzt drei bis vier wagerechte, sich kreuzende Siederohre von etwa 200 bis 250 mm Durchmesser. An Stelle der weiten Siederohre werden aber auch sich kreuzende Rohrbündel verwendet. Der Kessel erhält dann die in Abbildung 55 dargestellte Gestalt. Der Grundriß des Kessels läßt die Lage der etwa 60 bis 70 mm weiten Siederöhren e erkennen.

Um die Siederohre reinigen zu können, müssen im Mantel des Außenkessels, den Röhren gegenüber Reinigungsöffnungen f angebracht werden. g ist die Feuertür, h die Aschenfallklappe und i eine Rauchrohrklappe, mittels welcher der Zug geregelt werden kann.

Bei dem in Abbildung 56 dargestellten beweglichen Kessel werden Siederöhren der von dem Engländer Field herrührenden Form verwendet.

Von der Decke der Feuerbüchse hängt eine große Anzahl etwa 60 bis 70 mm weiter, unten geschlossener Siederöhren a herab, die am oberen Ende eine kegelförmige Verstär-

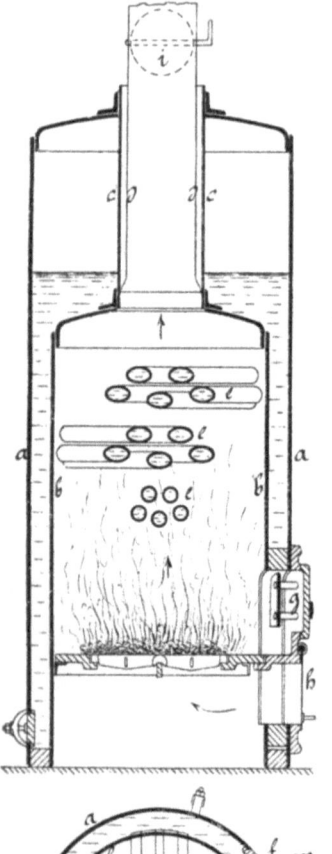

Abb. 55.

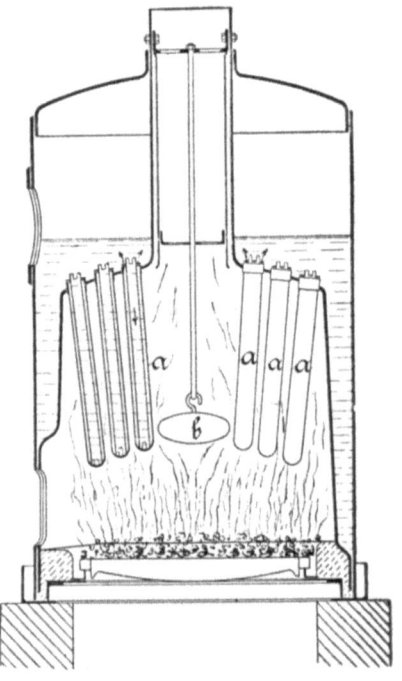

Abb. 56.

Der bewegliche Kessel mit Siederöhren. 151

tung besitzen, von oben in die Decke der Feuerbüchse gesteckt und mit dem Hammer festgeschlagen werden. In diese Röhren werden engere, oben offene und unten mit seitlichen Öffnungen versehene Rohre aus dünnem Bleche geschoben. Das zwischen den beiden Röhren befindliche Wasser nimmt den größten Teil der Wärme auf und an der Dampfbildung den stärksten Anteil. Der erzeugte leichtere Dampf steigt empor und reißt das ihn umgebende Wasser kräftig mit sich fort, das sofort durch anderes, in dem inneren Rohre abwärts fließendes Wasser ersetzt wird. In den Siederöhren, die als Fieldrohre bezeichnet werden, stellt sich daher ein sehr lebhafter Wasserumlauf ein, der nicht nur die Ausnutzung der Wärme erhöht und die Dampfbildnng verstärkt, sondern auch das Ansetzen von Kesselstein in den Röhren bis zu einem gewissen Grade verhindert.

Ein zwischen den Siederöhren aufgehängter, gußeiserner Körper b zwingt die Feuergase an den Siederöhren entlang zu ziehen.

Die Feuerbüchsenkessel mit Siederöhren werden zumeist mit einer Planrost-Feuerung ausgerüstet, die in die Feuerbüchse gelegt wird. Die Feuergase steigen senkrecht empor, umspülen die Siederohre und werden durch das Rauchrohr und einen Schornstein abgeführt.

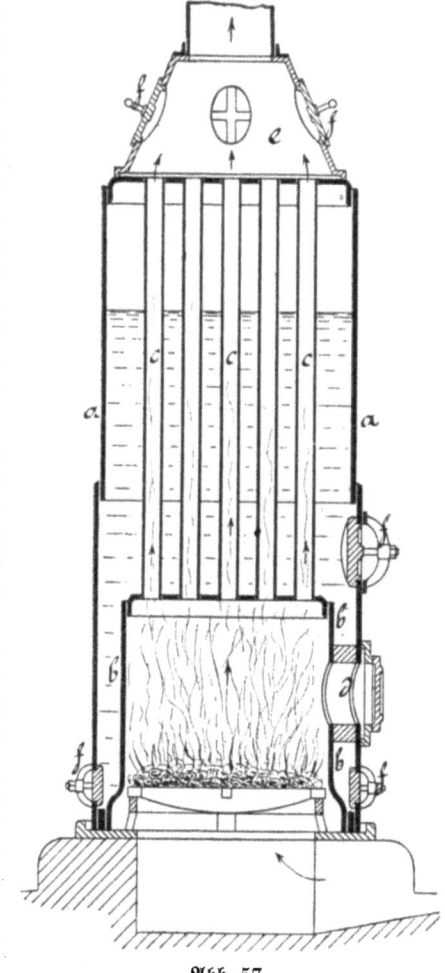

Abb. 57.

Bei fahrbaren Kesseln wird unter dem Roste ein Aschenkasten angebracht.

Die Feuerbüchsenkessel mit Siederöhren werden nur mit kleineren Heizflächen, etwa bis zu 50 Quadratmeter, erbaut. Sie finden bei Dampfkrahnen, Feuerspritzen und Dampfbooten, aber auch als feststehende Kessel gern Verwendung.

Auf Dampfschiffen werden neuerdings auch Wasserröhrenkessel der im Abschnitt A behandelten Bauart verwendet. Das den Kessel umgebende Mauerwerk wird dann durch Blechwandungen ersetzt.

2. Der bewegliche Kessel mit Heizröhren.

Einen sehr gebräuchlichen beweglichen Kessel mit Heizröhren stellt Abbildung 57 dar.

Er besteht wieder aus einem walzenförmigen Außenkessel a, einer verhältnismäßig niedrigen Feuerbüchse b und einer größeren Anzahl

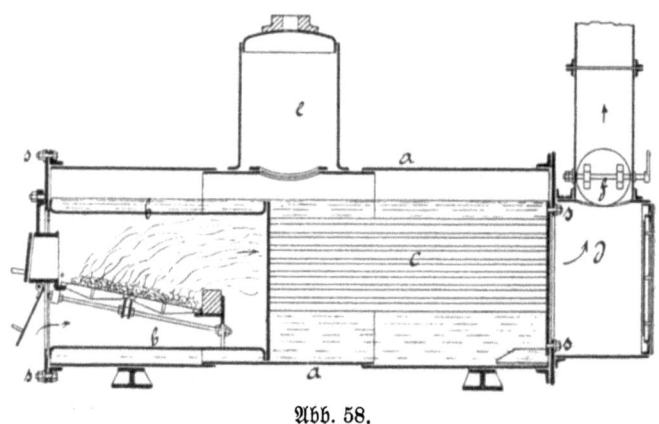

Abb. 58.

von der Decke der Feuerbüchse zur Decke des Außenkessels führenden Heizröhren c.

Die Feuerung besteht meistens aus einem in die Feuerbüchse gelegten Planroste, der durch die Feuertür d bedient wird. Die Feuergase steigen in der Feuerbüchse senkrecht empor, treten in die Heizröhren ein und durchziehen diese. Sie vereinigen sich wieder in der trichterförmigen Rauchkammer e und werden durch ein Rohr in den Schornstein geführt.

f sind durch Deckel verschließbare Reinigungsöffnungen.

Die Größe und die Verwendungszwecke der stehenden Feuerbüchsen= kessel mit Heizröhren sind die gleichen wie die der Kessel mit Siederöhren.

Der Feuerbüchsenkessel mit Heizröhren kann auch liegend verwendet werden. Die weiteste Verbreitung hat die von Hoppe eingeführte und von der Firma Wolf in Buckau=Magdeburg verwendete Bauart ge= funden, die als ausziehbarer Lokomobilkessel bezeichnet wird.

Der Wolfsche Kessel, den Abbildung 58 im Längsschnitt und Ab= bildung 59 im Querschnitte darstellen, besteht aus einem walzenförmigen

Hauptkessel a mit ebenen Böden und einer ebensolchen oder ovalen Feuerbüchse b, von deren Rückwand eine größere Anzahl Heizröhren c nach dem hinteren Kesselboden führen. Der Kessel wird durch einen Dampfdom e vervollständigt.

Der vordere Kesselboden, an den die Feuerbüchse genietet ist, und der Teil des hinteren Kesselbodens, der die Heizröhren aufnimmt, sind nun mit dem Hauptkessel durch eine lösbare Verschraubung verbunden. Werden alle die mit s bezeichneten Schrauben gelöst, so kann der innere, aus der Feuerbüchse, den Heizröhren und den anhängenden Böden bestehende Kessel herausgezogen werden. Die beiden Kesselteile lassen sich dann leicht und gründlich reinigen. Zwei abgeschrägte, auf den inneren Kesselmantel genietete Blechstreifen, auf denen der hintere Kesselboden gleitet, erleichtern das richtige Wiederheranschieben des inneren Kesselteiles an die Rauchkammerwand. Der Kessel ist dann bald wieder zusammengeschraubt. Einige Schwierigkeiten bereitet nur das Dichthalten der Verschraubungen.

Der Kessel wird zumeist wie gezeichnet mit einer Innenfeuerung versehen. Es läßt sich aber auch bei feststehend benutzten ebenso gut eine Vorfeuerung anbringen. Die Feuergase durchziehen die Feuerbüchse und Heizröhren, treten dann in die an den hinteren Kesselboden befestigte Rauchkammer d und werden schließlich durch den Schornstein abgeführt, der mit einer Drosselklappe f ausgerüstet ist.

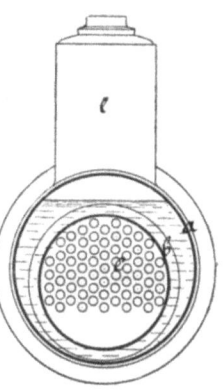

Abb. 59.

In Abbildung 60 ist noch ein größerer Wolfscher Lokomobilkessel mit einer auf ihm befestigten Verbunddampfmaschine dargestellt. Der erzeugte Dampf wird vor seiner Verwendung durch einen in die Rauchkammer eingebauten und aus spiralförmig gebogenen Röhren bestehenden Überhitzer a geführt. Der vom Hochdruckzylinder zum Niederdruckzylinder gehende Dampf durchströmt überdies einen Zwischenüberhitzer b. Durch diese Hilfsmittel wird der Brennstoffverbrauch erheblich vermindert. Die abziehenden Heizgase werden durch einen gemauerten Kanal nach dem Schornsteine geführt.

Die Wolfschen Lokomobilkessel erhalten bis zu 150 Quadratmeter Heizfläche. Kessel gleicher Bauart stellt auch die Firma H. Lanz in Mannheim her.

Neben dem Wolfschen Kessel werden auch vielfach dem Lokomotivkessel nachgebildete Bauarten verwendet, die sich von diesem nur durch geringere Größe und etwas einfachere Bauart unterscheiden. Die Beschreibung eines solchen Lokomobilkessels kann daher unterbleiben.

Bei dem in gleicher Weise mit Heizröhren versehenen Lokomotivkessel ist in erhöhtem Maße zu fordern, daß er nicht zu schwer ist,

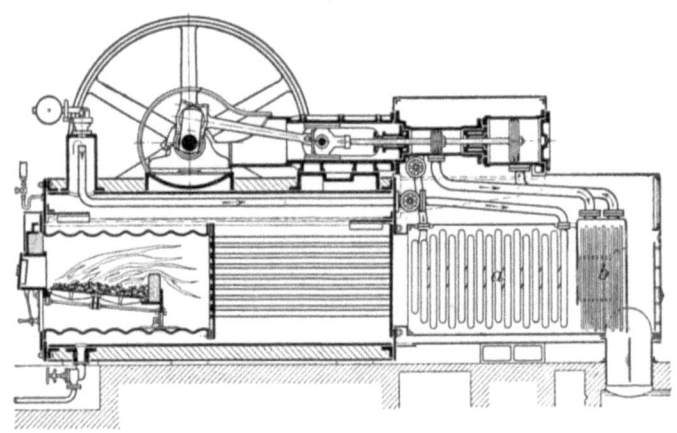

Abb. 60.

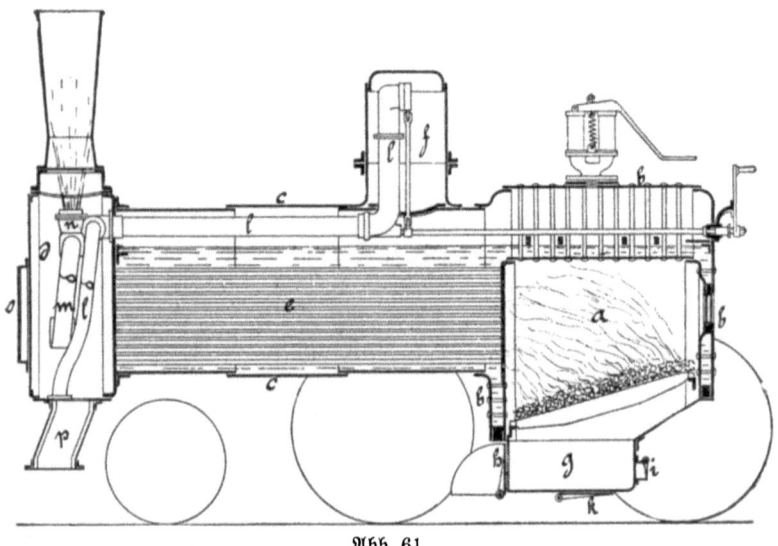

Abb. 61.

wenig Raum einnimmt und den zur Verfügung stehenden Raum gut ausnützt und daß er endlich auf diesem Raume möglichst viel Dampf erzeugt.

Der Lokomotivkessel.

Aber auch die Feuerung muß besondere Bedingungen erfüllen. Der Rost darf nicht groß sein. Auch ist nur ein leichter niedriger Schornstein anwendbar. Die Lokomotivkessel erfordern daher künstlichen Luftzug.

Als Erfinder des in den Grundzügen wenig verändert im Gebrauche befindlichen Lokomotivkessels und als Erbauer der ersten brauchbaren Lokomotive gilt der Engländer George Stephenson (sprich Stiefenson). Die wichtigste Neuerung, eine Feuerbüchse und enge Heizröhren, hatte aber Booth vorgeschlagen, und die Blaserohreinrichtung war schon von Trevithick benutzt worden.

Die Bauart des Lokomotivkessels in seiner heutigen Gestalt ist aus den Abbildungen 61 (Längenschnitt) und 62 (Querschnitt) ersichtlich, die den Kessel einer älteren Personenzug-Lokomotive der Sächsischen Staats-Eisenbahnen darstellen.

Die den schrägliegenden Rost aufnehmende Feuerbüchse *a* wird von dem mit der Feuertür versehenen Außenmantel *b* umgeben. An diesen schließt sich der walzenförmige Langkessel *c*.

Die Feuerbüchse wird der längeren Haltbarkeit halber aus Kupfer hergestellt. Damit die Feuerbüchse und der Außenmantel dem Dampfdrucke den erforderlichen Widerstand zu leisten vermögen, sind sie durch zahlreiche Stehbolzen (vergleiche Abbildung 10 auf Seite 67) miteinander verbunden. Vier starke, an aufgenietete Winkeleisen befestigte Schienenanker verbinden die Seitenwände des Außenkessels. Endlich ist die mit dem Feuerloche versehene Rückwand des Außenmantels in ihrem oberen Teile durch einen eingenieteten Blechstreifen versteift.

Die Decke der Feuerbüchse kann auch durch Schienen (vergleiche Abbildung 11 auf Seite 67) versteift werden.

Von der vorderen Wand der Feuerbüchse bis zur vorderen Wand des Langkessels erstrecken sich zahlreiche schmiedeeiserne Heizröhren *e* (im vorliegenden Fall 210 Stück mit 40 mm lichter Weite, 2½ mm Wandstärke und 3,258 m Länge). Der vordere Teil des Langkessels erweitert sich zu der geschlossenen Rauchkammer *d*.

Der unter dem Roste gelegene Teil der Feuerbüchse ist durch den Aschenkasten *g* geschlossen, der mit den Klappen *h* und *i* versehen ist. Diese Klappen werden bei der Vor- oder Rückwärtsfahrt je nach Bedarf geöffnet und lassen die zur Verbrennung erforderliche Luft ein. Mittels der Klappe *k* kann die Asche aus dem Aschenkasten entfernt werden.

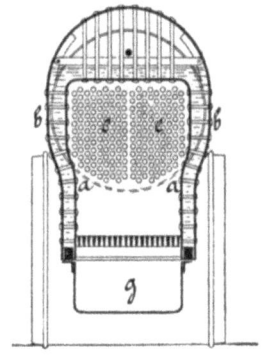

Abb. 62.

f ist der aus zwei Teilen zusammengeschraubte Dampfdom. Das im oberen Teile des Dampfdomes beginnende Rohr *l* ist an seinem Kopfe mit einem vom Führerstand aus bewegbaren Absperrschieber ausgerüstet und nimmt den erzeugten Dampf auf. In der Rauchkammer gabelt sich das Rohr und führt den Dampf den beiden Zylindern der Maschine zu. Zwei andere von den Zylindern kommende Rohre *m* führen den verbrauchten Dampf nach dem Mundstücke *n*, das mit dem Schornsteine die bereits auf Seite 116 beschriebene, den erforderlichen Zug erzeugende Blasrohreinrichtung bildet.

Die Rauchkammer, die mit einer den Heizröhren gegenübergelegenen verschließbaren Reinigungstür *o* versehen ist, setzt sich nach unten in ein Sammelgefäß, den sogenannten Aschensack *p* fort. Wird der an diesem

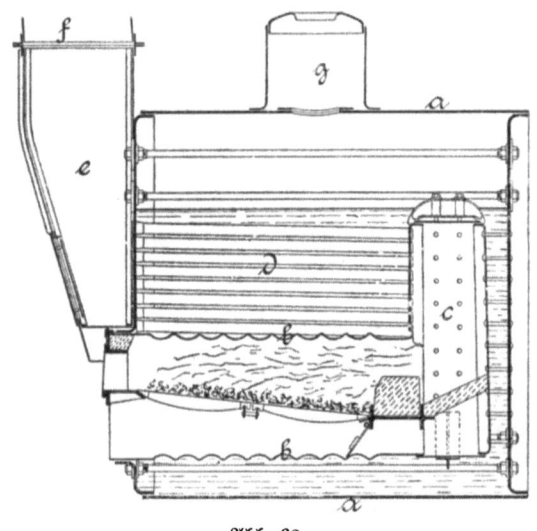

Abb. 63.

angebrachte Verschlußschieber geöffnet, so fällt die angesammelte Flugasche heraus und wird auf diese Weise rasch entfernt.

Der Weg der Feuergase braucht nicht mehr erläutert zu werden.

Die Heizfläche des beschriebenen Lokomotivkessels beträgt 92,85 Quadratmeter, sein Betriebsüberdruck $8^1/_2$ Atmosphären. Die Kessel der Güterzugslokomotiven besitzen noch längere Heizröhren und demzufolge auch größere Heizflächen.

Neuerdings werden Lokomotivkessel mit Heizflächen bis zu 150 Quadratmetern und einer Dampfspannung bis zu 15 Atmosphären Überdruck in Betrieb gesetzt.

Auf Schiffen wurden ebenfalls schon lange in ausgedehntem Maße Kessel mit Heizröhren benutzt. Damit der für seine Aufstellung im Schiffe verfügbare Raum gut ausgenutzt wurde, erhielt ein solcher Schiffskessel früher stets eine koffer= oder kastenförmige Gestalt. Diese Form ist indessen nur bei niedrigem Dampfdruck anwendbar. Seitdem aber auch bei der Schiffahrt des geringeren Gewichts der ganzen Einrichtung und des sparsameren Betriebs wegen mehr und mehr hochgespannte Dämpfe verwendet wurden, mußte zur walzenförmigen Form übergegangen werden, bei der die Kesselwandungen wesentlich dünner hergestellt werden können, und die schweren Verankerungen der ebenen Wandungen zum Teil wegfallen.

In kleinen Dampfbooten werden aufrechtstehende Heizröhrenkessel benutzt. Auch können Lokomotivkessel verwendet werden. Bei größeren Dampfern finden aber zumeist Kessel Verwendung, die eine ganz eigenartige, von den bisher besprochenen Kesselarten abweichende Form besitzen. Abbildung 63 stellt einen derartigen neueren Schiffskessel, wie solche auf den die Elbe befahrenden Schleppdampfern im Betrieb sind, im Längenschnitt und Abbildung 64 im Querschnitte dar.

In dem walzenförmigen Hauptkessel *a*, der mit ebenen Böden versehen ist, sind zwei gut versteifte Feuerrohre *b* angeordnet. An jedes Feuerrohr schließt sich eine flache Feuerkiste *c*.

Die ebenen Böden des Hauptkessels sind außer durch die Heiz=

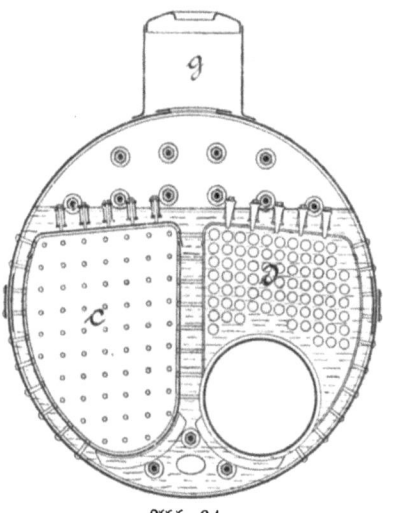

Abb. 64.

röhren durch durchgehende Schraubenanker versteift. Außerdem sind die Rückwände der Feuerkisten mit dem hinteren Kesselboden sowie die Mäntel der Feuerkisten unter sich und mit dem Mantel des Hauptkessels durch eine große Anzahl von Stehbolzen verbunden. Die Decken der Feuerkisten, die nach beiden Seiten dachförmig abfallen, damit auch bei einer seitlichen Neigung des Kessels die Feuerkiste mit Wasser bedeckt bleibt, werden durch Deckenschienen versteift. Endlich ist noch auf die unteren Mantelflächen der Feuerkisten je eine gebogene Winkelschiene genietet. Durch alle diese Hilfsmittel wird eine Ausbiegung der Kesselböden und eine Formveränderung der Feuerkiste durch den Dampfdruck unmöglich gemacht.

Von der einen Wand der Feuerkiste, der Rohrwand, bis zu dem vorderen Kesselboden erstrecken sich eine größere Anzahl Heizröhren *d*. Auf den Mantel des Hauptkessels ist ein Dampfdom *g* genietet.

Die Roste sind in die Feuerrohre gelegt. Von diesen ziehen die Heizgase nach hinten in die Feuerkisten und kehren von da durch die Heizröhren zurück. Sie werden von der an den vorderen Kesselboden geschraubten Rauchkammer aufgenommen und schließlich durch den Schornstein f abgeführt.

Größere Schiffskessel erhalten drei und mehr Feuerrohre. Auch werden oft zwei solcher Kessel zu einem Kessel in der Weise vereinigt, daß die Hinterböden fortfallen und die beiden Feuerkisten entweder durch Stehbolzen verbunden oder auch zu einer Feuerkiste verschmolzen werden. Solche Kessel werden dann von zwei Seiten beheizt.

Große Seedampfer sind oft mit vier und mehr solchen Doppelkesseln versehen. Die vier Rauchkammern von je zwei Kesseln vereinigen sich dann über den Kesseln und münden in einen gemeinschaftlichen Schornstein. Ein solcher Dampfer besitzt mithin mehrere große Schornsteine.

Schiffskessel der beschriebenen Bauart erhalten Durchmesser bis nahezu 4 m und Längen bis über 5 m. Die Heizflächen solcher Kessel betragen bis zu 250 Quadratmetern.

Weichen nun auch die Bauarten der beweglichen Dampfkessel voneinander ganz erheblich ab, so sind doch die Eigenschaften dieser Kessel nur wenig verschieden.

Die Herstellung der beweglichen Kessel ist ziemlich schwierig und erfordert geschickte Arbeiter. Daher sind auch diese Kessel, insbesondere der Lokomotiv= und Schiffskessel, recht teuer.

Daß die beweglichen Kessel, einem Haupterfordernisse entsprechend, im allgemeinen wenig Raum einnehmen und geringes Gewicht besitzen, bedarf keines Hinweises mehr.

Auch ist das Anheizen der beweglichen Kessel mit verhältnismäßig wenig Brennstoff und in kurzer Zeit zu bewerkstelligen.

Infolge ihrer sehr wirksamen Heizfläche werden die Heizgase gut ausgenutzt und läßt sich insbesondere bei der Anwendung künstlichen Zuges eine sehr reichliche Verdampfung erzielen. Die stündliche Dampferzeugung auf das Quadratmeter Heizfläche kann bei den stehenden Feuerbüchsenkesseln zu 15 kg, bei künstlichem Luftzuge zu 20 kg, bei den Lokomobilkesseln zu 15 bis 25 kg, bei den Lokomotivkesseln bis zu 30 kg und bei den Schiffskesseln, sofern sie mit künstlichem Luftzug arbeiten, fast ebenso hoch angenommen werden.

Da indessen der Wasserinhalt, Dampfraum und Wasserspiegel im Verhältnisse zur Heizfläche klein sind und auch der Dampfverbrauch bei diesen Kesseln meistens recht ungleichmäßig ist, so schwankt der Dampfdruck stark, und es bedarf seitens des Heizers, namentlich bei den Lokomotivkesseln, einer ganz besonderen Geschicklichkeit, den Druck auf gleicher Höhe zu erhalten. Der erzeugte Dampf ist auch meistens recht naß. Bei den größeren Lokomobilkesseln, den neueren Lokomotiv- und den Schiffskesseln wird dieser Übelstand durch das Hilfsmittel bekämpft, den Dampf nochmals zu erhitzen, ehe er in die Maschine zur Verwendung gelangt. Es geschieht dies in Überhitzern, die aus Röhren bestehen und die in die Heizröhren, die Rauchkammer oder in den Schornstein gelegt werden. In diesen Überhitzern wird das im Dampf enthaltene Wasser noch verdampft, der Dampf trocken gemacht und überhitzt.

Ein großer Fehler dieser Kessel besteht ferner in der Unmöglichkeit, sie gründlich reinigen zu können, wovon nur aus zwei Teilen zusammengesetzte und durch Verschraubungen verbundene Kessel wie die Wolffschen Lokomobilkessel eine Ausnahme machen. Es bleibt nichts weiter übrig, als zu diesem Zweck in gewissen Zeitabschnitten die Feuerbüchse oder Feuerkiste und alle Röhren herauszunehmen, vom Kesselstein zu befreien und hierauf den Kessel wieder zusammenzusetzen, was natürlich sehr viel Zeit und Geld kostet.

Da die beweglichen Kessel mit größeren Teilen versehen sind, die der Dampfdruck zusammenzudrücken sucht (Feuerbüchse, Feuerrohre, Feuerkiste), so rückt auch bei Wassermangel die Gefahr einer Explosion sehr nahe. Die Folgen einer eintretenden Explosion sind bei diesen Kesseln infolge des hohen Dampfdruckes und des hocherhitzten Zustandes des Kesselwassers auch gewöhnlich recht verheerende.

Achter Abschnitt.

Die Ausrüstung der Dampfkessel.

Inhalt: Die an die Ausrüstung der Dampfkessel zu stellenden Anforderungen. — A. Die gesetzlich vorgeschriebenen Sicherheitsvorrichtungen: 1. Die Wasserstandszeiger: Die Probierhähne und die Probierventile, das Wasserstandsglas (der Schwimmerzeiger). 2. Die Speisevorrichtungen: Das Speisegefäß oder die Rücklaufvorrichtung, die Kolbenspeisepumpe (Speiseregler), die Dampfstrahlpumpe (Injektor), sonstige Speisevorrichtungen. 3. Die Speiseleitungen und das Speiseventil. 4. Die Druckmesser (Manometer): Das Quecksilbermanometer, das Federmanometer. 5. Die Sicherheitsventile: Das Ventil mit Gewichtsbelastung, das Ventil mit Federbelastung. 6. Die Absperr- und Entleerungs-Vorrichtungen. — B. Sonstige Vorrichtungen: 1. Sicherheitsvorrichtungen: Der Speiserufer, elektrische Lärmvorrichtungen, Feuerlöscher, Rohrbruchventile. 2. Hilfsvorrichtungen: Der Speisewasser-Vorwärmer, der Speisewassermesser, der Dampfüberhitzer, die Dampfpfeife; das Mannloch und die Reinigungsöffnungen; die Dichtungen.

Um einen Dampfkessel bestimmungsgemäß benutzen zu können, sind außer der im sechsten Abschnitte besprochenen Feuerungsanlage mit Feuerzügen und Schornstein eine Anzahl von Vorrichtungen erforderlich, von denen ein Teil aus Sicherheitsgründen gesetzlich vorgeschrieben ist, während die übrigen entweder angebracht werden, um die Sicherheit des Betriebes zu erhöhen, oder weil sie für den Betrieb unentbehrlich oder nützlich sind. Von allen diesen Vorrichtungen ist aber ohne Unterschied zu verlangen, daß sie ihren Zweck in möglichst einfacher Weise erfüllen, leicht zu bedienen sind, stets zuverlässig wirken und endlich auch dauerhaft sind.

A. Die gesetzlich vorgeschriebenen Sicherheitsvorrichtungen.

Die gesetzlich vorgeschriebenen Sicherheitsvorrichtungen zerfallen in folgende Gruppen: In solche zur Erkennung und zur Erhaltung des Wasserstandes, zur Messung des Dampfdruckes und zur Verhütung eines zu hohen Dampfdruckes sowie zur Absperrung und Entleerung des Dampfkessels.

1. Die Wasserstandszeiger.

Es wurde bereits im sechsten und siebenten Abschnitte gezeigt, daß es geboten ist, in jedem Dampfkessel während des Betriebes einen bestimmten Wasserstand einzuhalten.

Zunächst ist es erforderlich, genügend viel Wasser im Kessel zu haben, damit nicht Kesselwandungen vom Wasser entblößt und von der Flamme berührt werden, wodurch sie leicht beschädigt werden können und sogar eine Explosion des Kessels herbeigeführt werden kann. Weiter soll genügend viel Wasser im Kessel sein, damit auch bei rasch anwachsendem Dampfverbrauche der Dampfdruck noch tunlichst auf gleicher Höhe bleibt.

Andererseits darf der Kessel aber nicht zu viel Wasser enthalten, weil sonst der Dampfraum zu klein wird und der erzeugte Dampf viel Wasser enthält.

Es muß daher für jeden Dampfkessel ein bestimmter Wasserstand festgesetzt werden, unter den beim Betriebe niemals herabgegangen werden darf und der nicht viel überschritten werden möchte. Über die Festsetzung dieses zulässig tiefsten Wasserstandes wurde bereits Seite 109 und 119 flg. das Nötige mitgeteilt.

Nach § 8 Absatz 2 der allgemeinen polizeilichen Bestimmungen ist der festgesetzte niedrigste Wasserstand durch ein Schild und einen Zeiger kenntlich zu machen.

Der Wasserstand eines Dampfkessels wird mittels der Wasserstandszeiger beobachtet.

Es gibt drei Arten von Wasserstandszeigern, die Probierhähne und Probierventile, die Wasserstandsgläser und die Schwimmerzeiger. Allen diesen Wasserstandszeigern haften aber gewisse Unvollkommenheiten an, und es ist nicht ausgeschlossen, daß ein solcher Wasserstandszeiger während des Betriebes versagt oder schadhaft wird. Damit auch unter diesen Umständen der Betrieb des Kessels ohne Gefahr weiter geführt werden kann, fordern die allgemeinen polizeilichen Bestimmungen in § 7 Absatz 1, daß jeder Dampfkessel außer mit einem Wasserstandsglase noch mit einem zweiten Wasserstandszeiger versehen sein muß. Für Schiffsdampfkessel sind sogar drei solche Vorrichtungen vorgeschrieben, von denen zwei Wasserstandsgläser sein müssen. Die Schwimmerzeiger gelten dagegen nicht als gesetzliche Wasserstandszeiger (a. a. O.).

Eingemauerte Kessel werden oft mit einem Wasserstandstutzen (in Abbildung 37 mit *a* bezeichnet) versehen, an dem die Wasserstandszeiger befestigt werden.

Die Probierhähne und Probierventile: Die zuerst und wegen ihrer Billigkeit heute noch gern benutzte Vorrichtung zur Erkennung des Wasserstandes ist der Probierhahn, ein am Kessel befestigter und mit dem Kesselinneren in Verbindung stehender Hahn. Solcher Probierhähne werden immer zwei oder drei in verschiedenen Höhen am Kessel angebracht, damit festgestellt werden kann, wie hoch der Kessel gefüllt ist.

Der Probierhahn (Abbildung 65 und 66) besteht aus dem mit einer Längsbohrung versehenen Gehäuse h und dem sogenannten Küken i, einem kegelförmigen, dicht eingeschliffenen und ebenfalls mit einer Durchbohrung versehenen Körper, der in dem Gehäuse drehbar befestigt und mit einem Handgriffe versehen ist. Die äußere Mündung des Hahnes wird gewöhnlich schräg nach unten gerichtet, damit der dem Hahn entströmende Dampf- oder Wasserstrahl Niemand verletzt.

§ 7 Absatz 5 der allgemeinen polizeilichen Bestimmungen über die Anlegung von Dampfkesseln fordert, daß der unterste Probierhahn in der Ebene des festgesetzten niedrigsten Wasserstandes angebracht wird. In dieser

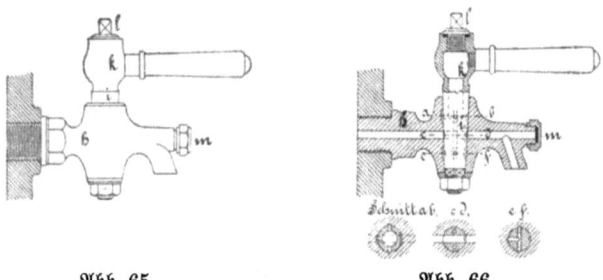

Abb. 65.   Abb. 66.

Höhe muß also der Hahn in die Kesselwandung geschraubt oder an ihr befestigt werden. Wird er aber mit dem Kessel durch ein Rohr verbunden, so muß dieses in gleicher Höhe in den Kessel münden und möglichst wagerecht liegen.

Es ist nun stets besser, die Probierhähne unmittelbar in die Kesselwand zu schrauben, damit nicht durch Mauerwerk verdeckte Dichtungen entstehen, deren Überwachung und Instandhaltung erschwert werden. Sollte dies aber nicht angängig sein, so muß das Verbindungsrohr in den Kesselboden geschraubt und darf nicht mit Flanschen befestigt werden. Auch muß es genügend weit sein (vergl. § 7 Absatz 2 der allgemeinen polizeilichen Bestimmungen).

Der Probierhahn ist eine sehr einfache Einrichtung, die leicht bedient werden kann. Soll der Wasserstand des Kessels ermittelt werden, so wird der Probierhahn kurze Zeit geöffnet. Je nachdem dem Hahne Wasser oder Dampf entströmt, befindet sich der Wasserspiegel noch über oder bereits unter dem Hahne.

Es springt aber gleich als ein Mangel in die Augen, daß nicht ermittelt werden kann, in welcher Höhe der Wasserspiegel im Kessel sich eigentlich befindet. Man erfährt eben nur, daß er zwischen zwei Probierhähnen liegt. Auch gehört schon eine gewisse Übung dazu, zu unterscheiden, ob die dem Hahn entströmende Masse siedendes Wasser oder Dampf ist.

Ein weiterer Mangel ist die leicht eintretende Verstopfung des Hahnes mit Schlamm und Kesselstein. Durch fleißiges Durchblasen des Hahnes kann ihr zwar etwas vorgebeugt werden. Sie bleibt aber trotzdem nicht aus. Die Bohrung des Hahnes darf daher nicht zu eng sein. Auch muß es möglich sein, den Hahn während des Betriebes zu reinigen und wieder dienstfähig zu machen. § 7 Absatz 3 der allgemeinen polizeilichen Bestimmungen verlangt daher einerseits mindestens 8 mm weite Bohrungen und anderseits, daß der Hahn in gerader Richtung mit einem Drahte durchgestoßen werden kann. Zu diesem Zwecke wird entweder am vorderen Ende des Hahnes in dessen Bohrung eine Reinigungsschraube angebracht, oder auch dieses Ende, wie bei dem in den Abbildungen 65 und 66 dargestellten Hahne, mit einer Überwurfmutter m versehen. Nach Entfernung der Reinigungsschraube oder Überwurfmutter kann der Hahn gereinigt werden.

Große Übelstände der gewöhnlichen Probierhähne sind endlich beständiges Tropfen sowie schwierige Instandhaltung. Der leicht gangbare, lose Hahn tropft stets. Soll daher der Hahn dicht sein, so muß er ziemlich fest angezogen werden. Dann aber dreht er sich schwer, reibt stark, bekommt Riefen und läßt schließlich auch das Wasser durch. Um das Dichthalten zu begünstigen, müssen nach § 7 Absatz 4 der allgemeinen polizeilichen Bestimmungen die Hähne sich ganz durchdrehen zu lassen. Aber nur eine recht kräftige Bauart der Hähne und die öftere Schmierung der Hahnküken mit Talg machen den Zustand erträglich.

Als sehr zweckmäßig haben sich Probierhähne erwiesen, die mit einer Schmiervorrichtung versehen sind. Sie wurden zuerst von H. Reisert in Köln geliefert. Die Abbildungen 65 und 66 stellen einen derartigen Hahn dar.

Der Kopf des Kükens bildet ein Schmiergefäß k, das mit Talg oder einer für diese Zwecke besonders angefertigten Hahnschmiere gefüllt und alsdann durch die Schraube l geschlossen wird. Durch die aus der Abbildung 66, insbesondere aus den Querschnitten $a-b$, $c-d$ und $e-f$ ersichtlichen Bohrungen und Nuten im Küken und im Hahngehäuse wird der Hahn stets gut in Schmiere gehalten. Er dreht sich demzufolge leicht und ist dabei doch dicht.

Undicht gewordene Hähne müssen nachgeschliffen werden. Mit dem Nachschleifen verschieben sich aber die Durchbohrungen und verengt sich leicht der Durchgang. § 7 Absatz 4 der allgemeinen polizeilichen Bestimmungen fordert daher, daß die Bohrung des Hahnkegels so beschaffen ist, daß sich der Durchgangsquerschnitt beim Nachschleifen nicht vermindert.

Anstatt der Probierhähne werden auch Probierventile angewendet. Für diese Ventile gelten bezüglich der Höhe, in der sie am Kessel anzubringen sind, und der Möglichkeit, sie während des Betriebes reinigen zu können, die gleichen gesetzlichen Bestimmungen. Probierventile werden seltener benutzt. Ihre Besprechung kann daher unterbleiben.

Das Wasserstandsglas: Ein weit bequemerer, allerdings auch teurerer Wasserstandszeiger als die Probierhähne ist das von Watt eingeführte Wasserstandsglas. Es besteht im wesentlichen aus einem mit dem Kessel verbundenen Glasrohr, in dem der im Kessel vorhandene Wasserstand jederzeit weithin sichtbar wird. Dieses Vorteiles wegen ist auch für jeden feststehenden Dampfkessel mindestens ein Wasserstandsglas, für Schiffs=

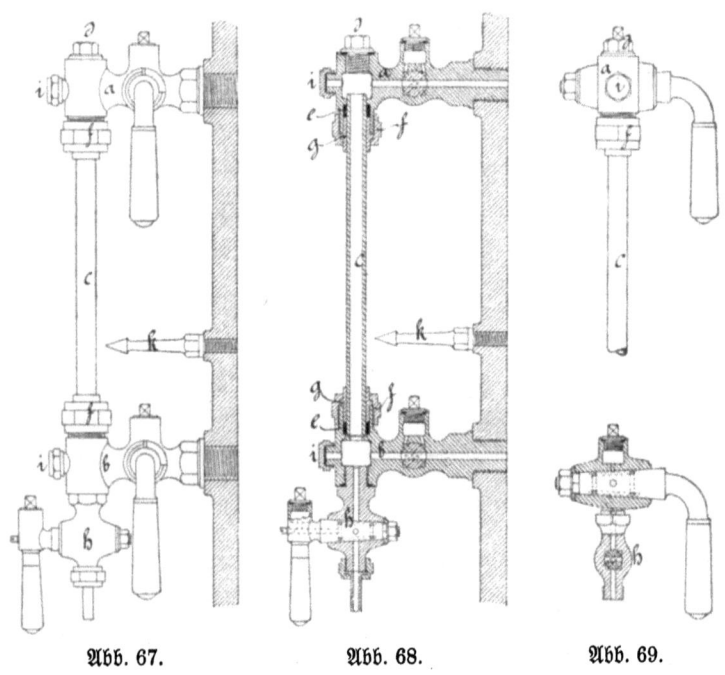

Abb. 67.   Abb. 68.   Abb. 69.

dampfkessel sind aber deren zwei vorgeschrieben. Häufig werden aber auch bei den feststehenden und anderen beweglichen Kesseln zwei Wasserstands= gläser benutzt.

Die Einrichtung eines Wasserstandsglases ist aus den Abbildungen 67 (äußere Ansicht), 68 (Längsschnitt) und 69 (Stirnansicht) ersichtlich.

Die beiden mit dem Dampfraume und dem Wasserraume verbun= denen Wasserstandsköpfe a und b sind mit Abschlußhähnen und Gehäusen versehen. Die Gehäuse nehmen das Glasrohr c auf, das, nachdem die Ver= schlußmutter d entfernt worden ist, von oben hereingeschoben wird, auf dem Grunde des unteren Wasserstandskopfes aufsitzt und in den Hohl=

raum des oberen etwas hineinragt. Den dampf- und wasserdichten Abschluß des Rohres besorgen die in einer kleinen Stoffbüchse liegenden Gummiringe e, die durch die Überwurfmuttern f unter Beihilfe der Preßringe g zusammen- und an das Glasrohr gepreßt werden.

Der untere Wasserstandskopf b erhält stets einen kleineren Ablaßhahn h, mit dessen Hilfe das Wasser und der Schmutz aus dem Glasrohr abgelassen werden können. Damit weiter die Verbindungen nach dem Kessel gereinigt werden können, sind die Wasserstandsköpfe mit den Reinigungsmuttern i versehen, nach deren Entfernung mit einem Drahte nach dem Kessel gestoßen und der Kesselstein entfernt werden kann.

Die Wasserstandsköpfe werden entweder unmittelbar in die Kesselwand geschraubt, wie die Abbildungen zeigen, oder, falls dies nicht möglich und ein Wasserstandsstutzen nicht vorhanden ist, mit dem Kessel durch im Mauerwerke liegende Rohre verbunden, von deren Beschaffenheit das bei den Probierhähnen Gesagte zu wiederholen ist. Damit die beiden Wasserstandsköpfe sich nicht gegeneinander verschieben können und das Glasrohr vor Biegungen geschützt ist, müssen dann die Wasserstandsköpfe durch eine zwischen die Flanschen geschraubte Eisenplatte miteinander verbunden werden.

Die Verbindungsrohre der Wasserstandsköpfe mit dem Kessel müssen ebenfalls genügend weit sein, damit sie sich nicht so leicht verstopfen. Über ihre lichte Weite sind in § 7 Abs. 2 der allgemeinen polizeilichen Bestimmungen Vorschriften enthalten.

Oft werden Probierhähne und Wasserstandsglas oder beide Wasserstandsgläser an einem gemeinschaftlichen, rohrartigen Körper aus Gußeisen befestigt, der durch je ein Rohr mit dem Dampfraum und dem Wasserraume des Kessels verbunden wird. Für die Verbindungsrohre dieses Körpers mit dem Kessel ist in § 7 Abs. 2 der allgemeinen polizeilichen Bestimmungen ein lichter Querschnitt von mindestens 6000 Quadratmillimetern, d. h. eine lichte Weite von mindestens 87,5 mm im Durchmesser vorgeschrieben.

In § 7 Abs. 5 der allgemeinen polizeilichen Bestimmungen ist noch vorgeschrieben, daß die untere sichtbare Begrenzung des Wasserstandsglases mindestens 30 mm über dem höchsten Punkte der Feuerzüge liegen muß.

Nach § 8 Abs. 2 der allgemeinen polizeilichen Bestimmungen ist endlich in Höhe des festgesetzten tiefsten Wasserstandes ein bis nahe an das Wasserstandsglas reichender wagerechter Zeiger k anzubringen.

Auch das Wasserstandsglas ist eine einfache, leicht zu bedienende Einrichtung. Um den Wasserstand des Kessels zu erfahren, genügt ein Blick und bedarf es keines Handgriffes. Diesem Vorteile stehen aber leider auch eine Reihe von Mängeln und Schwächen gegenüber.

Ein Hauptmangel des Wasserstandsglases besteht darin, daß es unter Umständen den Wasserstand falsch anzeigt.

Ist das Glasrohr zu kurz, so wird der abdichtende Gummiring aus der Stopfbüchse über das Glasrohrende nach innen gepreßt und die Öffnung des Glasrohres teilweise verschlossen. Haage empfiehlt daher, den unteren Wasserstandskopf mit einer Ausbohrung zu versehen, damit das Glasrohr noch über den Gummiring herabreicht (vergl. hierzu auch § 7 Abs. 3 letzter Satz der allgemeinen polizeilichen Bestimmungen). Setzen sich weiter in den Hohlräumen des Wasserstandskopfes und der Verbindungen mit dem Kessel Schlamm und Kesselstein fest, so wird die Verbindung mit dem Kessel ebenfalls verengt.

Ist die Verbindung des Glasrohres mit dem Dampfraume des Kessels in erheblichem Maße verengt, so wird dem Dampfe der Eintritt in das Glasrohr erschwert. Nun verdichtet sich aber in dem, durch die Luft abgekühlten Glasrohre beständig ein Teil des Dampfes. Kann dann der Dampf aus dem Kessel nicht in genügender Menge nachströmen, so sinkt der Druck im Dampfraume des Glasrohres unter den Kesseldruck. Dem entstandenen Druckunterschied entsprechend erhebt sich aber nunmehr der Wasserspiegel im Glasrohre über den Wasserspiegel im Kessel. Hat sich der Druck im Wasserstandsglas z. B. nur um $1/100$ Atmosphäre vermindert, was schon bei einer mäßigen Verengung eintreten kann, so beträgt diese Abweichung bereits 10 cm. Das Wasserstandsglas zeigt dann 10 cm mehr Wasser an, als im Kessel vorhanden ist.

Ist dagegen die Verbindung mit dem Wasserraume stark verengt, so sinkt der Wasserspiegel im Glasrohre nicht in gleichem Maße wie im Kessel, und das Glasrohr zeigt ebenfalls zu viel Wasser.

Zum Glücke verrät sich ein solcher gefährlicher Zustand dem Heizer einerseits durch die Ruhe des Wasserspiegels im Glasrohr und andererseits dadurch, daß sich in dem abgesperrten und mit Hilfe des Ablaßhahnes entleerten Glase bei dem Wiederöffnen der Hähne der Wasserstand nur sehr langsam wieder einstellt. In einem diensttüchtigen Wasserstandsglase schwankt dagegen der Wasserspiegel, den Wallungen des siedenden Wassers im Kessel entsprechend, beständig auf und ab, und stellt sich nach dem Wiederöffnen der Hähne der Wasserstand rasch ein.

Auch Undichtheiten der Wasserstandsköpfe und der Verbindungsrohre, die zu Druckverlusten führen, haben falsches Anzeigen des Wasserstandsglases zur Folge. Befindet sich in der Verbindung mit dem Dampfraume eine undichte Stelle, so hebt sich der Spiegel im Glase. Bei einer Undichtheit in der Verbindung mit dem Wasserraume senkt sich dagegen der Spiegel im Glase.

Ist aber eine der Verbindungen des Glasrohres mit dem Kessel völlig verstopft, so versagt das Glas gänzlich.

Den Verstopfungen durch Schmutz und Kesselstein kann nun der Heizer dadurch vorbeugen, daß er täglich mehrere Male die Verbindungen durchbläst und vom Schlamme befreit. Er schließt zu diesem Zwecke die Hähne, öffnet den Ablaßhahn und läßt hierauf unter Wiederöffnen des entsprechenden Hahnes einige Zeit den Dampf und dann das Wasser durchblasen.

Bei eingemauerten Kesseln, deren Wasserstandsglas mit dem Kessel durch im Mauerwerke liegende Rohre verbunden ist, stellt sich zuweilen ein neuer Übelstand ein. Das Wasser im Glase wird unruhig und fängt an, auf- und abzuschießen, so daß ein Urteil über den Wasserstand des Kessels unmöglich wird. Es hat dies in der Regel in dem schadhaften Zustande der Züge seine Ursache. Ist durch das Herabfallen von Ziegelsteinen das nach dem Wasserraume führende Rohr entblößt worden und der Einwirkung der Feuergase ausgesetzt, so kommt das in dem Rohre befindliche Wasser zum Sieden, und es bilden sich größere Dampfblasen, die heftige Schwankungen des Wasserspiegels im Glasrohre hervorrufen und wohl auch in dem Glasrohre emporsteigen. Das Mauerwerk muß dann sofort ausgebessert und das Rohr wieder gut verkleidet werden. Ratsam ist es, das Rohr von Haus aus mit einem weiteren, eisernen Schutzrohre zu umgeben. § 7 Abs. 2 der allgemeinen polizeilichen Bestimmungen fordert auch, daß die Verbindungsrohre gegen die Einwirkung der Heizgase zu schützen sind.

Ein großer Mangel der Wasserstandsgläser liegt ferner in dem ab und zu eintretenden Bruche des Glasrohres.

Um ein Springen des Glasrohres zu verhüten, muß es an den Enden gut verschmolzen und frei von Rissen sein.

Weiter springen die Gläser leicht, wenn sie schlecht gekühlt sind. Man kann diesen Fehler dadurch beseitigen, daß man die Gläser einige Stunden in Öl siedet und sie hierauf mit diesem langsam erkalten läßt.

Auch bei dem Anstellen des Glases tritt oft ein Bruch ein. Es muß daher hierbei mit Vorsicht verfahren werden. Stets ist bei geöffnetem Ablaßhahne zuerst der Dampf einzulassen und hierdurch das Glasrohr anzuwärmen. Erst nachdem dies ausreichend geschehen ist, darf der Ablaßhahn geschlossen und nunmehr auch der Wasserhahn geöffnet werden.

Der Bruch des Glasrohres liegt endlich nahe, wenn die Achsen der beiden Wasserstandsköpfe nicht genau in eine Linie fallen, was sich an der schiefen Stellung des Glasrohres in dem Preßringe der Stopfbüchse bemerkbar macht. Der Preßring drückt dann auf das Glasrohr, sucht es zu biegen und veranlaßt hierdurch den Bruch. Dieser Übelstand kann meistens schon durch eine entsprechende Drehung des betreffenden Wasserstandskopfes beseitigt werden. Nötigenfalls ist eine Blechscheibe zwischen die Flansche des zu kurzen Wasserstandskopfes und den Kessel zu legen. Soll das Glasrohr haltbar sein, so darf es nur von den Gummiringen der Stopfbüchsen berührt werden.

Um den Heizer vor Verletzungen bei dem Springen der Gläser zu bewahren, müssen die Gläser mit einer Schutzhülse aus Metall, in der Schlitze zur Beobachtung des Wasserstandes anzubringen sind, oder mit einem Drahtkorb oder einem starken Glaszylinder umgeben werden. Sehr dauerhaft und widerstandsfähig haben sich Glaszylinder mit einem einge= schmolzenen Drahtgitter erwiesen.

In gleicher Absicht sind auch in den Wasserstandsköpfen kleine Ven= tilchen angeordnet worden, die im Falle eines Bruches des Glases dem Dampf und Wasser den Zutritt zu dem Glasrohre versperren. Auch diese Einrichtungen haben sich gut bewährt.

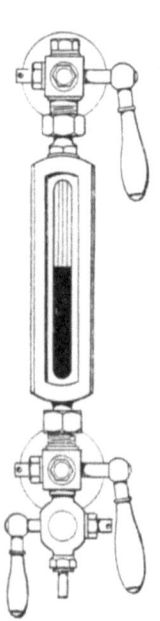

Es hat nun nicht an Versuchen gefehlt, dem Wasser= standsglase eine Form zu geben, bei der die Gefahr eines Bruches beseitigt ist. Das zerbrechliche Glasrohr wurde zu diesem Zwecke durch eine starke widerstands= fähige Glasplatte ersetzt.

Der dieser Absicht entsprechende Ochwadtsche Wasserstandszeiger bestand in der Hauptsache aus einem gußeisernen, am Kessel befestigten und mit einem langen Durchgangsschlitze versehenen Hahne, der vorn durch eine starke Glasplatte verschlossen war, an der sich der Wasserspiegel zeigte.

Der Ochwadtsche Wasserstandszeiger war zwar weit zuverlässiger als das gewöhnliche Wasserstandsglas. Er war aber schwer dicht zu halten. Auch erblindete die aus weichem Glase hergestellte Glasplatte bald. Die Vorrichtung wird heute kaum mehr benutzt.

Weite Verbreitung hat dagegen der in Abbildung 70 dargestellte Klingersche Wasserstandszeiger gefunden, bei dem das Glasrohr des ge= wöhnlichen Wasserstandsglases durch einen metallenen Körper ersetzt ist. Dieser Körper ist in seinem mittleren

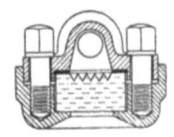

Abb. 70.

Abb. 71.

flachen Teile mit einer Glasplatte versehen. Die beiden röhrenförmigen Enden werden von den Wasserstandsköpfen aufgenommen. Wie der etwas größer gezeichnete Querschnitt Abbildung 71 erkennen läßt, besitzt die vom Wasser bespülte Seite der Glasplatte dreieckförmige Längsrillen, die eine Brechung des einfallenden Lichts bewirken und das Wasser schwarz erscheinen lassen. Der Vorteil des haltbareren Glaskörpers ist erreicht, der Nachteil der geringeren Zuverlässigkeit aber geblieben.

Die Dauerhaftigkeit des Wasserstandsglases steht natürlich der des Probierhahnes etwas nach. Die Hähne des Wasserstandsglases bleiben aber länger brauchbar, wenn sie, wie in den Abbildungen dargestellt, wieder mit Reifertschen Schmiervorrichtungen versehen werden.

Der Schwimmerzeiger.

Der Schwimmerzeiger: Als dritte Art der Wasserstandszeiger wurde der Schwimmerzeiger genannt.

Der Hauptteil eines Schwimmerzeigers ist immer ein auf dem Kesselwasser schwimmender Körper, der durch geeignete Hilfsmittel den jeweiligen Wasserstand außerhalb des Wassers erkennbar macht.

Der Schwimmer wurde früher zumeist aus Sandstein hergestellt. Damit nun ein Körper, der schwerer als Wasser ist, schwimmt, muß der größere Teil seines Gewichts aufgehoben werden. Der Schwimmer hängt daher an einem starken, durch eine Stopfbüchse nach außen geführten Drahte, der mittels eines Kettchens mit dem einen Arm eines Wagebalkens verbunden ist. Der andere Arm des Wagebalkens trägt an einem zweiten Kettchen ein Gegengewicht. Die Stellung des Wagebalkens und des Gegengewichtes läßt die Höhe des Wasserstandes im Kessel erkennen.

Die Reibung des Drahtes in der Stoffbüchse verringert natürlich die Beweglichkeit der Vorrichtung ganz wesentlich. Dieser Übelstand wird um so fühlbarer, je höher der Dampfdruck des Kessels ist, weil dann die Stopfbüchse des Dichthaltens wegen schärfer angezogen werden muß. Eine derartige Einrichtung kann daher nur bei Kesseln mit niedrigem Dampfdrucke angewendet werden.

Die neueren Schwimmerzeiger benutzen als Schwimmer einen hohlen Körper aus Metall. In diesen, zumeist aus Kupferblech hergestellten Schwimmer wird, ehe man ihn verschließt, eine kleine Menge Wasser gebracht. Dieses Wasser nimmt im Betriebe die Temperatur des Kesselwassers an und verwandelt sich zum Teil in Dampf, der dann denselben Druck besitzt wie der im Kessel befindliche. Auf diese Weise wird aber für den Schwimmer die Gefahr des Zusammengedrücktwerdens beseitigt.

Der Schwimmer wird gewöhnlich an einem Arme befestigt, der auf eine wagerechte Welle gesteckt ist. Die durch eine Stopfbüchse nach außen geführte Welle trägt dann einen Zeiger, der den Wasserstand des Kessels erkennen läßt.

Auch diese Bauart des Schwimmerzeigers ist nur bei niedrigem Dampfdruck anwendbar und leidet an ungenügender Beweglichkeit.

Bei Kesseln mit höherem Drucke wird häufig der Amphlettsche Schwimmerzeiger benutzt, der in den Abbildungen 72 (äußere Ansicht) und 73 (Längenschnitt) dargestellt ist und von der Maschinen- und Armaturenfabrik vorm. C. Louis Strube in Buckau-Magdeburg hergestellt wird.

Der Schwimmer a, ein hohler linsenförmiger Körper aus Kupferblech, trägt eine senkrechte Stange b, die an ihrem oberen Ende mit einer Zahnstange c versehen ist. Diese Zahnstange greift in einen Zahnbogen d ein, der mit dem Zeiger e auf der gleichen Achse sitzt. Eine Stopfbüchse wird dadurch umgangen, daß die Schwimmerstange und der Zahnbogen in ein rohrartiges, auf dem Kessel befestigtes Gehäuse eingeschlossen sind, und die Zeigerachse da, wo sie durch das Gehäuse geht, spitz zuläuft und dampfdicht eingeschliffen ist. Der Dampfdruck preßt die Achse in ihr Lager und sichert hierdurch deren Dichtung. Der Zeiger bewegt sich vor einem großen Zifferblatt und läßt den Wasserstand weithin erkennen.

Der Schwimmer wirkt gleichzeitig auf eine Signalvorrichtung ein. Wenn die auf der Schwimmerstange befestigten Knaggen f an die Winkelhebel g stoßen, werden die Ventilchen h geöffnet, worauf die Signalpfeifen i ertönen. Die untere größere Pfeife mit tiefem Tone macht den Heizer auf einen zu tiefen, die obere kleine Pfeife mit hellem Tone auf einen zu hohen Wasserstand aufmerksam.

Die Rohrhülse k verhindert ein zu tiefes Herabsinken, der Stellring l ein zu hohes Emporsteigen der Schwimmerstange.

Es sind auch Schwimmerzeiger benutzt worden, bei denen die Bewegung der Schwimmer nach außen durch einen Magneten übertragen wird. Vorrichtungen dieser Art werden als **magnetische Schwimmerzeiger** bezeichnet. Das obere Ende der in ein Schwimmergehäuse eingeschlossenen Schwimmerstange wird dann mit einem Magneten versehen, der sich hinter einer dünnen, die eine Seite des Schwimmergehäuses abschließenden Messingplatte bewegt. Ein außen auf die Messingplatte gelegtes Röllchen von Eisen folgt dann beständig den Bewegungen des Magneten und macht den Wasserstand des Kessels nach außen hin sichtbar.

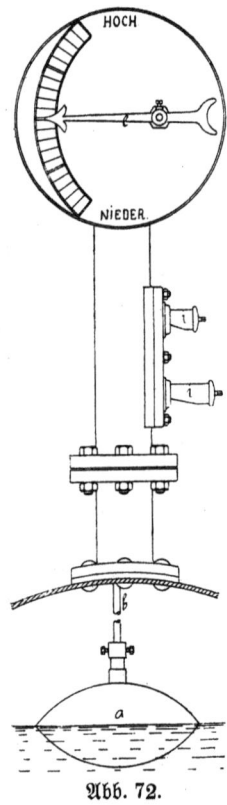

Abb. 72.

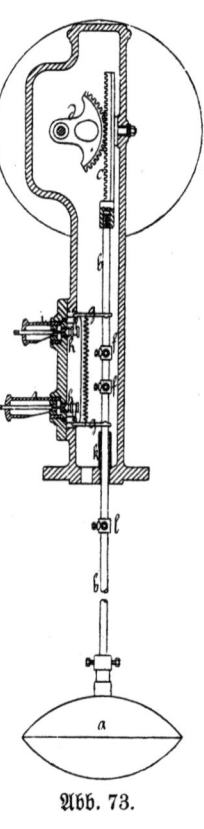

Abb. 73.

Die Schwimmerzeiger sind nun ebenfalls recht einfache Vorrichtungen, die den Wasserstand des Kessels weithin sichtbar machen und fast keiner Bedienung bedürfen. Ihr wunder Punkt ist aber der dünnwandige

Schwimmer, der sich bei der geringsten Undichtheit mit Wasser füllt. Die Vorrichtung zeigt dann falsch und versagt schließlich völlig den Dienst. Dies ist auch der Grund, weshalb sie nicht als zweiter Wasserstandszeiger im Sinne der allgemeinen polizeilichen Bestimmungen anerkannt wird.

2. Die Speisevorrichtungen.

Auf Seite 161 wurde eingehend erläutert, daß es notwendig sei, den Wasserstand des Kessels auf einer bestimmten Höhe zu erhalten. Das im Kessel verdampfte Wasser muß auch von Zeit zu Zeit oder ununterbrochen durch frisches ersetzt werden. Hierzu dienen die Speisevorrichtungen, von denen zur Sicherheit des Betriebes mindestens zwei beschafft werden. Nach § 4 Abs. 1 der allgemeinen polizeilichen Bestimmungen muß jeder Dampfkessel mit mindestens zwei zuverlässigen, voneinander unabhängigen Vorrichtungen zur Speisung versehen sein. Mehrere zu einem Betriebe vereinigte Dampfkessel werden hierbei als ein Kessel angesehen.

Damit die Speisevorrichtungen selbst bei weniger gutem Zustand und auch in Zeiten stärkeren Dampfverbrauches imstande sind, den Kessel mit dem nötigen Wasser zu versorgen, werden sie so groß angelegt, daß sie weit mehr als die vom Kessel durchschnittlich verbrauchte Wassermenge liefern können. Nach § 4 Absatz 2 der allgemeinen polizeilichen Bestimmungen muß jede Speisevorrichtung imstande sein, dem Kessel doppelt so viel Wasser zuzuführen, als seiner normalen Verdampfungsfähigkeit entspricht. Zwei oder mehrere Speisevorrichtungen, die zusammen die geforderte Leistung ergeben, werden als eine Speisevorrichtung angesehen.

Die Speisevorrichtungen können nun so beschaffen sein, daß dem Kessel das Speisewasser mit Unterbrechungen, deren Dauer vom Heizer abhängig ist, und dann in größeren Mengen zugeführt wird. Bei mit Maschinenkraft bewegten Speisevorrichtungen kann die Speisung auch ununterbrochen erfolgen. Sie wird sich dann dem Dampfverbrauche möglichst anzupassen haben. Schwankt dieser in erheblichem Maße, so muß der Heizer entsprechend nachhelfen.

Es gibt aber auch Speisevorrichtungen, die unabhängig vom Willen des Heizers tätig werden, sobald der Wasserstand auf eine gewisse Linie gesunken ist, und die so lange Wasser zuführen, bis der Wasserstand sich wieder entsprechend gehoben hat, worauf sie außer Tätigkeit treten. Man nennt solche Speisevorrichtungen selbsttätige.

Die nachfolgende Besprechung der gebräuchlichen Speisevorrichtungen wird zeigen, daß alle drei Arbeitsweisen benutzt werden.

Die Art der Speisung ist nicht gleichgültig. Denn jede Wasserzuführung erniedrigt die Temperatur des Kesselwassers, womit aber zugleich, wie Seite 15 dargelegt wurde, eine Abkühlung und Verdichtung des Kesseldampfes verbunden sind, in deren Folge der Dampfdruck sinkt. Dem Sinken des Druckes muß dann durch stärkeres Heizen begegnet werden. Je länger die Pausen sind, in denen der Kessel gespeist wird, um so mehr muß ihm Wasser zugeführt werden und um so mehr sinkt der Druck. Um so mehr Arbeit erwächst aber dem Heizer und um so mehr wird ihm das sparsame Heizen erschwert. Die Vorteile der ununterbrochenen oder selbsttätigen Speisung liegen daher auf der Hand.

Für Kessel mit großem Wasserinhalte sowie solche mit mäßigem Wasserinhalt und gleichmäßigem Dampfverbrauche sind daher ununterbrochen wirkende oder selbsttätige Speisevorrichtungen immer zu empfehlen. Für Kessel mit mäßigem Wasserinhalt und ungleichmäßigem Dampfverbrauch oder solche mit kleinem Wasserinhalt ist allerdings den gewöhnlichen Speisevorrichtungen der Vorzug zu geben, weil diese gestatten, vor Zeiten mit starkem Dampfverbrauche den Wasserstand zu erhöhen und im Kessel einen Vorrat erhitzten Wassers aufzuspeichern, der der Erhaltung des Dampfdruckes förderlich ist.

Es ist selbstverständlich, daß die ununterbrochen wirkenden oder selbsttätigen Speisevorrichtungen dem Heizer nicht ersparen, das Wasserstandsglas gut instande zu halten und regelmäßig zu beobachten. Den Befürchtungen, daß solche Speisevorrichtungen den Heizer nachlässig machen und hierdurch zu Unglücksfällen Anlaß geben können, ist entgegenzuhalten, daß dafür auch weit seltener einmal Wassermangel eintritt, weil eben die Speisung nicht ausschließlich in die Hände des Heizers gelegt ist.

Es werden hauptsächlich drei Arten von Speisevorrichtungen im Dampfkesselbetriebe verwendet: Speisegefäße oder Rücklaufvorrichtungen, Kolbenspeisepumpen und Dampfstrahlpumpen (Injektoren).

Das Speisegefäß oder die Rücklaufvorrichtung: Die an und für sich einfachste und älteste Speisevorrichtung ist das höher gelegene Speisegefäß oder die Rücklaufvorrichtung, die auch den französischen Namen retour d'eau (sprich retur doh) führt und in Abbildung 74 dargestellt ist.

Sie besteht in der Hauptsache aus einem schmiedeeisernen, über dem Kessel aufgestellten, geschlossenen Gefäß a, das durch das mit einem Ventile versehene Rohr b mit Wasser gefüllt wird. Damit dies geschehen kann, ist es erforderlich, daß die in dem Gefäß enthaltene Luft entweicht. Diesem Zwecke dient der Hahn c, der die Luft ausläßt und nachdem das Gefäß gefüllt ist, wieder geschlossen wird.

Um nun das Wasser in den Kessel zu befördern, muß zunächst im Gefäß a der Kesseldruck hergestellt werden. Dies geschieht mit Hilfe des Ventiles d, das dem Gefäße Kesseldampf zuführt. Ist im Gefäße der Kesseldruck erreicht, und wird nunmehr das Ventil des nach dem Kessel führenden Rohres e geöffnet, so fließt das Wasser in den Kessel herab, und das Gefäß füllt sich in gleichem Maße mit Dampf. Ist alles Wasser in den Kessel gelangt, so werden die Ventile d und e geschlossen und die Speisung ist beendet.

Soll das Gefäß von neuem mit Wasser gefüllt werden, so entfernt man den im Gefäße befindlichen Dampf durch den Hahn c oder wartet, bis dieser Dampf sich abgekühlt und verdichtet hat. Das drucklos gewordene Gefäß kann dann wieder Wasser aufnehmen.

Es ist übrigens nicht erforderlich, daß der Rücklaufvorrichtung das frische Wasser aus einem höher gelegenen Behälter oder unter Druck zugeführt wird. Läßt man den Dampf sich verdichten, so geht der Druck im Gefäß auf ein so geringes Maß herab, daß die Vorrichtung schließlich aus einem tiefer gelegenen Behälter oder einem Brunnen Wasser emporsaugt.

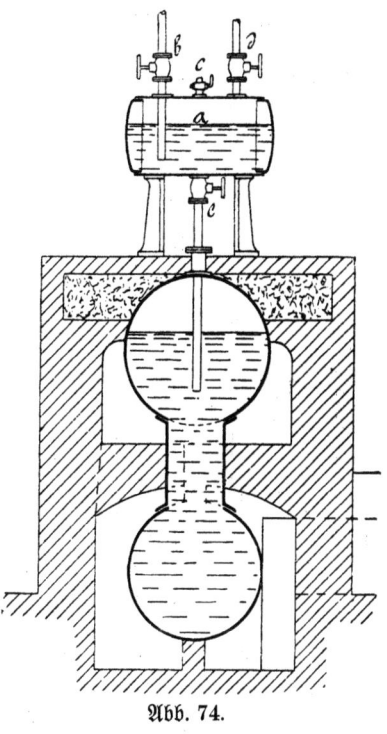

Abb. 74.

Die Saughöhe hängt natürlich von der im Gefäße noch herrschenden Temperatur und Dampfspannung ab. Hätte sich z. B. der im Gefäße befindliche Dampf bis auf 45,6° C abgekühlt, so besitzt er nach der Tabelle auf Seite 11 nur noch 0,1 Atmosphären Spannung, also 0,9 Atmosphären weniger, als der auf dem Wasserspiegel des Behälters oder Brunnens lastende Luftdruck. Dieser könnte dann das Wasser einem 9 m höher stehenden Behälter noch zuführen. Auf 5 bis 6 m Höhe wird die Vorrichtung stets sicher und ohne großen Zeitverlust zu saugen vermögen.

Die Rücklaufvorrichtung ermöglicht zwar die Speisung des Kessels in der denkbar einfachsten Weise und ist leicht zu bedienen. Die Aufstellung über dem Kessel erfordert aber fortgesetztes Besteigen des Kesselgemäuers und bereitet dem Heizer erhebliche Mühe. Auch sind das Gewicht und der Preis der Vorrichtung ziemlich beträchtlich. Endlich treten nicht unbedeutende Wärmeverluste ein, wenn die Vorrichtung nicht gegen Wärmeausstrahlung geschützt wird und vor jeder Füllung von Dampf entleert werden muß. Das ist aber notwendig, wenn sie rasch wieder gefüllt werden soll. Hat sie das Wasser anzusaugen und stellen sich Undichtheiten ein, so versagt sie wohl auch. Wegen dieser Mängel wird die gewöhnliche Rücklaufvorrichtung in neuerer Zeit nur noch selten verwendet. Bei Dampfheizungsanlagen, bei denen der Dampfkessel tief liegt, aller Dampf nach seiner Verwendung in den höhergelegenen Stockwerken der Vorrichtung in Gestalt von heißem Wasser wieder zufließt, und das Gefäß auch mit Wärmeschutzmasse umhüllt werden darf, wäre sie indessen noch heutigen Tages zu gebrauchen.

Der Gedanke lag nahe, die an und für sich so einfache Rücklaufvorrichtung zu einer selbsttätigen zu machen. Diesen Gedanken verwirklichte die von dem Ingenieur Cohnfeld zu Dresden im Jahre 1876 erfundene Vorrichtung, die Abbildung 75 (äußere Ansicht), 76 und 77 (zwei Schnitte nebst Grundriß) darstellen. Sie vermag zwar das Wasser bis auf 5 m anzusaugen. Es wird ihr aber gewöhnlich aus einem höher gelegenen Behälter zugeführt. Sie ist in mehr als 1500 Stücken mit bestem Erfolge in Betrieb gesetzt worden und wird von der Roßweiner Maschinenbauanstalt Hamel & Müller in Roßwein ausgeführt.

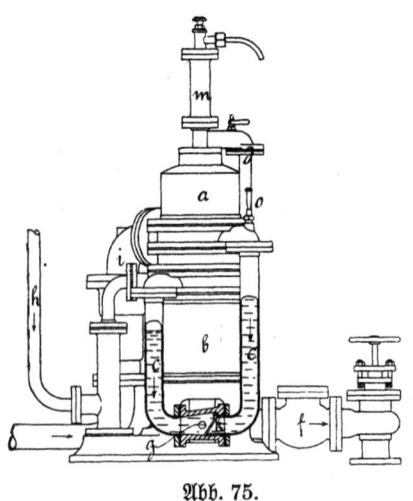

Abb. 75.

Der Hauptteil der Vorrichtung ist ein aus zwei Teilen a und b bestehendes Gefäß aus Kupferblech, welches das dem Kessel zuzuführende Wasser zunächst aufnimmt. Zwischen die beiden Teile dieses Gefäßes ist eine die Wärme schlecht leitende Lage von Holz eingeschoben, die eine unnötige Abkühlung und Verdichtung des zum Betrieb erforderlichen Dampfes verhindern soll.

Die beiden Gefäßteile sind nun durch zwei U-förmige Rohr c und d in der aus der Zeichnung ersichtlichen Weise verbunden. Vom Boden des Gefäßteiles b ist aber ein Rohr e abgezweigt, das in den Kessel herabführt und mit einem sogenannten Rückschlag- oder Druck-Ventil f versehen ist. Durch dieses Ventil kann zwar Wasser in den Kessel fließen, solches aus dem Kessel aber nicht zurücktreten. Außerdem ist das Rohr e mit dem U-Rohr c durch das Zweigrohr g verbunden.

Ferner ist die Vorrichtung mit einem bis in das Wasser des Kessels hinabreichenden Rohre h versehen, das an seinem unteren Ende mit einer die Wallungen des Wassers mildernden, gußeisernen Schutzhülse umgeben ist und mit dem anderen Ende in das Gefäß b mündet. In diesem Rohre

befindet sich in der Regel ein zweites engeres, bis über den tiefsten zulässigen Wasserstand hinabreichendes Rohr, das an seinem oberen Ende
mit einem der weiter unten noch zu beschreibenden, hier aber nicht eingezeichneten Black'schen Speiserufer ausgerüstet wird. Ein besonders wichtiger Teil ist die in dem Rohre h vor seinem Eintritt in das Gefäß b

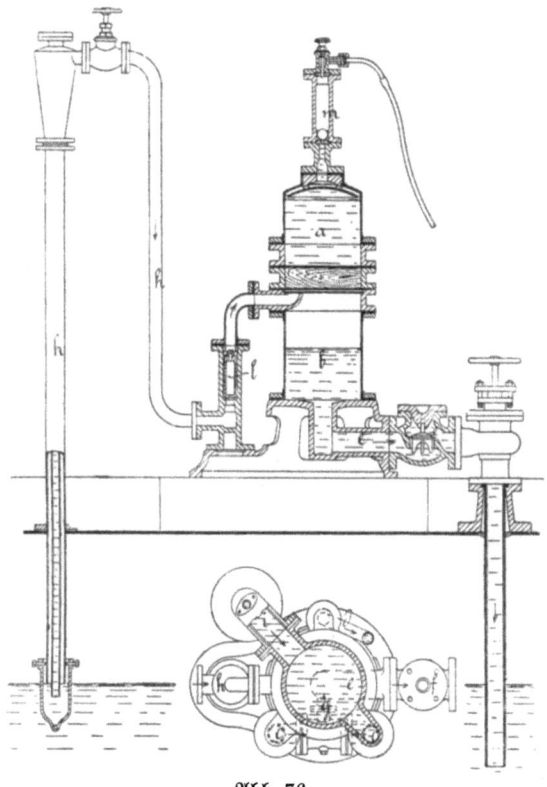

Abb. 76.

angeordnete Vorrichtung l, die den Druck in den Gefäßen a und b selbsttätig regelt und auf die noch weiterhin zurückzukommen ist.

Im dienstbereiten Zustand ist nun die ganze Vorrichtung mit Wasser
gefüllt und herrscht in ihr der Kesseldruck. So lange das Rohr h noch
in das Wasser taucht, bleibt die Vorrichtung gefüllt und kann sich nicht
entleeren. Sowie aber die untere Öffnung des Rohres h bei tiefer ge-
sunkenem Wasserstand aus dem Wasser taucht, fällt das in dem linken
senkrechten Teile dieses Rohres enthaltene Wasser in den Kessel zurück und
füllt sich dieses Rohrstück mit Dampf. Der Höhenunterschied des Wasser-

spiegels in dem rechten, nach dem Gefäße *b* führenden Teile des Rohres *h* mit dem Wasserspiegel des Kessels genügt jetzt, das Druckventil *f* zu heben. Das im Rohre *h* und Gefäße *b* enthaltene Wasser fließt nunmehr in den Kessel und das Gefäß *b* entleert sich. Gleichzeitig strömt durch das Rohr *h* in den oberen Teil des Gefäßes Dampf.

In demselben Maße wie in *b* sinken nun auch die Wasserspiegel im linken Schenkel der U-Rohre *c* und *d*, was übrigens nur durch das Zweigrohr *g* ermöglicht wird, welches das aus den Rohren tretende Wasser dem Rohre *e* zuführt. Der rechte, nach dem Gefäßteil *a* führende Schenkel der U-Rohre und demzufolge auch der Gefäßteil *a* können sich aber zunächst noch nicht entleeren, weil dies der auf den Wasserspiegeln der anderen Rohrschenkel lastende Dampfdruck verhindert. Erst wenn der gemeinschaftliche Wasserspiegel bis zum tiefsten Punkte des etwas kürzeren U-Rohres *d* gesunken ist, vermag Dampf in den rechten Schenkel dieses Rohres und in den oberen Teil des Gefäßes *a* zu dringen, aus dem nunmehr Wasser durch das Rohr *c* in das Gefäß *b* fließt.

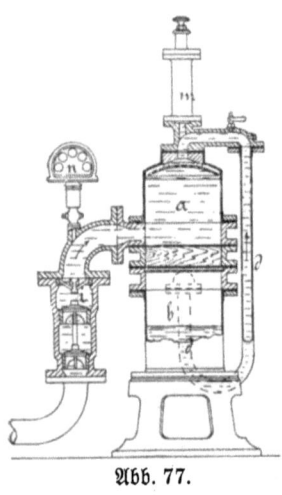

Abb. 77.

Das Rohr *c* ist an das Gefäß *b* genau so angeschlossen, wie das Rohr *h* (vergleiche Abbildung 76). Es mündet an einer durchlöcherten Blechplatte, über die sich das von *a* herabfließende Wasser ausbreitet und von da in Form eines Regens in das Gefäß *b* ergießt. Der in diesem befindliche Dampf wird durch dieses Wasser verdichtet und der Druck im Gefäße sinkt. Das Druckventil schließt sich daher unter dem Überdrucke des Kesselwassers und die Speisung hört auf. Das Gefäß *b* füllt sich jetzt rasch mit Wasser an.

Aber auch in *a* ist inzwischen der Druck stark gesunken, zumal dem Dampfe der Zutritt durch die bereits erwähnte Vorrichtung *l* abgeschnitten wurde. Es wird infolgedessen sowohl durch das Saugrohr *i*, das des sicheren Wirkens wegen mit zwei Saugventilen versehen ist, als auch durch das U-Rohr *d* Wasser in dieses Gefäß gesogen. Dies wird dadurch möglich, daß dem Gefäße *b* durch das Rohr *c* aus dem Gefäße *a* in gleichem Maße wieder Wasser zufließt, als durch *d* heraufsteigt. Eine im Rohr *c* angebrachte Klappe *k* verhindert die entgegengesetzte Bewegung des Wassers. Das durch das Rohr *d* in *a* eindringende Wasser nimmt durch eine an der Decke des Gefäßes befestigte Siebplatte ebenfalls die Form eines Regens an und beschleunigt hierdurch die Verdichtung des Dampfes. Sehr bald ist daher die ganze Vorrichtung wieder vollständig mit Wasser gefüllt.

Ist der Druck in den Gefäßen mit dem des Kessels wieder ausgeglichen und tritt wieder Dampf in die Vorrichtung, so beginnt die Speisung von neuem und setzt sich so lange fort, bis das Rohr h in das Wasser taucht und kein Dampf mehr in das Rohr eintritt.

Zum Absperren des Dampfes und zum späteren Wiederausgleiche des Druckes dient nun die Vorrichtung l, deren Hauptteil Cohnfeld Beschleunigungskolonne nennt.

Die Beschleunigungskolonne l ist ein hohler walzenförmiger Körper aus Metall, der in einem ausgebohrten Teile des Rohres h untergebracht ist und sich senkrecht bewegen kann. An seinem oberen Ende ist er mit einer Stahlscheibe versehen, die sich, wenn der Körper gehoben wird, an einen Ventilsitz legt und das Rohr h abschließt. An seinem unteren Ende sind Füße angebracht und an seinem Umfange Längsrippen, die dem Dampfe gestatten, über den Körper hinwegzuströmen, wenn der Körper sich in seiner tiefsten Lage befindet und aufsitzt.

Die Verdichtung des Dampfes im Gefäße a hat ein immer rascheres Nachströmen des Kesseldampfes zur Folge. Die Kolonne wird schließlich durch den nachdrängenden Dampf gehoben, an den Sitz gepreßt und der Dampfzufluß ganz abgesperrt. Bald ist aller Dampf verdichtet und sind die Gefäße wieder gefüllt.

Nachdem die Gefäße gefüllt sind, muß in diesen wieder der Kesseldruck hergestellt werden. Um dies einzuleiten, ist der Ventilsitz der Beschleunigungskolonne an einer oder zwei Stellen mit einer kleinen, mittels einer Dreikantfeile hergestellten und von außen nach innen laufenden Anfeilung versehen. Durch diese absichtlich herbeigeführte Undichtheit gleicht sich der Druck im Kessel mit dem in dem Gefäße herrschenden allmählich aus, und sowie dies geschehen ist, fällt auch die Beschleunigungskolonne herab und gibt je nach dem Wasserstande im Kessel entweder dem Dampf oder dem Wasser den Durchgang frei. Strömt Dampf zu, so beginnt die Vorrichtung von neuem zu speisen.

Damit die Cohnfeldsche Speisevorrichtung sich mit Wasser zu füllen vermag und ihre Saugfähigkeit nicht beeinträchtigt wird, muß sie noch mit eine Vorrichtung versehen werden, welche die vorhandene und die allmählich aus dem Wasser sich ausscheidende Luft entfernt. Das Gefäß a ist dementsprechend an seinem höchsten Punkte mit einem selbsttätigen Entlüftungsventile m ausgerüstet. Dieses Ventil besteht aus einem Rohre, in das eine Kugel von Gummi eingeschlossen und das oben und unten mit einem Ventilsitze versehen ist. Ein oberhalb der Ventilsitze nach der Seite abgezweigtes Röhrchen führt die Luft ab. Eine auf dem Entlüftungsventil angebrachte senkrechte Schraubenspindel dient dazu, die etwa am oberen Ventilsitz einmal festhaftende und der Luft den Austritt verwehrende Ventilkugel vom Ventilsitz abzudrücken und die Vorrichtung wieder gangbar zu machen.

Die auf dem Wasser schwimmende Kugel legt sich nun, wenn alle Luft entwichen ist, gegen den oberen Sitz des Ventils, schließt dieses ab und verhindert, daß der Vorrichtung, wenn sie unter Druck steht, Wasser oder Dampf entweicht. Liegt die Ventilkugel auf dem unteren Sitze, so verhindert sie, daß von außen Luft in das Gefäß a dringt. Um der Luft den Zutritt ganz sicher abzuschneiden, ist übrigens das seitliche Röhrchen mit einem Gummischlauche versehen, der nach einem Wasserbehälter führt und dort unter der Wasseroberfläche mündet.

Auch das U=Rohr d ist an seinem höchsten Punkte mit einem Hähnchen zum Auslassen der Luft ausgerüstet.

Eine auf dem U=Rohr c angebrachte und mit einem Schmelzpfropfen versehene Signalpfeife o (vergleiche weiter unten) ertönt, wenn die Vorrichtung längere Zeit versagt und sich mit Dampf gefüllt haben sollte.

Der Vorrichtung wird endlich ein Zählwerk n beigegeben, das die Spiele zählt und hierdurch die in den Kessel geförderte Wassermenge mißt.

Die Ingangsetzung der Cohnfeldschen Speisevorrichtung ist sehr einfach. Man schließt das im höchsten Punkte des Rohres h angebrachte Ventil und füllt die Vorrichtung durch das Entlüftungsventil, oder, wenn ihr das Wasser aus einem höher gelegenen Behälter zufließt, mittels des Saugrohres mit Wasser an. Sie kann nunmehr in Wirksamkeit treten. Wird das im Rohre h befindliche Ventil geöffnet, so beginnt die Vorrichtung, sobald ihr durch dieses Rohr Dampf zuströmt, zu speisen. Soll sie außer Betrieb gesetzt werden, so braucht dieses Ventil nur geschlossen zu werden.

Die Cohnfeldsche selbsttätige Speisevorrichtung hat den Vorzug, daß sie nur wenig bewegte Teile besitzt, weshalb sie auch selten versagt. Sie vermag allerdings nur Speisewasser zu verarbeiten, dessen Temperatur 45° C nicht übersteigen darf. Auch ist ihr Preis beträchtlich. Dies hat wohl ihre allgemeinere Anwendung verhindert.

Die selbsttätige Speisevorrichtung von W. Schönicke in Gera und die von R. Prüfer in Greiz sind der Cohnfeldschen nachgebildet.

Die Speisepumpe: Eine weit gebräuchlichere Speisevorrichtung als die Rücklaufvorrichtung ist die Speisepumpe, bei der ein Kolben wirksam ist und die entweder mit der Hand oder durch Maschinenkraft bewegt wird oder die auch mit einer eigenen kleinen Dampfmaschine versehen ist. Man bezeichnet daher diese Speisevorrichtungen auch als Kolbenpumpen und unterscheidet Handspeisepumpen, Maschinenspeisepumpen und Dampfspeisepumpen.

Die Abbildungen 78 (äußere Ansicht) und 79 (Schnitt) stellen eine von der Firma Schäffer & Budenberg in Buckau=Magdeburg ausgeführte Handspeisepumpe dar.

Sie besteht aus einem gußeisernen Pumpenkörper, dessen zwei Hauptteile, der Stiefel a und das Ventilgehäuse b durch ein Rohr miteinander verbunden sind.

In den Stiefel a taucht der walzenförmige Kolben c ein. Er ist durch die Stopfbüchse d geführt, die den Raum des Stiefels nach außen

Die Speisepumpe. 179

hin luftdicht abschließt, ohne die Beweglichkeit des Kolbens zu beeinträchtigen. Der dichte Abschluß des Kolbens wird durch geflochtene und mit Talg getränkte Hanfzöpfe erzielt, die in die Stopfbüchse gelegt und mittels zweier Schrauben und der sogenannten Stopfbüchsenbrille zusammen- und an den Kolben gepreßt werden. Der Kolben ist nun durch einen Bolzen mit dem um seinen Endpunkt schwingenden Hebel *e* verbunden, und wird mittels dieses Hebels in eine auf- und abwärts gerichtete Bewegung versetzt. Die den Hebel führende und oben geschlossene Gabel *f* verhindert, daß der Kolben zu hoch gehoben wird.

In dem Ventilgehäuse *b* sind zwei aus Rotguß hergestellte Ventile *g* und *h* angeordnet, deren jedes aus einem dicht in das Gehäuse eingesetzten

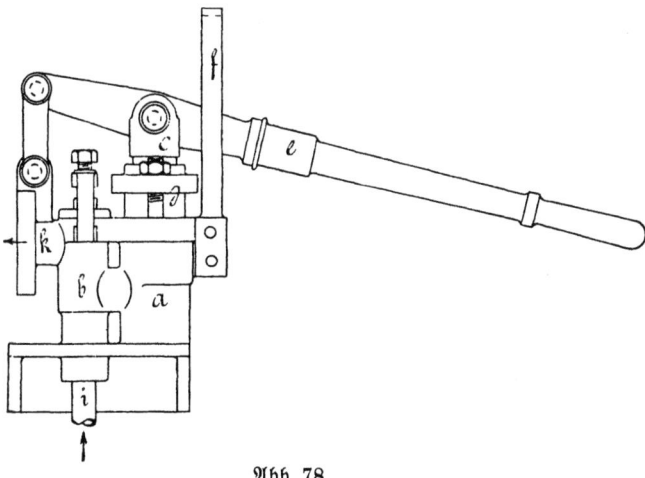

Abb. 78.

Ventilsitz und einem mit Führungsflügeln versehenen Ventilteller besteht. Das untere Ventil *g* nennt man das Saugventil, das über ihm angeordnete Ventil *h* das Druckventil. Das Ventilgehäuse ist weiter in der aus der Zeichnung ersichtlichen Weise mit einem Verschlußdeckel versehen. Durch einen übergeschobenen Bügel und eine Druckschraube wird dieser Deckel auf das Gehäuse gepreßt und dieses dicht abgeschlossen. Wird dieser leicht lösbare Verschluß entfernt, so können die Ventile nachgesehen und gereinigt werden. Von dem Ventilhäuse zweigen unten das in ein Wassergefäß tauchende Saugrohr *i* und seitlich das nach dem Kessel führende Druckrohr *k* ab.

Damit nicht Unreinigkeiten in das Saugrohr gelangen, wird das untere Ende des Saugrohres auch mit einem Saugkorbe, d. h. einem aus Draht geflochtenen oder mit feinen Löchern versehenen Korb ausgerüstet, der das Eindringen jener Körper verhindert.

12*

Die Wirkungsweise der Kolbenpumpe ist leicht verständlich: Bei dem Aufwärtsgange des Kolbens wird die im Ventilgehäuse befindliche Luft oder das bereits vorhandene Wasser in den Stiefel gezogen. Das Saugventil hebt sich infolgedessen, und es strömt in gleichem Maße aus dem Saugrohre Luft oder Wasser in das Ventilgehäuse. Bei dem Abwärtsgange des Kolbens wird die Luft oder das Wasser aus dem Stiefel heraus und in das Ventilgehäuse gedrückt. Das Saugventil schließt sich und der Druck steigt, bis er den auf dem Druckventile lastenden zu überwinden vermag, worauf sich dieses Ventil hebt und eine entsprechende Menge Luft oder Wasser in das Druckrohr treten läßt. Bald ist alle Luft entfernt und fördert die Pumpe ununterbrochen Wasser.

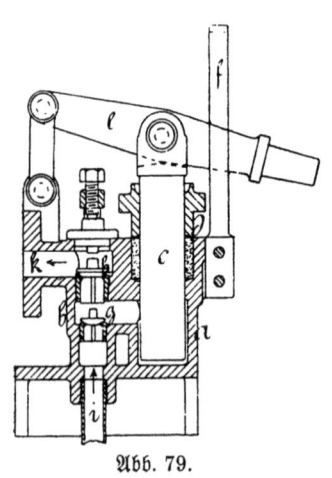

Abb. 79.

Um prüfen zu können, ob die Pumpe ansaugt, und zu verhindern, daß die von der Pumpe angesaugte Luft in die Rohrleitung gelangt, wird oft am Ventilgehäuse zwischen Saug= und Druckventil ein kleines Lufthähnchen angebracht, das abwechselnd während des Saugens geschlossen und während des Drückens geöffnet wird. Sowie dem Hähnchen nicht mehr Luft, sondern Wasser entströmt, arbeitet die Pumpe regelrecht.

Nach den auf Seite 8 und 9 gegebenen Erläuterungen könnte es möglich erscheinen, mit der Saughöhe der Pumpen bis zu 10 m zu gehen. Da indessen die Pumpe und das Saugrohr nie vollkommen dicht zu halten sind, die geringste Undichtheit aber Luft einläßt, die ein Herabsinken der Wassersäule im Saugrohre zur Folge hat, so wird selten eine größere Saughöhe als 7 m erreicht.

Die Saughöhe muß aber noch entsprechend vermindert werden, wenn das zu hebende Wasser heiß ist, wie schon bei der Rücklaufvorrichtung angedeutet wurde. Wasser von 100° C kann gar nicht gehoben werden, da es sich bei der geringsten Verminderung des auf ihm lastenden Druckes in Dampf verwandelt. Für 80,9° C warmes Wasser, das bei einem Drucke von 0,5 Atmosphären siedet (vergl. die Tabelle auf Seite 11), darf aber die Saughöhe höchstens 5 m betragen, da der Druck im Saugrohr nicht unter $1/2$ Atmosphäre herabzubringen ist.

Hat eine Pumpe hoch zu saugen, so wird das Saugrohr an seinem unteren Ende noch mit einem zweiten Saugventil, einem sogenannten Fußventile versehen. Das Saugrohr wird dann vor der ersten Be=

nutzung der Pumpe mit Wasser gefüllt und bleibt immer gefüllt stehen. Die Pumpe saugt sicherer an und liefert weit rascher Wasser.

Die Handpumpen vermögen bei aller Anstrengung des Heizers nur eine mäßige Menge Wasser zu liefern. Sie erfordern auch eine um so größere Kraftleistung, je höher der zu überwältigende Kesseldruck ist. Nach § 4 Abs. 3 der allgemeinen polizeilichen Bestimmungen sind daher Handpumpen nur zulässig, wenn die Zahl aus der Heizfläche in Quadratmetern mal der Dampfspannung in Atmosphären Überdruck 120 nicht übersteigt. In allen darüber hinausgehenden Fällen müssen die Pumpen mit Maschinenkraft betrieben werden. Die entsprechend größer gebauten Pumpen werden dann mittels eines Exzenters von der Dampfmaschine oder unter Beihilfe eines Vorgeleges und einer Kurbel sowie einer an den Kolben geschlossenen Schubstange vom Triebwerke bewegt. Man nennt solche Pumpen Maschinenpumpen. Größere Speisepumpen werden auch mit einer kleinen, nur für diesen Zweck bestimmten Dampfmaschine ausgerüstet und zu einer sogenannten Dampfpumpe umgestaltet.

Die Maschinenpumpen arbeiten wie die Handpumpen in der Regel mit Tauchkolben. Öffnet man den Lufthahn, so hören sie auf zu speisen.

Die Maschinenkraft läßt natürlich einen rascheren Gang der Pumpe und auch längere Rohrleitungen zu. Unter diesen Umständen werden aber bei dem Arbeiten der Pumpe oft heftige Schläge des Wassers hör= und fühlbar. Die in den Rohren eingeschlossenen, unelastischen Wassersäulen müssen sich, der Bewegung des Kolbens entsprechend, mit wechselnder Geschwindigkeit bewegen und kommen in dem Augenblicke, wo die Bewegungsrichtung des Kolbens wechselt, zur Ruhe. Sie geben aber ihre Geschwindigkeit nur unter heftigen, den Druck in den Röhren steigernden und diese gefährdenden Stößen auf. Um diesen Übelstand zu beseitigen, werden die Rohrleitungen mit sogenannten Windkesseln versehen. Es sind dies birnenförmige, auf die Rohrleitungen gesetzte, geschlossene Hohlkörper, deren elastischer Luftinhalt die Stöße des Wassers aufnimmt. Im Windkessel des Saugrohres, der in der Nähe der Pumpe anzubringen ist, befindet sich natürlich die Luft in verdünntem Zustand, in dem auf dem Ventilgehäuse oder dem Druckrohr angebrachten Druckwindkessel dagegen in gepreßtem Zustande.

Bei den Dampfpumpen sind zweierlei Bauarten üblich. Man verbindet entweder die Kolbenstange der Dampfmaschine mit dem Kolben der Pumpe ohne jedes weitere Hilfsmittel, oder man schaltet zwischen beide noch ein die Gleichmäßigkeit der Bewegung regelndes Schwungrad. Nachdem es gelungen ist, auch bei den Dampfpumpen ohne Schwungrad einen ruhigen, gleichmäßigen Gang zu erzielen, sind die Schwungradpumpen mehr und mehr verdrängt worden. An Stelle des Tauchkolbens wird auch zumeist ein Scheibenkolben benutzt, der die Pumpe zu einer doppelt wirkenden macht.

Die weiteste Verbreitung hat die von der Worthington=Pumpen=
Compagnie eingeführte, in Abbildung 80 im Längenschnitt dargestellte
Dampfpumpe gefunden.

Auf der linken Seite der Pumpe befindet sich der mit einer einfachen
Schiebersteuerung versehene Dampfzylinder a, dessen Dampfeinlaß= und
Dampfauslaßkanäle getrennt sind, um ein früheres Abschließen des Dampf=
austrittes, hierdurch aber ein stärkeres Zusammenpressen des im Zylinder
verbliebenen Abdampfes und einen ruhigeren Gang der Maschine zu er=
zielen.

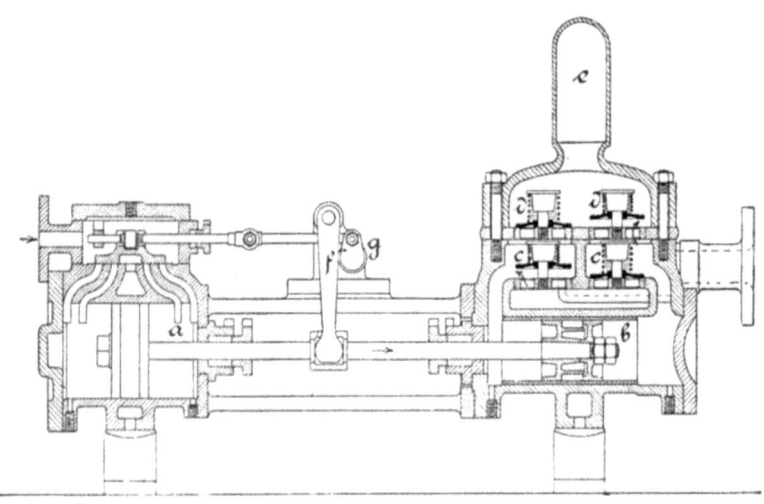

Abb. 80.

Die Kolbenstange des Dampfzylinders und die des auf der rechten
Seite ersichtlichen Pumpenzylinders b bestehen aus einem Stücke.

Die mit einem Scheibenkolben arbeitende Pumpe ist, wie bereits
bemerkt, eine doppeltwirkende, die sowohl beim Hingange wie Hergange
des Kolbens Wasser fördert. c sind die beiden Saugventile, d die beiden
Druckventile. e ist der Druckwindkessel. Ihre Arbeitsweise bedarf
keiner Erläuterung.

Die Worthington=Pumpe wird stets doppelt hergestellt, d. h. sie erhält
zwei nebeneinander liegende Dampfzylinder und zwei ebensolche Pumpen=
zylinder. Sie besitzt weiter die Eigentümlichkeit, daß eine Maschine die
andere steuert. Der von der Kolbenstange der vorderen Maschine in
schwingende Bewegung versetzte Hebel f steuert den Dampfverteilungs=
Schieber der hinteren Maschine, während der von der Kolbenstange der
hinteren Maschine bewegte Hebel g den Schieber der vorderen Maschine

betätigt. Hierdurch stellt sich ein gleichmäßiger Wechsel des Spiels der beiden Maschinen ein, der die Ruhe des Ganges erhöht.

Die Speisepumpen sind nun ebenfalls Vorrichtungen, die, abgesehen von der Handspeisepumpe, vom Heizer mühelos zu bedienen sind. Doch können sie auch leicht unbrauchbar werden.

Die in Abbildung 78 und 79 dargestellte Pumpe hört auf zu wirken, wenn sich zwischen Sitz und Ventilteller ein durch das Saugrohr eingedrungener Gegenstand geklemmt hat. Sie kann rasch wieder gangbar gemacht werden, wenn der störende Gegenstand nach Öffnen des Ventilgehäuses entfernt wird.

Die Pumpe kommt weiter außer Wirksamkeit, wenn ein sich schließendes Ventil schief fällt, seine Führungsflügel im Sitze sich spreizen und das Ventil hängen bleibt. Diesem Übelstande kann durch eine ausreichende Höhe des Sitzes und Länge der Flügel vorgebeugt werden.

Die Pumpe versagt schließlich völlig, wenn das Saugrohr, der Kolben und die Ventile undicht werden, welche Übelstände freilich nicht immer sofort zu beseitigen sind. Die Stopfbüchse des Kolbens ist daher von Zeit zu Zeit frisch abzudichten, die Ventile sind ab und zu nachzuschleifen.

Der Gang der Maschinenspeisepumpen, insbesondere der Dampfpumpen kann nun bei gleichmäßigem Dampfverbrauche vom Heizer mühelos so geregelt werden, daß dem Kessel ununterbrochen in fast gleichem Maße Wasser zugeführt wird, wie er verdampft. Die sich hieraus ergebenden Vorteile wurden bereits oben erörtert. Bei ungleichmäßigem Dampfverbrauche werden zuweilen sogenannte Speiseregler zu Hilfe genommen, bei denen entweder ein vom Kesselwasser getragener Schwimmer oder ein bis zum Wasserspiegel des Kessels reichendes und jeweils mit Dampf oder Wasser sich füllendes Rohr, das bereits bei der Cohnfeldschen Speisevorrichtung verwendete Einhängerohr, die Speisung veranlaßt und wieder abstellt, so daß sie zu einer selbsttätigen wird. Zumeist wirkt der Speiseregler auf ein sogenanntes Speiseventil ein, das er öffnet oder schließt. Das Druckrohr der Pumpe muß dann ein Sicherheitsventil erhalten, das das vom Kessel abgesperrte Speisewasser in die Pumpe zurücktreten läßt. Der Speiseregler kann aber auch mit dem Dampfeinlaßventile der Speisevorrichtung (Dampfpumpe) verbunden werden, die dann nach Bedarf in Gang kommt.

Die meiste Verbreitung scheint der Speiseregler von Hannemann in Berlin gefunden zu haben, bei dem die Dampf- oder Wassersäule des Einhängerohres auf eine in ein gußeisernes Gehäuse gespannte Gummiplatte wirkt, deren beide Seiten stets von Wasser berührt werden. Der Gewichtsunterschied der Dampf- oder Wassersäule biegt die Gummiplatte durch und diese Bewegung wird durch ein Hebelwerk auf das Speiseventil übertragen. Namentlich bei Anlagen, die aus mehreren Kesseln bestehen und die eine gemeinsame Speiseleitung besitzen, haben sich Speiseregler recht zweckmäßig erwiesen.

Die Dampfstrahlpumpe oder der Injektor: Die saugende und fördernde Wirkung eines Dampfstrahles war schon in der Blasrohreinrichtung der Lokomotiven für den Dampfkesselbetrieb nutzbar gemacht worden. In weiterer Folge hatte dann der Marquis Mannonry d'Ectot darauf hingewiesen, daß der Dampfstrahl auch zum Ansaugen und Befördern des Wassers benutzt werden könne. Aber erst nach längerem Be-

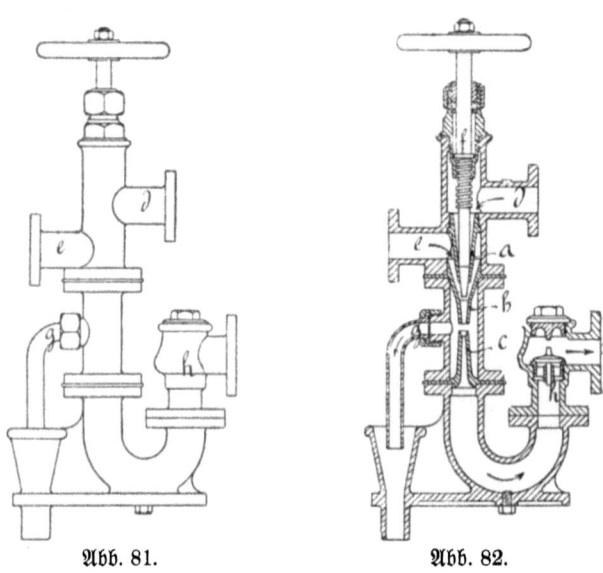

Abb. 81.   Abb. 82.

mühen gelang es dem Franzosen Giffard (sprich Schiffar) im Jahre 1858 eine brauchbare Dampfstrahlpumpe zum Speisen der Dampfkessel herzustellen. Die Bequemlichkeit und der Vorteil, das Speisen des Kessels auch während des Stillstandes der Maschine vornehmen zu können, waren die Ursachen, daß bei der Lokomotive die bis dahin gebräuchliche Maschinenpumpe bald verschwand und der Dampfstrahlpumpe Platz machte.

Man unterscheidet saugende und nichtsaugende Injektoren. Die nichtsaugenden Injektoren, denen das Wasser zugeführt werden muß, sind Vereinfachungen der saugenden. Ein saugender Injektor arbeitet natürlich auch mit zufließendem Wasser.

In den Abbildungen 81 (äußere Ansicht) und 82 (Schnitt) ist ein älterer saugender Giffardscher Injektor der Firma C. W. Julius Blancke & Co. in Merseburg dargestellt.

In einem Gehäuse sind drei verschiedene, zugespitzte Mundstücke angeordnet, die man Düsen nennt. Die Düse a heißt die Dampfdüse, die Düse b die Mischdüse und die Düse c die Fang- oder Überdruckdüse. Der Dampfdüse, deren Mündung mittels der mit Gewinde versehenen und an ihrem unteren Ende zugespitzten Spindel f beliebig verengt oder auch ganz geschlossen werden kann, wird durch das Rohr d Kesseldampf zugeführt, dem Raume zwischen Dampf- und Mischdüse durch das Rohr e aber das in den Kessel zu befördernde Wasser.

Bei der Ingangsetzung und während des Betriebes des Injektors geht folgendes vor sich: Nachdem dem Dampfe durch Öffnen des Dampfventiles der Zutritt zur Dampfdüse gewährt worden ist, wird diese durch Zurückschrauben der Spindel langsam geöffnet. Der der Düse mit großer Geschwindigkeit entströmende Dampfstrahl reißt zunächst an seinem Umfange die Luft mit sich fort. Der Druck in dem Raume zwischen Dampf- und Mischdüse sinkt infolgedessen, und es wird durch das Rohr e Wasser angesaugt. Das angesogene Wasser tritt schließlich an den Dampfstrahl heran und wird von diesem ebenfalls mit fortgerissen. Der vom Wasser berührte Dampf verdichtet sich und gibt an dieses seine Wärme ab. Der Mischdüse entströmt nunmehr mit großer Geschwindigkeit ein Strahl heißen Wassers, der anfangs zersplittert und durch das Überlaufrohr g wieder entweicht. Sehr bald bringt aber der Wasserstrahl in die Fangdüse, setzt in dieser seine Geschwindigkeit infolge der allmählichen Erweiterung der Düse in Druck um, hebt endlich, den auf dem Ventil h lastenden Druck des Kessels überwindend, dieses Ventil aus und tritt nunmehr in das Druckrohr und in den Kessel. Der Überlauf vermindert sich. Er hört schließlich nach Vermehrung des Dampfzuflusses ganz auf. Dem Kessel wird von jetzt ab ununterbrochen Wasser zugeführt. Soll die Speisung aufhören, so braucht nur der Dampf abgesperrt zu werden.

Außer von dem Drucke des verwendeten Dampfes und der Temperatur des zu verspeisenden Wassers hängen nun die Wirksamkeit des Injektors und seine Liefermenge im wesentlichen von der Weite, der Form und der gegenseitigen Entfernung der drei Düsen ab. Der besprochene Injektor vermag das Wasser 2 m hoch anzusaugen. Er nimmt es noch mit 40° C an und führt es dem Kessel mit 80 bis 90° C zu.

Wesentlich größere Saughöhe und höhere Temperatur des anzusaugenden Wassers können dem vorzüglichen Universal-Injektor der Gebrüder Körting in Hannover zugemutet werden, der allerdings weniger einfach und daher auch teurer ist. Die Abbildungen 83 (äußere Ansicht), 84 und 85 (zwei rechtwinklig zueinander stehende Längenschnitte) stellen diesen Injektor dar.

Der Körtingsche Injektor vereinigt zwei vereinfachte Injektoren in sich, bei denen die Fangdüsen in Wegfall gekommen sind. a_1 und a_2 sind die beiden Dampfdüsen, b_1 und b_2 die zugehörigen Mischdüsen. Dem

erften Injektor fällt die Aufgabe zu, das zu verspeisende Wasser anzu=
saugen. Der zweite Injektor, dem das angesaugte Wasser unter einem
gewissen Drucke zufließt, vollbringt den zweiten Teil der Arbeit und schafft
es in den Kessel.

In sehr geistreicher Weise wird nun bei dem Ingangsetzen ein plan=
mäßiges Zusammenwirken der beiden Injektoren erzielt.

Wird der auf den Hahn c gesteckte Hebel d in der Richtung des
Pfeiles bewegt, so schiebt sich die Stange e, deren unteres Ende mittels
eines Zapfens und Klötzchens in einer spiralförmigen Nute der mit dem
Hebel verbundenen Scheibe f gleitet, nach oben. Mit der Stange e wird

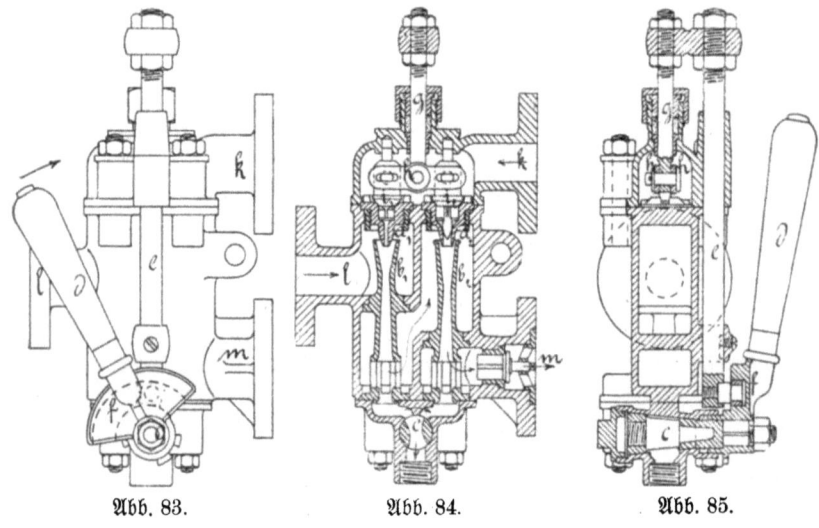

Abb. 83.   Abb. 84.   Abb. 85.

aber zugleich die mit ihr verbundene Stange g gehoben, die mittels einer
Stopfbüchse in den oberen Teil des Injektorgehäuses geführt ist und dort
zwei um einen Bolzen frei bewegliche Schwingen h trägt. Die Enden
dieser Schwingen sind mit Schlitzen versehen und erfassen zwei durch die
beiden Dampfventile i_1 und i_2 gesteckte, bewegliche Bolzen. Das Ventil i_2
besitzt einen zugespitzten Ansatz, der nach Art der Giffardschen Injektor=
spindel die Öffnung der Düse regelt.

Die Ventile sind nun nicht gleich groß. Sie werden infolgedessen
durch den Druck des Dampfes, der dem Injektor durch das Rohr k zu=
strömt, ungleich belastet. Das Heben der Stange g bewirkt daher, daß
sich zunächst das kleinere, weniger belastete Ventil i_1 des ersten Injektors
öffnet, und dieser das durch das Rohr l eintretende Wasser anzusaugen
beginnt. Erst wenn das Ventil i_1 ganz geöffnet ist und sein Führungs=

stiel oben im Gehäuse anstößt, hebt sich auch das Ventil des zweiten Injektors, und beginnt dieser zu arbeiten.

Im unteren Teile des Injektors haben sich gleichzeitig folgende Vorgänge abgespielt: Zu Beginn der Bewegung nahm der Hahn c eine solche Stellung ein, daß der erste Injektor nach dem an den Hahn sich anschließenden Überlauf hin offen stand. Das von diesem Injektor angesaugte Wasser konnte daher zunächst durch den Hahn wieder ablaufen. Mit dem Öffnen des zweiten Injektors schließt sich aber der nach dem Hahn c führende Kanal des ersten Injektors. Das von diesem Injektor gelieferte Wasser tritt nunmehr durch die im unteren Teile der Düse befindlichen Schlitzlöcher nach außen und dringt unter einem gewissen Drucke zur Mischdüse des zweiten Injektors vor. Der inzwischen geöffnete, nach dem Überlaufe führende Kanal dieses Injektors schließt sich mit dessen Ingangkommen ebenfalls allmählich. Das Wasser dringt hierauf durch die Schlitze der Düse nach außen und tritt, nachdem es das Druckventil des nach dem Kessel führenden Rohres m gehoben hat, in die Druckleitnng und den Kessel.

Bei den neuesten Universal-Injektoren wird die Stange e durch ein mit dem Hebel verbundenes Exzenter und einer Exzenterstange bewegt.

Die Körtingschen Universal-Injektoren, die sowohl stehend als auch liegend verwendet werden, wirken äußerst zuverlässig. Ein Versagen kommt bei langsamem Bewegen des Anstellhebels kaum vor. Sie saugen kaltes Wasser bis $6^{1}/_{2}$ m hoch an. Fließt ihnen das Wasser zu, so vermögen sie es noch mit 65^{0} C zu verarbeiten und tritt es dann, weit über 100^{0} C erhitzt, in den Kessel.

Neben dem Körtingschen Universal-Injektor wird der ebenso vorzügliche, sogenannte Restarting-Injektor der Firma Schäffer & Budenberg in Buckau-Magdeburg viel benutzt, der seinen englischen, mit „wiederangehend" zu übersetzenden Namen einer Eigentümlichkeit verdankt, auf die weiter unten zurückzukommen ist. Auch hier genügt die Bewegung eines Hebels, um den Injektor in Gang zu setzen. Die Bauart dieses Injektors lassen die Abbildungen 86 (äußere Ansicht), 87 und 88 (zwei rechtwinklig zueinander gelegte Schnitte) erkennen.

a ist die Dampfdüse, deren oberer Teil einen Ventilsitz bildet, b die Mischdüse und c die Fangdüse. Das Rohr d führt dem Injektor den Betriebsdampf, das Rohr e das zu verspeisende Wasser zu.

Der bereits erwähnte Hebel f steckt auf einer Welle, die mittels einer Stopfbüchse in das Innere des Injektorgehäuses geführt und dort mit einem exzentrischen, in einen Schlitz des Ventilkörpers g greifenden Zapfen versehen ist. Wird der Hebel in der Richtung des Pfeiles gedreht, so hebt sich der Ventilkörper. Dieser wird hierbei durch eine Büchse und durch Führungsflügel senkrecht geführt. Der Ventilkörper endet in einer Giffardschen Düsenspindel.

Wird das Ventil nur wenig geöffnet, so gibt auch die Dampfdüse nur einen dünnen Dampfstrahl, der das Ansaugen bewirkt. Luft und Wasser entweichen zunächst durch das mit einer Feder schwach belastete Ventil des Überlaufes h nach außen. Bald wird aber der Strahl von der Fangdüse aufgenommen. Das aus der Fangdüse tretende Wasser überwindet nunmehr den auf dem Druckventil i lastenden Kesseldruck und wird durch das Rohr k in den Kessel geführt. Der Injektor speist. Das Überlaufventil h schließt sich jetzt und verhindert hierdurch das Ansaugen von Luft, das ein ziemlich lästiges Geräusch verursacht.

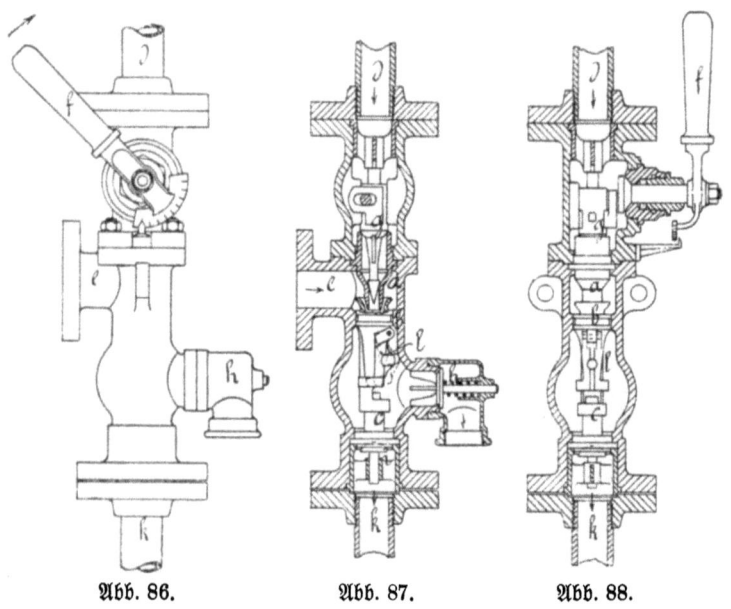

Abb. 86.   Abb. 87.   Abb. 88.

Dringt Luft in das Saugrohr oder treten Stöße im Druckrohr ein, so schnappt der Injektor ab. Der Restarting-Injektor besitzt nun die Eigenschaft, daß er in solchen Fällen von selbst wieder anspringt. Seine Mischdüse ist mit einer Klappe l versehen, die sich öffnet und den Dampf entweichen läßt. Er strömt durch das Überlaufventil h ins Freie. Hierdurch vermindert sich aber der Druck in der Mischdüse und der Injektor saugt wieder an. Der von neuem gebildete Strahl saugt nun auch die Klappe an und schließt die Düse.

Auch der Restarting-Injektor saugt kaltes Wasser bis auf $6^{1}/_{2}$ m Höhe und verarbeitet zufließendes Wasser noch mit einer Temperatur von 60° C.

Die saugenden Injektoren bedürfen einer verstellbaren Dampfdüse. Fließt dagegen dem Injektor das Wasser zu und fällt die Arbeit des Ansaugens fort, so wird die Stellvorrichtung der Dampfdüse überflüssig. Ein Injektor ohne stellbare Dampfdüse kann allerdings heißes Wasser nicht verarbeiten.

Bei den Lokomotiven werden gewöhnlich **nichtsaugende Injektoren mit festen Düsen** benutzt.

Der älteste nichtsaugende Injektor ist der **Kraussche Injektor**. Er besitzt drei getrennte feste Düsen.

Bei dem **Schauschen Injektor** sind zwei der Düsen, die Mischdüse und die Fangdüse, zu einer vereinigt, welche die Form eines sich nach beiden Enden hin erweiternden Rohres besitzt. In der Mitte ist dieses Rohr in ähnlicher Weise wie die Mischdüse des Körtingschen Injektors mit Schlitzen versehen, durch das zunächst das Überlaufwasser entweichen kann, später aber noch etwas Wasser angesogen wird.

Bei dem **Friedmannschen Injektor** ist endlich zwischen die Dampfdüse und die Mischdüse noch eine kurze Zwischendüse eingeschaltet. Diese Düse spaltet das zuströmende Wasser in zwei Teile, die nacheinander in dünnerer Schicht an den Dampfstrahl treten. Hierdurch wird aber das Verdichten des Dampfes erleichtert und dem Injektor das Verarbeiten wärmeren Wassers ermöglicht.

Bei dem Anstellen der nichtsaugenden Injektoren werden der Dampf- und Wasserzufluß gleichzeitig geöffnet. Nach dem Ingangkommen des Injektors wird dann der Wasserzufluß wieder soweit vermindert, daß kein Wasser mehr entweicht. Die Bedienung ist also ebenfalls eine recht einfache.

In neuerer Zeit ist es auch gelungen, den verbrauchten Dampf der Dampfmaschinen durch besonders geformte Injektoren zum Speisen der Kessel nutzbar zu machen. Die Verwendungsmöglichkeit solcher **Abdampf-Injektoren**, die von Schäffer & Budenberg und Gebrüder Körting eingeführt wurden, ist allerdings eine beschränkte.

Die Injektoren sind ebenfalls verhältnismäßig einfache und leicht zu bedienende Speisevorrichtungen. Werden sie aus guten Fabriken bezogen, und sorgt man dafür, daß ihnen aller Schmutz fern bleibt, so lassen sie auch an Zuverlässigkeit wenig zu wünschen übrig.

Der Injektor versagt bei ungenügendem Dampfdruck, oder wenn der Dampfstrahl nicht genügend verdichtet wird. Dies tritt ein, wenn entweder der Dampf bei dem Ansaugen oder während des Arbeitens in zu großen Mengen zugeführt wird, oder wenn das zu speisende Wasser zu heiß ist. Der Injektor ist dann entweder gar nicht in Gang zu bringen oder er schnappt plötzlich ab. Der Injektor ist daher langsam in Gang zu setzen. Auch darf der Dampfzufluß nicht das erforderliche Maß überschreiten.

Der Injektor wird ferner unbrauchbar, wenn sich in den Düsen Schmutz oder Kesselstein festsetzt, oder wenn die an älteren Injektoren etwa vorhandene Düsenspindel verbogen ist. Um den Schmutz fernzuhalten, muß das Saugrohr mit einem feinmaschigen Saugkorbe versehen werden. Die verschmutzten Düsen sind zu reinigen. Auch dann noch versagende Injektoren sind einer zuverlässigen Fabrik zur Instandsetzung zu übergeben.

Da die Injektoren keine oder nur wenig bewegte Teile besitzen, so erweisen sie sich ziemlich dauerhaft.

Sonstige Speisevorrichtungen: Ist eine Hochdruck-Wasserleitung vorhanden, deren Druck den Betriebsdruck des Kessels übersteigt, so kann auch diese zur Kesselspeisung nutzbar gemacht werden. § 4 Absatz 4 der allgemeinen polizeilichen Bestimmungen fordert allerdings, daß der Druck der Leitung am Kessel jederzeit mindestens zwei Atmosphären höher sein muß als der genehmigte Dampfdruck des Kessels. Diese Bestimmung schließt die Benutzung der Hochdruckleitung, deren Druck immerhin ein beschränkter ist, in den meisten Fällen aus, ganz abgesehen davon, daß auch der Besitzer der Hochdruckleitung (die Stadtgemeinde) zumeist Widerspruch erheben wird.

Man erzielte weiter eine selbsttätige Speisung durch senkrechte, langsam sich drehende Hähne, die sich mit Wasser füllen und nach Bedarf in den Kessel entleeren.

Bei der einen Bauart sind in dem Hahne Kammern angeordnet, die eine wagerechte Scheidewand in zwei Gruppen trennt. Es wird nun abwechselnd die obere Gruppe mit dem hochgelegenen Speisewasserbehälter, hierauf die obere mit der unteren Gruppe und diese schließlich mit dem Kesselinnern verbunden. Der Hahn liegt in der Höhe des Wasserspiegels des Kessels. Bei genügend hohem Wasserstande bleiben die unteren Kammern mit Kesselwasser gefüllt, und es kann daher auch aus den oberen Kammern kein frisches Wasser in diese treten. Erst wenn der Wasserstand soweit gesunken ist, daß Dampf in die unteren Kammern bringt, entleeren sich diese in den Kessel und werden hierauf wieder aus den oberen Kammern gefüllt.

Bei einer anderen Bauart ist der Hahn nur mit einer durchgehenden Kammer versehen. Der obere Teil dieser Kammer tritt abwechselnd mit dem Speisewasserbehälter und einem Rohr in Verbindung, das bis zum Wasserspiegel des Kessels reicht. Das untere Ende des Hahns liegt etwas unter diesem Wasserspiegel und tritt dort zu gleicher Zeit, wie das obere Hahnende mit dem Rohre, mit dem Wasser des Kessels in Verbindung. Ist nun der Wasserspiegel soweit gesunken, daß das Ende jenes Rohres frei wird, so bringt Dampf in den oberen Teil des Hahnes, und dieser kann sich in den Kessel entleeren.

Das in diese Speisevorrichtungen eintretende Kesselwasser war diesen natürlich wenig dienlich. Auch erweist sich die Beschaffung der erforderlichen Maschinenkraft oft undurchführbar. Die Vorrichtungen haben sich daher nicht einzubürgern vermocht.

In neuester Zeit sind endlich elektrisch oder mittels kleiner Dampfturbinen angetriebene Schleuder= (Zentrifugal=) Pumpen für die Kesselspeisung nutzbar gemacht worden. Die erforderliche Drucksteigerung wird bei ihnen durch das Zusammenarbeiten einer Anzahl von Schleuderrädern erzielt. Es sollen mit diesen Speisevorrichtungen recht gute Erfahrungen gemacht worden sein.

3. Die Speiseleitungen und das Speiseventil.

Die Rohrleitungen, die der Speisevorrichtung das anzusaugende Wasser und dem Kessel das unter Druck gesetzte Speisewasser zuführen, die Saug= und Druckrohre, werden gewöhnlich aus Kupfer, zuweilen auch aus Schmiedeeisen, seltener aus Gußeisen hergestellt. Sie sollen möglichst kurz sein und müssen eine genügende Weite besitzen. Auch sind bei Abbiegungen scharfe Ecken, in denen sich das Wasser stößt, zu vermeiden. Es ist dies bei Injektoren in besonderem Maße nötig, da diese bei Mängeln genannter Art leicht versagen.

Hinsichtlich der Speiseleitungen schreibt § 5 Abs. 2 der allgemeinen polizeilichen Bestimmungen vor: Haben Speisevorrichtungen gemeinschaftliche Sauge= oder Druckleitung, so muß jede Speisevorrichtung von der gemeinschaftlichen Leitung abschließbar sein. Übereinander liegende Verbundkessel mit getrennten Wasserräumen*) sowie Dampfkessel mit verschieden hohem Betriebsdrucke müssen je für sich gespeist werden können.

Der Zweck dieser Vorschriften ist ohne weiteres verständlich, die auf die Verbundkessel bezügliche auch Seite 139 schon besprochen werden.

Damit die Speisevorrichtungen nicht beständig dem im Kessel herrschenden Druck ausgesetzt sind, und auch der Kessel sich nicht durch das etwa schadhaft gewordene Druckrohr entleeren kann, muß in dieses Rohr, möglichst nahe am Kessel ein besonderes Ventil eingeschaltet werden, das zwar das Wasser in den Kessel treten läßt, ihm aber den Wiederaustritt verwehrt. § 5 Abs. 1 der allgemeinen polizeilichen Bestimmungen schreibt für jeden Kessel ein solches Ventil, das man Speiseventil oder Rückschlagventil nennt, ausdrücklich vor.

Ein Speiseventil der gebräuchlichsten Bauart (von Dreyer, Rosenkranz & Droop in Hannover) ist im linken Teile der Abbildung 89 dargestellt.

Das Ventil besteht aus einem gußeisernen Gehäuse a, in dem ein Ventilsitz aus Rotguß angebracht ist. Der Ventilteller b ist durch einen Stiel und Führungsflügel senkrecht geführt und kann sich frei bewegen. Das Wasser durchfließt das Ventil in der Richtung des eingezeichneten Pfeiles. Damit der Ventilteller bei einem Schiefstellen sich nicht festklemmt, ist dem

---

*) Siehe Abbildungen 45 und 46.

Sitze sowie den Flügeln und dem im Deckel des Gehäuses geführten Stiele des Tellers eine ausreichende Länge zu geben.

Von Wichtigkeit ist nun auch die Wahl des Ortes, an dem man das Speiserohr in den Kessel münden läßt.

In der Regel wird das Speisewasser dem Kessel derart zugeführt, daß hocherhitzte Kesselwandungen nicht vom eintretenden kühleren Wasser berührt werden, weil hierdurch der Kessel leicht beschädigt wird.

Aber auch ein anderer Umstand darf nicht unbeachtet bleiben. Das Wasser enthält stets Luft und Kohlensäure in nicht unbeträchtlichen Mengen, die sich bei dem Erwärmen ausscheiden. Füllt man ein Glasgefäß mit kaltem Wasser an, und läßt man es eine Zeitlang in der Sonne stehen, so erwärmt sich das Wasser und bald bedecken sich die Wände des Glases mit einer Menge von Bläschen, die aus Luft und Kohlensäure bestehen. Das Eisen wird von solchen Luft- und Kohlensäurebläschen angegriffen und zerstört. Es muß daher vermieden werden, daß sich in einem Dampfkessel ein solcher Beschlag bildet.

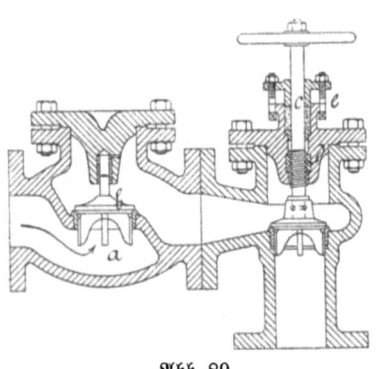

Abb. 89.

Nach § 5 Abs. 2 der allgemeinen polizeilichen Bestimmungen muß schließlich die Speiseleitung möglichst so beschaffen sein, daß sich der Dampfkessel bei undichtem Rückschlagventile nicht durch die Speiseleitung entleeren kann.

Bei den Walzenkesseln bringt man demzufolge das Speiseventil immer oben, auf dem hinteren Teile des Kessels an und führt das Wasser durch ein Rohr in den Kessel herab. Dieses Rohr endet aber schon in mäßiger Tiefe unter dem Wasserspiegel. Das zugeführte Wasser kann dann nicht die Feuerplatten und die im ersten Feuerzuge liegenden Mantelbleche des Kessels berühren.

Bei den mehrfachen Walzenkesseln darf das Wasser nicht in die Unterkessel gespeist werden, in denen die Luft- und Kohlensäurebläschen sitzen bleiben. Es wird hier in den Oberkessel gespeist und im übrigen wie beim Walzenkessel verfahren.

Bei den Flammenrohrkesseln mit Innenfeuerung und freiliegendem, vorderen Kesselboden läßt man das Speisewasser vom Kesselboden aus unter Zuhilfenahme eines wagerechten Ansatzrohres in geringer Tiefe unter dem Wasserspiegel in das Kesselwasser treten. Die im Wasser enthaltene Luft und Kohlensäure können sich dann nicht auf den Flammenrohren und dem Kesselmantel festsetzen. Der Kessel nimmt auch in allen seinen Teilen eine gleichmäßigere Temperatur an, was seiner Haltbarkeit und Dichtheit zugute kommt. Bei Flammenrohrkesseln mit Vorfeuerung oder Unterfeuerung kann wie bei den Walzenkesseln verfahren werden.

Die meisten mit Unterfeuerungen versehenen Heizröhrenkessel und die Wasserröhrenkessel werden ebenfalls wie die Walzenkessel behandelt.

Bei den aufrechtstehenden, nicht eingemauerten Kesseln bringt man das Speiseventil seitlich am Kesselmantel an.

Bei den Lokomotiv- und Lokomobilkesseln befindet sich das Speiseventil in der Regel an dem der Feuerbüchse entgegengesetzten Ende des Kesselmantels, bei den Schiffskesseln aber wieder, wie bei den Flammenrohrkesseln mit Innenfeuerung, am vorderen Kesselboden.

4. Die Druckmesser (Manometer).

Im dritten Abschnitte wurde gezeigt, daß zur Erzielung eines sparsamen Betriebes der Dampfdruck stets hoch zu halten sei. Die Sicherheit des Betriebes erfordert dagegen, daß der höchste zulässige Dampfdruck nicht überschritten werde. Der im Kessel herrschende Druck muß daher jederzeit beobachtet werden können. Diesem Zwecke dienen die Druckmesser oder Manometer.

Nach § 10 der allgemeinen polizeilichen Bestimmungen muß mit dem Dampfraume jedes Dampfkessels oder des Wasserstandskörpers ein zuverlässiges nach Atmosphären geteiltes Manometer verbunden sein, an dessen Zifferblatte die festgesetzte höchste Dampfspannung durch eine unveränderliche, in die Augen fallende Marke zu bezeichnen ist, und das noch die Ablesung des Probedruckes gestattet.

Schiffskessel müssen mit zwei, nach Befinden auch drei Manometern versehen werden.

Die Verbindung zwischen Dampfkessel und Manometer wird durch ein eisernes oder besser kupfernes Rohr hergestellt, das nur wenig Fall erhalten darf. Ein Meter Höhenunterschied zwischen Manometer und Anschluß am Kessel hat bereits zur Folge, daß das Manometer unter der Einwirkung des im Verbindungsrohre sich ansammelnden Wassers $1/10$ Atmosphäre zu viel zeigt.

Im Dampfkesselbetriebe werden zwei Arten von Manometern verwendet. Bei der einen wird der Druck des Dampfes durch die Höhe einer Quecksilbersäule gemessen, die mit ihm im Gleichgewichte steht, bei der anderen durch die Formveränderung, die eine Metallfeder unter der Einwirkung des Druckes erleidet. Man nennt die Manometer der ersten Art Quecksilbermanometer, die der zweiten Art Federmanometer.

Das Quecksilbermanometer: Das Quecksilbermanometer wird in zwei verschiedenen Formen hergestellt, entweder als Gefäßmanometer oder als Hebermanometer.

Ein Gefäßmanometer der einfachsten Art ist in den Abbildungen 90 und 91 dargestellt.

In ein gußeisernes, mit Quecksilber gefülltes und geschlossenes Gefäß a taucht ein senkrechtes Glasrohr b ein. Die kleine Stopfbüchse c, in die ein Gummiring oder etwas Hanf gelegt wird, vermittelt eine dichte Verbindung des Glasrohres mit dem Gefäße.

Durch das seitliche Rohr d ist das Gefäß mit dem Dampfkessel verbunden. Unter der Einwirkung des sich auf den Quecksilberspiegel im Gefäße fortpflanzenden Dampfdruckes erhebt sich nun in dem Glasrohr eine Quecksilbersäule, deren Höhe für jede Atmosphäre Überdruck nach den auf Seite 10 gegebenen Erläuterungen 735 mm beträgt. Nach diesem Maßstab ist auch die hinter dem Glasrohr auf einem Brett angebrachte Teilung hergestellt.

Eine Glasflasche e, die mit einem seitlichen Loche versehen und mit ihrem Hals unter Zuhilfenahme eines Gummiringes auf das Glasrohr gesteckt ist, fängt das bei außergewöhnlich hohem Dampfdruck etwa aus dem Glasrohre tretende Quecksilber auf.

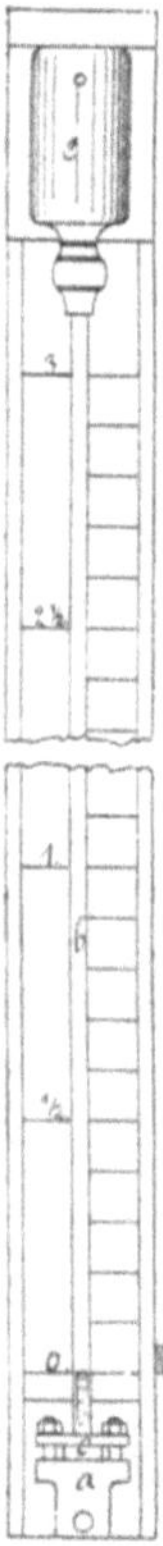

Anstatt des zerbrechlichen Glasrohres werden auch schmiedeeiserne Rohre benutzt. Abbildung 92 stellt ein derartiges Manometer der Firma Schäffer & Budenberg in Buckau-Magdeburg dar. Da der im Rohr aufsteigende Quecksilberspiegel nicht mehr sichtbar ist, so muß seine jeweilige Lage nach außen hin auf besondere Weise erkennbar gemacht werden. Es wird zu diesem Zweck ein kleiner walzenförmiger Körper aus Schmiedeeisen in das Manometer gebracht. Schmiedeeisen ist leichter als Quecksilber. Der eiserne Körper schwimmt daher auf dem Quecksilber. Um die Bewegung des eisernen Schwimmers nach außen hin sichtbar zu machen, ist an ihm ein Faden befestigt, der oben über eine Rolle läuft und am anderen Ende einen Metallzeiger a trägt. Der Metallzeiger bewegt sich vor einer Teilung und zeigt an dieser den Druck des Kessels an. Der Teilung ist natürlich der gleiche Maßstab zugrunde zu legen, wie der eines mit einem Glasrohre versehenen Manometers.

Abb. 90. Abb. 91.

Die Gefäßmanometer mit einer solchen Teilung erhalten schon bei mäßigem Druck eine beträchtliche Höhe, die z. B. bei 5 Atmosphären Überdruck über $3^{1}/_{2}$ m beträgt. Hierdurch wird aber die Beobachtung recht erschwert. Gefäßmanometer werden aber stets zum Vergleichen und Prüfen der noch zu beschreibenden Federmanometer benutzt.

Das Quecksilbermanometer.

Wesentlich geringere Höhen erhalten die Hebermanometer, die in der Hauptsache aus einem U=förmig gebogenen, mit Quecksilber gefüllten Rohre bestehen. Der kürzere Schenkel dieses Rohres ist mit dem Kessel verbunden, der längere Schenkel oben offen. Der auf den Quecksilber= spiegel im kürzeren Schenkel wirkende Druck des Dampfes senkt diesen Spiegel, während sich der Spiegel im anderen Schenkel um ein ent= sprechendes Stück hebt. Hierbei können die beiden Schenkel entweder gleiche oder auch verschiedene Weite besitzen.

Ein Hebermanometer mit **gleich weiten Rohrschenkeln** von C. W. Julius Blancke & Co. in Merseburg ist in Abbildung 93 dargestellt.

Das Rohr der Hebermanometer wird in der Regel aus Schmiedeeisen hergestellt und die Lage der Quecksilberspiegel wieder mittels eines, in den offenen Rohrschenkel gebrachten Schwimmers und eines mit diesem verbundenen Zeigers nach außen hin sichtbar gemacht. Es ist hinzuzufügen, daß auch hier der offene Rohrschenkel des Manometers mit einer Fangflasche c ver= sehen wird, in der sich das etwa aus dem Rohr gedrückte Quecksilber ansammeln kann, und daß ferner der kurze Schenkel genügend lang sein muß, damit der Kessel, in dem nach Einstellung des Betriebes infolge Ab= kühlung und Verdichtung des Dampfes Luftleere eintritt, nicht einen Teil des Quecksilbers einsaugt.

Bei gleich weiten Rohrschenkeln senkt sich natürlich der eine Quecksilberspiegel genau so viel, wie sich der andere hebt. Für eine Atmosphäre Überdruck beträgt aber auch hier der Höhenunterschied der beiden Quecksilberspiegel 735 mm. Da sich indessen ein solcher bereits einstellt, wenn sich der mit dem Schwimmer versehene Spiegel um die Hälfte dieses Maßes erhebt, so wird die Teilung eines derartigen Manometers nur halb so weit wie die eines Gefäßmano= meters und ist demzufolge besser zu übersehen.

Es darf nun bei der Herstellung der Teilung ein Umstand nicht unbeachtet bleiben. Der mit dem Kessel verbundene Rohrschenkel b füllt sich im Betriebe, da der eintretende Dampf infolge seiner Abkühlung sich

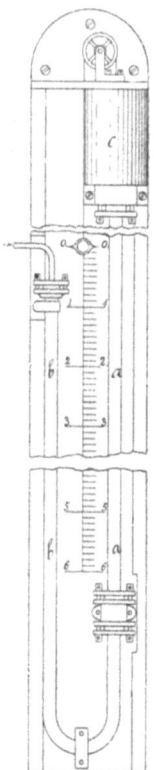

Abb. 92.   Abb. 93.

verdichtet, vollständig mit Wasser an. Der Druck des Dampfes auf den Quecksilberspiegel des kurzen Rohrschenkels vermehrt sich daher um den Druck der in diesem Rohre befindlichen Wassersäule, und die Quecksilbersäule des anderen Schenkels steigt um ein entsprechendes Stück höher. Die Teilung nach Atmosphären vergrößert sich demzufolge von $\frac{735}{2} = 368$ mm auf 382 mm.

Die Hebermanometer mit gleich weiten Rohrschenkeln werden als Manometer mit unverkürzter Teilung bezeichnet.

Sind die Schenkel eines Hebermanometers verschieden weit, so verkleinert sich die Bewegung des Quecksilberspiegels im weiten Rohrschenkel gegenüber der im engeren Schenkel im umgekehrten Verhältnisse der Rohrquerschnitte. Es werden auch Manometer dieser Art benutzt. Der weite Rohrschenkel besteht dann aus einem schmiedeeisernen Rohre, neben dem zur Beobachtung des Quecksilberspiegels ein engeres, einem Wasserstandsglase ähnliches Glasrohr angebracht ist. Hinter diesem Glasrohre befindet sich die Teilung. Sie erhält eine nur mäßige Höhe, was die Beobachtung sehr erleichtert. Hebermanometer dieser Art werden als Manometer mit verkürzter Teilung bezeichnet.

Die Manometer mit unverkürzter Teilung besitzen den Vorzug größerer Einfachheit und Genauigkeit. Im Dampfkesselbetriebe werden nur Hebermanometer mit unverkürzter Teilung benutzt.

Die Quecksilbermanometer sind wie die Schwimmerzeiger ebenfalls recht einfache Vorrichtungen, die fast gar keiner Wartung bedürfen. Bei den Manometern mit eisernem Rohr ist nur täglich einmal durch Ziehen an der Schwimmerschnur zu prüfen, ob der Schwimmer seine Beweglichkeit noch besitzt. Ein weiterer großer Vorteil liegt in der Unveränderlichkeit der Vorrichtung, die immer richtig zeigt.

Als ein Mangel ist zu bezeichnen, daß das Quecksilber sich an der Luft verändert, die Glasröhre blind macht und wohl auch einmal beim Anstellen des Druckes herausgeworfen wird. Dem Blindwerden des Glasrohres kann dadurch begegnet werden, daß in die offene Röhre des Manometers eine kleine Menge Glyzerin gebracht wird, die das Quecksilber von der Luft abschließt. Das Herausschleudern des Quecksilbers aus dem Manometer wird aber vermieden, wenn der Hahn, der in das Verbindungsrohr zwischen Kessel und Manometer eingeschaltet ist, langsam geöffnet wird.

Die allgemeiner werdende Benutzung höherer Dampfdrücke ist die Ursache, daß die schwerfälligeren Quecksilbermanometer immer seltener und nur noch bei Niederdruck-Dampfkesseln benutzt werden und daß sie mehr und mehr durch die handlicheren Federmanometer verdrängt worden sind. Die Vorschrift in § 10 der allgemeinen polizeilichen Bestimmungen, daß die Teilung bis zum Probedrucke der Dampfkessel gehen muß, schließt ihre Anwendung noch mehr aus.

Das Federmanometer.

Das Federmanometer: Bei beweglichen Dampfkesseln und solchen mit hohem Drucke werden Federmanometer benutzt, die ebenfalls in zwei verschiedenen Formen hergestellt werden.

Bei dem von dem Franzosen Bourdon (sprich Burdong) eingeführten Federmanometer dient als Feder eine spiralförmig gebogene Röhre, die an dem einen Ende befestigt und mit dem Kessel verbunden ist. Das andere Ende der Feder ist geschlossen. Abbildung 94, die ein solches als Röhrenfeder=Manometer bezeichnetes und von der Firma O. Hempel in Berlin hergestelltes Manometer darstellt, läßt aus dem Schnitte mn erkennen, daß die Feder a einen abgeflachten Querschnitt hat. Die Röhrenfeder wird bei besseren Manometern aus Neusilber, bei gewöhnlichen aus Messing hergestellt.

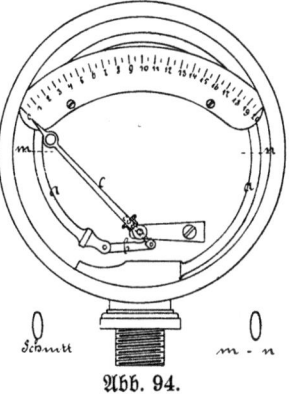

Abb. 94.

Der auf die inneren Wandungen der Röhrenfeder wirkende Druck ist bestrebt, die flache Form der Röhre in die kreisförmige überzuführen und zugleich die Feder zu verlängern. Die Folge ist, daß die spiralförmig gebogene Feder sich um ein Stück aufwickelt oder streckt und mit Hilfe der kleinen Zugstange b den Zeiger c bewegt, dessen Ausschlag die Größe des in der Feder wirksamen Druckes anzeigt.

Bei dem von Schäffer erfundenen und durch die Firma Schäffer & Budenberg in Buckau=Magdeburg eingeführten Manometer wird als Feder eine kreisförmige Platte verwendet. Ein solches Plattenfeder=Manometer ist in Abbildung 95 dargestellt. Bei diesem wirkt der Dampfdruck auf eine kreisrunde, aus dünnem Stahlbleche hergestellte und der größeren Elastizität wegen mit ringförmigen Wellen versehene Feder a, die zwischen die beiden Flanschen des Manometergehäuses eingespannt ist. Um die Plattenfeder vor dem Rosten zu schützen, erhält die untere vom Dampfe berührte Seite gewöhnlich einen dünnen Überzug von Silber.

Die Durchbiegung der Plattenfeder überträgt sich nun mit Hilfe des auf die Feder gelöteten Säulchens b auf das Schubstängelchen c. Dieses ruht mit seinem unteren, kugelförmigen Ende in einer Höhlung des Säulchens b, deren oberer Rand etwas über die Kugel gedrückt ist, infolgedessen das Schubstängelchen sicher, aber drehbar gelagert ist. Das obere Ende des Stängelchens ist mit dem um den Zapfen d drehbaren Körper e derart verbunden, daß die Entfernung des Stangenendes vom Drehpunkte d mittels zweier Schräubchen verändert und hierdurch der Ausschlag des Körpers geregelt werden kann. Es dürfte dies aus der kleinen Neben=

abbildung deutlich werden. An den Körper e ist ein Zahnbogen f gelötet, der in ein, mit dem Zeiger g auf derselben Achse befindliches Getriebe greift. Die Stahlspirale h dient dazu, den Zeiger stets straff zu halten, damit der nicht zu vermeidende tote Gang des Zeigerwerkes sich nicht bemerkbar macht. Es dürfte ohne weiteres einleuchten, daß eine Durchbiegung der Plattenfeder den Zeiger vorwärts bewegt. Die Stellung des Zeigers gibt den auf die Feder wirkenden Druck an.

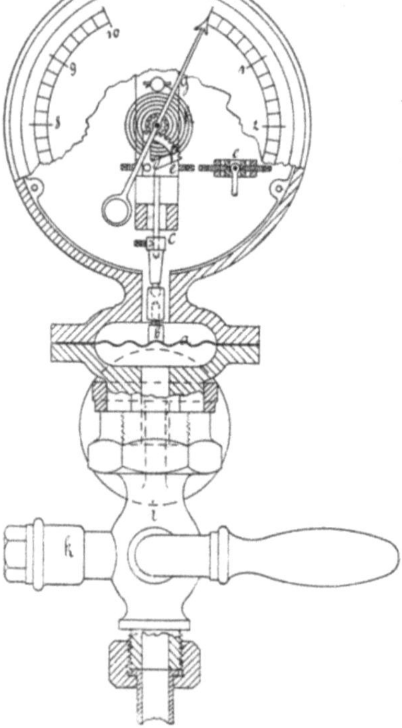

Die Teilung der Federmanometer wird durch Vergleichung mit einem Quecksilbermanometer gewonnen. Beide Arten der Federmanometer haben sich im Dampfkesselbetriebe wohl bewährt, und verdient die eine kaum den Vorzug vor der anderen.

Die Federmanometer erfüllen ihren Zweck in einfachster Weise und erfordern wenig Bedienung. Den Quecksilbermanometern gegenüber besitzen sie auch den Vorteil großer Billigkeit. Ein Nachteil ist, daß sie mit der Zeit ihre Richtigkeit infolge Erlahmens der Feder einbüßen.

Die Feder des Manometers wird um so rascher schlaff und das Manometer unbrauchbar, je stärker es der Hitze ausgesetzt ist. Nach § 10 der allgemeinen polizeilichen Bestimmungen muß daher das Manometer so angebracht sein, daß es gegen die strahlende Hitze des Kessels möglichst geschützt ist.

Wenn angängig soll das Manometer an einen vom Kessel genügend entfernten Ort angebracht werden. In Kesselhäusern wird es gern an einem gut erleuchteten Platze der Wand befestigt.

Abb. 95.

Es muß weiter verhütet werden, daß der Dampf die Feder berührt. Dies wird aber leicht dadurch erreicht, daß das vom Kessel zum Manometer führende Rohr unterhalb des Manometers entweder auf einen vollen Kreis spiralförmig oder einmal U-förmig nach unten gebogen wird. In der Spirale oder dem U-Rohre sammelt sich dann Wasser an, das kühl bleibt und dem Dampfe den Zutritt zur Feder des Manometers verwehrt. In § 10 der allgemeinen polizeilichen Bestimmungen wird gefordert, daß das Manometerrohr mit einem solchen „Wassersacke" versehen sein muß.

Die Erschlaffung der Feder und demnach falsches Zeigen des Manometers macht sich übrigens dem Heizer dadurch bemerkbar, daß nach dem Ablassen des Druckes aus dem Manometer der Zeiger nicht mehr ganz auf 0 zurückgeht.

Jedes Manometer versagt natürlich auch, wenn das zu ihm führende Rohr sich verstopft hat. Nach § 10 der allgemeinen polizeilichen Bestimmungen muß daher die Leitung zum Manometer zum Ausblasen eingerichtet sein. Es wird zu diesem Zwecke ein Hahn, am besten ein Dreiwegehahn angebracht, in Abbildung 95 mit *i* bezeichnet, mit dem das Manometerrohr von Zeit zu Zeit ausgeblasen und von Schmutz befreit werden kann. Der Hahn ermöglicht auch, ein unbrauchbar gewordenes Manometer während des Betriebes auszuwechseln.

An dem Dreiwegehahn wird nun auch der in § 14 Absatz 2 der allgemeinen polizeilichen Bestimmungen vorgeschriebene Stutzen angebracht, der es dem Aufsichtsbeamten ermöglicht, das amtliche Kontrollmanometer mit dem Kessel zu verbinden und das Betriebsmanometer auf seine Richtigkeit zu prüfen. Der Stutzen ist mit einem Flansche versehen, an dem das amtliche Manometer mittels zweier Schrauben befestigt wird.

In Sachsen ist für feststehende Kessel ausschließlich und für bewegliche und Schiffskessel neben dem Flansch ein Stutzen mit Muttergewinde vorgeschrieben, der in Abbildung 95 dargestellt ist. Nach Herausnahme der in der Abbildung ersichtlichen Schraube kann das mit Schraubengewinde versehene Kontrollmanometer in den Stutzen *k* geschraubt werden.

Ein zweiter, unmittelbar am Kessel angebrachter Hahn gewährt endlich den Vorteil, daß durch Ausblasen nicht zu beseitigende Verstopfungen des Manometerrohres auch während des Betriebes behoben werden können.

5. Die Sicherheitsventile.

Das Sicherheitsventil ist im wesentlichen ein vom Dampfraume des Kessels ausgehendes Rohr, das an seinem Ende durch einen belasteten Ventilteller verschlossen ist. Wird der höchste zulässige Dampfdruck erreicht, so überwältigt er die Belastung des Ventiltellers. Der Ventilteller hebt sich und gewährt dem Dampfe den Austritt.

§ 9 Absatz 1 der allgemeinen polizeilichen Bestimmungen fordert, daß jeder feststehende Dampfkessel mit wenigstens einem zuverlässigen Sicherheitsventil und jeder bewegliche Kessel mit mindestens zwei solchen Ventilen zu versehen ist. Auch Dampfschiffskessel müssen immer mindestens zwei Sicherheitsventile haben.

Nach § 9 Absatz 2 der allgemeinen polizeilichen Bestimmungen dürfen die Sicherheitsventile höchstens so belastet werden, daß sie bei Eintritt der für den Kessel festgesetzten höchsten Dampfspannung den Dampf entweichen lassen.

Das Sicherheitsventil muß weiter eine genügende, dem Kessel entsprechende Weite besitzen.

Je größer nun die Heizfläche eines Kessels ist, um so mehr Dampf hat das Sicherheitsventil abzuleiten, und um so größer muß sein Durchmesser sein. Andererseits läßt ein Sicherheitsventil um so mehr Dampf entweichen, einen je höheren Druck dieser besitzt. Bei gleicher Heizfläche darf daher der Kessel, der mit hohem Druck arbeitet, ein kleineres Ventil erhalten als der Kessel mit geringem Drucke. Die Weite des Sicherheitsventiles ist demnach von der Heizfläche und dem festgesetzten höchsten Drucke des Dampfkessels abhängig zu machen, zu dem es gehört.

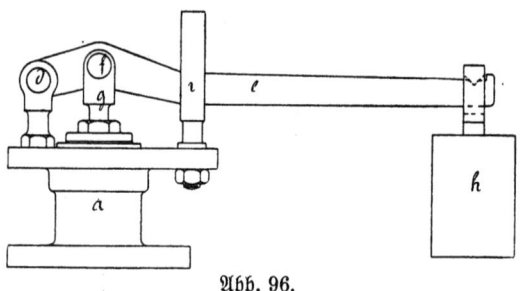

Abb. 96.

Über die kleinste zulässige Weite der Sicherheitsventile sind ebenfalls gesetzliche Vorschriften erlassen worden. Von der Erfahrung ausgehend, daß sich der belastete Ventilteller unter dem erhöhten Dampfdrucke nur um ein geringes Maß hebt und nur in ungenügendem Maße Dampf entweichen läßt, fordert § 9 Abs. 2 der allgemeinen polizeilichen Bestimmungen, daß die Weite oder der Querschnitt des Ventils so zu bemessen ist, daß die festgesetzte höchste Dampfspannung höchstens um $1/10$ ihres Betrages überschritten wird.

Durch Versuche ist nun festgestellt worden, daß diese Bedingung erfüllt wird, wenn der Querschnitt eine gewisse von Heizfläche und Dampfdruck abhängige Größe erhält. Auf die betreffende mathematische Formel kann indessen hier nicht eingegangen werden. Bei den weiter unten noch zu erwähnenden sogenannten Hochhubventilen genügen kleinere Durchmesser.

Wird für einen Kessel ein zu großes Sicherheitsventil erforderlich und sind an dessen Stelle zwei Ventile anzuwenden oder sind zwei Ventile vorgeschrieben, so genügt bei jedem der halbe Querschnitt. Nach § 9 Abs. 1 muß aber ihre Belastung voneinander unabhängig sein.

Bei der Wichtigkeit des Sicherheitsventiles ist es unerläßlich, daß dem Heizer die Möglichkeit gegeben ist, sich jederzeit von der Wirksamkeit

Das Sicherheitsventil mit Gewichtsbelastung.

dieses Ventiles zu überzeugen. Nach § 9 Abs. 1 der allgemeinen polizei=
lichen Bestimmungen müssen daher die Sicherheitsventile zugänglich und so
beschaffen sein, daß sie jederzeit gelüftet und die Ventilteller auf ihrem Sitze
gedreht werden können.

Je nachdem der Ventilteller durch Gewichte oder Federn belastet wird,
unterscheidet man Sicherheitsventile mit Gewichtsbelastung und solche
mit Federbelastung. Je nachdem das belastende Gewicht oder die Kraft
der Feder unmittelbar auf den Ventilteller wirkt oder hierzu die Beihilfe
eines Hebels benutzt wird, bezeichnet man weiter die Sicherheitsventile als
solche mit unmittelbarer (direkter) und mit mittelbarer (indirek=
ter) oder Hebelbelastung.

Das Sicherheitsventil mit Gewichtsbelastung: Die Sicher=
heitsventile werden selten durch Gewichte unmittelbar belastet, weil hierzu

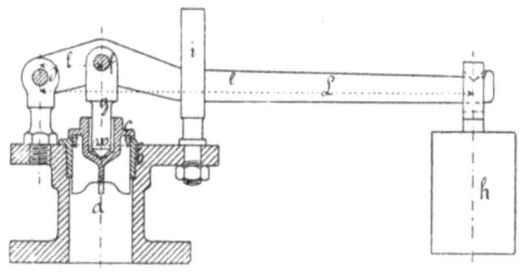

Abb. 97.

meistens sehr schwere Gewichte erforderlich sind. Fast ohne Ausnahme
wird der Ventilteller durch ein Gewicht belastet, das am Ende eines Hebels
angebracht ist. Die Abbildungen 96 und 97 stellen ein solches Ventil der
Firma C. W. Julius Blancke & Co. in Merseburg dar.

In das mit dem Kessel verbundene gußeiserne Ventilgehäuse a ist ein
Ventilsitz b eingesetzt, der den mit drei oder vier Führungsflügeln in den
Sitz hinabreichenden Ventilteller c aufnimmt. Sitz und Teller werden
aus Rotguß hergestellt, womit ein Zusammenrosten vermieden wird.
Die schmale Verschlußfläche, in der sich Sitz und Ventilteller berühren,
wird am besten eben gemacht. Kegelförmige Flächen halten nicht so gut dicht.
Der obere Teil des Ventiltellers ist mit einem Sechskant versehen, das
es ermöglicht, den Teller auch während des Betriebes etwas zu drehen,
auf welche Weise zwischen die Verschlußfläche geratener Schmutz entfernt
werden kann.

An dem um den Bolzen d drehbaren Hebel e ist nun mittels des
Bolzens f der zugespitzte Druckbolzen g drehbar befestigt, der den Druck
des am Ende des Hebels wirkenden Gewichtes h auf den Ventilteller über=
trägt. Der Hebel wird von der Gabel i geführt, die oben geschlossen ist,

damit der Hebel beim Lüften des Ventils nicht zu hoch gehoben werden kann. Sollte einmal der Ventilteller festsitzen, so könnte er ja auch bei zu hoch gehobenem Hebel, falls er sich plötzlich löste, herausgeschleudert werden.

Das Gewicht, das nach § 9 Absatz 1 der allgemeinen polizeilichen Bestimmungen aus einem Stücke bestehen muß, wird entweder auf den Hebel gesteckt und mittels einer in das Gewicht gebohrten Kopfschraube am Hebel festgeklemmt. Oder es besitzt eine Öse und wird mit dieser am Hebel aufgehangen (vergleiche die Abbildung). Es ruht dann mit einer Schneide auf dem Hebel, der an seinem äußeren Ende mit einer Nase versehen wird, damit das Gewicht vor dem Herabgleiten vom Hebel gesichert ist. § 9 Absatz 1 der allgemeinen polizeilichen Bestimmungen fordert noch, daß die Stellung des Gewichts durch Splinte zu sichern ist, mit denen der Hebel versehen wird.

Anstatt der Bolzen d und f werden zuweilen auch Schneiden angewendet, die in Pfannen ruhen und dem Hebel und Druckbolzen als Stützpunkte dienen.

Das beschriebene Ventil, bei dem der Ventilteller offenliegt, nennt man ein offenliegendes.

Oft wird über dem Ventilteller ein Gehäuse angeordnet, das den Raum über dem Ventilteller abschließt. Der Druckbolzen ist dann durch den Deckel dieses Gehäuses geführt, das Gehäuse aber mit einem seitlich sich abzweigenden senkrechten Rohre versehen. Diese Anordnung verfolgt den Zweck, den Dampf, der dem Ventil entströmt, in eine größere Höhe zu führen, damit er niemand belästigt und namentlich auf Schiffen die Mannschaft nicht am freien Ausblicke verhindert. Man nennt solche Ventile verdecktliegende. Nach § 9 Absatz 1 der allgemeinen polizeilichen Bestimmungen müssen die Ventilgehäuse, damit sich in ihnen nicht Wasser ansammeln kann, in ihrem tiefsten Punkte mit einer nicht abschließbaren Entwässerungsvorrichtung versehen sein. Für feststehende Dampfkessel ist der besseren Zugänglichkeit wegen dem offenliegenden Ventile der Vorzug zu geben.

Werden Sicherheitsventile mit Hebelbelastung bei bewegten Kesseln verwendet, so muß das Gewicht, damit die unvermeidlichen Erschütterungen während der Fahrt nicht ein beständiges Abblasen des Ventiles herbeiführen, elastisch aufgehangen werden. Das Gewicht erhält dann eine Durchbohrung, durch die ein langer Bolzen gesteckt wird, der an seinem unteren Ende einen Bund besitzt, an seinem oberen Ende aber die Öse des Gewichts trägt. Eine zwischen Gewicht und Bolzen gelegte Spiralfeder nimmt die Stöße auf und macht sie unschädlich.

Zugleich muß das Pendeln des Gewichtes verhindert werden. Zu diesem Zwecke wird jener Bolzen bis über das Gewicht hinaus nach unten verlängert und dort durch eine starke Öse geführt, die am Kessel oder in sonst geeigneter Weise befestigt ist.

Das Sicherheitsventil mit Federbelastung.

Damit das Sicherheitsventil rechtzeitig abzublasen beginnt, müssen natürlich die Länge des Hebels und die Schwere des Gewichtes dem für den Kessel festgesetzten höchsten Dampfdrucke genau entsprechen. Die richtige Belastung des Ventils wird entweder mittels Wasser- oder Dampfdruckes unter Zuhilfenahme eines zuverlässigen Manometers oder durch Messung und Berechnung festgestellt.

Die rechnerische Bestimmung der erforderlichen Schwere eines Belastungsgewichtes dürfte aus dem folgenden Beispiele klar werden:

Der Durchmesser der vom Dampfe berührten Fläche des Ventiltellers, der bei dem in Abbildung 96 und 97 dargestellten Ventile gleich der lichten Weite des Ventilsitzes b ist, betrage 90 mm und der höchste zulässige Dampfdruck des Kessels 6 Atmosphären Überdruck. Aus dem Durchmesser ergibt sich dann für den Ventilteller eine Druckfläche von 63,6 Quadratzentimetern, auf die durch den Dampf bei 6 Atmosphären Überdruck, nach Abzug des von außen auf den Teller wirkenden Luftdruckes, ein Druck von $63,6 \times 6 = 381,6$ kg ausgeübt wird.

Weiter betrage der Abstand zweier durch die Mitte der beiden Bolzen d und f gelegten senkrechten Linien oder, wie man sagt, die kleinere Hebellänge l 100 mm, der Abstand zweier durch die Mitte des Bolzens d und des Gewichtes h gelegten senkrechten Linien oder die ganze Hebellänge L aber 700 mm.

Die Wirkung des Gewichtes hat der Wirkung des Dampfdruckes das Gleichgewicht zu halten. Dann müssen sich aber nach dem Hebelgesetze die beiden auf den Hebel wirkenden Kräfte, die Schwere des Gewichtes und der Dampfdruck zueinander umgekehrt verhalten, wie ihre Hebelarme L und l. Das am Hebel anzuhängende Gewicht hat daher, da die Hebellänge, an dem es wirkt, 7 mal so groß ist, als die Hebellänge, an der der Dampfdruck angreift, $1/7$ des Dampfdruckes zu betragen, d. h. es muß $\frac{381,6}{7} = 54,5$ kg schwer sein.

Das Sicherheitsventil mit Federbelastung: Ein Sicherheitsventil mit Federbelastung ist gegen Erschütterungen weit unempfindlicher als ein Ventil mit Gewichtsbelastung. Dieser Eigenschaft wegen werden diese Ventile gern bei allen beweglichen Kesseln, den Lokomotiv-, Lokomobilkesseln u. a. verwendet.

Bei den Sicherheitsventilen mit Federbelastung werden beide Arten der Übertragung des Federdruckes auf den Ventilteller, sowohl die unmittelbare wie die mittelbare unter Zuhilfenahme eines Hebels angewendet.

Einzelne Ventile mit unmittelbarer (direkter) Federbelastung, bei denen dann gewöhnlich die aus starkem Stahldrahte oder flachem Stahle hergestellte Spiralfeder in eine über das Ventil geschraubte, mit Öffnungen versehene Büchse eingeschlossen wird, sind nicht zu empfehlen. Solche Ventile sind zu wenig zugänglich und kaum gangbar zu halten. Sie werden zuweilen an Lokomobilkesseln angebracht, sind aber dort auch regelmäßig ungangbar anzutreffen.

Bei Lokomotivkesseln werden sehr häufig doppelte, mit unmittelbarer Federbelastung versehene Ventile der aus den Abbildungen 98 und 99 ersichtlichen Form verwendet, die von dem Engländer Ramsbottom herrührt.

Das mit dem Kessel verbundene, aus Rotguß hergestellte Ventilgehäuse a enthält zwei Ventilsitze, die je einen mit Führungsflügeln ver-

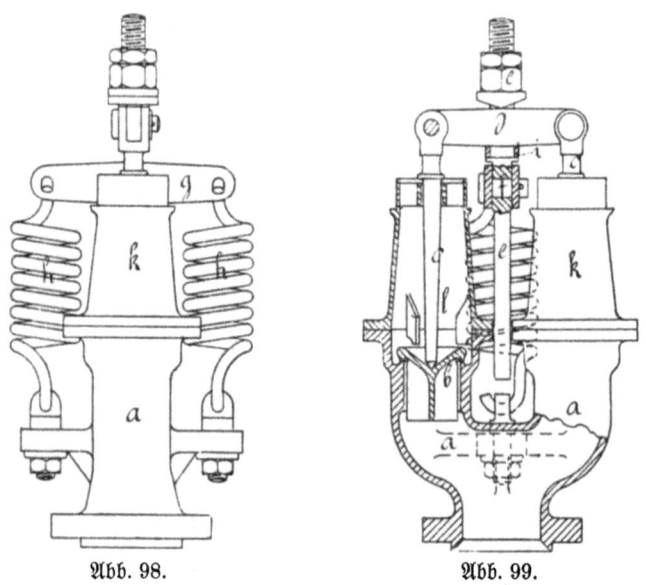

Abb. 98.   Abb. 99.

sehenen Ventilteller b aufnehmen. Die den Dampfdruck übertragenden Druckbolzen c sind mit der Schwinge d durch je einen Bolzen drehbar verbunden.

Die in der Mitte mit einem Auge versehene Schwinge d ist nun über die Schraubenspindel e gesteckt, die unterhalb der Schwinge durchbohrt ist und mittels des Bolzens f eine zweite Schwinge g trägt, an deren Enden die beiden, unten am Ventilgehäuse befestigten Federn h eingehängt sind. In ihrem oberen Teile ist die Spindel e mit Gewinde, Muttern und einer mit einer Schneide ausgerüsteten Unterlegscheibe versehen, die den Zug der Federn auf die Schwinge d und die Ventile übertragen. Der zwischen die Schwinge d und einen an der Spindel e befindlichen Bund gelegte Ring i verhindert, daß die Federn schärfer angespannt und die Ventile stärker belastet werden, als der höchste zulässige Dampfdruck verlangt, womit

Das Sicherheitsventil mit Federbelastung. 205

der in § 9 Absatz 1 letzter Satz der allgemeinen polizeilichen Bestimmungen enthaltenen Vorschrift genügt wird.

Auf die Ventile sind endlich rohrartige Aufsätze k geschraubt, die den Dampf abführen und zugleich den Druckbolzen c führen. An ihrem unteren Ende sind diese Aufsätze mit drei in das Ventilgehäuse ragenden Flügeln l versehen. Brechen die Federn, so werden die Ventilteller von den Flügeln gehalten und können nicht durch den Dampf aus dem Sitze geschleudert werden.

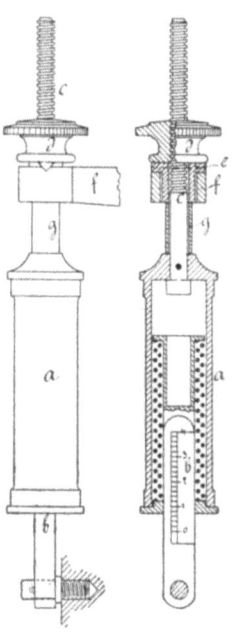

Die Schwinge d wird oft nach der einen Seite hin zu einem langen, nach unten gezogenen Hebel verlängert (vergleiche Abbildung 61). Der Lokomotivführer kann dann durch Auf= und Niederdrücken des Hebels die Ventile lüften. Um eine ungleiche Belastung der Ventile durch den Hebel zu vermeiden, muß die Schwinge auch nach der anderen Seite hin verlängert und das Gewicht des Hebels durch ein aufgestecktes Gegengewicht ausgeglichen werden.

Wird der Federdruck auf den Ventilteller durch einen Hebel übertragen, so muß entweder die an ihrem unteren Ende befestigte Feder mit dem oberen Ende unmittelbar am Hebel aufgehangen werden, doch so, daß man die Spannung der Feder durch eine mit Muttern versehene Schraube in ähnlicher Weise wie bei dem Ramsbottom= Ventile regeln kann. Oder die Feder erhält die gefälligere Form einer Federwage. Eine häufig bei Lokomobilen benutzte Federwage ist in den Abbildungen 100 und 101 dargestellt.

In eine messingene Federbüchse a sind zwei Spiralfedern eingeschlossen. Diese stützen sich oben gegen den Rand einer durch den Boden der Feder=

Abb. 100.   Abb. 101.

büchse geführten Hängestange b, die mit ihrem unteren Ende auf einen am Kessel befestigten Bolzen gesteckt ist. Unten legen sich die Federn gegen den Boden der Federbüchse.

Die Federbüchse ist nun an ihrem oberen Ende mit der Schrauben= spindel c versehen. Mittels der Mutter d können die Federn zusammen= gepreßt werden. Der Druck der zusammengepreßten Federn wird dann von der Mutter d und der mit zwei Schneiden versehenen Büchse e auf den Hebel f des Sicherheitsventiles übertragen.

Auf dem unteren, flachen Teile der Hängestange wird gewöhnlich eine Teilung angebracht, welche die Spannung der Feder nach Kilogrammen oder die Belastung des Ventiles nach Atmosphären angibt. Die zwischen den Hebel und die Federbüchse über die Spindel geschobene Hülse g verhindert den Heizer, die Federn stärker anzuspannen, als der höchste zulässige Dampfdruck erfordert und genügt der oben erwähnten Vorschrift.

Die mit Federbelastung versehenen Sicherheitsventile werden ebenfalls unter Wasserdruck oder Dampfdruck nach einem genau zeigenden Manometer eingestellt. Man kann aber auch die erforderliche Belastung der Federn berechnen, hängt das berechnete Gewicht an die Feder oder Federwage und ermittelt aus der Dehnung oder Zusammendrückung der Federn unter Berücksichtigung aller Nebenmaße die Höhe der über die Schraubenspindel zu schiebenden Sicherheitshülse.

Die Belastung der Sicherheitsventile wird vom Aufsichtsbeamten festgesetzt. An ihr darf nach § 9 Absatz 2 der allgemeinen polizeilichen Bestimmungen eigenmächtig nichts geändert werden.

Auch die Sicherheitsventile sind an und für sich einfache Vorrichtungen, die ohne Beihilfe wirksam werden. Ihren eigentlichen Zweck, eine Steigerung des Dampfdruckes über den zulässig höchsten unmöglich zu machen, erfüllen sie freilich nicht. Bei allen besprochenen Sicherheitsventilen hebt sich der Ventilteller nur allmählich, so daß nicht genügend Dampf entweicht und der Druck noch steigt. Das Sicherheitsventil mit Federbelastung steht in dieser Beziehung dem mit Gewichtsbelastung noch nach, weil die Belastung mit der Hebung des Ventiltellers zunimmt und hierdurch der Hub noch kleiner wird.

Auch die sogenannten Hochhubventile, bei denen über dem Ventilteller eines verdecktliegenden Sicherheitsventils noch ein zweiter Teller angebracht wird, und der Hub infolge des auf diesen Teller wirkenden Druckes des dem eigentlichen Sicherheitsventile entströmenden Dampfes sich wesentlich vergrößert, besitzen diesen Fehler.

Es hat daher nicht an Versuchen gefehlt, Sicherheitsventile herzustellen, die sich so weit öffnen, daß aller über den zulässigen Druck erzeugte Dampf entweicht. Einesteils die größere Umständlichkeit solcher Vorrichtungen, andernteils auch die eintretenden Dampfverluste sind die Ursachen gewesen, daß keine dieser Erfindungen Verbreitung gefunden hat. Man begnügt sich zumeist mit den gewöhnlichen Ventilen, die immerhin eine zu starke Zunahme des Druckes verhindern und auch durch das unangenehme Geräusch des ausströmenden Dampfes den Heizer an seine Pflicht recht eindringlich erinnern, die Dampferzeugung zu mäßigen.

Die an sich nicht befriedigende Wirkung des Sicherheitsventiles kann noch durch mancherlei Umstände beeinträchtigt werden. Oft bläst das Ventil zu früh oder zu spät ab. Zuweilen versagt es auch ganz.

1. Die Ursachen zu frühen Abblasens des Ventiles sind mannigfacher Art:

Liegt die Verschlußfläche eines mit Gewichtsbelastung versehenen Sicherheitsventiles nicht wagerecht, so kommt die Belastung des Gewichtes nicht voll zur Wirkung. Das Ventil bläst infolgedessen zu früh ab. Dann ist die Lage des Ventiles zu berichtigen.

Ist die Verschlußfläche zu breit, so hält das Ventil ebenfalls nicht dicht. Der zwischen die Verschlußflächen dringende Dampf hebt den Ventilteller aus, und das Ventil bläst vor Erreichung des zulässigen höchsten Dampfdruckes ab. Die Breite der Verschlußfläche soll daher bei Ventilen bis zu 50 mm Durchmesser höchstens $1^1/_2$ mm, bei Ventilen bis 100 mm Durchmesser höchstens $2^1/_2$ mm und bei größeren Ventilen höchstens 3 mm betragen. Zu breite Verschlußflächen sind durch Nachdrehen auf der Drehbank zu beseitigen.

Auch zwischen die Verschlußflächen geratener Schmutz führt zu frühes Abblasen herbei. Ist dieser durch Lüften des Ventiles nicht zu beseitigen, so hilft gewöhnlich ein Drehen des Ventiltellers, der zu diesem Zwecke, wie bereits oben bemerkt wurde, mit einem vier- oder sechskantigen, das Ansetzen eines Mutterschlüssels ermöglichenden Ansatze versehen wird (vergleiche Abbildung 96).

Ist aber die Verschlußfläche schartig geworden, so bläst das Ventil beständig und muß gelegentlich der Reinigung des Kessels mit feinem Schmirgel und Öl nachgeschliffen werden. Dichte Ventilflächen sehen nach dem Schleifen gleichmäßig mattgrau aus und zeigen keine blanken Stellen.

Steht weiter der Druckbolzen nicht genau auf der Mitte des Ventiltellers, so bläst das Ventil auf der Seite, wo sich der größere Teil der Druckfläche befindet, einseitig und zu früh ab. Dann muß der Stützpunkt des Ventiltellers mit Hilfe der Drehbank berichtigt werden.

Steht der Druckbolzen schief, so kippt der Ventilteller und bläst das Ventil ebenfalls zu früh ab. Es ist dann an der Lagerung des Ventilhebels nachzuhelfen.

Liegt der Stützpunkt des Druckbolzens am Ventilteller über der Verschlußfläche, so neigt der Ventilteller ebenfalls zum Kippen, und bläst das Ventil zu früh ab. Eine Verkürzung des Ventiltellers und ein längerer Druckbolzen beseitigen das Übel. Der Stützpunkt soll mit der Verschlußfläche in gleicher Höhe, besser noch, wie in Abbildung 97, unterhalb dieser Fläche liegen.

Hat sich ferner der Hebel durchgebogen oder durch vieles Nachschleifen des Ventils so tief gesenkt, daß er in der Gabel aufsitzt, so kann das Gewicht oder die Feder nicht den vollen Druck auf den Ventilteller ausüben, der infolgedessen Dampf entweichen läßt. Der Hebel ist dann auszurichten. Oder es ist in der Gabel nachzuhelfen.

Bei Ventilen mit Federbelastung kann endlich Schlaffwerden der Feder zu frühes Abblasen herbeiführen. Es ist dann die amtliche Berichtigung des Ventiles zu beantragen.

2. Das zu spät abblasende Sicherheitsventil besitzt in der Regel den weiteren Fehler, daß es sich auch nicht rechtzeitig wieder schließt.

Das Ventil bläst zu spät ab, wenn sich zwischen die Führungsflügel des Ventiltellers und den Sitz Schmutz gesetzt hat oder dort zu wenig Spielraum vorhanden ist, so daß der in der Wärme sich stärker ausdehnende Teller an der Wand des Sitzes stark reibt und klemmt. Der Schmutz kann gewöhnlich durch Lüften des Ventiles und Drehen des Ventiltellers entfernt werden. An zu straff eingepaßten Ventiltellern ist bei kaltliegendem Kessel mit der Schlichtfeile nachzuhelfen. Die Führungsflügel sollen im Sitz etwa $1/2$ mm Spielraum haben.

Reibt ferner bei verdeckt liegenden Ventilen der Druckbolzen am Deckel des Ventilgehäuses, oder klemmt der Hebel des Ventiles in der Gabel, so wird das Abblasen ebenfalls verzögert, und muß dann für entsprechende Abhilfe gesorgt werden.

Um Klemmungen zu vermeiden, müssen endlich alle Drehbolzen sowie auch die Federn der Federwagen leicht beweglich sein und etwas geölt werden.

3. Das Sicherheitsventil kommt gar nicht zum Abblasen, wenn die unter 2. erörterten Störungen so starke werden, daß sie die Hebung des Ventiles völlig verhindern, oder wenn der Teller des Ventiles auf dem Sitze festgebrannt ist.

Völlige Unbeweglichkeit wird bei einem neuen, von einer guten Fabrik gelieferten und sachgemäß bedienten Ventile kaum vorkommen. Das gute Ventil brennt aber fest, wenn der Heizer törichterweise die Verschlußfläche ölt oder eintalgt und das Ventil längere Zeit nicht lüftet.

Ist das Sicherheitsventil ungangbar geworden, so muß der Kessel entweder sofort oder spätestens nach Feierabend abgeblasen und das Ventil gründlich instand gesetzt werden.

Sind die Sicherheitsventile so vielfachen Störungen unterworfen, so ist es auch Pflicht des Heizers, sich täglich mehrere Male durch Lüften des Ventiles von dessen Diensttüchtigkeit zu überzeugen. Ein in Ordnung befindliches Ventil hebt sich in der Nähe des höchsten Dampfdruckes, für den es bestimmt ist, durch den leisesten Druck der Hand und schließt sich auch von selbst wieder.

Hinsichtlich der Dauerhaftigkeit läßt das Sicherheitsventil wenig zu wünschen übrig. Es bedarf nur ab und zu des Nachschleifens.

6. Die Absperr- und Entleerungs-Vorrichtungen.

Nach § 6 Abs. 1 Satz 1 der allgemeinen polizeilichen Bestimmungen muß jeder Dampfkessel mit einer Vorrichtung versehen sein, durch die er von der Dampfleitung abgesperrt werden kann.

Diese Vorschrift ist ohne weiteres verständlich. Denn ein außer Betrieb gesetzter oder schadhaft gewordener Kessel muß von der Dampfleitung und ebenso eine schadhaft gewordene Dampfleitung vom Kessel getrennt werden können.

Ist der Dampf nach verschiedenen Punkten der Fabrik zu leiten, so muß der Dampfkessel oft mit einer beträchtlichen Anzahl solcher Absperrvorrichtungen versehen werden, die je nach der Weite der Rohrleitungen in Hähnen oder Ventilen bestehen können. In der Regel werden diese Vorrichtungen am höchsten Punkte des Kessels, gewöhnlich an dem Dampfdom angebracht, der mit besonderen, hierzu bestimmten Stutzen versehen wird.

Die Abbildungen 102 und 103 stellen ein solches **Dampfabsperrventil** in der Ansicht und im Längenschnitte dar.

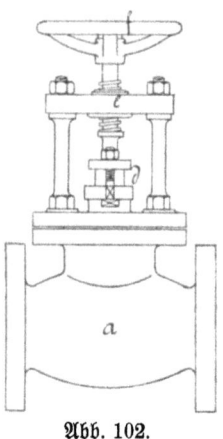
Abb. 102.

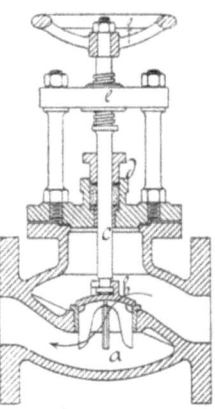
Abb. 103.

Das Absperrventil besteht aus einem gußeisernen, bei hohem Dampfdruck auch wohl gußstählernen Gehäuse a mit einem Ventilsitz und Ventilteller b aus Rotguß. Der Ventilteller ist drehbar an einer mit Gewinde versehenen Ventilspindel c befestigt, die sich in der Mutter e dreht, nach außen hin durch die Stopfbüchse d abgedichtet ist und ein Handrad f trägt. Wird das Handrad gedreht, so öffnet oder schließt sich das Ventil.

Das in den Abbildungen 102 und 103 dargestellte Ventil ist ein sogenanntes **Bauchventil**. Das in Abbildung 89 dargestellte, mit einem Speiseventile verbundene Absperrventil nennt man ein **Eckventil**.

In der Regel werden die Absperrventile in der Weise eingebaut, daß der Dampf den Weg des Pfeiles nimmt und der Dampfdruck den Abschluß des Ventiles unterstützt. Bei größeren, aus mehreren Kesseln bestehenden Anlagen bringt man die Ventile auch derart an, daß der in der gemeinschaftlichen Rohrleitung befindliche Dampf die Ventile der außer Betrieb stehenden Keffel zu schließen sucht.

§ 6 Abs. 1 Satz 2 der allgemeinen polizeilichen Bestimmungen enthält noch die weitere Vorschrift, daß bei Kesseln, die für verschiedene Dampfspannungen genehmigt sind und die ihre Dämpfe in gemeinschaftliche Dampfleitungen abgeben, die Anschlüsse der Kessel mit niedrigerem Druck an die gemeinsame Dampfleitung unter Zwischenschaltung eines Rückschlagventiles erfolgen müssen.

Es soll auf diese Weise verhindert werden, daß höher gespannte Dämpfe in den niedriger gespannten Kessel treten und hier der Druck eine unzulässige Höhe erreicht, was allerdings auch die Sicherheitsventile dieses Kessels verhindern sollen.

Nach § 6 Abs. 2 der allgemeinen polizeilichen Bestimmungen muß weiter jeder Dampfkessel zwischen dem Speiseventil und dem Kesselkörper eine Absperrvorrichtung erhalten, auch wenn das Speiseventil absperrbar ist.

Diese Vorschrift soll ermöglichen, daß auch bei undicht oder schadhaft gewordenem Rückschlagventile die Speisevorrichtung und das Druckrohr während des Betriebes nachgesehen und instand gesetzt werden können.

Bei kleineren Kesseln wird ein Hahn, bei größeren ein Absperrventil zwischen Speiseventil und Kessel (vergleiche den rechten Teil der Abbildung 89) geschaltet. Damit die Stopfbüchse des Absperrventils auch während des Betriebes zugänglich bleibt, wird das Ventil derart am Kessel befestigt, daß das Kesselwasser unter dem Ventilteller steht.

Während des Betriebes ist natürlich der Hahn oder das Absperrventil offen zu halten. Über Nacht wird die Absperrvorrichtung geschlossen, damit nicht Kesselwasser durch Undichtheiten des Speiseventiles und des Druckrohres verloren geht.

Mittels dieser Absperrvorrichtungen wird auch in Anlagen, die aus mehreren Kesseln bestehen, die Speisung der einzelnen Kessel geregelt. Die Speisevorrichtungen gehen dann ununterbrochen fort und werden nur die Absperrventile der Kessel geöffnet, die zu speisen sind.

In solchen Anlagen sind Absperrvorrichtungen auch aus einem anderen Grunde nicht zu entbehren. Stehen zwei benachbarte Dampfkessel unter ungleichem Dampfdruck und schließt das Speiseventil des höher gespannten Kessels nicht dicht, so kann aus diesem Kessel Wasser in den niedriger gespannten Kessel übertreten und rückt dann für den höher gespannten Kessel die Gefahr des Glühendwerdens seiner vom Wasser entblößten Wandungen nahe. Bemerkt der Heizer ein solches Vorkommnis rechtzeitig, so kann er den gefährdeten Kessel durch Benutzung des Absperrventiles vor dem Entleeren bewahren.

Scholl hat ein Ventil erfunden, das sich als eine Verbindung des Speiseventiles mit dem Absperrventile darstellt und häufig angewendet wird (Abbildungen 104 und 105). Bei diesem Ventile kann der Teller des Ventiles mittels einer Schraubenspindel a auf seinen Sitz gepreßt und auf diese Weise die Speisung geregelt werden. Als Absperrvorrichtung im Sinne der neueren gesetzlichen Bestimmungen kann aber ein solches Ventil nicht angesehen werden.

Nach § 6 Absatz 3 der allgemeinen polizeilichen Bestimmungen muß endlich jeder Dampfkessel mit einer zuverlässigen Vorrichtung versehen sein, durch die er entleert werden kann.

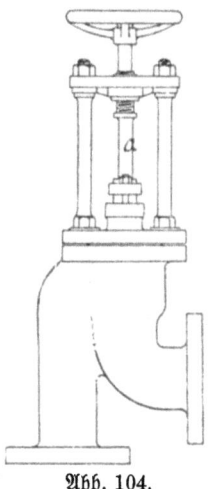

Abb. 104.

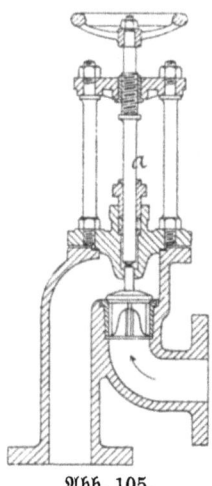

Abb. 105.

Es stellt sich das Bedürfnis ein, von Zeit zu Zeit einen Teil des Kesselwassers mit dem in ihm abgesetzten Schlamm abzulassen. Soll weiter ein längere Zeit in Betrieb gewesener Kessel gereinigt werden oder ist ein Kessel schadhaft geworden und soll er eingehend untersucht werden, so ist er ganz zu entleeren. Um solche Arbeiten ohne Zeitverlust vornehmen zu können, ist eine Entleerungsvorrichtung erforderlich.

Es ist selbstverständlich, daß die als Entleerungsvorrichtung dienenden Hähne oder Ventile in der Regel am tiefsten Punkte des Kessels und leicht zugänglich anzubringen sind. Wird das Ablaßventil auf dem Mantel eines eingemauerten Kessels befestigt, so kann der Kessel nur mit Beihilfe des Dampfdruckes entleert und muß das Ablaßventil, damit sich der Kessel völlig entleeren kann, mit einem besonderen, bis nahe zum Kesselboden reichenden Ansatzrohre versehen werden.

Die mit einem Bruche der Entleerungsvorrichtung verbundene große Gefahr erfordert eine besonders kräftige Bauart dieser Vorrichtungen. Auch sind die Ablaßrohre so anzulegen, daß durch den austretenden Strahl heißen Wassers niemand verletzt werden kann.

B. Sonstige Vorrichtungen.

Die noch zu besprechenden, im Dampfkesselbetriebe benutzten Vorrichtungen sollen entweder die gesetzlich vorgeschriebenen ergänzen und die Sicherheit des Betriebes erhöhen. Oder sie sind für den Betrieb unentbehrlich, oder doch insofern von Nutzen, als sie die Sparsamkeit des Betriebes erhöhen und zur Erhaltung des Kessels beitragen.

1. Sicherheitsvorrichtungen.

Den Wasserstandszeigern werden oft Vorrichtungen zur Seite gestellt, die mit Hilfe von Schwimmern oder sogenannten Schmelzpfropfen auf einen zu tief gesunkenen Wasserstand durch hörbare Zeichen aufmerksam machen.

Eine Gruppe dieser Vorrichtungen wird mit Pfeifen ausgerüstet. Man bezeichnet sie daher als Speiserufer.

Mit einem Schwimmer arbeitende Speiserufer wurden bereits bei dem Amphlettschen Wasserstandszeiger besprochen, so daß auf diese Stelle des Buches verwiesen werden kann.

Bei den mit Schmelzpfropfen arbeitenden Speiserufern, die nach ihrem Erfinder als Blacksche Speiserufer bezeichnet werden, kehrt als ein wichtiger Teil ein auf dem Kessel befestigtes, bis unter den tiefsten zulässigen Wasserstand des Kessels reichendes senkrechtes Rohr a wieder, das unten offen ist (vergleiche die Abbildungen 106 und 107). Am oberen, außerhalb des Kessels gelegenen Ende dieses Rohres ist ein Dreiweghahn b angebracht, der für gewöhnlich offen steht und vom Heizer nicht geschlossen werden kann, da der Handgriff des Hahnes unter Verschluß gelegt ist. Auf diesen Hahn ist die Dampfpfeife e geschraubt. Den Zugang zu dieser versperrt ein Metallpfropfen, der aus einer Legierung hergestellt ist, deren Schmelzpunkt nur um ein Geringes über 100^0 C liegt. Unterhalb des Dreiweghahnes ist das Rohr mit einem Lufthähnchen d versehen. Von dem Hahne zweigt endlich seitlich ein an seinem oberen Ende geschlossenes Schneckenrohr c ab.

Wird der Kessel zum ersten Mal oder nach seiner Reinigung wieder angeheizt, so muß zunächst, sobald etwas Druck entstanden ist, mittels des Lufthähnchens die im Rohr a befindliche Luft entfernt werden. Sobald Wasser aus dem Hähnchen tritt, wird dieses geschlossen. Mit dem steigenden Drucke wird die Luft in dem Schneckenrohre zusammen=

gepreßt und füllt sich dieses Rohr zum Teile mit Wasser an. Infolge der großen Oberfläche des Rohres kühlt sich dieses Wasser stark ab und bleibt daher der obere Teil der Vorrichtung ziemlich kühl. Hierdurch wird ein vorzeitiges Schmelzen des Pfropfens verhütet.

Ist der Wasserstand des Kessels so tief gesunken, daß die untere Öffnung des senkrechten Rohres aus dem Wasser taucht, so fällt das in dem Rohre befindliche Wasser herab. Die Vorrichtung füllt sich nunmehr mit Dampf an, der den Pfropfen zum Schmelzen und die Pfeife zum Ertönen bringt. Die Pfeife ertönt so lange, bis der Verschluß des Hahnes gelöst und der Hahn geschlossen ist. Nach dem Abschrauben der Pfeife kann ein neuer Pfropfen eingesetzt werden und die Vorrichtung ist wieder dienstbereit.

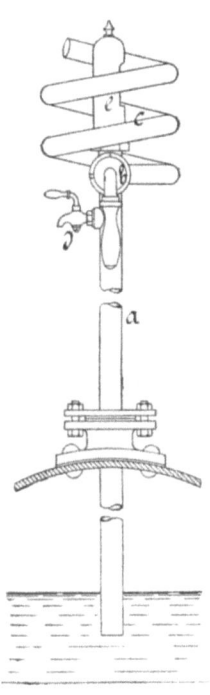

Abb. 106.

Der Blacksche Speiseruser, der gern bei Schiffskesseln verwendet wird, wirkt ziemlich zuverlässig. Bei Verstopfungen des Rohres und Versetzungen des Pfropfens mit Schlamm und Kesselstein versagt natürlich die Vorrichtung. Sie muß daher von Zeit zu Zeit probiert werden.

Bei dem verbesserten Blackschen Speiseruser von Krupp in Essen fällt das geschmolzene Metall des Pfropfens nicht in den Kessel herab. Es wird von einem Näpfchen aufgefangen. Die Ausführung haben C. W. Julius Blancke & Co. in Merseburg übernommen.

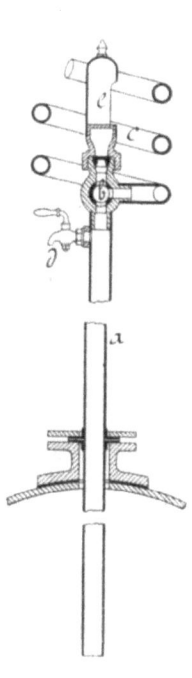

Abb. 107.

Bei einer anderen Gruppe solcher Sicherheitsvorrichtungen werden elektrische Lärmvorrichtungen verwendet.

Der Schwimmer schließt dann in seiner tiefsten Lage die Leitung eines elektrischen Stromes und setzt ein im Kesselhause befindliches Läutewerk in Tätigkeit. Wird ein zweites im Zimmer des Werkmeisters oder im Kontor des Fabrikherrn aufgestelltes Läutewerk in den Stromkreis geschaltet, so meldet sich auch dort die Gefahr.

Von den mit Schmelzpfropfen arbeitenden elektrischen Lärm=
vorrichtungen ist die beste die der Firma R. Schwartzkopff in Berlin,
die nicht nur einen zu tiefen Wasserstand, sondern auch einen zu hohen
Dampfdruck anzeigt (Abbildungen 108 und 109).

Vom Scheitel des Kessels hängen zwei verschieden weite, ineinander
gesteckte Rohre a herab. Das engere Rohr reicht bis über den zulässig
tiefsten Wasserstand und ist an seinem unteren Ende geschlossen. Das
weitere Rohr endet in der Höhe des tiefsten Wasserstandes und ist offen. Beide
Rohre sind nach oben verlängert. Das weitere Rohr ist kürzer und an seinem
oberen Ende mit dem engeren Rohre ver=
bunden. Auf das engere Rohr ist ein
doppelwandiger Kopf c geschraubt, zu dem
vom weiteren Rohr ein kupfernes, das auf=
steigende Wasser kühlhaltendes Schnecken=
rohr b führt. Der Kopf ist weiter mit
einem Lufthähnchen d versehen.

Im inneren Rohre befinden sich zwei
kupferne, bis nahe zum Boden reichende
Drähte e. Einige mit Löchern versehene,
über die Drähte gesteckte Scheibchen aus
nichtleitendem Serpentinstein verhindern,
daß sich die Drähte, die nach einem elek=
trischen Läutewerke führen, berühren, und
daß dieses in Tätigkeit tritt.

Die am oberen und unteren Ende
der Drähte angebrachten Serpentinscheiben
sind nun an ihrer oberen Seite trichter=
förmig vertieft und mit einem durch eine
übergeschobene Metallhülse hergestellten,
vorstehenden Rande versehen. In das
hierdurch gebildete Näpfchen wird je ein
Ring f gelegt, der mit einem Schlitze
versehen ist, damit er über die Drähte ge=
schoben werden kann, im übrigen aber die Drähte nicht berührt. Beide Ringe
sind aus einem leicht schmelzbaren Metall hergestellt. Der Schmelzpunkt
des oberen Ringes liegt bei etwa 100° C, der des unteren bei einer
Temperatur, die nur um ein Geringes höher ist, als die Siedetemperatur
des Wassers bei einem Dampfdrucke, der dem höchsten zulässigen Dampf=
drucke des Kessels gleich ist. Die Näpfchen sind mit Deckeln aus Ser=
pentinstein versehen.

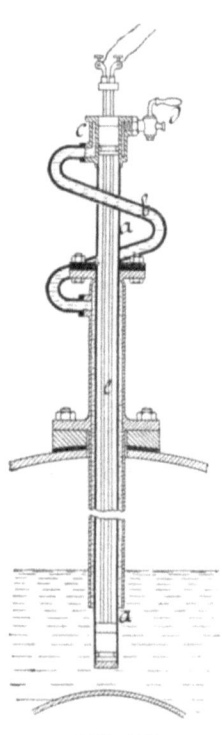

Abb. 108.

Abb. 109.

Bei der Inbetriebsetzung des Kessels wird der Zwischenraum der beiden Rohre wie beim Blackschen Speiserufer unter Zuhülfenahme des Lufthähnchens mit Wasser gefüllt.

Sobald nun durch **zu tiefen Wasserstand** das untere Ende des äußeren Rohres aus dem Wasser taucht, fällt das Wasser aus dem Kopf c und dem Schneckenrohre b herab, und füllt sich der Zwischenraum der beiden Rohre mit Dampf, dessen Wärme den oberen Metallring zum Schmelzen bringt. Das geschmolzene Metall des Ringes fließt nach der tiefsten Stelle des Näpfchens, verbindet die beiden Drähte metallisch und schließt den Strom, infolgedessen das Läutewerk ertönt.

Ist der **Druck im Kessel ein zu hoher** geworden, so schmilzt infolge der gesteigerten Temperatur des Kesselwassers der untere Ring und setzt das Läutewerk in Gang.

Der gleiche Vorgang würde sich auch abspielen, wenn der **Kessel ohne genügenden Wasserstand angeheizt** werden sollte. Wäre z. B. das Flammenrohr nicht völlig mit Wasser bedeckt, so würde es bald eine hohe Temperatur annehmen, die sich auf das über ihm befindliche Rohr überträgt, worauf die Vorrichtung ebenfalls tätig wird.

Ein großer Vorzug der Vorrichtung besteht nun darin, daß sie sogleich nach ihrer Betätigung während des Betriebes wieder in betriebsfähigen Zustand gesetzt werden kann. Man zieht die Drähte mit ihrer Ausrüstung aus dem inneren Rohre, entfernt das geschmolzene Metall aus dem Näpfchen, legt neue Schmelzringe ein und schiebt die Drähte wieder in das Rohr. Die Vorrichtung ist wieder dienstbereit.

Die elektrische Batterie und die Leitungen bedürfen natürlich sorgfältiger Pflege. Ist diese Pflege vorhanden, so leistet die Schwartzkopffsche Sicherheits-Vorrichtung vortreffliche Dienste.

Gründlichere Arbeit verrichten Vorrichtungen, die bei stärkerem Wassermangel das Feuer verlöschen. Es wird zu diesem Zweck in besonders gefährdete Kesselteile, in den über dem Roste gelegenen Teil des Flammenrohres oder in die Decke der Feuerbüchse eine Messingschraube eingesetzt, die durchbohrt ist und einen Schmelzpfropfen enthält. Ist das Flammenrohr oder die Feuerbüchse nicht mehr mit Wasser bedeckt, so schmilzt der Pfropfen und der aus der Bohrung der Schraube tretende Dampfstrahl verlöscht das Feuer. Die Sicherheitschraube kann natürlich erst bei kaltgestelltem Kessel durch eine andere dienstbereite ersetzt werden. Die Vorrichtung wird auch versagen, wenn sie stark mit Kesselstein überzogen ist.

Den Absperrvorrichtungen der Dampfleitungen werden endlich in neuerer Zeit auch besondere Ventile hinzugefügt, die sich im Falle eines Rohrbruches selbsttätig schließen und das Ausströmen des Dampfes aus dem Kessel verhindern. Sie werden deshalb Rohrbruchventile genannt. Wenn sie auch schon wesentlich verbessert worden sind, so wirken sie doch nicht immer befriedigend.

2. Hilfsvorrichtungen.

Oft werden in das nach dem Keſſel führende Speiſerohr Vorrichtungen eingeſchaltet, die dazu dienen, dem Speiſewaſſer noch verfügbare Wärme zuzuführen. Die dem Speiſewaſſer mitzuteilende Wärme wird entweder von den abziehenden Heizgaſen oder dem verbrauchten Dampfe der Maſchine geliefert. Man nennt ſolche Vorrichtungen Vorwärmer. Es iſt ohne weiteres klar, daß durch dieſe Vorwärmer nicht nur eine Erſparnis an Brennſtoff erzielt, ſondern der Keſſel auch vor ſtarker Abkühlung und hierdurch hervorgerufenen Schädigungen bewahrt wird. Es können auf dieſe Weiſe bis zu 20 Prozent Kohlen geſpart werden.

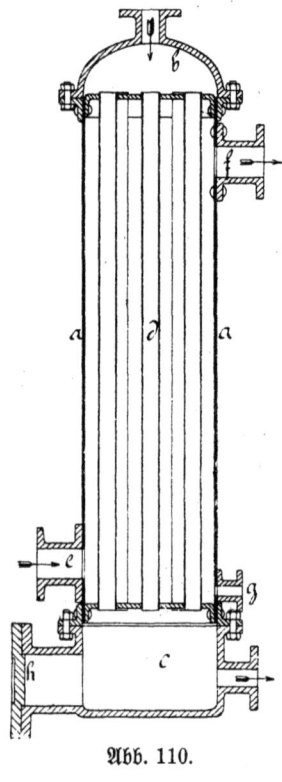

Abb. 110.

Um das Speiſewaſſer durch die abziehenden Heizgaſe zu erwärmen, werden im letzten Feuerzuge oder im erweiterten Fuchſe Röhren angeordnet, durch die das Speiſewaſſer ſtrömt. Bei größeren Anlagen iſt der von dem Engländer Green (ſprich Grien) eingeführte Rauchgasvorwärmer (Economiſer oder Sparer) ſehr gebräuchlich, der aus gußeiſernen ſenkrechten Rohren beſteht und in den zu einem ſenkrechten Schacht erweiterten Sammelkanal der Heizgaſe oder den Fuchs eingebaut wird. Er iſt mit einer Schabervorrichtung verſehen, die ſelbſttätig und ununterbrochen den an den Rohren ſich anſetzenden Ruß abkratzt.

Einen Vorwärmer, der die Wärme des Abſtoßdampfes nutzbar macht, ſtellt Abbildung 110 dar. Er beſteht aus einem walzenförmigen, ſchmiedeeiſernen Gefäß a, das an ſeinen beiden Enden durch ſtarke Böden geſchloſſen iſt. Über den oberen Boden iſt eine gußeiſerne Haube b geſchraubt. An den unteren Boden ſchließt ſich ein Behälter c. Von Boden zu Boden erſtreckt ſich eine Anzahl ſchmiedeeiſerne Röhren d.

Die Röhren werden von dem abziehenden Dampfe der Maſchine umſpült, der bei e ein- und bei f wieder austritt. Das oben in die Haube geführte Speiſewaſſer bewegt ſich durch die Röhren nach unten und wird ſeitwärts abgeleitet. Dampf und Speiſewaſſer bewegen ſich alſo im Gegenſtrom.

Durch den Stutzen g fließt das aus dem Dampfe ſich bildende Waſſer ab. Der Deckel h ermöglicht die Reinigung des Behälters.

Bereits im dritten Abschnitte wurde dargelegt, daß die Sparsamkeit des Betriebes sich nur beurteilen läßt, wenn die Menge des mit einer gewissen Brennstoffmenge verdampften Wassers ermittelt wird.

Die Menge des verdampften Wassers kann auf verschiedene Weise ermittelt werden. Es werden hierzu Meßgefäße, an der Speisepumpe angebrachte Hubzähler oder auch Wassermesser benutzt.

Auf die einfachste Weise läßt sich die Menge des Speisewassers mit Hilfe von Gefäßen ermitteln, deren Inhalt berechnet ist. Diese Gefäße werden mit dem zu verspeisenden Wasser gefüllt und hierauf mittels der Speisevorrichtung in den Kessel entleert. Dieses Verfahren erfordert zwar etwas Arbeit, ergibt aber recht zuverlässige Zahlen.

Man hat auch mit Erfolg zwei Meßgefäße miteinander verbunden, die abwechselnd gefüllt werden und sich selbsttätig in ein drittes Gefäß entleeren, aus dem das Wasser in den Kessel gelangt. Ein Zählwerk läßt die Zahl der Füllungen und die Menge des in den Kessel geförderten Speisewassers erkennen.

Die Ermittelung der Speisewassermenge mittels eines Hubzählers, der an der Speisepumpe angebracht wird, ist ebenfalls eine mühelose. Aus den Maßen der Pumpe und der Zahl ihrer Spiele läßt sich leicht die in den Kessel geschaffte Wassermenge berechnen. Die auf diese Weise ermittelten Ziffern lassen indessen an Genauigkeit zu wünschen übrig.

Zuverlässigere Zahlen ergeben Wassermesser, die entweder in die das Speisewasser zuführende Rohrleitung oder auch in die Druckrohre der Speisevorrichtungen eingeschaltet werden.

Bei der Bauart Siemens & Halske, die nur kaltes Wasser verträgt, durchfließt das zu messende Wasser ein Gehäuse und bewegt ein in diesem befindliches Schaufelrädchen von Hartgummi, dessen Umdrehungen auf ein Zählwerk übertragen werden und hierdurch die Wassermenge anzeigen. Bei der Bauart Schmidt durchläuft das Wasser zwei Zylinder mit Kolben, die auf zwei rechtwinkelig zueinander stehende Kurbeln wirken und eine Welle in Umdrehung versetzen. Die Zahl der Umdrehungen gibt die Menge des durchflossenen Wassers an. Ein solcher Wassermesser verträgt schon ziemlich warmes Wasser und kann daher auch in die Druckleitung eingeschaltet werden.

Es wurde bereits im ersten und dann im siebenten Abschnitte dargelegt, welche großen Vorteile die Überhitzung des erzeugten Dampfes bietet. Größere Anlagen werden daher in der Regel mit den zum Überhitzen des Dampfes nötigen Einrichtungen ausgerüstet.

Die Überhitzer bestehen aus einer größeren Zahl, in der Regel schmiedeeiserner Rohre, die von den Heizgasen bestrichen und von dem zu überhitzenden Dampfe durchströmt werden. Um sie vor Beschädigungen zu bewahren, werden sie während des Anheizens des Kessels mit dem Kessel verbunden und mit Wasser angefüllt oder auch mit Hilfe von Zugklappen der Flamme entzogen. Sie werden in der Regel mit Manometern und Sicherheitsventilen ausgerüstet.

Die Abbildungen 41, 45, 47, 54 und 60 lassen verschiedene solche Dampfüberhitzer erkennen.

Häufig werden die Dampfkessel auch mit Dampfpfeifen ausgerüstet, die entweder die Form der Hirtenpfeife besitzen oder mit einer Glocke versehen sind.

Pfeifen der ersten Art (Abbildung 111), die man auch als Nebelhörner bezeichnet, werden z. B. bei den auf der Elbe verkehrenden Dampfern benutzt. Das in den unteren Teil der Pfeife a eingebaute Ventil b, das der Dampfdruck zu schließen sucht, kann mittels eines Winkelhebels c und eines Drahtzuges geöffnet werden. Pfeifen dieser Art erzeugen einen tiefen, heulenden Ton.

Bei den auf den Lokomotiven benutzten Glockenpfeifen (Abbildungen 112 und 113) entströmt der Dampf einem ringförmigen Spalte, bricht sich an dem scharfen Rande einer Metallglocke a und bringt diese sowie die in ihr eingeschlossene Luft mit hellerem Klange zum Ertönen.

Die zuweilen an Dampfkesseln angebrachten, zum Ablassen des Dampfes bei Betriebseinstellungen bestimmten Vorrichtungen bedürfen keiner Besprechung.

Um die Reinigung des Kessels zu ermöglichen, ist endlich jeder Kessel an geeigneten Stellen mit runden oder länglichen Reinigungsöffnungen und Mannlöchern zu versehen, die durch Deckel verschließbar sind. Kleinere Reinigungsöffnungen erhalten eine Größe, bei der man mit dem Arme bequem durchfahren kann. Damit ein Mannloch dem Heizer den Durchgang ermöglicht, muß es eine Breite von mindestens 450 mm und eine Höhe von mindestens 350 mm besitzen. Alle Verschlüsse werden derart hergestellt, daß der Dampfdruck den Deckel aufpreßt, wodurch das Dichthalten begünstigt wird. Der Deckel wird mittels übergesteckter Bügel und Schrauben festgehalten (vergleiche Abbildung 57).

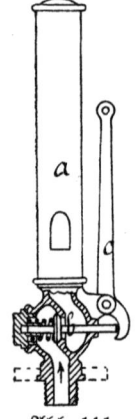

Abb. 111.

Die Ausrüstungsstücke des Kessels werden entweder in die Kesselwand geschraubt oder auf ihr mit Schrauben dicht befestigt.

Um eine mit Gewinde versehene Vorrichtung, wie den Probierhahn, dampfdicht zu befestigen, wird in die Gewindegänge des Befestigungsstutzens etwas Hanf gewickelt und ein dicker Kitt von Mennige und Leinölfirnis gestrichen.

Damit die Kesselwand nicht durch die Dichtung und das Tropfwasser angegriffen wird, darf keines der mit Flanschen versehenen Ausrüstungs-

Dichtungen, Wärmeschutz.   219

stücke unmittelbar auf dem Kessel befestigt werden. Es werden stets auf=
genietete, schmiedeeiserne oder gußeiserne Stutzen zu Hilfe genommen. Bei
aufgenieteten gußeisernen Stutzen muß eine schmiedeeiserne Scheibe zwischen=
gelegt werden, die ein Verstemmen ermöglicht (vergleiche Abbildung 72). Die
Dichtung der Flanschen stellt man durch zwischengelegte Pappescheiben,
die in Leinölfirnis getränkt werden, oder durch Scheiben von Gummi
mit Leinwandeinlage oder von Asbestpappe her. Auch Scheiben aus ge=
welltem Stahlblech, in deren Rillen Dichtungsmasse gestrichen wird, werden
mit Vorteil verwendet.

Bei den Mannlochdeckeln wird als Dichtungsmittel gewöhnlich eine
runde oder flache Schnur aus Gummi mit Hanfgewebe verwendet. Soll
diese recht lange benutzt werden, so müssen die Stellen des Kessels, an
denen sie aufliegt, mit Wasserblei eingerieben werden. Sie trennt sich dann

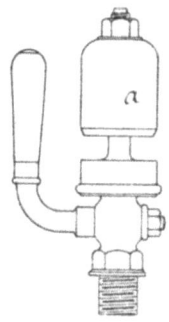 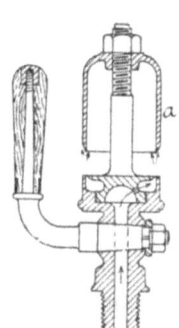

Abb. 112.   Abb. 113.

bei dem Öffnen des Verschlusses leicht vom Kessel, ohne zu zerreißen
Neuerdings werden die Mannlochdeckel auch mittels Zement abgedichtet.

Freiliegende Kesselteile, wie den vorderen Boden der mit Innen=
feuerung versehenen Flammenrohrkessel, die Dampfdome der Kessel, ferner
die Wandungen nicht eingemauerter Kessel, wie die der Lokomotiven, muß
man gegen Abkühlung und Wärmeverluste schützen. Man bedeckt
diese Kesselflächen oft mit 3 bis 4 cm starkem Filz, über den man des
besseren Aussehens und der längeren Haltbarkeit halber eine Holz= oder
Blechverkleidung anbringt. Auch in die Form von Platten oder Schalen
gebrachte Korkmasse, mit der die Kesselwandungen belegt werden, ferner
Schlackenwolle, Kieselguhr, Seidenabfälle und andere Stoffe verwendet
man mit Vorteil als Wärmeschutzmittel.

Ein recht schönes Aussehen und Haltbarkeit besitzen Überzüge mit
Wärmeschutzmasse, die in knetbarem Zustande auf die Kesselflächen
aufgetragen werden. Als solche sind zu nennen und im Handel zu haben
die Leroysche, die Grünzweig & Hartmannsche Masse u. a. Man

rührt sie zu einem zähen Brei an, und streicht auf den womöglich etwas erwärmten Kesselteil mit den Händen eine bis zu 1 cm starke Schicht auf, die man trocknen läßt, worauf man eine neue Schicht aufträgt und dies fortsetzt, bis die ganze Schicht mehrere Zentimeter stark ist und nun sauber abgeputzt wird.

Auch Dampfrohre versieht man mit solchen Umhüllungen. Einige Dienste leisten übrigens schon um die Rohre gewickelte Strohseile, die mit Lehm bestrichen werden.

Neunter Abschnitt.

Die Beschaffung, Inbetriebsetzung und der regelmäßige Betrieb eines Dampfkessels; die Unterbrechungen des Betriebes und die Kesselexplosionen.

Inhalt: Die Beschaffung eines Dampfkessels: Wahl des Druckes, Ermittelung der Größe der Anlage; Wahl der Kesselbauart, Bestimmung der Heizflächengröße; Wahl der Art und Größe der Feuerungsanlage; der Kesselraum. — Die Einholung der behördlichen Genehmigung, die Abnahmeuntersuchung. — Die Anstellung eines Heizers. — Die Inbetriebsetzung des Kessels. — Der regelmäßige Betrieb. — Die Unterbrechungen des Betriebes: Die Beimengungen und Ausscheidungen des Wassers, die Reinigung des Speisewassers; die Reinigung des Kessels; längere Betriebseinstellungen. Gefährliche Zustände; die Kesselexplosionen, ihre Ursachen und Verhütung.

Wer in die Lage kommt, eine neue Dampfkesselanlage — es sei hierbei an eine feststehende gedacht — zu errichten, hat sich zunächst darüber schlüssig zu machen, mit welchem höchsten Dampfdruck er arbeiten will.

Handelt es sich um eine Anlage, die lediglich Dämpfe zum Betriebe von Maschinen erzeugen soll, und ist die Anlage nicht groß, so wird man sich mit einem mäßigen Dampfdrucke begnügen und nicht über 8 Atmosphären Überdruck hinausgehen. Bei großen Anlagen für ziemlich gleichmäßigen Kraftbedarf wird aber, damit der Betrieb sich zu einem recht sparsamen gestaltet, ein möglichst hoher Dampfdruck, bis zu 15 Atmosphären Überdruck, zu wählen sein. Große Anlagen für unregelmäßigen Kraftbedarf werden dagegen mit etwas geringerem Dampfdrucke betrieben, weil hierzu Kessel mit einem im Verhältnisse zur Heizfläche großen Wasserinhalt erforderlich sind. Solche Kessel werden aber bei hohem Dampfdrucke leicht zu schwer.

Soll eine Anlage lediglich oder überwiegend Dämpfe für Koch- und Heizzwecke erzeugen, so ist ebenfalls ein mäßiger Dampfdruck angezeigt.

Hiernach ist über die Größe der Anlage zu entscheiden. Die Größe der Anlage hat der zu fordernden Leistung, d. h. der Menge des zu erzeugenden Dampfes zu entsprechen.

Handelt es sich um den Ersatz einer älteren Anlage, so kann diese Dampfmenge leicht durch Messung der bisher durchschnittlich verbrauchten Speisewassermenge bestimmt werden.

Auch für eine neu zu errichtende Dampfmaschinenanlage ist die erforderliche Dampfmenge leicht festzustellen. Selbstverständlich muß aber bekannt sein, welche Leistung die Anlage in Pferdestärken entwickeln soll.

Es ist durch Versuche festgestellt worden, daß für jede an das Triebwerk abgegebene (effektive) Pferdestärke stündlich eine Dampfmenge verbraucht wird von:

30 kg bei kleinen Hochdruckmaschinen ohne Expansion ($^6/_{10}$ Füllung),
20 kg bei größeren Hochdruckmaschinen mit Expansion ($^3/_{10}$ Füllung),
15 kg bei älteren Kondensationsmaschinen mit $^1/_5$ Füllung,
9,5 kg bei neueren Hochdruckmaschinen mit $^1/_{10}$ Füllung und Kondensation,
8,0 kg bei den neuesten, großen Verbunddampfmaschinen mit starker Expansion und Kondensation.

Mit Hilfe dieser Zahlen kann mühelos der Dampfbedarf einer Maschinenanlage berechnet werden.

Der Dampfverbrauch für Heiz- und Kochzwecke läßt sich weniger leicht im voraus bestimmen. Die hierüber anzustellenden Berechnungen sind ziemlich schwierig und können hier nicht erörtert werden. Oft wird man sich auch mit Abschätzungen begnügen müssen, denen aber der Sicherheit wegen ein reichlicher Zuschlag zu erteilen ist.

Nunmehr ist die Bauart des Kessels oder der Kessel zu bestimmen. Hierbei spielen außer dem gewählten Dampfdruck und der Menge des zu erzeugenden Dampfes nochmals die Gleichmäßigkeit des Dampfverbrauches, weiter die Betriebsweise, ob die Anlage ununterbrochen oder mit Pausen in Betrieb kommen soll, und ob sie recht rasch in betriebsfertigen Zustand versetzbar sein muß, ferner der zur Aufstellung der Anlage verfügbare Raum und endlich auch die Beschaffenheit des zu verwendenden Speisewassers wichtige Rollen.

Für Anlagen mit mäßigem Dampfdruck kommen der Walzenkessel, der Flammenrohrkessel, der Heizröhrenkessel und der zusammengesetzte Kessel (Tischbeinkessel usw.) in Betracht. Bei hohem Dampfdruck ist zum Wasserröhrenkessel zu greifen.

Bei Anlagen für mäßige Dampfmengen sind der Walzenkessel, Flammenrohrkessel und Heizröhrenkessel anwendbar. Größere Anlagen werden mit zusammengesetzten Kesseln ausgerüstet.

Je ungleichmäßiger der Dampfverbrauch ist, einen um so größeren Wasserinhalt im Verhältnisse zur Heizfläche muß weiter die zu wählende Kesselbauart besitzen. Für Betriebe, wie die Förderanlagen der Bergwerke, für Färbereien und Brauereien bleibt daher nur die Wahl zwischen dem Walzenkessel, Flammenrohrkessel und zusammengesetzten Kessel übrig.

Für Anlagen mit häufig unterbrochenem Betrieb und solche, die in kurzer Zeit betriebsfertig sein müssen, wie z. B. kleinere, nur im

Sommer benutzte Wasserhebewerke u. a., sind dagegen Kesselbauarten mit reichlichem Wasserinhalte völlig ungeeignet. Hier werden hauptsächlich Feuerbüchsenkessel mit Siede- oder Heizröhren verwendet.

In recht nachteiliger Weise beeinflußt zuweilen der für die Aufstellung der Anlage verfügbare Raum die Wahl der Kesselbauart. Häufig genug werden bei knapp bemessenem Raume trotz des vorauszusehenden, unregelmäßigen Dampfverbrauches Kesselbauarten mit geringem Wasserinhalte, wie Feuerbüchsenkessel oder gar Wasserröhrenkessel verwendet. Daß der Betrieb dann zu einem wenig befriedigenden wird, darf nicht Wunder nehmen. Nur wenn der Betrieb ein ziemlich gleichmäßiger ist, sind derartige Kessel anwendbar. Andernfalls ist alles aufzubieten, um für die Anlage einen angemessenen Raum zu beschaffen.

Einen nicht unerheblichen Einfluß ist endlich der Beschaffenheit des Speisewassers auf die Wahl der Kesselbauart einzuräumen. Muß ein schlechtes, viel Schlamm und Kesselstein absonderndes Speisewasser benutzt werden, und ist es nicht möglich, das Wasser vor seiner Verwendung zu reinigen, so wird es unter Umständen, wenn man mit dem Raume nicht zu sehr beschränkt ist, geratener sein, einen einfacheren, aber leichter zu reinigenden und dann weniger zu Ausbesserungen Anlaß gebenden Kessel zu wählen, der zugleich einen größeren, der Gleichmäßigkeit des Dampfdruckes günstigen Wasserinhalt besitzt. Auf die Vorteile des hohen Dampfdruckes muß dann freilich verzichtet werden.

Aus den vorstehenden Erörterungen dürfte hervorgehen, daß es oft recht schwierig ist, für einen bestimmten Fall die günstigste Kesselbauart ausfindig zu machen.

Bei den beweglichen Dampfkesseln, deren Bauart feststeht, entstehen natürlich diese Schwierigkeiten nicht.

Nunmehr ist mit Hilfe der im siebenten Abschnitte für die verschiedenen Kesselbauarten mitgeteilten Zahlen, die sich auf die stündlich von einem Quadratmeter Heizfläche bei regelrechtem Betriebe zu erwartende Dampfmenge beziehen, die erforderliche Größe der Heizfläche zu bestimmen. Wird die zu erzeugende Dampfmenge durch die entsprechende Zahl geteilt, so ergibt sich die Heizflächengröße der zu errichtenden Kesselanlage in Quadratmetern. Es zeigt sich dann auch, ob die Anlage aus einem oder mehreren Kesseln zu bestehen hat.

Für die Art und Größe der anzuwenden Feuerungsanlage ist die Art des Brennstoffes, der benutzt werden soll, und wieder die zu erzeugende Dampfmenge maßgebend.

Bei stückförmiger Stein- und Braunkohle, Koks und Holz in Stücken sowie auch klarer, backender Steinkohle ist eine Planrostfeuerung zu wählen. Bei klarer, magerer Steinkohle, erdiger Braunkohle und Holzabfall ist zu einer Treppenrostfeuerung zu greifen.

Ob nunmehr eine Unterfeuerung, Vorfeuerung oder Innenfeuerung anzuwenden ist, hängt außer von der gewählten Kesselbauart von dem verfügbaren Raume und dem zu verwendenden Brennstoffe ab.

Mit Hilfe der auf Seite 55 mitgeteilten Verdampfungszahlen läßt sich weiter leicht ermitteln, wie viele Kilogramm Brennstoff stündlich erforderlich sind, um die für den Betrieb notwendige Dampfmenge zu erzeugen. Aus dieser Brennstoffmenge kann aber wieder mit Hilfe der auf Seite 79 und 85 mitgeteilten Zahlen, die angeben, wie viele Kilogramm Brennstoff auf einem Quadratmeter Rostfläche stündlich unter günstigen Verhältnissen verbrannt werden können, berechnet werden, wie groß die Fläche des Rostes zu sein hat.

Endlich ergibt sich aus der ermittelten Rostgröße, wenn die auf Seite 114 mitgeteilten Verhältniszahlen für die Schornsteine benutzt werden, die erforderliche Weite des Schornsteines an seiner Mündung. Aus dieser bemißt sich schließlich auch der Querschnitt oder die Weite der Feuerzüge.

Beispiel: Eine Fabrik brauche zu ihrem Betrieb eine 100 pferdige Dampfmaschine, die sparsam und daher mit starker Expansion arbeiten und mit einer Kondensationseinrichtung versehen sein soll. Wie ist die hierzu erforderliche Dampfkesselanlage zweckmäßig zu gestalten? —

Da es sich um keine sehr große Anlage handelt, so wird man sich mit einem Dampfdrucke von 8 Atmosphären Überdruck begnügen können. Die Maschine braucht dann nach den oben mitgeteilten Ziffern stündlich $100 \times 9{,}5 = 950$ kg Dampf.

Wählt man nach reiflicher Erwägung als geeignetste Kesselbauart die des Flammenrohrkessels, von dem der Quadratmeter Heizfläche stündlich unter günstigen Verhältnissen 15 kg Dampf zu liefern vermag, so würde eine Heizfläche von $\frac{950}{15} = 63$ Quadratmetern genügen. Um an Brennstoff noch mehr zu sparen und den Betrieb bei flottem Geschäftsgange leicht verstärken zu können, erscheint es aber ratsam, die Heizfläche noch reichlicher zu nehmen und vom Quadratmeter stündlich nur 12 kg Dampf zu verlangen. Es macht sich dann eine Heizfläche von $\frac{950}{12} = 79$ Quadratmetern notwendig.

Um die Kessel ohne Betriebsstörung bequem und gründlich reinigen und in Stand setzen zu können, wird oft ein Kessel dienstbereit gehalten. Es wären dann entweder 2 Kessel mit je 80 Quadratmetern Heizfläche, die abwechselnd, oder 3 Kessel mit je 40 Quadratmetern, von denen immer zwei im Betriebe wären, zu beschaffen.

Als Brennstoff diene Zwickauer Steinkohle, von der jedes Kilogramm bei einer so reichlich bemessenen Kesselanlage rund 7 kg Wasser zu verdampfen vermag. Alsdann werden im Betriebe stündlich $\frac{950}{7} = 136$ kg Steinkohle verbraucht, die zu ihrer Verbrennung, da zweckmäßig auf 1 Quadratmeter Rostfläche stündlich 80 kg Steinkohle verbrannt werden, eine Rostfläche von $\frac{136}{80} = 1{,}7$ Quadratmetern erfordern. Der Kessel mit 80 Quadratmetern Heizfläche hätte daher einen Planrost von etwa 1,8 oder jeder der Kessel mit 40 Quadratmetern einen solchen von 0,9 Quadratmetern Rostfläche zu erhalten. Das Speisewasser sei etwas hart, so daß das Ansetzen festen Kesselsteines zu erwarten steht. Es wird dann ratsam sein, eine Innenfeuerung zu benutzen.

Wird die Anlage mit einem 30 m hohen runden Schornsteine versehen, so muß dessen obere Mündung (vergleiche Seite 114) einen Querschnitt von $1/5 \times 1{,}8 = 0{,}36$ Quadratmetern erhalten, dem ein lichter Durchmesser von 0,68 m entsprechen würde. Mit Rücksicht auf eine mögliche Vergrößerung der Dampfkesselanlage wird man aber den Schornstein mit 0,80 m lichter Weite herstellen.

Die Züge des Kessels mit 80 Quadratmetern Heizfläche müßten endlich Querschnitte von mindestens 0,36 Quadratmeter, die eines Kessels mit 40 Quadratmetern Heizfläche aber solche von mindestens 0,18 Quadratmetern erhalten.

Einen neuen Dampfkessel lasse man nur in einer Fabrik anfertigen, die sich eines guten Rufes erfreut, und zahle lieber etwas mehr, um einen recht dauerhaften Kessel zu erhalten. Der Baustoff wird ja in der Regel gut sein. Aber ein mangelhaft gearbeiteter Kessel ist bald ausbesserungsbedürftig. Hieraus ergeben sich aber nicht bloß Unkosten, sondern auch Betriebsstörungen, die dem Unternehmen noch größeren Schaden bereiten. Die Kesselfabrik hat übrigens auch stets dafür zu sorgen, daß der Kessel vor seiner Ablieferung der amtlichen Bauprüfung und Wasserdruckprobe unterworfen wird.

Vor dem Ankaufe gebrauchter Kessel ist im allgemeinen zu warnen. Selten paßt ein solcher Kessel so recht in die Verhältnisse, unter denen er wieder in Betrieb kommen soll, und öfters hat er verborgene Fehler, die dem Auge des nicht in diesen Dingen Bewanderten entgehen. Niemals kaufe man aber einen solchen Kessel, wenn er nicht vorher vom Aufsichtsbeamten innerlich und äußerlich untersucht, mit Wasserdruck geprüft und noch für diensttüchtig erklärt worden ist. Zur Vergewisserung dessen verlange man vom Verkäufer vor Abschluß des Handels die von jenem Beamten hierüber ausgestellten Zeugnisse.

Für die zu errichtende und in ihren Hauptverhältnissen festgesetzte Kesselanlage ist nun auch an einen Aufstellungsraum oder ein Kesselhaus zu denken, das so gelegen sein muß, daß der Brennstoff mit möglichst wenig Mühe bis vor den Kessel gebracht werden kann, also in der Nähe des etwa vorhandenen Eisenbahngeleises oder der Einfahrt in das Fabrikgrundstück. Zugleich muß auch darauf Bedacht genommen werden, daß möglichst kurze Rohrleitungen nach dem Maschinenhause und der Fabrik erforderlich werden.

Kleinere Kessel, deren Betriebsüberdruck 6 Atmosphären nicht überschreitet, und solche, bei denen die Zahl, die man erhält, wenn die Zahl der Quadratmeter Heizfläche des Kessels oder mehrerer gleichzeitig im Betriebe befindlichen Kessel mit der Zahl der Atmosphären Überdruck vervielfältigt wird, 30 nicht übersteigt, dürfen auch in Räumen und unter Räumen aufgestellt werden, in denen sich Menschen aufzuhalten pflegen.

Kessel mit höherem Betriebsdruck und solche mit größeren Endzahlen dürfen nach § 15 Absatz 1 der allgemeinen polizeilichen Bestimmungen unter und über Räumen, die häufig von Menschen betreten werden, nicht aufgestellt werden. Über Kellerräumen ist ihre Aufstellung aber zulässig.

§ 15 Absatz 2 der allgemeinen polizeilichen Bestimmungen nimmt von diesem Verbote Kessel aus, die ausschließlich aus Wasserrohren von weniger als 100 mm Lichtweite oder aus derartigen Rohren und den zu ihrer Verbindung angewendeten Rohrstücken bestehen. Kessel letzterer Art dürfen auch Schlammsammler und als Dampfsammler dienende Oberkessel besitzen. Wasserröhrenkessel mit Wasserkammern genießen die gleiche Vergünstigung, wenn ihre unter 100 mm im lichten weiten Rohre nahtlos (also nicht geschweißt) hergestellt sind, die Oberkessel von den Heizgasen nicht berührt werden und ihr Dampfdruck 6 Atmosphären Überdruck nicht übersteigt.

Die für größere Anlagen zu errichtenden besonderen Kesselhäuser dürfen nach § 15 Absatz 1 der allgemeinen polizeilichen Bestimmungen nicht mit fester Wölbung oder fester Balkendecke versehen sein. Bauteile über einem Teile des Kesselraumes, die der Rostbeschickung dienen (Kohlenbunker), werden aber nicht als feste Balkendecke angesehen. Selbstverständlich wird aber von den Behörden gefordert, daß solche Kohlenbunker nicht über den Dampfkesseln, sondern seitlich oder vor diesen angeordnet werden. In neueren größeren Kesselanlagen werden die Brennstoffe in die aus unverbrennlichen Baustoffen hergestellten Bunker mit Maschinenkraft gehoben und von hier den Feuerungen nach Bedarf selbsttätig zugeführt, wodurch natürlich an Arbeitskräften wesentlich gespart wird.

Nach § 15 Absatz 1 der allgemeinen polizeilichen Bestimmungen sind ferner Trockeneinrichtungen oberhalb der Dampfkessel sowie das Trocknen auf dem Dampfkessel unzulässig. Auch muß bei eingemauerten Dampfkesseln, die betreten werden, auf den Dampfkesseln eine mittlere verkehrsfreie Höhe von mindestens 1,80 m vorhanden sein.

Es ist endlich dafür zu sorgen, daß die Kesselhäuser geräumig, gut erhellt und gut gelüftet sind. Damit man leicht den Ausgang gewinnen kann, müssen die Türen des Kesselhauses nach außen schlagen. Bei Kesselhäusern mit zahlreichen Kesseln sind zwei Türen zu beschaffen, die entgegengesetzt liegen sollen. Die unter den Kesseln liegenden Aschenkanäle fordern die gleiche Schutzmaßnahmen.

An die Errichtung der gesamten Kesselanlage darf nun nicht eher gegangen werden, als bis die zuständige Behörde hierzu die Genehmigung erteilt hat. Denn nach § 24 der Gewerbeordnung des Deutschen Reiches ist zur Anlegung von Dampfkesseln, sie mögen zum Maschinenbetriebe bestimmt sein oder nicht, die Genehmigung der nach den Landesgesetzen zuständigen Behörde erforderlich. Es ist daher bei der Polizeibehörde ein Gesuch um Genehmigung der Anlage einzureichen. Dem Gesuche sind die erforderlichen Zeichnungen und Beschreibungen der Anlage beizufügen.

Nur die unter dem Namen Niederdruckkessel bekannten Dampferzeuger (vergleiche § 1, Absatz 3 der allgemeinen polizeilichen Bestimmungen) bedürfen keiner solchen Genehmigung. Es sind dies Dampfkessel, die mit einem offenen, nicht verschließbaren Standrohre von nicht über 5 m Höhe oder einer diesem gleichwirkenden Sicherheitsvorrichtung versehen sind, demzufolge der Druck nicht höher gebracht werden kann, als wie auf 5 m Wassersäule, also eine halbe Atmosphäre Überdruck. Diese Kesselanlagen bedürfen aber schon der Feuerungsanlage wegen der baupolizeilichen Genehmigung.

Die Behörde übergibt das Gesuch den ihr beigeordneten technischen Beamten (dem Bausachverständigen und dem Gewerbe-Inspektor oder Ingenieur des Überwachungs-Vereins), die die Eingaben an der Hand der gesetzlichen Bestimmungen prüfen. Die Behörde erteilt hierauf die Genehmigung, entweder ohne jeden Vorbehalt, oder unter gewissen Bedingungen und Vorschriften, oder sie erklärt auch die Anlage für unzulässig, wenn sie gegen gesetzliche Bestimmungen verstößt.

Wird eine genehmigte Anlage nicht innerhalb eines Jahres ausgeführt und in Betrieb gesetzt, so erlischt nach § 49 der Gewerbeordnung mit Ablauf dieses Zeitraumes die erteilte Genehmigung. Eine genehmigte und im Betriebe gewesene Anlage verliert ebenfalls die Genehmigung, wenn sie länger als 3 Jahre unbenutzt blieb. Soll die Anlage nach Jahresfrist doch noch errichtet oder nach einem dreijährigen Stillstande wieder in Betrieb gesetzt werden, so ist hierzu von neuem Genehmigung einzuholen. Die Behörde kann aber auch die gesetzlichen Fristen verlängern.

Auch wesentliche Veränderungen einer genehmigten Anlage, Umbau des Kesselhauses, Veränderungen der Feuerung, der Einmauerung und des Schornsteins sowie der Ausrüstung usw. bedürfen nach § 25 der Gewerbeordnung neuer behördlicher Genehmigung.

Soll ein beweglicher Dampfkessel dauernd an demselben Orte benutzt werden, so wird er bei der Genehmigung als feststehender Kessel behandelt.

Ist nun eine genehmigte Kesselanlage fertiggestellt worden, so darf sie doch keineswegs ohne weiteres in Betrieb gesetzt werden. Sie muß vielmehr gemäß § 24 Absatz 3 der Gewerbeordnung erst einer Untersuchung, der Abnahmeuntersuchung durch die technischen Beamten (den Bausachverständigen, Gewerbeinspektor usw.) unterworfen werden. Die genannten Beamten prüfen hierbei an Ort und Stelle, ob die Anlage allen gesetzlichen Vorschriften entspricht und die bei der Genehmigung ausgesprochenen Bedingungen erfüllt sind, insbesondere ob das Kesselhaus, die

Feuerung und die Feuerzüge vorschriftsmäßig hergestellt (vergleiche Seite 109) und ob die Sicherheitsvorrichtungen vorschriftsmäßig und zuverlässig sind. Es muß daher sowohl eine Abnahme in kaltem Zustande wie unter Dampf vorgenommen werden. Je nach dem Ergebnisse der Untersuchungen wird hierauf die Erlaubnis zur Inbetriebsetzung der Anlage erteilt oder diese noch beanstandet (§ 12 Absatz 6 der allgemeinen polizeilichen Bestimmungen). Erst wenn eine neue Untersuchung ergeben hat, daß alle Anstände behoben sind, darf der Betrieb begonnen werden.

Nach wesentlichen Veränderungen oder Umbauten, auch nach der erneuten Einmauerung eines genehmigten Dampfkessels wird in gleicher Weise verfahren.

Zur nunmehr statthaften Inbetriebsetzung des Kessels bedarf es eines tüchtigen Heizers, über dessen notwendige persönliche Eigenschaften folgende Bemerkungen Platz finden mögen:

Der Heizer muß vor allen Dingen die Bedienung des Kessels, insbesondere das Heizen und die Behandlung der Sicherheitsvorrichtungen gründlich verstehen. Er muß daher mit dem Wesen der Verbrennungsvorgänge und den Regeln für sparsames Heizen durchaus vertraut sein. Durch seine Hand gehen jährlich Tausende von Mark in Gestalt von Brennstoff, von denen er durch Verständnis und Geschicklichkeit Hunderte sparen kann. Ohne genaue Kenntnis der Sicherheitsvorrichtungen und deren Schwächen ist ein sicherer Betrieb auch gar nicht denkbar.

Der Heizer muß weiter ein gewissenhafter, aufmerksamer und im Notfalle entschlossener Mann sein. Denn von der Sorgfalt, Umsicht und Kaltblütigkeit des Heizers hängen oft genug die Sicherheit und das Leben seiner Mitarbeiter ab, wie er auch das Eigentum seines Herrn vor Vernichtung bewahren kann. Der Posten eines Heizers ist daher ein sehr verantwortungsvoller. Haftet er doch auch mit seiner Person für alle die Schäden und alles Unheil, die durch seine Unachtsamkeit und Fahrlässigkeit herbeigeführt werden.

Eine weitere Pflicht des Heizers ist Pünktlichkeit. Er muß früh rechtzeitig in der Fabrik sein, damit beim Beginne der Arbeit der Kessel genug Druck besitzt und die Maschine sich mit voller Kraft in Bewegung setzen kann, und nicht etwa Hunderte von Arbeitern durch die Schuld des Heizers an der Arbeit verhindert werden nnd warten müssen.

Ein Heizer muß auch an Ordnung gewöhnt sein. Jedes Stück seines Handwerkszeuges, Mutterschlüssel, Hammer, Meißel u. a. muß sich an seinem bestimmten Platze befinden, damit es im Falle des Bedarfs sofort zur Hand ist.

Es muß ferner vom Heizer Reinlichkeit verlangt werden. Er hat den Kessel, die Maschine und deren Aufstellungsräume, sowie auch die Sicherheitsvorrichtungen des Kessels stets sauber und blank zu halten. Verschmutzte und schlecht gehaltene Sicherheitsvorrichtungen werden bald schadhaft und unzuverlässig.

Streng verpönt ist aber bei dem Heizer der Trunk. Einem diesem Laster ergebenen Menschen darf ein solcher verantwortungsreicher Posten niemals anvertraut werden.

Endlich muß der Heizer auch ein gesunder, kräftiger Mann sein. Denn sein Dienst ist in der Regel ziemlich anstrengend.

Daß nur ein gelernter Schlosser sich für diesen Posten eignete, läßt sich bestreiten. In entlegenen Fabriken wird es allerdings wünschenswert sein, daß der Heizer alle kleineren Ausbesserungen selbst zu besorgen imstande ist. Im allgemeinen kann aber ein jeder andere Handwerker bei Strebsamkeit und Fassungsvermögen ein ebenso guter Heizer werden.

Notwendig erscheint es, daß ein jeder, der sich dem Heizerberufe widmen will, wenigstens ein Jahr lang in einer größeren Anlage unter einem tüchtigen Heizer eine gründliche Lehre durchmacht und dann eine der vielfach vorhandenen Heizerschulen besucht, um sich die zu einer zielbewußten Ausübung seines Berufes erforderlichen Kenntnisse anzueignen. Eine praktische Unterweisung durch einen mit allen Heizerkünsten vertrauten Lehrheizer wird ihn weiter vervollkommnen.

Die Aufsichtsbeamten haben übrigens darüber zu wachen, daß die Dampfkessel nur von Heizern bedient werden, die mit ihren Pflichten wohlvertraut und zuverlässig sind, und können auf die Entlassung unfähiger Heizer dringen.

Soll ein Dampfkessel in Betrieb gesetzt werden, so ist zunächst der noch leere Kessel nach dem Wasserstandsglase, von dessen Wirksamkeit man sich zu überzeugen hat, bis zur Marke des tiefsten zulässigen Wasserstandes oder noch ein paar Zentimeter darüber hinaus mit Wasser zu füllen.

Ist die Anlage mit einem neuen, gemauerten Schornsteine versehen, so äußert allerdings dieser zunächst noch keine Zugwirkung. Um eine solche hervorzurufen, muß unten im Schornsteine, nachdem die dort angebrachte Reinigungstür geöffnet worden ist, ein leichtes Feuer von Stroh oder Reiserholz angezündet und so lange unterhalten werden, bis die im Schornstein enthaltene kalte, feuchte und daher schwere Luft ausgetrieben ist, und der Schornstein sich mit warmen, leichten Feuergasen gefüllt hat. Nunmehr kann die Reinigungstür des Schornsteines geschlossen werden. Sehr rasch entleeren sich jetzt auch die Züge des Kessels von kalter Luft, und der Schornstein fängt an, kräftig zu ziehen. Auf dem Roste des Kessels kann nunmehr ein Feuer angezündet werden und das Heizen beginnen.

Ist der Kessel ein eingemauerter, so wäre es indessen sehr unklug, sofort ein starkes Feuer in Gang zu setzen. Die rasche Erhitzung würde eine lebhafte Verdampfung des in dem feuchten Kesselmauerwerke noch enthaltenen Wassers zur Folge haben, und der gebildete Wasserdampf das Mauerwerk zertreiben und rissig machen. Um dies zu verhüten, muß zu=

nächst zwei bis drei Tage lang auf dem Roste bei etwas geöffneter Feuertür ein schwaches Feuer mit Holz unterhalten werden, damit das Mauerwerk durch nur mäßig heiße Feuergase langsam ausgetrocknet wird. Erst nachdem dies geschehen, darf das Feuer verstärkt und an die Dampferzeugung gegangen werden.

Zeigt das Manometer, dessen Verbindung mit dem Kessel natürlich in Ordnung und offen sein muß, was festzustellen ist, immer mehr steigenden Dampfdruck an, so ist das Sicherheitsventil zu lüften und auf seine Gangbarkeit zu prüfen. Nachdem der Dampfdruck eine genügende Höhe erreicht hat, kann der Dampf seiner Verwendung zugeführt werden.

Es beginnt nunmehr der **regelmäßige Betrieb des Kessels**, bei dem es Aufgabe des Heizers ist, die Dampferzeugung dem Dampfverbrauche entsprechend zu regeln, damit der Dampfdruck möglichst auf gleicher Höhe bleibt. Der Heizer hat aber zugleich darauf zu achten, daß der infolge der Verdampfung abnehmende Wasserstand nicht unter den zulässig tiefsten sinkt, zu welchem Zwecke dem Kessel in entsprechendem Maße frisches Wasser zuzuführen ist. Der Heizer wird daher unablässig das Manometer und das Wasserstandsglas des Kessels im Auge behalten müssen.

Bezüglich der sparsamen und rauchfreien Heizens ist auf die früher aufgestellten Regeln (Seite 42) und erteilten Winke (Seite 80) zu verweisen.

Die Regelung des Wasserstandes, die ebenfalls eine gewisse Geschicklichkeit und Umsicht vom Heizer erfordert, hat nach folgenden Gesichtspunkten zu erfolgen:

Im allgemeinen wird die Speisung, die entweder in Pausen oder ununterbrochen erfolgen kann, mit dem Dampfverbrauche gleichen Schritt zu halten haben. Ist nun der Dampfverbrauch ein unregelmäßiger und stockt er plötzlich, so steigt der Druck rasch, und beginnen die Sicherheitsventile abzublasen. Der Heizer muß jetzt dem zu hohen Anwachsen des Druckes sowie dem damit verbundenen Dampfverluste durch Dämpfung des Zuges, und wenn das nicht genügt, durch Anstellung der Speisevorrichtung zu begegnen suchen. Das zugeführte Wasser nimmt den Überschuß an Wärme auf und verhindert hierdurch das weitere Steigen des Druckes. Selbstverständlich darf aber hierbei der Kessel nicht überfüllt werden. Erweisen sich daher die eben bezeichneten Mittel nicht als ausreichend, den steigenden Dampfdruck zu bemeistern, so muß schließlich die Einwirkung des Feuers auf den Kessel auch durch Öffnen der Feuer- oder der Rauchkammertüren möglichst abgeschwächt werden.

Die Speisung, die sich somit als ein Mittel erweist, dem unerwünschten Anwachsen des Dampfdruckes entgegen zu wirken, bietet aber auch den Vorteil, das durch vorübergehende starke Inanspruchnahme des Kessels verursachte Sinken des Druckes einzuschränken. Weiß der Heizer, daß zu einer gewissen Zeit der Dampfverbrauch ein besonders starker ist, so wird er bestrebt sein, vor jenem Zeitpunkte den Wasserstand allmählich zu erhöhen, damit der Kessel zur Zeit der stärkeren Beanspruchung reichlich mit Wasser versehen ist. Braucht dem Kessel während dieser Zeit nur wenig frisches Wasser zugeführt zu werden, so wird auch der Druck eine geringere Abnahme erfahren. Dieser Kunstgriff ist natürlich bei Kesseln, die im Verhältnisse zu ihrer Heizfläche einen reichlichen Wasserraum besitzen (Großwasserraumkesseln) mit weit größerem Erfolge durchzuführen, als bei Kesseln mit kleinem Wasserraume (Wasserröhrenkesseln).

Während des regelmäßigen Betriebes hat der Heizer nun auch darauf zu sehen, daß alle Sicherheitsvorrichtungen des Kessels zuverlässig wirken.

Von Zeit zu Zeit, mindestens einmal täglich, sind die Probierhähne und die Wasserstandsgläser durchzublasen. Springt eines der Glasrohre, so ist sofort ein anderes einzuziehen. Es müssen daher stets eine Anzahl solcher Rohre bereit gehalten werden. Ist ein Schwimmerzeiger vorhanden, so ist auch dieser auf leichten Gang zu prüfen.

Ab und zu ist auch das Manometerrohr auszublasen. Die Sicherheitsventile sind aber täglich zu lüften und auf ihre Gangbarkeit zu prüfen. Wenn das Manometer den höchsten Dampfdruck anzeigt, müssen die Sicherheitsventile abzublasen beginnen. Geschieht dies nicht, so ist eine der Vorrichtungen in Unordnung, und hat der Heizer, falls er den Fehler nicht selbst beseitigen kann, hiervon dem Vorgesetzten Anzeige zu machen und auf Abhilfe, nötigenfalls auf Ersatz des schadhaft gewordenen Manometers zu bringen. Niemals darf aber der Heizer sich durch Belasten des anscheinend zu früh abblasenden Sicherheitsventiles mit Gewichten oder sonstigen Gegenständen zu helfen suchen.

Endlich sind auch die Speisevorrichtungen, die für gewöhnlich nicht benutzt werden, täglich zu probieren und auf ihre Diensttüchtigkeit zu prüfen.

Weiter ist das Feuer nach Bedarf aufzulockern und zu schüren und der Rost in regelmäßigen Zeitabschnittten, die am besten mit den Arbeitspausen zusammenfallen, von Schlacken zu befreien.

Unausgesetzt hat der Heizer den Kessel zu beobachten. Er soll daher nicht mit Nebenarbeiten befaßt werden, die seine Aufmerksamkeit vom Kessel ablenken. Solange dieser Dampf entwickelt, darf auch der Heizer seinen Posten nicht verlassen. Es ist ferner von ihm nicht zu dulden, daß unbefugte Personen das Kesselhaus betreten.

Bei den meisten Kesselanlagen wird der Betrieb durch kürzere oder längere Betriebspausen unterbrochen. Schon einige Zeit vor Beginn einer solchen Pause, der Mittagsstunde usw., ist das Feuer zu mäßigen. Der Zunahme des Druckes während der Pausen muß durch zeitweiliges Speisen entgegengewirkt werden.

Gegen Ende der täglichen Arbeitszeit ist allmählich das Heizen einzustellen und der Kessel für den Betrieb des nächsten Tages noch mit genügend viel Wasser zu versehen. Alsdann hat der Heizer den Rest des Brenn=

stoffes und die Schlacken vom Roste sowie die Asche aus dem Aschenfalle, wenn nötig, auch aus den Zügen und Heizröhren zu entfernen. Hierauf sind die Feuer- und Aschenfalltüren sowie der Essenschieber zu schließen, damit der Kessel und das Mauerwerk sich über Nacht nicht durch einströmende kalte Luft übermäßig abkühlen. Erst dann, wenn er überzeugt ist, daß der Dampfdruck nicht mehr wesentlich steigt, darf sich der Heizer entfernen.

Das sogenannte Decken des Feuers über Nacht, das von manchen Heizern geübt wird und darin besteht, daß am Schlusse der Arbeitszeit der Rest des Brennstoffes mit einer größeren Menge frischen, angefeuchteten Brennstoffes überdeckt wird, der während der Nacht schwach fortglimmt und am nächsten Morgen nach dem Aufbrechen mit der Schürstange und dem Heben des Essenschiebers sich wieder zu einem hellen Feuer entwickelt, erleichtert zwar den Dienst etwas. Es ist aber verwerflich und daher auch zumeist behördlich verboten.

Das Decken des Feuers ist aus folgenden Gründen bedenklich:

Zunächst kann es vorkommen, daß während der Nacht das Glimmen des auf dem Roste lagernden Brennstoffes doch zu lebhaft wird, und der Druck des ohne Aufsicht stehenden Kessels eine bedenkliche Höhe erreicht. Dann aber entwickeln sich aus dem schwach glimmenden Brennstoffe brennbare Gase, Kohlenoxydgas und Kohlenwasserstoffe, die nicht genügenden Abzug finden, sich in den Zügen ansammeln, mit Luft vermischen und alsdann sehr gefährlich sind. Werden sie am nächsten Morgen durch die Flamme des wieder angefachten Feuers entzündet, so tritt eine heftige Explosion ein, die nicht nur die Feuerung und das Mauerwerk der Feuerzüge beschädigen, sondern auch dem Kessel verderblich werden kann.

Soll während längerer Pausen das Feuer doch gedeckt werden, so darf der Kessel wenigstens nicht ohne Aufsicht gelassen und auch der Essenschieber oder die Aschenfallklappe nicht völlig geschlossen werden, damit die sich entwickelnden Gase entweichen können.

Der erste Blick des Heizers am Morgen wird sich wieder auf das Wasserstandsglas und das Manometer zu richten haben. Erst wenn sich der Heizer überzeugt hat, daß der Kessel genug Wasser enthält, darf er mit dem Heizen beginnen.

In gewissen Zeitabschnitten ist der regelmäßige Betrieb eines Dampfkessels gänzlich einzustellen. Eine solche Kaltlegung des Kessels wird erforderlich, wenn er zu reinigen ist.

Das von der Natur dargebotene Wasser ist niemals rein, sondern enthält eine Anzahl Stoffe, die es auf seinem Laufe über oder unter der Erde aufgenommen hat und deren Art und Menge verschieden sind. Sie sind teils feste, teils gelöste.

Im Wasser enthaltene feste Stoffe sind leicht durch Absetzenlassen in Behältern oder durch Filtern zu entfernen, indem man es durch Kiesschichten fließen läßt.

Die Beimengungen und Ausscheidungen des Wassers.

Größere Schwierigkeiten bereiten die im Wasser gelösten Stoffe, als welche Luft und Kohlensäure sowie verschiedene Salze in Betracht kommen.

Die im Wasser gelöste Luft und Kohlensäure greifen den Kessel an. Sie können durch Erwärmen des Wassers ausgeschieden werden.

Die im Wasser gelösten Salze sind meistens kohlensaurer Kalk, schwefelsaurer Kalk (Gips) und kohlensaure Magnesia. Man nennt Wasser, das solche Salze in größeren Mengen enthält, hartes Wasser. Beimengungen dieser Art scheiden sich bei der Verdampfung des Wassers aus und bleiben im Kessel zurück. Sie bilden entweder losen Schlamm oder auch zusammenhängende steinartige Massen. Der lose Schlamm besteht aus kohlensaurem Kalk und kohlensaurer Magnesia, der feste Rückstand aus schwefelsaurem Kalk.

Der lose Schlamm wird von dem abgeführten mehr oder weniger nassen Dampfe mit fortgerissen, was insbesondere für die Dampfmaschinen schädlich ist. Aber auch den Sicherheitsvorrichtungen des Kessels ist dieser Schlamm nachteilig.

Die Schlammanhäufung kann durch zeitweiliges, teilweises Ablassen des Kesselwassers eingeschränkt werden. Der Heizer hat nur nach Feierabend, wenn das Feuer erloschen, das Wasser des Kessels zur Ruhe gekommen und der Schlamm zu Boden gesunken ist, oder auch am Morgen vor Beginn des Heizens den Ablaßhahn des Kessels zu öffnen und unter Beihülfe des im Kessel noch herrschenden Dampfdruckes so viel Wasser aus dem Kessel strömen zu lassen, bis der Wasserspiegel um einige Zentimeter gesunken ist. Das ausströmende Wasser nimmt dann einen großen Teil des Schlammes mit sich.

Wie oft ein solches Abblasen stattzufinden hat, hängt von der Beschaffenheit des Wassers ab. In Fabriken wird es meistens genügen, wenn es wöchentlich einmal, am Sonnabend nach Schluß der Arbeit, vorgenommen wird. Bei den Schiffskesseln der Elbdampfer macht es sich täglich mehreremale nötig.

Weit unangenehmer ist es, wenn sich die Beimengungen des Wassers auf den Kesselwandungen in harten Krusten absetzen, die wohl auch abblättern und dann zu großen Kuchen zusammenbacken. Man nennt solche Ausscheidungen bekanntlich Kesselstein.

Der Kesselstein ist ein schlechter Wärmeleiter. Er hemmt den Übergang der Wärme an das Kesselwasser und schmälert die Dampferzeugung. Starke Kesselsteinkrusten geben unter Umständen auch zu Beschädigungen des Kessels Anlaß. Sie heben die Berührung zwischen Kesselwand und Wasser ganz auf, so daß die nunmehr glühend werdenden Kesselbleche sich ausbeulen und schließlich aufreißen. Der Kessel muß daher von Zeit zu Zeit geöffnet und vom Kesselsteine, der höchstens eine Stärke von 5 mm erreichen darf, befreit werden, was in der Regel eine recht mühsame, zeit=

und geldraubende Arbeit ist. Es hat daher nicht an Versuchen gefehlt, zu verhindern, daß sich fester Kesselstein an den Wandungen festsetzt.

So wurden in Kessel mit Unterfeuerung muldenförmige Tröge eingehängt, die aus dünnem Bleche hergestellt waren und sich über die vordere Kesselhälfte erstreckten. Diese Tröge hatten von der Kesselwand etwa 5 cm Abstand, reichten ziemlich weit herauf und waren oben offen. Das zwischen dem Trog und der Kesselwand befindliche, mit Dampf vermischte leichtere Wasser stieg empor und zog Wasser vom hinteren Ende des Kessels nach sich. Hierbei wurde der im Kessel befindliche Schlamm mit emporgehoben und über den Rand des Troges hinweg in diesen gespült, wo er sich in größeren Mengen ansammelte. Ein Festbrennen des Schlammes auf den Feuerplatten schien ausgeschlossen. Der Ansatz von Kesselstein war aber doch nicht zu verhindern. Auch war die Handhabung der Tröge recht unbequem. Die nach ihrem Erfinder benannten Popperschen Tröge werden daher nicht mehr benutzt.

In neuerer Zeit sind mit besserem Erfolge flache Tröge im Dampfraume des Kessels untergebracht worden, in denen das zugeführte Speisewasser sich ausbreitet, erwärmt und den Schlamm sitzen läßt.

Einen gewissen Wert haben Hilfsmittel, die die Entfernung des Kesselsteins erleichtern, zu welchem Zwecke die Wandungen des Kessels nach dessen Reinigung mit einem geeigneten Anstriche versehen werden.

So streicht man die Kessel, die hierbei warm sein müssen, dünn mit heißem Teer aus. Dieser Anstrich muß natürlich, ehe der Kessel wieder in Betrieb gesetzt wird, vollständig hart und fest geworden sein, damit der Teer nicht aufschwimmt und die Sicherheitsvorrichtungen des Kessels verschmiert und verstopft. Andere bedienen sich einer Mischung von Graphit und Talg, was zweckmäßiger erscheint. Alle diese Anstriche machen die Kesselwand glatt und verhindern das feste Ansetzen des Kesselsteines, der durch Schläge mit einem stumpfen Hammer entfernt werden kann und hierbei in dünnen Schalen abblättert. Dagegen ist vor der Verwendung von Anstrichmitteln zu warnen, die entzündliche und betäubende Dämpfe entwickeln.

Man hat auch dem Kessel vor dem Entleeren Petroleum zugeführt das in den festen Kesselstein dringt und diesen lockert. Da das Petroleum leicht entzündliche Gase entwickelt, die zu Unfällen Anlaß geben können und tatsächlich schon gegeben haben, so ist seine Anwendung nicht zu empfehlen.

Man bringt ferner Stoffe in den Kessel, die die Kesselwand, schlüpfrig machen und den Schlamm einhüllen, infolgedessen das Zusammenbacken und Festbrennen des Schlammes bis zu einem gewissen Grade verhindert wird. Hierzu werden Kartoffeln, Gerberlohe, auch Katechu (gerbstoffhaltiger Extrakt überseeischer Hölzer) verwendet. Ihr

Nutzen ist freilich ein mäßiger. Auch verschmieren sie die Sicherheitsvorrichtungen des Kessels.

Vielfach werden auch den Kesselbesitzern Kesselsteinmittel angeboten, die Wunder verrichten sollen. Nützen sie wirklich etwas, so verdanken sie ihre Wirkung entweder dem Zusatz eines der eben genannten Stoffe oder auch dem Gehalt an Chemikalien, die das Wasser zu reinigen vermögen und weiterhin zu besprechen sind. Doch sind dies noch die harmlosesten, obgleich sie in der Regel mit dem 10, ja 20fachen ihres Wertes bezahlt werden müssen. Man hat aber in solchen Mitteln auch den Schlamm und Kesselstein vermehrende Stoffe, ja sogar Säuren vorgefunden, infolgedessen sie geradezu schädlich waren. Es ist daher vor dem Ankauf und der Verwendung solcher Kesselsteinmittel zu warnen.

Der Kesselstein wird am wirksamsten bekämpft, wenn die Beimengungen des Wassers in lauter lösliche und losen Schlamm bildende Stoffe verwandelt werden. Hierzu bedarf es aber der Beihilfe gewisser chemischer Mittel.

Die zumeist als doppeltkohlensaure Salze vorhandenen Verbindungen des Kalkes und der Magnesia werden schon beim Erwärmen des Wassers in Kohlensäure und einfachkohlensaure Salze zerlegt. Die Kohlensäure entweicht und die einfachen, fast unlöslichen Salze des Kalkes und der Magnesia fallen als Schlamm zu Boden. Das gleiche wird erreicht, wenn man dem Wasser Ätzkalk oder Ätznatron zusetzt, die sich mit einem Teile der Kohlensäure verbinden, worauf die kohlensauren Salze des Kalkes und der Magnesia ausfallen. Die Wirkung ist vollkommner, wenn auch hier das zu reinigende Wasser erwärmt wird.

Der schwefelsaure Kalk oder Gips läßt sich dagegen durch den Zusatz von Soda (kohlensaurem Natron) in lösliches, schwefelsaures Natron (Glaubersalz) und unlöslichen, kohlensauren Kalk umwandeln. Die Menge des im Kesselwasser gelösten Glaubersalzes nimmt natürlich ständig zu. Das Kesselwasser muß daher von Zeit zu Zeit abgelassen werden.

In neuerer Zeit ist auch als Reinigungsmittel mit gutem Erfolge sogenanntes Permutit verwendet worden, das unlösliche Verbindungen liefert.

Ein Haupterfordernis ist es nun, daß die Reinigungsmittel in richtigen Mengen angewendet werden. Denn ein zu großer Zusatz von Kalk vermehrt nur den Schlamm, und überschüssige Soda macht das Wasser schäumend. Die Menge der zugesetzten Soda überschreitet zwar nicht das zulässige Maß, wenn das Kesselwasser eben beginnt, rotes Lackmuspapier deutlich blau zu färben. Es ist aber stets ratsam, einen tüchtigen Chemiker zu befragen, der nach einer Untersuchung des zu verwendenden Wassers leicht angeben kann, in welchem Verhältnisse die Reinigungsmittel zugesetzt werden müssen.

Die chemische Reinigung des Wassers kann in verschiedener Weise ausgeführt werden.

Das Einfachste ist es offenbar, die Reinigungsmittel während des Betriebes mittels der Speisevorrichtungen oder besser noch mittels besonderer geeigneter Vorrichtungen in den Kessel zu bringen. Der gebildete Schlamm und die im Kesselwasser gelösten Salze müssen dann von Zeit zu Zeit durch Abblasen entfernt werden.

Der Schlamm kann auch beständig mittels der Dervauxschen (sprich Derwoh) Vorrichtung beseitigt werden, die H. Reisert in Köln ausführt.

Diese Vorrichtung besteht aus einem auf dem Kesselgemäuer aufgestellten geschlossenen Gefäße, zu dem vom tiefsten Punkte des Kessels aus das Wasser in je einer Rohrleitung beständig emporsteigt, dort den Schlamm abscheidet und dann in den Kessel zurückkehrt. Im höchsten Punkte der Zuflußleitung ist ein Rippenkörper eingeschaltet, in dem das emporgestiegene Wasser sich abkühlt, so daß es schwerer wird als das aufsteigende. Der Gewichtsunterschied der beiden Wassersäulen bewirkt eine fortdauernde Bewegung des in den Rohren eingeschlossenen Wassers. Der im Gefäße gesammelte Schlamm wird mittels eines Ablaßhahnes entfernt.

Zweifellos ist es am zweckmäßigsten, das Wasser vor seiner Verwendung zu reinigen und den hierbei gebildeten Schlamm vom Kessel ganz fern zu halten.

Diese Reinigung kann in Bottichen oder Gefäßen vorgenommen werden, in denen das Wasser zugleich durch eingeleiteten Dampf erwärmt wird. Solcher Bottiche müssen natürlich mehrere vorhanden sein, da der gebildete Schlamm nur langsam zu Boden sinkt, und das gereinigte Wasser erst nach einigen Stunden abgezogen und verwendet werden kann. Hierdurch wird leider für die Einrichtung ein recht beträchtlicher Raum erforderlich.

Eine gedrängtere Form erhalten Einrichtungen, bei denen dem stetig zufließenden Wasser die Reinigungsmittel ununterbrochen in richtigen Mengen hinzugefügt werden und die daher ununterbrochen arbeiten. Die Reinigungsmittel, Ätzkalk, Ätznatron und Soda werden in Wasser gelöst und in dieser Form dem zu reinigenden Wasser zugesetzt.

Bei den von A. L. G. Dehne in Halle hergestellten Anlagen wird das zu reinigende Wasser durch den Abdampf der Maschine oder auch durch frischen Kesseldampf auf 70 bis 80°C erwärmt. Ein Teil des gebildeten Schlammes wird bereits in dem Mischgefäße, der Rest mit Hilfe von Filterpressen, durch die das Wasser gedrückt wird, ausgeschieden.

Bei den Einrichtungen der Maschinenbauanstalt Humboldt in Kalk wird der Schlamm mittels einer von dem Franzosen Gaillet erfundenen Vorrichtung abgeschieden, die aus einem rechteckigen Behälter mit zahlreichen geneigt liegenden Scheidewänden besteht. Die Scheidewände zwingen das Wasser, eine abwechselnd schräg ansteigende und wieder ab=

fallende Bewegung anzunehmen. Der Schlamm setzt sich im unteren Teile des Behälters ab und kann durch Hähne abgezogen werden.

In Abbildung 114 ist der von der Firma L. u. C. Steinmüller in Gummersbach (Rhld.) hergestellte Wasserreiniger dargestellt.

Das Rohwasser fließt in den Verteiler a, von wo der größere Teil nach dem Vorwärmer b gelangt und hier durch Abdampf erwärmt wird.

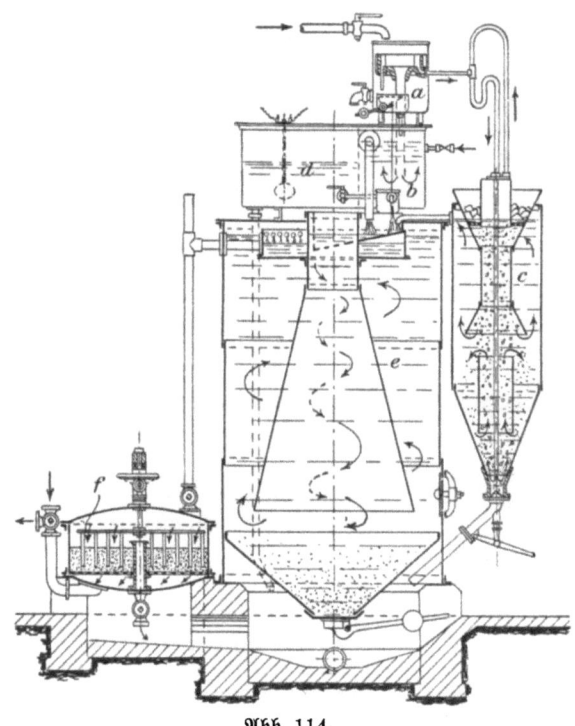

Abb. 114.

Ein zweiter kleinerer Teil wird nach dem Kalksättiger c geführt, wo er mit Ätzkalk in Berührung kommt und sich mit diesem sättigt. Der Ätzkalk liegt auf einem im oberen Teile des Kalksättigers angebrachten Siebe. Das Wasser wird nach dem untersten Teile des Sättigers geführt und steigt dann langsam empor. Von dem eintretenden Wasser mitgerissene Luft rührt den Kalkschlamm des Sättigers beständig auf und begünstigt die Lösung des Kalkes.

Im Behälter d wird die Sodalösung bereitet. Ein dritter kleiner Teil des Rohwassers fließt in eine kleine Kippwanne. Diese ist mit einem Becher verbunden, der in die Sodalösung taucht, sich füllt und bei jedem Spiele der Kippwanne nach einem seitlichen Abfluß entleert.

Im oberen Teile des Klärbehälters *e* fließen schließlich vorgewärmtes Rohwasser, Kalkwasser und Sodalösung zusammen, mischen sich und werden zunächst nach dem unteren Teile des Klärbehälters geführt, wo sich der Schlamm absetzt. Das geklärte Wasser fließt oben seitlich ab und durchströmt dann noch ein Kiesfilter *f*, das die letzten Schwebestoffe zurückhält. Mit Hilfe der in den Leitungen angebrachten Hähne kann dieses Filter in der umgekehrten Richtung durchspült sowie mittels eines rechenförmigen Rührwerks aufgerührt und somit während des Betriebes gewaschen werden.

Ähnliche Wasserreiniger stellen auch die Firmen Halvor Breda G. m. b. H. in Charlottenburg, H. Reisert in Köln, R. Reichling u. Co. in Dortmund und Krefeld u. a. her.

Alle diese Einrichtungen haben sich vortrefflich bewährt. Freilich sind sie auch recht kostspielig.

Das Wasser kann auch gelöste **Chlorverbindungen**, Chlornatrium (Kochsalz) oder Chlormagnesium enthalten. Das Kesselwasser wird dann immer reicher an diesen Verbindungen, die sich unter dem im Kessel herrschenden Druck an den heißen Feuerplatten zersetzen und hierbei Salzsäure bilden, die den Kessel anzehrt. Hiergegen schützt nur zeitweiliges Ablassen des Kesselwassers.

Endlich kann auch dem Kessel durch Öl, namentlich **Mineralöl**, verunreinigtes Wasser verderblich werden. Das Öl setzt sich als zähe Masse auf den Kesselwandungen fest und hält das kühlende Wasser fern, so daß die Feuerplatten glühend werden und ausbeulen. Soll daher das bei Dampfmaschinen mit Kondensation ablaufende warme ölhaltige Wasser zum Speisen des Kessels verwendet werden, so ist es zuvor von Öl zu befreien. Es geschieht dies, indem man entweder das Öl in Entölern auf Rieselflächen oder durch Ausschleudern aus dem Abdampfe abscheidet oder den zu Wasser verdichteten Dampf durch Filter aus Holzwolle, Schwämme u. dergl. laufen läßt. Das Kondensationswasser von Dampfturbinen enthält kein Öl und kann ungereinigt verwendet werden.

Ist es an der Zeit, einen Dampfkessel zu reinigen, so muß er zunächst mit Hilfe des Ablaßhahnes entleert werden. Bei eingemauerten Kesseln wartet man hiermit, bis das Mauerwerk der Züge durch längere Zeit hindurchströmende Luft schon etwas abgekühlt ist. Ist der Kessel leer, so läßt man ihn auch noch einige Zeit stehen und sich weiter abkühlen, ehe man daran geht, ihn mit kaltem Wasser auszuspülen und den Schlamm zu entfernen. Das heiße Mauerwerk hält den Kessel noch recht lange warm. Wird der noch warme Kessel aber mit kaltem Wasser abgeschreckt, so werden die Nähte leicht undicht.

Die Reinigung des Kessels.

Soll nunmehr der Kessel gereinigt werden, so ist er gegen die etwa vorhandenen, im Betriebe befindlichen Nachbarkessel der Sicherheit der in ihm Beschäftigten wegen durch sogenannte **Blindflanschen**, das sind zwischen die Flanschen der Dampfrohre und Speiserohre eingeschobene volle Blechscheiben von etwa 5 mm Stärke sicher abzusperren.

Der im Kessel zurückgebliebene Schlamm wird zusammengekehrt oder abgekratzt, der harte Kesselstein aber mit meiselartigen Hämmern entfernt, die aber mit einer gewissen Vorsicht zu handhaben sind, damit die Bleche und Niete des Kessels nicht durch scharfe Meiselhiebe beschädigt werden. Weiter muß aus den Zügen die angesammelte Flugasche entfernt werden. Auch ist der Kessel von dem äußerlich angesetzten Ruße zu befreien.

Bei diesen Arbeiten hat nun der Heizer den Kessel sowie die Feuerung und die Züge auf das Gewissenhafteste zu **untersuchen**.

Die innere Kesselwand zeigt oft Beulen, Risse oder grubenartige Auszehrungen. Oder das Blech ist durchweg dünner geworden, wovon man sich allerdings erst genauer überzeugen kann, wenn man es anbohrt.

Äußerlich sind oft Beulen, die von Abschieferungen sogenannter unganzer Stellen des Bleches herrühren, ferner Risse im Bleche wahrzunehmen, insbesondere an den Feuerplatten solche, die von Nietloch zu Nietloch oder an den Rohrwänden, die von Rohr zu Rohr gehen, endlich Abzehrungen der Bleche an Stellen, wo der Kessel im Mauerwerke liegt, das zuweilen feucht ist. Um den Kessel hier besichtigen zu können, müssen einige Ziegel herausgezogen werden. Insbesondere ist auch auf alle Undichtheiten zu achten, die sich durch angesetzten Kesselstein kenntlich machen.

Ebenso ist das Mauerwerk der Feuerung und der Feuerzüge daraufhin zu untersuchen, ob es etwa Risse erhalten oder vom Kessel sich getrennt hat.

Jeden Schaden, den der Heizer entdeckt, hat er dem Kesselbesitzer zu melden, damit der Kesselschmied gerufen wird, der den Mangel beseitigt. Sind kleinere Flicken aufzusetzen, so geschieht dies besser von innen als von außen, da dann der Dampfdruck das Dichthalten des Flickens unterstützt. Von außen auf den Kessel geschraubte Flicken sind dagegen unzulässig. Bedenklichere Undichtheiten müssen durch Verstemmen der Näte oder Nachwalzen der Rohre beseitigt werden. Ausgebrannte Stellen der Feuerung und schadhafte Stellen der Züge sind vom Maurer auszubessern. Im Mauerwerk entstandene Risse müssen gut verschmiert werden.

Bei dieser Gelegenheit sind auch alle Dichtungen der Sicherheits- und Speisevorrichtungen nachzusehen und nötigenfalls zu erneuern, sowie undichte Hähne und Ventile **nachzuschleifen**. Erst nachdem alle diese Arbeiten sachgemäß erledigt sind, kann der Kessel wieder in Betrieb gesetzt werden.

Soll der Betrieb eines Kessels **monatelang** unterbrochen werden, so reinigt man den Kessel gründlich und läßt ihn leer mit offenem Mannloche stehen. Bildet sich in dem Innern des Kessels Wasserbeschlag, der zu Rost führt, so wird der Mannlochdeckel besser geschlossen. Auch völlig mit Wasser gefüllte Kessel leiden keinen Schaden. Selbstverständlich darf aber ein solcher Kessel nicht dem Froste ausgesetzt sein. Ruht der Betrieb jahrelang, so ist der Kessel innerlich mit Firnis oder Teer auszustreichen.

Bisher wurde nur von den Obliegenheiten und Pflichten des Heizers gesprochen. Aber auch dem Kesselbesitzer sind Pflichten auferlegt.

Der Kesselbesitzer hat vor allem darauf zu achten, daß die Anlage nur geeigneten und gewissenhaften Heizern und Beamten übergeben ist, die ihre Pflicht voll erfüllen. Er hat ferner dafür zu sorgen, daß sich der Kessel nebst seinen Sicherheitsvorrichtungen stets in gutem Zustande befindet, und daß Mängeln irgend welcher Art sofort abgeholfen wird.

Daß aber sowohl die Heizer, wie die Kesselbesitzer ihren Pflichten nachgehen, darüber haben die Aufsichtsbeamten (Gewerbeinspektoren und Ingenieure der Überwachungsvereine) zu wachen, die jede Kesselanlage alljährlich wenigstens einmal äußerlich und nach Erfordernis auch innerlich untersuchen.

Der regelmäßige Betrieb eines Dampfkessels kann nun zuweilen ganz gegen den Willen der Beteiligten unterbrochen werden, ja der Betrieb kann sogar für immer sein Ende finden.

Wird an einem in Betriebe befindlichen Dampfkessel irgend eine Verschraubung oder Verbindung undicht oder entsteht in den Wandungen eine Öffnung und geht soviel Wasser verloren, daß der Wasserspiegel im Wasserstandsglase immer mehr sinkt, so muß der Heizer zunächst den Wasserstand des Kessels durch verstärktes Speisen zu halten suchen. Gelingt ihm dies nicht und weiß der Heizer schließlich gar nicht mehr, wie weit sich der Kessel bereits entleert hat, so ist Gefahr im Verzuge. Es muß jetzt befürchtet werden, daß von dem Feuer berührte Kesselwandungen wie die Oberteile der Flammenrohre und die Decken der Feuerbüchsen bereits vom Wasser entblößt und glühend geworden sind, in welchem Zustande sie aber dem Dampfdrucke nicht mehr genügend zu widerstehen vermögen. Dann kann aber auch jeden Augenblick eine Zerstörung des Kessels eintreten. Bedenklich wäre es, auch jetzt noch dem zu tief gesunkenen Wasserstande durch verstärktes Speisen abhelfen zu wollen. Hebt sich wirklich der Wasserstand, so werden nur glühende Kesselwandungen vom Wasser berührt und hierdurch neue Dampfmengen erzeugt, die den Druck und die Gefahr erhöhen.

In eine gleich gefährliche Lage kann der Kessel natürlich auch kommen, wenn die Speisevorrichtungen mehr oder weniger versagen und nicht wieder in regelrechten Gang zu bringen sind.

Geradezu pflichtvergessen handelte der Heizer, wenn er in einer solchen Lage, um nur das eigene Leben in Sicherheit zu bringen, kopflos

Gefährliche Zustände. 241

davon eilen wollte. Ein Bersten des Kessels wäre dann die kaum vermeidbare Folge. Der Heizer muß jetzt kaltes Blut bewahren. Er wird vor allem sich zu bemühen haben, den Kessel der Einwirkung des Feuers zu entziehen und den Dampfdruck zu vermindern.

Bei Kesseln mit Planrost=Feuerung ist das Feuer vom Roste zu entfernen und sind die Feuertüren und der Essenschieber weit zu öffnen, damit ein durch die Züge streichender Luftstrom den Kessel kühlt. Bei Kesseln mit Treppenrost=Feuerung kann das Feuer, dessen Entfernung nicht in allen Fällen möglich ist, mit Asche überdeckt werden. Die Türe des Aschenfalls ist zu schließen und die Reinigungsöffnungen der Züge sind zu öffnen, damit auch hier die Luft den Kessel kühlt. Weiter ist es zweckmäßig, die Dampfmaschine weiter laufen zu lassen oder das Sicherheitsventil des Kessels langsam zu öffnen, damit der Dampf entweicht und der Druck sinkt.

Der Heizer halte sich indessen nicht länger wie nötig vor den Feuertüren und den Stirnwänden des Kessels auf. Geben die Kesselwandungen doch nach, reißt die Feuerplatte auf, oder wird das Flammenrohr zusammendrückt, so werden nur zu oft an diesem Orte befindliche Personen durch die aus der Feuertür geschleuderten Trümmer oder siedendes Wasser verletzt oder getötet.

Erst nachdem der Heizer alle die aufgeführten Maßnahmen getroffen und er sich überzeugt hat, daß der Dampfdruck herabgeht, darf er an seine eigene Sicherheit denken und die Nähe des Kessels verlassen.

Ist alles gut abgelaufen, so darf der Kessel doch keineswegs sofort wieder in Betrieb gesetzt werden. Der Heizer hat sich zunächst zu überzeugen, ob der Kessel etwa Schaden gelitten hat.

Oft sind die Nähte des Kessels oder die Heizröhren undicht geworden, was sich entweder sofort oder dann zeigt, wenn der entleerte Kessel, dessen vollständige Abkühlung aber zunächst abzuwarten ist, wieder mit Wasser gefüllt wird. Dann muß natürlich der Kesselschmied herbeigeholt werden, der die undichten Stellen beseitigt und nach dieser Arbeit eine Wasserdruckprobe vornimmt, um sich von dem Erfolge seiner Arbeit zu überzeugen. Zeigen sich dagegen an den Kesselwandungen Ausbiegungen, Beulen oder Risse, so sind die beschädigten Teile, soweit erforderlich, vom Kesselschmiede zu entfernen und durch neue zu ersetzen.

Der regelmäßige Betrieb des Kessels kann nun auch unterbrochen werden und der Kessel in Gefahr geraten, wenn im Kesselhause oder dessen nächster Umgebung ein Brand ausbricht.

Auch in einem solchen Falle darf der Heizer nicht den Kopf verlieren. Er muß, wie bei gefährlichem Wassermangel, das etwa auf dem Roste befindliche Feuer durch Öffnen der Feuertür und des Essenschiebers zu dämpfen suchen. Um den Druck zu vermindern, ist der Kessel fortgesetzt zu speisen. Dann aber ist es ratsam, möglichst alle Absperrventile zu schließen, damit niemand durch ausströmenden Dampf verletzt wird, falls die Rohrleitungen durch herabstürzende Balken usw. zerstört werden.

Auch der dem Feuer ausgesetzt gewesene Dampfkessel ist vor seiner Wiederinbetriebnahme sorgfältig auf erlittene Schäden zu untersuchen.

Nach § 13 Absatz 2 der allgemeinen polizeilichen Bestimmungen ist übrigens, wenn ein Dampfkessel durch Wassermangel oder Brandschaden überhitzt worden ist, dem zuständigen Beamten (Gewerbeinspektor, Ingenieur des Überwachungs-Vereins) Anzeige zu erstatten. Und nach § 13 Absatz 1 müssen solche Kessel vor der Wiederinbetriebnahme einer amtlichen Wasserdruckprobe unterzogen werden.

Eine plötzliche, oft von den furchtbarsten Folgen begleitete Unterbrechung und das Ende des Betriebes tritt ein, wenn der Kessel durch den Dampfdruck zertrümmert wird, wenn er platzt oder explodiert. Es wird die letzte Aufgabe dieses Buches sein, die Ursachen dieser Ereignisse zu erörtern, um Winke für deren Verhütung zu gewinnen.

Ein Kessel vermag dem Dampfdrucke nicht genügend zu widerstehen, wenn der Baustoff nicht fest genug oder so spröde ist, daß er schon bei geringen Biegungen bricht. Nach § 2 Absatz 1 der allgemeinen polizeilichen Bestimmungen muß der Baustoff den Regeln der Wissenschaft und Technik entsprechen und nach den hierzu erlassenen Vorschriften von amtlich anerkannten Sachverständigen geprüft sein. Nach § 12 Absatz 2 Satz 3 der allgemeinen polizeilichen Bestimmungen ist den Behörden hierüber der Nachweis zu erbringen. Durch diese Vorschrift wird ungeeigneter Baustoff in der Regel ausgeschlossen.

Ein Dampfkessel ist weiter dem Dampfdrucke nicht ausreichend gewachsen, wenn er zu schwache Wandungen besitzt und fehlerhaft gebaut ist, insbesondere wenn die Wandungen des Kessels, deren Form der Dampfdruck zu ändern sucht, wie die ebenen Böden, die Flammenrohre, die Feuerbüchsen u. a. nicht genügend versteift und verankert sind. Nach § 2 Absatz 1 der allgemeinen polizeilichen Bestimmungen muß auch die Ausführung eines Dampfkessels den anerkannten Regeln der Wissenschaft und Technik entsprechen. Die hierzu erlassenen Vorschriften enthalten Bestimmungen über die anzuwendenden Wandstärken, die erforderlichen Verankerungen und Versteifungen u. a. m. Die technischen Aufsichtsbeamten (Gewerbeinspektor u. a.) achten aber schon bei der Begutachtung eines zu erbauenden und neu aufzustellenden Dampfkessels darauf, daß diesen Bestimmungen nachgegangen wird, so daß der Kessel überhaupt nicht oder doch nur mit einem Druck in Betrieb gesetzt werden darf, dem er mit Sicherheit gewachsen ist.

Schlechter Baustoff und zu schwache oder fehlerhafte Bauart werden daher bei neueren Kesseln selten und nur bei älteren vor dem Erlasse der verschärften allgemeinen polizeilichen Bestimmungen erbauten Kesseln einmal die Ursache einer Explosion sein.

Bei aus Flußeisenblechen hergestellten Kesseln sind allerdings in neuerer Zeit zuweilen den Nähten der Kesselmäntel entlang laufende Risse beobachtet worden, die sich nach einiger Zeit einstellten und zu verheerenden Explosionen führten. Es ist anzunehmen, daß in solchen Fällen die Bleche, entgegen den Bauvorschriften, in sogenannter Blauwärme gebogen und nicht nachträglich ausgeglüht wurden, infolgedessen sie spröde waren.

Auch an Stelle der Nietung angewendete Schweißung hat sich nicht immer zuverlässig erwiesen und zu Explosionen geführt, so daß ihr gegenüber große Vorsicht geboten ist.

In allen diesen Fällen trifft natürlich den Kesselerbauer die Schuld.

Mehr als ein Drittel aller Kesselexplosionen wird durch **Wassermangel** herbeigeführt. Vom Wasser entblößte glühende Kesselwandungen verlieren ihre Widerstandsfähigkeit und werden vom Dampfdrucke zerstört.

Wassermangel tritt ein, wenn der Heizer entweder das Speisen unterlassen oder die Wasserstandszeiger, die mehr Wasser anzeigen, als im Kessel vorhanden ist, nicht in Ordnung gehalten hat. Der Kessel kann sich aber auch während des Betriebes infolge einer Undichtheit oder irgend eines anderen Umstandes entleeren.

Es leuchtet ein, daß fast ohne Ausnahme dem Heizer, der bei größerer Sorgfalt den Kessel nicht in eine so gefährliche Lage gebracht hätte, oder der der Gefahr mit mehr Umsicht und Entschlossenheit entgegentreten mußte, die Schuld der nachfolgenden Explosion zuzuschreiben ist.

Auch durch zu hohen, das zulässige Maß überschreitenden **Dampfdruck** werden eine Anzahl Kesselexplosionen verursacht.

Entweder wußte dann der Heizer nichts davon, daß das Manometer falsch zeigte, das Sicherheitsventil nicht wirksam war und daß zu hoher Dampfdruck sich unbemerkt einstellte, oder er führte den zu hohen Dampfdruck absichtlich durch Belastung der Sicherheitsventile herbei.

Auch solche Explosionen müssen als lediglich vom Heizer verschuldete angesehen werden.

Ein erhebliche Anzahl von Kesselexplosionen tritt ferner ein, wenn der Kessel **abgenutzt**, in seinen Blechen stellenweise oder durchgängig geschwächt und daher nicht mehr widerstandsfähig genug ist.

Gerade über diesen Punkt soll sich ja aber der Heizer bei der Reinigung des Kessels gründlich unterrichten. Auch ist der Heizer verpflichtet, Wahrnehmungen dieser Art zur Kenntnis des Kesselbesitzers und des Aufsichtsbeamten zu bringen, die schon dafür Sorge tragen werden, daß Abhilfe erfolgt.

Es müssen somit auch diese Explosionen auf die Schuldliste des Heizers geschrieben werden.

Weiter kann die **unterlassene Reinigung** eines Kessels zu einer Explosion führen.

Setzen sich auf den Feuerplatten des Kessels dicke Kuchen von Kesselstein fest, so wird darunter das Blech glühend und reißt schließlich auf. Oder jene Kuchen springen plötzlich los, und es stürzt sich das Wasser auf die glühenden Platten, die nunmehr durch die rasche Abkühlung Schaden leiden und Risse erhalten.

Auch in diesen Fällen muß dem Heizer, der den Kessel nicht oft und gründlich genug reinigte, die Schuld an der Explosion beigemessen werden.

Endlich kann der Kessel auch bersten durch den Stoß, den er durch die Explosion eines Gemisches von brennbaren Gasen und Luft, das sich in den Feuerzügen angesammelt hat (vergleiche Seite 232), oder durch die Explosion eines Nachbarkessels erleidet.

Auch in diesen Fällen kann den Heizer die Schuld treffen.

Nach den vom Kaiserlichen Statistischen Amte veröffentlichten amtlichen Nachweisen explodierten im Deutschen Reiche in den Jahren 1877 bis mit 1911, also in 35 Jahren, 531 Dampfkessel, wobei 364 Personen getötet, 215 schwer und 519 leicht verwundet, insgesamt also 1098 Personen verletzt wurden*).

Die Ursachen dieser Explosionen waren:

in 34 Fällen mangelhafte Bauart;
„ 52 „ Baustoffehler, schlechte Ausführung und Schweißung;
„ 15 „ mangelhafte Ausbesserung;
___
101

„ 219 Fällen Wassermangel;
„ 108 „ örtliche Blechschwächung und Risse;
„ 58 „ zu hoher Dampfdruck;
„ 35 „ Kesselstein und andere schädliche zum Ausglühen führende Stoffe;
___
420

„ 10 Fällen Explosion eines Nachbarkessels, Explosion von Gasen und nicht ermittelte Ursachen.

War demnach in 101 Fällen die Schuld der Explosion dem Hüttenwerk und dem Erbauer des Kessels beizumessen, so trifft diese doch bei dem weitaus größeren Teile der Explosionen — in 420 Fällen — den Heizer, der den Kessel schlecht bediente, die entstandenen Mängel nicht genug beachtete und um eine rechtzeitige und gründliche Reinigung nicht genug besorgt war.

---

*) Die furchtbarste Explosion fand auf dem Eisenwerk „Friedenshütte" in Oberschlesien in der Nacht vom 24. zum 25. Juli 1887 statt, bei der in weniger als einer Minute 22 Kessel zertrümmert wurden, 12 Personen den Tod fanden, weitere 5 schwer und 30 leicht verletzt wurden.

Die Kesselexplosionen.

Hieraus folgt die Lehre, daß man, um vor einer Explosion möglichst sicher zu sein, sich bei der Beschaffung eines Kessels nur an eine gute bewährte Kesselfabrik wenden, vor allem aber mit der Bedienung des Kessels nur zuverlässige, verständige und gewissenhafte Heizer betrauen und zu größerer Sicherheit auch den Kessel öfter von amtlicher oder sachverständiger Seite untersuchen lassen soll.

Es ist endlich darauf hinzuweisen, daß nach den bestehenden Vorschriften der Kesselbesitzer oder dessen Vertreter im Falle einer Explosion sofort die Polizeibehörde und den Gewerbeinspektor in Kenntnis zu setzen hat, Änderungen in dem Zustande des explodierten Kessels aber, insofern nicht die Rettung oder Bewahrung von Menschenleben oder die Offenhaltung des Verkehres einer Eisenbahn oder eines öffentlichen Weges dies erfordern, vor Beendigung der behördlichen Erörterungen nicht vornehmen lassen darf. Nach dem Bundesrats-Beschlusse vom 14. Januar 1897 liegt eine Dampfkesselexplosion dann vor, wenn die Wandung eines Kessels durch den Dampfkesselbetrieb eine Trennung in solchem Umfange erleidet, daß durch Ausströmen von Wasser und Dampf ein plötzlicher Ausgleich der Spannungen innerhalb und außerhalb des Kessels stattfindet.

Anhang.

Gesetzliche Bestimmungen.
A. Die in Betracht kommenden Bestimmungen der Gewerbeordnung.

§ 24. Zur Anlegung von Dampfkesseln, dieselben mögen zum Maschinenbetriebe bestimmt sein oder nicht, ist die Genehmigung der nach den Landesgesetzen zuständigen Behörde erforderlich. Dem Gesuche sind die zur Erläuterung erforderlichen Zeichnungen und Beschreibungen beizufügen.

Die Behörde hat die Zulässigkeit der Anlage nach den bestehenden bau-, feuer- und gesundheitspolizeilichen Bestimmungen zu prüfen, welche von dem Bundesrat über die Anlegung von Dampfkesseln erlassen werden. Sie hat nach dem Befunde die Genehmigung entweder zu versagen oder unbedingt zu erteilen, oder endlich bei Erteilung derselben die erforderlichen Vorkehrungen und Einrichtungen vorzuschreiben.

Bevor der Kessel in Betrieb genommen wird, ist zu untersuchen, ob die Ausführung den Bestimmungen der erteilten Genehmigung entspricht. Wer vor dem Empfange der hierüber auszufertigenden Bescheinigung den Betrieb beginnt, hat die im § 147 angedrohte Strafe verwirkt.

Die vorstehenden Bestimmungen gelten auch für bewegliche Dampfkessel.

Für den Rekurs und das Verfahren über denselben gelten die Vorschriften der §§ 20 und 21*).

§ 25. Die Genehmigung einer in den §§ . . . 24 bezeichneten Anlage bleibt so lange in Kraft, als keine Änderung in der Lage oder Beschaffenheit der Betriebsstätte vorgenommen wird, und bedarf unter dieser Voraussetzung auch dann, wenn die Anlage an einen neuen Erwerber übergeht, einer Erneuerung nicht. Sobald aber eine Veränderung der Betriebsstätte vorgenommen wird, ist dazu die Genehmigung der zuständigen Behörde nach Maßgabe des § 24 notwendig . . .

---

*) Der Rekurs an die vorgesetzte Behörde muß binnen vierzehn Tagen, vom Tage der Eröffnung des Bescheides an gerechnet, erhoben und auch begründet werden.

§ 49. Bei Erteilung der Genehmigung zu einer Anlage der in den §§ ... 24 bezeichneten Arten kann von der genehmigenden Behörde den Umständen nach eine Frist festgesetzt werden, binnen welcher die Anlage oder das Unternehmen bei Vermeidung des Erlöschens der Genehmigung begonnen und ausgeführt, und der Gewerbebetrieb angefangen werden muß. Ist eine solche Frist nicht bestimmt, so erlischt die erteilte Genehmigung, wenn der Inhaber nach Empfang derselben ein ganzes Jahr verstreichen läßt, ohne davon Gebrauch zu machen.

Eine Verlängerung der Frist kann von der Behörde bewilligt werden, sobald erhebliche Gründe nicht entgegenstehen.

Hat der Inhaber einer solchen Genehmigung seinen Gewerbebetrieb während eines Zeitraums von drei Jahren eingestellt, ohne eine Fristung nachgesucht und erhalten zu haben, so erlischt dieselbe.

Das Verfahren für die Fristung ist dasselbe, wie für die Genehmigung neuer Anlagen.

§ 147. Mit Geldstrafe bis zu dreihundert Mark und im Unvermögensfalle mit Haft wird bestraft: ...

2. wer eine gewerbliche Anlage, zu der mit Rücksicht auf die Lage oder Beschaffenheit der Betriebsstätte oder des Lokals eine besondere Genehmigung erforderlich ist (§§ ... 24), ohne diese Genehmigung errichtet, oder die wesentlichen Bedingungen, unter welchen die Genehmigung erteilt worden, nicht innehält, oder ohne neue Genehmigung eine wesentliche Veränderung der Betriebsstätte oder eine wesentliche Veränderung in dem Betriebe der Anlage vornimmt; ...

In dem Falle zu 2 kann die Polizeibehörde die Wegschaffung der Anlage oder die Herstellung des den Bedingungen entsprechenden Zustandes derselben anordnen.

B. Bekanntmachung, betreffend allgemeine polizeiliche Bestimmungen über die Anlegung von Landdampfkesseln. Vom 17. Dezember 1908.

Auf Grund des § 24 Abs. 2 der Gewerbeordnung hat der Bundesrat nachstehende

Allgemeine polizeiliche Bestimmungen über die Anlegung von Landdampfkesseln*)

erlassen.

---

*) Für die Schiffsdampfkessel sind besondere, in mehreren Punkten abweichende Bestimmungen erlassen worden, von deren Wiedergabe wegen Raummangels abgesehen werden muß.

I. Geltungsbereich der Bestimmungen.

§ 1. Als Dampfkessel im Sinne der nachstehenden Bestimmungen gelten alle geschlossenen Gefäße, die den Zweck haben, Wasserdampf von höherer als der atmosphärischen Spannung zur Verwendung außerhalb des Dampfentwicklers zu erzeugen.

Als Landdampfkessel (Dampfkessel) gelten außer den an Land benutzten feststehenden und beweglichen Dampfkesseln auch die vorübergehend auf schwimmenden und im Wasser beweglichen Bauten aufgestellten Dampfkessel.

Den Bestimmungen für Landdampfkessel werden nicht unterworfen:

a) Behälter, in denen Dampf, der einem anderen Dampfentwickler entnommen ist, durch Einwirkung von Feuer besonders erhitzt wird (Dampfüberhitzer);

b) Kessel die mit einer Einrichtung versehen sind, welche verhindert, daß die Dampfspannung $1/2$ Atmosphäre Überdruck übersteigen kann (Niederdruckkessel). Als Einrichtungen dieser Art gelten:

 α) ein unverschließbares vom Wasserraum ausgehendes Standrohr von nicht über 5000 Millimeter Höhe und mindestens 80 Millimeter Lichtweite;

 β) ein vom Dampfraum ausgehendes, nicht abschließbares Rohr in Heberform oder mit mehreren auf- und absteigenden Schenkeln, dessen aufsteigende Äste bei Wasserfüllung zusammen nicht über 5000 Millimeter, bei Quecksilberfüllung nicht über 370 Millimeter Länge haben dürfen, wobei die Lichtweite dieser Rohre so bemessen werden muß, daß auf 1 Quadratmeter Heizfläche (§ 3 Abs. 3) ein Rohrquerschnitt von mindestens 350 Quadratmillimeter entfällt. Die Lichtweite der Rohre muß mindestens 350 Quadratmillimeter betragen und braucht 80 Millimeter nicht zu überschreiten;

 γ) jede andere von der Zentralbehörde des zuständigen Bundesstaats genehmigte Sicherheitsvorrichtung.

c) Zwergkessel, das heißt Dampfentwickler, deren Heizfläche $1/10$ Quadratmeter und deren Dampfspannung 2 Atmosphären Überdruck nicht übersteigt, sofern sie mit einem zuverlässigen Sicherheitsventil ausgerüstet sind.

Für die Kessel in Eisenbahnlokomotiven bleiben die auf Grund der Artikel 42 und 43 der Reichsverfassung erlassenen besonderen Bestimmungen*) in Kraft.

---

*) Die Eisenbahnbau- und Betriebsordnung vom 4. November 1904.

II. Bau.

Kesselwandungen.

§ 2. Jeder Dampfkessel muß in bezug auf Baustoff, Ausführung und Ausrüstung den anerkannten Regeln der Wissenschaft und Technik entsprechen. Als solche Regeln gelten bis auf weiteres die in den Anlagen I und II*) zusammengestellten Grundsätze, welche entsprechend den Bedürfnissen der Praxis und den Ergebnissen der Wissenschaft auf Antrag oder nach Anhörung einer durch Vereinbarung der verbündeten Regierungen anerkannten Sachverständigenkommission**) fortgebildet werden.

Die von den Heizgasen berührten Teile der Wandungen der Dampfkessel dürfen nicht aus Gußeisen oder Temperguß hergestellt werden; andere nur, sofern ihre lichten Querschnitte kreisförmig sind und ihre lichte Weite 250 Millimeter nicht übersteigt. Für höhere Dampfspannungen als 10 Atmosphären Überdruck ist Gußeisen oder Temperguß in keinem Teile der Kesselwandungen gestattet. Formflußeisen darf für alle nicht im ersten Feuerzuge liegenden Teile der Wandungen benutzt werden. Auf Gehäusewandungen von Dampfzylindern, die mit dem Dampfkessel verbunden sind, finden die vorstehenden Bestimmungen keine Anwendung.

Als Wandungen der Dampfkessel gelten die Wandungen derjenigen Räume, welche zwischen den Absperrventilen (§ 6 Abs. 1, 2 und 3) liegen. Den Kesselwandungen sind die mit ihnen verbundenen Anschlußteile gleich zu achten.

Die Verwendung von Messingblech ist nur für Feuerrohre gestattet, deren lichte Weite 80 Millimeter nicht übersteigt.

Feuerzüge.

§ 3. Die Feuerzüge der Dampfkessel müssen an ihrer höchsten Stelle mindestens 100 Millimeter unter dem festgesetzten niedrigsten Wasserstande liegen. Bei Dampfkesseln, deren Wasseroberfläche kleiner als das 1,3 fache der gesamten Rostfläche ist, muß dieser Abstand mindestens 150 Millimeter betragen. Bei Innenzügen ist der Mindestabstand über den von den Heizgasen berührten Blechen zu messen.

Die Bestimmungen über die Höhenlage der Feuerzüge finden keine Anwendung auf Dampfkessel, deren von den Heizgasen berührten Wandungen ausschließlich aus Wasserrohren von weniger als 100 Millimeter Lichtweite oder aus derartigen Rohren und den zu ihrer Verbindung angewendeten Rohrstücken bestehen, sowie auf solche Feuerzüge, in welchen

---

*) Die Material= und die Bauvorschriften für Landdampfkessel. Von ihrer Wiedergabe mußte ihres Umfanges wegen abgesehen werden.
**) Die deutsche Dampfkesselnormen=Kommission.

ein Erglühen des mit dem Dampfraum in Berührung stehenden Teiles der Wandungen nicht zu befürchten ist. Die Gefahr des Erglühens ist in der Regel als ausgeschlossen zu betrachten, wenn die vom Wasser bespülte Kesselfläche, welche von den Heizgasen vor Erreichung der vom Dampfe bespülten Kesselfläche bestrichen wird, bei natürlichem Luftzuge mindestens zwanzigmal, bei künstlichem Luftzuge mindestens vierzigmal so groß ist als die gesamte Rostfläche. Bei Dampfkesseln ohne Rost ist der 4fache Betrag des Querschnitts des ersten Feuerzugs, unter Ausschluß des verengten Querschnitts über die Feuerbrücke, als der Rostfläche gleichstehend zu erachten.

Als Heizfläche der Dampfkessel gilt der auf der Feuerseite gemessene Flächeninhalt der einerseits von den Heizgasen andererseits vom Wasser berührten Wandungen.

Als künstlicher Luftzug gilt jeder durch andere Mittel als den Schornsteinzug erreichte Luftzug, welcher bei saugender Wirkung in der Regel mehr als 25 Millimeter Wassersäule, gemessen hinter dem letzten Feuerzuge, bei Preßluft mehr als 30 Millimeter Wassersäule, gemessen unter dem Roste, beträgt.

III. Ausrüstung.

Speisevorrichtungen.

§ 4. Jeder Dampfkessel muß mit mindestens zwei zuverlässigen Vorrichtungen zur Speisung versehen sein, die nicht von derselben Betriebsvorrichtung abhängig sind. Mehrere zu einem Betriebe vereinigte Dampfkessel werden hierbei als ein Kessel angesehen.

Jede der Speisevorrichtungen muß imstande sein, dem Kessel doppelt so viel Wasser zuzuführen, als seiner normalen Verdampfungsfähigkeit entspricht. Bei Pumpen, die unmittelbar von der Hauptbetriebsmaschine angetrieben werden (Maschinenspeisepumpen), genügt das $1^1/_2$fache der normalen Verdampfungsfähigkeit. Zwei oder mehrere Speisevorrichtungen, die zusammen die geforderte Leistung ergeben, sind als eine Speisevorrichtung angesehen, wenn es dem regelmäßigen Betrieb entspricht, daß die Maschinen zum Speisen in Gang gesetzt werden.

Handpumpen sind nur zulässig, wenn das Produkt aus der Heizfläche in Quadratmeter und der Dampfspannung in Atmosphären Überdruck die Zahl 120 nicht übersteigt.

Die unmittelbare Benutzung einer Wasserleitung an Stelle einer der Speisevorrichtungen ist zulässig, wenn der nutzbare Druck der Wasserleitung am Kessel jederzeit mindestens 2 Atmosphären höher als der genehmigte Dampfdruck im Kessel ist.

Speiseventile und Speiseleitungen.

§ 5. In jeder zum Dampfkessel führenden Speiseleitung muß möglichst nahe am Kesselkörper ein Speiseventil (Rückschlagventil) angebracht sein, das bei Abstellung der Speisevorrichtungen durch den Druck des Kesselwassers geschlossen wird.

Die Speiseleitung muß möglichst so beschaffen sein, daß sich der Dampfkessel bei undichtem Rückschlagventil nicht durch die Speiseleitung entleeren kann. Haben Speisevorrichtungen gemeinsame Sauge- oder Druckleitung, so muß jede Speisevorrichtung von der gemeinschaftlichen Leitung abschließbar sein. Übereinander liegende Verbundkessel mit getrennten Wasserräumen sowie Dampfkessel mit verschieden hohem Betriebsdrucke müssen je für sich gespeist werden können.

Absperr- und Entleerungsvorrichtungen.

§ 6. Jeder Dampfkessel muß mit einer Vorrichtung versehen sein, durch die er von der Dampfleitung abgesperrt werden kann. Wenn mehrere Kessel, die für verschiedene Dampfspannung genehmigt sind, ihre Dämpfe in gemeinschaftliche Dampfleitungen abgeben, so müssen die Anschlüsse der Kessel mit niedrigerem Drucke an die gemeinsame Dampfleitung unter Zwischenschaltung eines Rückschlagventils erfolgen. Durch die Anwendung von Druckminderventilen oder Druckreglern wird das Rückschlagventil nicht entbehrlich gemacht.

Jeder Dampfkessel muß zwischen dem Speiseventil und dem Kesselkörper eine Absperrvorrichtung erhalten, auch wenn das Speiseventil abschließbar ist.

Jeder Dampfkessel muß mit einer zuverlässigen Vorrichtung versehen werden, durch die er entleert werden kann.

Die Speiseabsperrvorrichtungen und die Entleerungsvorrichtungen müssen gegen die Einwirkung der Heizgase geschützt sein und ebenso wie alle anderen Absperrvorrichtungen (§ 5 Abs. 2, § 6 Abs. 1) so angebracht werden, daß der verantwortliche Wärter sie leicht bedienen kann.

Wasserstandsvorrichtungen.

§ 7. Jeder Dampfkessel muß mit mindestens zwei geeigneten Vorrichtungen zur Erkennung seines Wasserstandes versehen sein, von denen wenigstens die eine ein Wasserstandsglas sein muß. Schwimmer und Schmelzpfropfen sowie Spindelventile, die nicht durchstoßbar sind oder sich ganz herausdrehen lassen, sind als zweite Vorrichtung nicht zulässig. Die Vorrichtungen müssen gesonderte Verbindungen mit dem Innern des Kessels haben. Es ist jedoch gestattet, sie an einem gemeinschaftlichen Körper anzubringen, oder, falls zwei Wasserstandsgläser gesondert voneinander durch Rohre mit dem Kessel verbunden werden, die Dampfrohre durch eine gemeinsame Öffnung in den Kessel zu führen, wenn die Öffnung mindestens dem Gesamtquerschnitte beider Rohre gleich ist.

Werden die Wasserstandsvorrichtungen an einem gemeinschaftlichen Körper angebracht, so müssen dessen Verbindungen mit dem Wasser- und Dampfraume mindestens je 6000 Quadratmillimeter lichten Querschnitt haben. Werden die Wasserstandsvorrichtungen einzeln durch die Rohre mit dem Kessel verbunden, so müssen die Verbindungsrohre ohne scharfe Krümmungen geführt sein, unter Vermeidung von Wasser- und Dampfsäcken. Gerade nach dem Kessel durchstoßbare Verbindungsrohre müssen mindestens 20 Millimeter, gebogene Verbindungsrohre bei Kesseln bis zu 25 Quadratmeter Heizfläche mindestens 35 Millimeter, über 25 Quadratmeter Heizfläche mindestens 45 Millimeter lichten Durchmesser haben. Verbindungsrohre sind gegen die Einwirkung der Heizgase zu schützen. Gebogene Zuleitungsrohre im Innern des Kessels zum Anschluß an die Wasserstandsvorrichtungen sind nicht gestattet.

Die Lichtweiten der Wasserstandsgläser sowie die Bohrungen der Wasserstandsvorrichtungen müssen mindestens 8 Millimeter betragen. Die Hähne und Ventile der Wasserstandsvorrichtungen müssen so eingerichtet sein, daß man während des Betriebs in gerader Richtung durch die Vorrichtungen hindurchstoßen kann. Wasserstandshahnköpfe müssen so ausgeführt sein, daß das Dichtungsmaterial nicht in das Glas gepreßt werden kann.

Alle Hahnkegel der Wasserstandsvorrichtungen müssen sich ganz durchdrehen lassen. Die Durchgangsrichtung muß bei allen Hähnen deutlich auf dem Hahnkopfe gekennzeichnet sein. Die Bohrung der Hahnkegel an Wasserstandsvorrichtungen muß so beschaffen sein, daß sich der Durchgangsquerschnitt beim Nachschleifen nicht vermindert.

Werden Probierhähne oder Probierventile als zweite Vorrichtung angewendet, so ist die unterste dieser Vorrichtungen in der Ebene der festgesetzten niedrigsten Wasserstandes anzubringen. Die Höhenlage der Wasserstandsgläser ist so zu wählen, daß der höchste Punkt der Feuerzüge mindestens 30 Millimeter unterhalb der unteren sichtbaren Begrenzung des Wasserstandsglases liegt. Dieses Erfordernis gilt nicht für Kessel, deren von den Heizgasen berührte Wandungen ausschließlich aus Wasserrohren von weniger als 100 Millimeter Lichtweite oder aus solchen Rohren und den zu ihrer Verbindung angewendeten Rohrstücken bestehen.

Es müssen Einrichtungen für ständige, genügende Beleuchtung der Wasserstandsvorrichtungen während des Betriebes der Dampfkessel vorhanden sein. Die Wasserstandsvorrichtungen müssen im Gesichtskreise des für die Speisung verantwortlichen Wärters liegen und von seinem Standorte leicht zugänglich sein.

Wasserstandsmarke.

§ 8. Der für den Dampfkessel festgesetzte niedrigste Wasserstand ist durch eine an der Kesselwandung anzubringende feste Strichmarke von etwa 20 Millimeter Länge, die von den Buchstaben N. W. begrenzt wird, dauernd kenntlich zu machen. Die Strichmarke ist bei der Bauprüfung des Dampfkessels unter Berücksichtigung des dem Kessel bei der Aufstelluug etwa zu gebenden Gefälls festzulegen. Ihre Höhenlage ist durch Angabe ihres Abstandes von einem jederzeit erreichbaren Kesselteil in der über die Abnahmeprüfung aufzunehmenden Bescheinigung dann zu sichern, wenn die Marke nicht sichtbar bleibt.

Werden die Wasserstandsvorrichtungen unmittelbar an der Kesselwandung angebracht, so ist neben oder hinter jedem Wasserstandsglas in Höhe der Strichmarke ein Schild mit der Bezeichnung „Niedrigster Wasserstand" mit einem bis nahe an das Wasserstandsglas reichenden wagerechten Zeiger anzubringen. Werden die Wasserstandsvorrichtungen an besonderen Wasserstandskörpern oder Rohren befestigt, so ist mit diesen in Höhe der Strichmarke neben oder hinter jedem Wasserstandsglase das vorbezeichnete Schild mit dem Zeiger zu verbinden. Für Dampfkessel mit weniger als 25 Quadratmeter Heizfläche kann, wenn es an Platz mangelt, die Bezeichnung „Niedrigster Wasserstand" in N. W. abgekürzt werden. Die Schilder sind dauerhaft, aber weder mit den Schrauben der Armaturgegenstände noch an der Bekleidung zu befestigen.

Sicherheitsventil.

§ 9. Jeder feststehende Dampfkessel ist mit wenigstens einem zuverlässigen Sicherheitsventil, jeder bewegliche Dampfkessel mindestens mit zwei solchen Ventilen zu versehen. Die Sicherheitsventile müssen zugänglich und so beschaffen sein, daß sie jederzeit gelüftet und auf ihrem Sitze gedreht werden können. Bei Ventilen, die durch Hebel und Gewicht belastet werden, darf der auf jedes Ventil durch den Dampf ausgeübte Druck 600 Kilogramm nicht überschreiten. Die Belastungsgewichte der Ventile müssen je aus einem Stücke bestehen. Sind zwei Ventile vorgeschrieben, so muß ihre Belastung unabhängig voneinander erfolgen. Der Dampf darf den Ventilen nicht durch Rohre zugeführt werden, die innerhalb des Kessels liegen. Geschlossene Ventilgehäuse müssen in ihrem tiefsten Punkte mit einer nicht abschließbaren Entwässerungsvorrichtung versehen sein. Bei Hebelventilen ist die Stellung des Gewichts durch Splinte, bei Federventilen die Spannung der Federn durch Sperrhülsen oder feste Scheiben zu sichern.

Die Sicherheitsventile dürfen höchstens so belastet werden, daß sie bei Eintritt der für den Kessel festgesetzten Dampfspannung den Dampf entweichen lassen. Ihr Querschnitt muß bei normalem Betrieb imstande sein, so viel Dampf abzuführen, daß die festgesetzte Dampfspannung höchstens um $^1/_{10}$ ihres Betrags überschritten wird. Sind zwei Sicherheitsventile vorgeschrieben oder bedingt die Größe des Kessels mehrere Ventile, so muß ihr Gesamtquerschnitt dieser Anforderung entsprechen. Änderungen in den Belastungsverhältnissen, die den Druck des Ventilkegels gegen den Sitz erhöhen, dürfen nur durch die amtlichen Sachverständigen vorgenommen werden. Über jede Änderung der bei der amtlichen Abnahme festgesetzten Belastung ist von dem dazu Berechtigten ein Vermerk in das Revisionsbuch (§ 19) aufzunehmen.

Manometer.

§ 10. Mit dem Dampfraume jedes Dampfkessels muß ein zuverlässiges, nach Atmosphären (§ 12) geteiltes Manometer verbunden sein. Dieser Bestimmung wird auch durch Anschluß des Manometers an den Dampfraum eines dem § 7 Abs. 2 entsprechenden besonderen Wasserstandskörpers genügt. An dem Zifferblatte des Manometers ist die festgesetzte höchste Dampfspannung durch eine unveränderliche, in die Augen fallende Marke zu bezeichnen. Das Manometer muß die Ablesung des bei der Druckprobe anzuwendenden Probedrucks (§§ 12 und 13) gestatten. Es muß so angebracht sein, daß es gegen die vom Kessel ausstrahlende Hitze möglichst geschützt ist und daß seine Angaben vom Kesselwärter jederzeit ohne Schwierigkeiten beobachtet werden können. Die Leitung zum Manometer muß mit einem Wassersacke versehen und zum Ausblasen eingerichtet sein.

Fabrikschild.

§ 11. An jedem Dampfkessel muß die festgesetzte höchste Dampfspannung, der Name und Wohnort des Fabrikanten, die laufende Fabriknummer und das Jahr der Anfertigung auf eine leicht erkennbare und dauerhafte Weise angegeben sein.

Diese Angaben sind auf einem metallenen Schilde (Fabrikschild) anzubringen, das mit versenkt vernieteten kupfernen Stiftschrauben so am Kessel befestigt werden muß, daß es auch nach der Ummantelung oder Einmauerung des letzteren sichtbar bleibt.

IV. Prüfung.

Bauprüfung, Druckprobe und Abnahme neu oder erneut zu genehmigender Dampfkessel.

§ 12. Jeder neu oder erneut zu genehmigende Dampfkessel ist vor der Inbetriebnahme von einem zuständigen Sachverständigen einer Bauprüfung, einer Prüfung mit Wasserdruck und der nach § 24 Abs. 3 der

Prüfung.

Gewerbeordnung vorgeschriebenen Abnahmeprüfung zu unterziehen. Die Bauprüfung und Druckprobe müssen vor der Einmauerung oder Ummantelung des Kessels ausgeführt werden; sie sind möglichst miteinander zu verbinden. Die Bauprüfung kann jedoch auf Antrag des Fabrikanten auch während der Herstellung des Dampfkessels vorgenommen werden. Bei erneut zu genehmigenden Dampfkesseln kann, wenn seit der letzten inneren Untersuchung noch nicht zwei Jahre verflossen sind, nach dem Ermessen des Sachverständigen von der Durchführung dieser Bestimmungen insoweit abgesehen werden, als eine erneute Prüfung für die Erneuerung der Genehmigung nicht erforderlich ist.

Die Bauprüfung erstreckt sich auf die planmäßige Ausführung der Abmessungen, den Baustoff und die Beschaffenheit des Kesselkörpers. Bei ihrer Ausführung ist der Dampfkessel äußerlich und, soweit es seine Bauart gestattet, auch innerlich zu untersuchen. Vor Ausführung der Prüfung ist dem Sachverständigen bei neuen Dampfkesseln der Nachweis darüber zu erbringen, daß der zu den Wandungen des Kessels verwendete Baustoff nach Maßgabe der Anlage I*) geprüft worden ist. Über die Bauprüfung hat der Sachverständige ein Zeugnis nach Maßgabe der Anlage III**) auszustellen und mit diesem den Materialnachweis und — falls nicht eine bereits genehmigte Zeichnung vorgelegt wird — die den Abmessungen des Dampfkessels zugrunde gelegte Zeichnung zu verbinden. Vom Lieferer sind im letzteren Falle zwei Zeichnungen des Dampfkessels zur Verfügung des Sachverständigen zu halten. Bei erneut zu genehmigenden Dampfkesseln hat der Sachverständige in dem Zeugnis über die Bauprüfung zugleich ein Gutachten darüber abzugeben, mit welcher Dampfspannung der Kessel zum Betriebe geeignet erscheint.

Die Wasserdruckprobe erfolgt bei Dampfkesseln bis zu 10 Atmosphären Überdruck mit dem $1^1/_2$ fachen Betrage des beabsichtigten Überdrucks, mindestens aber mit 1 Atmosphäre Mehrdruck, bei Dampfkesseln über 10 Atmosphären Überdruck mit einem Drucke, der den beabsichtigten um 5 Atmosphären übersteigt. Die Kesselwandungen müssen während der ganzen Dauer der Untersuchung dem Probedrucke widerstehen, ohne undicht zu werden oder bleibende Formveränderungen aufzuweisen. Sie sind für undicht zu erachten, wenn das Wasser bei dem Probedruck in anderer Form als der von feinen Perlen durch die Fugen bringt. Über die Prüfung mit Wasserdruck hat der Sachverständige ein Zeugnis nach Maßgabe der Anlage IV**) auszustellen.

Unter dem Atmosphärendrucke wird der Druck von einem Kilogramm auf das Quadratzentimeter verstanden.

---

*) Siehe § 2 Absatz 1.
**) Die Vordrucke für die Zeugnisse über Bauprüfungen und Wasserdruckproben sind nicht mit abgedruckt worden.

Nachdem die Bauprüfung und die Wasserdruckprobe mit befriedigendem Erfolge stattgefunden haben, sind die Niete des Fabrikschildes (§ 11) von dem zuständigen Sachverständigen mit dem amtlichen Stempel zu versehen, der in dem Prüfungszeugnis über die Wasserdruckprobe (siehe Anlage IV) abzudrucken ist. Einer Erneuerung des Stempels bedarf es bei alten, erneut zu genehmigenden Dampfkesseln nicht, wenn der alte Stempel noch gut erhalten ist und mit dem amtlichen Stempel des Sachverständigen übereinstimmt.

Die endgültige Abnahme der Dampfkesselanlage muß unter Dampf erfolgen, dabei ist zu untersuchen, ob die Ausführung der Anlage den Bedingungen der erteilten Genehmigung entspricht. Nach dem befriedigenden Ausfalle dieser Untersuchung und der Behändigung der Abnahmebescheinigung (siehe Anlage V)*) oder einer Zwischenbescheinigung darf die Kesselanlage ohne weiteres in Betrieb genommen werden, soweit die baupolizeiliche Abnahme der etwa zur Kesselanlage gehörigen Baulichkeiten stattgefunden und zu keinen Bedenken Anlaß gegeben hat.

Druckproben nach Hauptausbesserungen.

§ 13. Dampfkessel, die eine Hauptausbesserung erfahren haben oder durch Wassermangel oder Brandschaden überhitzt worden sind, müssen vor der Wiederinbetriebnahme von einem zuständigen Sachverständigen einer Prüfung mit Wasserdruck in gleicher Höhe wie bei neu aufzustellenden Dampfkesseln unterzogen werden. Der völligen Bloßlegung des Kessels bedarf es in solchem Falle in der Regel nicht.

Von der Außerbetriebsetzung eines Dampfkessels zum Zwecke einer Hauptausbesserung des Kesselkörpers hat der Kesselbesitzer oder sein Stellvertreter der zur regelmäßigen Prüfung des Dampfkessels zuständigen Stelle Anzeige zu erstatten. Die gleiche Pflicht liegt dem Kesselbesitzer oder seinem Vertreter ob, wenn ein Dampfkessel durch Wassermangel oder Brandschaden überhitzt worden ist.

Prüfungsmanometer.

§ 14. Der bei der Prüfung ausgeübte Druck muß durch ein von dem zuständigen Sachverständigen amtlich geführtes Doppelmanometer festgestellt werden.

An jedem Dampfkessel muß sich in der Nähe des Manometers (§ 10) am Manometerrohr ein mit einem Dreiwegehahn versehener Stutzen zur Anbringung des amtlichen Manometers befinden. Dieser Stutzen muß bei

---

*) Der Vordruck für die Abnahmebescheinigung ist nicht mit abgedruckt worden.

beweglichen Kesseln einen ovalen Flansch von 60 Millimeter Länge und 25 Millimeter Breite besitzen. Die Weite der Schlitze zur Einlegung der Befestigungsschrauben und die Öffnung des Stutzens muß 7 Millimeter, die Länge der Schlitze 20 Millimeter betragen.

V. Aufstellung.

Aufstellungsort.

§ 15. Dampfkessel für mehr als 6 Atmosphären Überdruck und solche, bei welchen das Produkt aus der Heizfläche (§ 3 Abs. 3) in Quadratmeter und der Dampfspannung in Atmosphären überdruck für einen oder mehrere gleichzeitig im Betriebe befindliche Kessel zusammen mehr als 30 beträgt, dürfen unter Räumen, die häufig von Menschen betreten werden, nicht aufgestellt werden. Das gleiche gilt für die Aufstellung von Dampfkesseln über Räumen, die häufig von Menschen betreten werden, mit Ausnahme der Aufstellung über Kellerräumen. Innerhalb von Betriebsstätten und in besonderen Kesselräumen ist die Aufstellung solcher Dampfkessel unzulässig, wenn die Räume mit fester Wölbung oder fester Balkendecke versehen sind. Feste Konstruktionsteile über einem Teile des Kesselraums, die den Zwecken der Rostbeschickung dienen, sind nicht als feste Balkendecken anzusehen. Trockeneinrichtungen oberhalb des Dampfkessels sowie das Trocknen auf dem Kessel sind nicht zulässig. Bei eingemauerten Dampfkesseln, deren Plattform betreten wird, muß oberhalb derselben eine mittlere verkehrsfreie Höhe von mindestens 1800 Millimeter vorhanden sein,

Dampfkessel, die in Bergwerken unterirdisch oder auf Kraftfahrzeugen aufgestellt werden, und solche, welche ausschließlich aus Wasserrohren von weniger als 100 Millimeter Lichtweite oder aus derartigen Rohren und den zu ihrer Verbindung angewendeten Rohrstücken bestehen, unterliegen den vorstehenden Bestimmungen nicht, Dampfkessel letzterer Art auch dann nicht, wenn sie mit Schlammsammlern und mit Oberkesseln, die nur als Dampfsammler dienen, versehen sind. Auf Wasserkammerrohrkessel mit Rohren unter 100 Millimeter Lichtweite finden die Bestimmungen des Abs. 1 dann keine Anwendung, wenn ihre Rohre nahtlos hergestellt sind. die Wandungen ihrer Oberkessel von den Heizgasen nicht berührt werden und ihr Dampfdruck 6 Atmosphären überdruck nicht übersteigt.

Kesselmauerung.

§ 16. Zwischen dem Mauerwerke, das den Feuerraum und die Feuerzüge feststehender Dampfkessel einschließt, und den dieses umgebenden Wänden muß ein Zwischenraum von mindestens 80 Millimeter verbleiben, der oben abgedeckt und an den Enden verschlossen werden darf. Die Feuerzüge müssen durch genügend weite Einfahröffnungen zugänglich und in der Regel so bemessen sein, daß sie befahrbar sind. Werden die Feuerzüge benachbarter Kessel durch eine gemeinsame Mauer getrennt, so ist diese mindestens 340 Millimeter dick herzustellen. Das Kesselmauerwerk darf nicht zur Unterstützung von Gebäudeteilen benutzt werden.

VI. Bewegliche Dampfkessel und Kleinkessel.
Bewegliche Dampfkessel.

§ 17. Als bewegliche Dampfkessel gelten solche, deren Benutzung an wechselnden Betriebsstätten erfolgt. Als bewegliche Dampfkessel dürfen nur solche Dampfentwickler betrieben werden, zu deren Aufstellung und Inbetriebnahme die Herstellung von Mauerwerk, das den Kessel umgibt, nicht erforderlich ist.

Kleinkessel.

§ 18. Kleinkessel, das sind Dampfentwickler, bei denen das Produkt aus der Heizfläche in Quadratmeter und der Dampfspannung in Atmosphären Überdruck die Zahl 2 nicht übersteigt, gelten hinsichtlich ihres Aufstellungsorts als bewegliche Kessel, auch wenn sie von Mauerwerk umgeben sind und an einem Betriebsorte zu dauernder Benutzung aufgestellt werden.

VII. Allgemeine Bestimmungen.
Aufbewahrung der Kesselpapiere.

Zu jedem Dampfkessel gehören:
a) Eine Ausfertigung der Urkunde über seine Genehmigung nach Maßgabe der Anlage VI*) nebst den zugehörigen Zeichnungen und Beschreibungen.

Mit der Urkunde sind die Bescheinigungen über die Bauprüfung, die Wasserdruckprobe und die Abnahme (§ 12) zu verbinden. Letztere Bescheinigung muß einen Vermerk über die zulässige Belastung der Sicherheitsventile enthalten. Gelangen in einer Anlage mehrere Dampfkessel von gleicher Größe, Form, Ausrüstung und Dampfspannung gleichzeitig zur Aufstellung, so ist für diese nur eine Urkunde erforderlich.

b) Ein Revisionsbuch nach Maßgabe der Anlage VII*), das die Angaben des Fabrikschildes (§ 11) enthält. Die Bescheinigungen

---

*) Die Vordrucke für die Genehmigungs-Urkunde und das Revisionsbuch sind nicht mit abgedruckt worden.

über die im § 13 vorgeschriebenen Prüfungen und die periodischen Untersuchungen müssen in das Revisionsbuch eingetragen oder ihm derart beigefügt werden, daß sie nicht in Verlust geraten können.

Die Genehmigungsurkunde nebst den zugehörigen Anlagen oder beglaubigte Abschriften dieser Papiere sowie das Revisionsbuch sind an der Betriebsstätte des Dampfkessels aufzubewahren und jedem zur Aufsicht zuständigen Beamten oder Sachverständigen auf Verlangen vorzulegen. Auf die Dampfkessel von Kraftfahrzeugen und Feuerspritzen findet diese Bestimmung keine Anwendung, wenn ihr Betrieb den Polizeibehörden und den zuständigen Kesselsachverständigen ihres Heimatsorts angemeldet ist.

Entbindung von einzelnen Bestimmungen.

§ 20. Bei Kleinkesseln (§ 18) ist es zulässig:
a) von der Anbringung einer zweiten Speisevorrichtung,
b) von dem Speiseventil (Rückschlagventil),
c) von der Anbringung einer zweiten Wasserstandsvorrichtung abzusehen,
d) nur ein Sicherheitsventil anzuwenden, auch wenn der Kessel beweglich betrieben wird,
e) die Lichtweiten der Wasserstandsgläser und die Bohrungen der Wasserstandsvorrichtungen auf 6 Millimeter zu ermäßigen.

Im übrigen sind die Zentralbehörden der einzelnen Bundesstaaten befugt, in einzelnen Fällen und für einzelne Kesselarten von der Beachtung der Bestimmungen der §§ 2 bis 19 und des § 21 zu entbinden.

Übergangsbestimmungen.

§ 21. Bei Dampfkesseln, die zur Zeit des Inkrafttretens dieser Bestimmung auf Grund der bisher geltenden Vorschriften genehmigt sind, kann eine Abänderung ihres Baues, ihrer Ausrüstung oder Aufstellung nach Maßgabe dieser Bestimmungen so lange nicht gefordert werden, als sie einer erneuten Genehmigung nicht bedürfen.

Im übrigen finden die vorstehenden Bestimmungen für die Fälle der erneuten Genehmigung von Dampfkesseln mit der Maßgabe Anwendung, daß dabei von der Durchführung der Bestimmungen des § 2 Abs. 1 und 4 und des § 7 Abs. 5 zweiter Satz abgesehen werden kann. Bei der Genehmigung alter Dampfkessel, deren Materialbeschaffenheit nicht nachgewiesen wird, ist eine Festigkeit von höchstens 30 Kilogramm auf das Quadratmillimeter anzunehmen.

Schlußbestimmungen.

§ 22. Die Bekanntmachung, betreffend allgemeine polizeiliche Bestimmungen über die Anlegung von Dampfkesseln, vom 5. August 1890, wird aufgehoben, insoweit sie nicht für bestehende Dampfkesselanlagen Geltung behält.

Die Bestimmungen des § 21 Abs. 2 über die zulässige Materialbeanspruchung alter Dampfkessel treten sofort in Kraft. Im übrigen treten die vorstehenden Bestimmungen erst ein Jahr nach ihrer Veröffentlichung in Wirksamkeit. Dampfkessel, die bereits vor diesem Zeitpunkte nach den vorstehenden Bestimmungen gebaut und angelegt werden, sind nicht zu beanstanden.

Berlin, den 17. Dezember 1908.

Der Reichskanzler.

Sachverzeichnis.

	Seite
Abblasen	233
Ablaßhähne, Ablaßventile	211
Abnahmeuntersuchung	227, 254
Abschlacken	41
Absperrhahn, Absperrventil	209, 210
Absperrvorrichtung	208, 251
Adamsche Feuerung	91
Adamsonsche Ringe	62
Adosapparate	45
Äther	2
Aggregatzustand s. Körperzustand.	
Albankessel	141, 142
Anheizen	119
Arbeitspausen	41, 231
Asche	20
Aschenfall, Aschenraum	74, 77
Atmosphäre	10, 255
Aufstellungsort, Aufstellungsraum	225, 257
Ausrüstung der Dampfkessel	160, 218, 250
Ausstrahlungsverluste	54
Babcock & Wilcox-Kessel	144
Barometer	9
Batteriekessel	127
Bauarten der Kessel	118
Bauchventil	209
Bauprüfung	70, 254
Baustoff	58, 68, 249
Bauvorschriften	68, 249
Belleville-Kessel	141
Betriebseinstellung	232, 239
Betriebspausen s. Arbeitspausen.	
Bläser	117
Bläserohreinrichtung	116, 155
Brandgefahr	241
Brandschaden	70, 242, 256

	Seite
Braunkohle	17
Brennstoff	17
— flüssiger	107
— geeignetster	55
— Stückgröße	31
— Verlust	53
— Wassergehalt	29, 54
— Zusammensetzung	18, 19
Brennstoffschicht	32
— Höhe der	33
Brikett s. Preßkohle.	
Brustplatte	76
Cario-Feuerung	88
Cohnfeldsche Speisevorrichtung	174
Dampf	3, 12
— trockener	121
Dampfabsperrventil	209
Dampfdom	121
Dampfdruck	11, 119
Dampfkessel	47, 248
— Anforderungen	118
— Aufstellungsort	257
— Beschaffung	221
— bewegliche	149, 258
— — als feststehende	227
— — mit Heizröhren	152
— — mit Siederöhren	149
— Eigenschaften	158
— Entleerung	238
— Explosion	122, 242
— feststehende	123
— gebrauchte	225, 259, 260
— Herstellung	68
— Inbetriebsetzung	229
— Normenkommission	249
— regelmäßiger Betrieb	230

Sachverzeichnis.

Dampfkessel, Reinigung . . 122, 239
— Untersuchung . . 239, 240
— wesentliche Veränderun-
  gen . . . 227, 228, 246
— zusammengesetzte . . . 138
Dampfpfeifen 218
Dampfschleier 89
Dampfspannung s. Dampfdruck.
Dampfspeisepumpe 181
Dampfstrahl-Gebläse 117
Dampfstrahlpumpe 184
Decken des Feuers 232
Deckenschienen 67
Dervaurſche Vorrichtung . . 236
Dichtungen 218
Donneley-Feuerung 97
Druckmesser 193
Dürrkessel 144

Eckventil 209
Ehlersscher Wasserabscheider . 146
Einflammenrohrkessel s. Flam-
  menrohrkessel.
Eispunkt 4
Elemente s. Urstoffe.
Entleerungsvorrichtung . 211, 251
Entöler 238
Entzündungstemperatur . . . 20
Essenschieber 113
Etagenrost s. Stufenrost.
Explosion 122, 242, 244
— behördliche Erörterung . 245
— Ursachen 242
— Verhütung 245

Fabrikschild 254, 256
Fairbairns Doppelrost . . . 88
Fairbairnringe 62
Federmanometer 197
— Mängel 198
Federwage 205
Feuerbrücke 77
Feuergase 28, 47
Feuerlöscher 215
Feuerraum, Höhe des . 73, 79, 85
Feuertür 76
Feuerungen 72
— Anforderungen 75
— rauchfreie 86
Feuerzüge . 48, 71, 107, 249, 257
— Decke 111
— Höhe 109
— kammerförmige 129

Feuerzüge, Querschnitt . . . 108
Fielderohre 150
Filter 232, 238
Flamme, rückkehrende . . 91, 94
Flammenrohre, Versteifung . . 62
Flammenrohrkessel . . . 58, 130
— Eigenschaften 133
Flügelradgebläse 117
Flußeisen 59
Flüssigkeitswärme 12
Forsches Wellrohr 64
Friesbiescher Maulwurfsrost . 104
Fuchs 113

Gallowayröhren 63
Garbekessel 147
Gase 3
Gaserzeuger (Generator) . . 104
Gasfeuerungen 104
Gefährliche Zustände . 240, 241
Gefäßmanometer 194
Gegenstrom 50
Genehmigung, behördliche 226, 246
— Erlöschen . . . 227, 247
Genehmigungsurkunde . . . 258
Gesamtwärme 12
Glockenpfeifen 218
Großwasserraumkessel . . . 120
Gußeisen 59

Haage-Feuerung 88
Handspeisepumpe . . . 178, 250
— Mängel 181
Hauptausbesserung . . . 70, 256
Hebermanometer 195
— Mängel 196
Heißdampf 13
Heizen 31
— Regeln 42
— sparsames 43
Heizer, Eigenschaften 228
Heizerprämien 43
Heizfläche 47, 119, 250
Heizgase 28, 47
Heizkanäle 48
Heizkraft 29, 55
Heizröhren 67
Heizröhrenkessel 135
— Eigenschaften 137
Helixrost 103
Hilfsvorrichtungen an Dampf-
  kesseln 216
Hochmuthsche Feuerung . . . 94

Sachverzeichnis.

	Seite
Hochleistungsanlagen	146
Hodgkinson-Feuerung	102
Holz	18
Hoppe-Kessel	152
Hörenzscher Zugregler	89
Injektor	184
— Abdampf-	189
— Friedmannscher	189
— Giffardscher	184
— Krauscher	189
— Mängel	189
— nichtsaugende	189
— saugende	184
— Schauscher	189
Innenfeuerungen	72, 74
Juckes Kettenrost	101
Kalorie s. Wärmeeinheit.	
Kesselbesitzer, Pflichten	240
Kesselböden, Versteifungen oder Verankerungen	66
Kesselexplosion s. Explosion.	
Kesselhaus	225, 226
Kesselstein	233
— Bekämpfung	234
Kesselsteinmittel	235
Kettenrost	101
Kleinkessel	258, 259
Klingerscher Wasserstandszeiger	168
Kofferkessel	57
Kohlenbunker	226, 257
Kohlenoxydgas	20
Kohlensäure	20
Kohlenstaub-Feuerungen	104
Kohlenstoff	19
— Verbrennung des	20
Kohlenwasserstoffe	26
Koks	18
Kolumbus-Rostbeschicker	100
Kontrollstutzen	199, 256
Korbrostfeuerung	97
Körperzustand	6
Körtingsche Dampfstrahlgebläse	117
Kowitzke-Feuerung	89, 90
Kraftsche Feuerung	94
Kupfer	58
Lachapelle-Kessel	149
Lagerung des Kessels	113
Langenscher Stufenrost	92
Langersche Feuerung	89

	Seite
Lanzscher Lokomobilkessel	153
Lärmvorrichtungen, elektrische	213
— Schwartzkopffsche	214
Leachfeuerung	99, 101
Lewickische Feuerung	89
Licht	2
Lokomobilkessel, ausziehbarer	152
Lokomotivkessel	154
Luft, zweite (sekundäre)	90
Luftdruck	8
Luftmenge, theoretische	21
— wirkliche	55
Luftschleier	90
Luftüberschuß	22
Mannlöcher	68, 218
Manometer	193, 254
Marcottysche Feuerung	89
Maschinenspeisepumpe	181, 250
Materialvorschriften	249
Mauerwerk	111, 257
— Verankerungen	113
Maulwurfsfeuerung	104
Messing	60
Metallthermometer	4
Morisonsches Wellrohr	66
Muldenrostfeuerung	97
Münchner Stufenrost	97
Münchnersche Feuerung	101
Nachluft	90, 94
Nässen der Kohle	54
Nebelhörner	218
Niederdruckkessel	227, 248
Nietungen	60
Oberluft	89, 94
Oberzug	111
Ochwadtscher Wasserstandszeiger	168
Planroste	72
Planrost-Feuerung	76
— Bedienung	79
— rauchfreie	88
— Vorzüge und Mängel	82
Plattenfedermanometer	197
Preßkohle	18
Probierhähne	161, 251, 252
— Mängel	162
Probierventile	163, 251, 252
Proctor-Feuerung	101
Prüfungsmanometer	256

Sachverzeichnis.

Puddeleisen 59
Puster 117
Pyrometer 4

Quecksilbermanometer 193
— Mängel 196

Rauch 27
Reichsche Feuerung . . . 97
Reinigung des Kessels . 122, 239
Reinigungsöffnungen . . 68, 218
Restarting-Injektor . . . 187
Revisionsbuch 258
Rohrbruchventile 215
Röhrenfedermanometer . . . 197
Root-Kessel . . . 141, 145
Rostfläche 73, 78, 85
Rostspalten 77, 84
Roststäbe . . . 76, 78, 83, 84
Rostträger 76, 83
Rücklaufvorrichtung . . . 172
Rückschlagventil . . 191, 210, 251
Ruppertsche Feuerung . . 100
Ruß 26

Sammelkanal 115
Sattdampf 12
Sättigung des Dampfes . . . 14
Sauerstoff 19
Saugzug 117
Schiffsdampfkessel . . . 156
Schlacke 20
Schlamm 233
Schmelzpfropfen . 212, 215, 251
Schmelzpunkt 4
Schmelzwärme 6
Schmidtscher Wassermesser . . 217
Schneckenrost 103
Schornstein . . . 52, 71, 114
— eiserner 115
— Gase 28
— gemauerter 114
— Höhe 114
— Querschnitt 114
— Verlust 54
— Wirkung 53
Schrägrostfeuerungen . . . 94
Schulzscher Schneckenrost . . 103
Schüren 41
Schürplatte 77
Schwefel 20
Schweißeisen 59
Schwimmerzeiger . . 169, 251

Schwimmerzeiger, Amphlettscher 169
— magnetischer . . . 170
— Mängel 170
Sicherheitsventil . . . 199, 253
— Belastung . 200, 203, 206
— mit Gewichtsbelastung . 201
— mit Federbelastung . 203
— Hochhubventil . . 200, 206
— Mängel 206
— offenliegend 202
— nach Ramsbottom . . 204
— verdeckt liegend . . . 202
— Weite 200
Sicherheitsvorrichtungen, gesetz-
   lich vorgeschriebene . . 160
— sonstige 212
Smithscher Rost 103
Speisegefäße 172
— Mängel 173
Speiseleitung 191, 251
Speisepumpe 178
— Mängel 183
Speiseregler 183
— Hannemannscher . . 183
Speiserufer 212
— Blackscher 212
— Kruppscher 213
Speiseventil 191, 251
— nach Scholl . . . 211
Speisevorrichtungen . . 171, 250
— Hochdruckwasserleitung
       190, 250
— Schleuder (Zentrifugal)-
   pumpen 191
— selbsttätige 171, 174, 183, 190
Speisewassermesser . . . 217
— nach Schmidt . . . 217
— nach Siemens & Halske 217
Speisewasser-Vorwärmer . . 216
Speisung, Art der . . . 171
Siedepunkt 4, 7
Siedepunkttabelle . . . 11
Siederohrkessel s. Walzenkessel.
Siedetemperatur . . . 7
Stahl 59
Stabyscher Luftschleier . . 90
Stehbolzen 66
Steilrohrkessel 147
Steinkohle 17
Steinmüller-Kessel . . . 142
Steinmüllerscher Wasserreiniger 237
Stickstoff 19
Strafbestimmungen . . . 247

Sachverzeichnis.

	Seite
Stufenrohrkessel	132
Stufenrost	92
Teer	26
Temperatur	1
Tenbrink-Feuerung	91, 94
Thermometer	3
Tischbeinkessel	139
— Eigenschaften	140
Torf	18
Treppenroste	72
— Neigung	84
Treppenrostfeuerung	83, 94
— Vorzüge und Mängel	86
Treppenwangen	83
Trevithick, Blasrohreinrichtung	155
Trockeneinrichtungen	226, 257
Überdruck	10
Übergangsbestimmungen	259
Überhitzer	15, 122, 217
Überkochen	14
Universalinjektor	185
Unterfeuerungen	72, 74
Urstoffe	18
Verankerungen und Versteifungen	66, 113
Verbrennung	20
Verbrennungstemperatur	23
Verbrennungswärme	21
Verbrennung, unvollkommene	27
— unvollständige	21
— vollkommene	26
— vollständige	21
Verbundkessel	251
Verdampfung, theoretische	54
— wirkliche	55
Verdampfungswärme	12
Verdampfungsziffer	55
Verdunstung	7
Verstemmen	61
Völcker-Feuerung	97
Vorfeuerungen	72, 74
Vorwärmer	216
— nach Green (Economiser)	216
Walther-Kessel	145
Walzenkessel	58, 123
— Eigenschaften	125
— mehrfacher	58, 126
— Eigenschaften der mehrfachen	129

	Seite
Wanderrost	101
Wandstärken	68
Wärme	1
— leitende	3
— spezifische	6
— strahlende	3
Wärmeeinheit	5
Wärmemenge	5
Wärmeschutz	219
Wasser	6
— Beimengungen	232
— Reinigung	235
Wasserabscheider	146
Wasserdampf	12, 21
— gesättigter	12
— ungesättigter, überhitzter	13
Wasserdampftabelle	13
Wasserdruckprobe	70, 254, 256
Wassergehalt des Brennstoffes	29, 54
Wassermangel	70, 240, 242, 243, 256
Wasserreiniger	236
— von A. L. Dehne	236
— der Maschinenbauanstalt Humboldt	236
— von Steinmüller	237
Wasserröhrenkessel	141, 249, 257
— Eigenschaften	148
Wasserstandsglas	164, 251
— Mängel	165
Wasserstandsmarke	253
Wasserstandsvorrichtungen, Wasserstandszeiger	161, 251
Wasserstoff	19
— freier und gebundener	29
— Verbrennung	21
Wegener-Feuerung	104
Wehrfeuerungen	92, 97
Wellfeuerrohre	64
Wettheizversuche	45
Wilcox-Kessel	141
Wilmsmannsche Wehrfeuerung	92
Wolffscher Lokomobilkessel	152
Worthington-Pumpe	182
Zuführung des Brennstoffes	38, 79, 85
Zug, künstlicher	53, 116, 250
— natürlicher	53, 114
Zugregler	89
Zweiflammenrohrkessel s. Flammenrohrkessel.	
Zylinderkessel s. Walzenkessel.	

Verlag von Julius Springer in Berlin.

Die Herstellung der Dampfkessel. Von M. Gerbel, behördlich autorisierter Inspektor der Dampfkesseluntersuchungs- und Versicherungs-Gesellschaft a. G. in Wien. Mit 60 Textfiguren. Preis M. 2,—.

Ermittlung der billigsten Betriebskraft für Fabriken unter besonderer Berücksichtigung der Abwärmeverwertung. Zweite Auflage des gleichnamigen Werkes von **Karl Urbahn**, Ingenieur. Vollständig erneuert und stark erweitert von Dr.-Ing. **Ernst Reutlinger**, Direktor der Ingenieurgesellschaft für Wärmewirtschaft m. b. H. in Köln. Mit 66 Figuren und 45 Zahlentafeln. Erscheint im Herbst 1913.

Die Zwischendampfverwertung in Entwicklung, Theorie und Wirtschaftlichkeit. Von Dr.-Ing. **Ernst Reutlinger**, Chefingenieur des beratenden Ingenieurbureaus Bibag der Hans Reisert-Gesellschaft m. b. H. in Köln. Mit 69 in den Text gedruckten Figuren.
Preis M. 4,—; in Leinwand gebunden M. 4,80.

Die Abwärmeverwertung im Kraftmaschinenbetrieb mit besonderer Berücksichtigung der Zwischen- und Abdampfverwertung zu Heizzwecken. Eine kraft- und wärmewirtschaftliche Studie. Von Dr.-Ing. **Ludwig Schneider**, München. Zweite, bedeutend erweiterte Auflage. Mit 118 Textfiguren u. 1 Tafel. Preis M. 5.—; in Leinwand geb. M. 5,80.

Die Dampfkessel. Ein Lehr- und Handbuch für Studierende Technischer Hochschulen, Schüler Höherer Maschinenbauschulen und Techniken, sowie für Ingenieure und Techniker. Bearbeitet von **F. Tetzner**, Professor, Oberlehrer an den Kgl. Verein. Maschinenbauschulen zu Dortmund. Vierte, verbesserte Auflage. Mit 162 Textfiguren und 45 lithogr. Tafeln.
In Leinwand gebunden Preis M. 8,—.

Die Dampfkessel nebst ihren Zubehörteilen und Hilfseinrichtungen. Ein Hand- und Lehrbuch zum praktischen Gebrauch für Ingenieure, Kesselbesitzer und Studierende. Von **R. Spalckhaver**, Regierungsbaumeister, Oberlehrer an der Kgl. Höheren Maschinenbauschule Altona a. E., und Ingenieur **Fr. Schneiders**, M.-Gladbach (Rhld.). Mit 679 Textfiguren. In Leinwand gebunden Preis M. 24,—.

Die Grundlagen der deutschen Material- und Bauvorschriften für Dampfkessel. Von Professor **R. Baumann**, an der Kgl. Technischen Hochschule Stuttgart. Mit einem Vorwort von Dr.-Ing. **C. v. Bach**, Kgl. Württ. Baudirektor, Professor des Maschineningenieurwesens an der Kgl. Technischen Hochschule Stuttgart, Vorstand des Ingenieurlaboratoriums und der Materialprüfungsanstalt an derselben. Mit 38 Textfiguren.
Kartoniert Preis M. 2,80.

Berechnung, Entwurf und Betrieb rationeller Kesselanlagen. Von **Max Gensch**, Ingenieur. Mit 95 Textfiguren.
In Leinwand gebunden Preis M. 6,—.

Anleitung zur Durchführung von Versuchen an Dampfmaschinen, Dampfkesseln, Dampfturbinen und Dieselmaschinen. Zugleich Hilfsbuch für den Unterricht in Maschinenlaboratorien technischer Lehranstalten. Von **Franz Seufert**, Ingenieur, Oberlehrer an der Kgl. höheren Maschinenbauschule zu Stettin. Dritte, erweiterte Auflage. Mit 43 Abbildungen.
In Leinwand gebunden Preis M. 2,20.

Zu beziehen durch jede Buchhandlung.

Verlag von Julius Springer in Berlin.

F. Haier, Dampfkessel-Feuerungen zur Erzielung einer möglichst rauchfreien Verbrennung. Zweite Auflage, im Auftrage des Vereines deutscher Ingenieure bearbeitet vom Verein für Feuerungsbetrieb und Rauchbekämpfung in Hamburg. Mit 375 Textfiguren, 29 Zahlentafeln und 10 lithogr. Tafeln. In Leinwand gebunden Preis M. 20,—.

Berechnen und Entwerfen der Schiffskessel unter besonderer Berücksichtigung der Feuerrohr-Schiffskessel. Ein Lehr- und Handbuch für Studierende, Konstrukteure und Überwachungsbeamte, Schiffsingenieure und Seemaschinisten. In Gemeinschaft mit Dipl.-Ing. **Hugo Buchholz**, Geschäftsführer des Verbandes technischer Schiffsoffiziere, herausgegeben von Prof. **Hans Dieckhoff**, Technischer Direktor der Woermann-Linie und der Deutschen Ost-Afrika-Linie, vordem etatsmäßiger Professor an der Königl. Technischen Hochschule zu Berlin. Mit 96 Textabbildungen und 18 Tafeln. In Leinwand gebunden Preis M. 12,—.

Technische Untersuchungsmethoden zur Betriebskontrolle, insbesondere zur Kontrolle des Dampfbetriebes. Zugleich ein Leitfaden für die Übungen in den Maschinenbaulaboratorien technischer Lehranstalten. Von **Julius Brand**, Professor, Oberlehrer der Kgl. vereinigten Maschinenbauschulen zu Elberfeld. Dritte, verbesserte Auflage. Mit 285 Textfiguren, 1 lithogr. Tafel und zahlr. Tabellen. In Leinwand geb. Preis M. 8,—.

Wärmetechnik des Gasgenerator- und Dampfkessel-Betriebes. Die Vorgänge, Untersuchungs- und Kontrollmethoden hinsichtlich Wärmeerzeugung und Wärmeverwendung im Gasgenerator- und Dampfkessel-Betrieb. Von **Paul Fuchs**, Ingenieur. Dritte, erweiterte Auflage. Mit 43 Textfiguren. In Leinwand gebunden Preis M. 5,—.

Formeln und Tabellen der Wärmetechnik. Zum Gebrauch bei Versuchen in Dampf-, Gas- und Hüttenbetrieben. Von **Paul Fuchs**, Ingenieur. In Leinwand gebunden Preis M. 2,—.

Handbuch der Feuerungstechnik und des Dampfkesselbetriebes mit einem Anhange über allgemeine Wärmetechnik. Von Dr.-Ing. **Georg Herberg**, Beratender Ingenier, Stuttgart. Mit 54 Abbildungen und Diagrammen, 87 Tabellen, sowie 43 Rechnungsbeispielen.
In Leinwand gebunden Preis M. 7,—.

Die Heizerschule. Vorträge über die Bedienung und den Betrieb von Dampfkesseln. Von **F. O. Morgner**, Königlicher Gewerbeinspektor, Leiter des Heizerunterrichtes in Chemnitz. Mit 147 Textfiguren.
In Leinwand gebunden Preis M. 2,80.

Entwerfen und Berechnen der Dampfmaschinen. Ein Lehr- und Handbuch für Studierende und angehende Konstrukteure. Von **Heinrich Dubbel**, Ingenieur. Dritte, verbesserte Auflage. Mit 470 Textfiguren.
In Leinwand gebunden Preis M. 10,—.

Die Steuerungen der Dampfmaschinen. Von Ing. **Heinrich Dubbel**, Berlin. Mit 446 Textfiguren. In Leinwand gebunden Preis M. 10,—.

Hilfsbuch für den Maschinenbau. Für Maschinentechniker sowie für den Unterricht an technischen Lehranstalten. Von Prof. **Fr. Freytag**, Lehrer an den Technischen Staatslehranstalten zu Chemnitz. Vierte, vermehrte und verbesserte Auflage. Mit 1041 Textfiguren, 10 Tafeln und einer Beilage für Österreich.
In Leinwand gebunden Preis M. 10,—; in Leder gebunden M. 12,—.

Zu beziehen durch jede Buchhandlung.

MIX
Papier aus verantwortungsvollen Quellen
Paper from responsible sources
FSC® C105338

If you have any concerns about our products,
you can contact us on
ProductSafety@springernature.com

In case Publisher is established outside the EU,
the EU authorized representative is:
**Springer Nature Customer Service Center GmbH
Europaplatz 3, 69115 Heidelberg, Germany**

Printed by Libri Plureos GmbH
in Hamburg, Germany